国家出版基金项目
NATIONAL PUBLICATION FOUNDATION

大飞机出版工程·航空发动机系列

主 编 陈懋章

航空燃气涡轮发动机控制
（第 2 版）

Aircraft Gas Turbine Engine Control

（Second Edition）

孙健国 李秋红 杨 刚 张海波 编著

上海交通大学出版社
SHANGHAI JIAO TONG UNIVERSITY PRESS

内容提要

本书主要以大飞机用的航空燃气涡轮发动机为被控对象,以发动机全权限数字式电子控制(FADEC)为核心,阐述了发动机控制系统的基本原理、发展与展望,发动机建模,发动机稳态控制,发动机过渡态控制,发动机先进控制技术,发动机容错控制,发动机健康管理,并介绍了一种大飞机发动机典型控制系统。

本书可作为从事燃气涡轮发动机控制专业以及总体专业的科研、设计与教学人员的参考书,也可作为相关专业高年级本科生、硕士生和博士生的参考书。

图书在版编目(CIP)数据

航空燃气涡轮发动机控制/孙健国等编著. —2 版
. —上海:上海交通大学出版社,2022.1
(大飞机出版工程. 航空发动机系列)
ISBN 978 - 7 - 313 - 24573 - 1

Ⅰ.①航… Ⅱ.①孙… Ⅲ.①航空发动机-燃气轮机
-控制系统 Ⅳ.①V235.1

中国版本图书馆 CIP 数据核字(2022)第 011557 号

航空燃气涡轮发动机控制(第 2 版)
HANGKONG RANQI WOLUN FADONGJI KONGZHI(DI-ER BAN)

编　著:孙健国　李秋红　杨　刚　张海波
出版发行:上海交通大学出版社　　　　　地　　址:上海市番禺路 951 号
邮政编码:200030　　　　　　　　　　　　电　　话:021 - 64071208
印　制:上海盛通时代印刷有限公司　　　经　　销:全国新华书店
开　本:710mm×1000mm　1/16　　　　　印　　张:20.25
字　数:401 千字
版　次:2014 年 7 月第 1 版　　2022 年 1 月第 2 版　　印　　次:2022 年 1 月第 2 次印刷
书　号:ISBN 978 - 7 - 313 - 24573 - 1
定　价:98.00 元

大飞机出版工程

丛书编委会

总主编

顾诵芬（中国航空工业集团公司科技委副主任、中国科学院和中国工程院院士）

副总主编

金壮龙（中国商用飞机有限责任公司董事长）

马德秀（上海交通大学党委书记、教授）

编　委（按姓氏笔画排序）

王礼恒（中国航天科技集团公司科技委主任、中国工程院院士）

王宗光（上海交通大学原党委书记、教授）

刘　洪（上海交通大学航空航天学院教授）

许金泉（上海交通大学船舶海洋与建筑工程学院工程力学系主任、教授）

杨育中（中国航空工业集团公司原副总经理、研究员）

吴光辉（中国商用飞机有限责任公司副总经理、总设计师、研究员）

汪　海（上海交通大学航空航天学院副院长、研究员）

沈元康（中国民用航空局原副局长、研究员）

陈　刚（上海交通大学副校长、教授）

陈迎春（中国商用飞机有限责任公司常务副总设计师、研究员）

林忠钦（上海交通大学常务副校长、中国工程院院士）

金兴明（上海市经济与信息化委副主任、研究员）

金德琨（中国航空工业集团公司科技委委员、研究员）

崔德刚（中国航空工业集团公司科技委委员、研究员）

敬忠良（上海交通大学航空航天学院常务副院长、教授）

傅　山（上海交通大学航空航天学院研究员）

航空发动机系列编委会

总　序

　　国务院在 2007 年 2 月底批准了大型飞机研制重大科技专项正式立项,得到全国上下各方面的关注。"大型飞机"工程项目作为创新型国家的标志工程重新燃起我们国家和人民共同承载着"航空报国梦"的巨大热情。对于所有从事航空事业的工作者,这是历史赋予的使命和挑战。

　　1903 年 12 月 17 日,美国莱特兄弟制作的世界第一架有动力、可操纵、重于空气的载人飞行器试飞成功,标志着人类飞行的梦想变成了现实。飞机作为 20 世纪最重大的科技成果之一,是人类科技创新能力与工业化生产形式相结合的产物,也是现代科学技术的集大成者。军事和民生对飞机的需求促进了飞机迅速而不间断的发展,应用和体现了当代科学技术的最新成果;而航空领域的持续探索和不断创新,为诸多学科的发展和相关技术的突破提供了强劲动力。航空工业已经成为知识密集、技术密集、高附加值、低消耗的产业。

　　从大型飞机工程项目开始论证到确定为《国家中长期科学和技术发展规划纲要》的十六个重大专项之一,直至立项通过,不仅使全国上下重视起我国自主航空事业,而且使我们的人民、政府理解了我国航空事业半个世纪发展的艰辛和成绩。大型飞机重大专项正式立项和启动使我们的民用航空进入新纪元。经过 50 多年的风雨历程,当今中国的航空工业已经步入了科学、理性的发展轨道。大型客机项目其产业链长、辐射面宽、对国家综合实力带动性强,在国民经济发展和科学技术进步中发挥着重要作用,我国的航空工业迎来了新的发展机遇。

　　大型飞机的研制承载着中国几代航空人的梦想,在 2016 年造出与波音 B737 和空客 A320 改进型一样先进的"国产大飞机"已经成为每个航空人心中奋斗的目标。然而,大型飞机覆盖了机械、电子、材料、冶金、仪器仪表、化工等几乎所有工业门类,集成了数学、空气动力学、材料学、人机工程学、自动控制学等多种学科,是一个复杂的科技创新系统。为了迎接新形势下理论、技术和工程等方面的严峻挑战,迫切需要引入、借鉴国外的优秀出版物和数据资料,总结、巩固我们的经验和成果,编著一套以"大飞机"为主题的丛书,借以推动服务"大型飞机"作为推动服务整个航空科学的切入点,同时对于促进我国航空事业的发展和加快航空紧缺人才的培养,具有十分重要的现实意义和深远的历史意义。

2008 年 5 月,中国商用飞机有限公司成立之初,上海交通大学出版社就开始酝酿"大飞机出版工程",这是一项非常适合"大飞机"研制工作时宜的事业。新中国第一位飞机设计宗师——徐舜寿同志在领导我们研制中国第一架喷气式歼击教练机——歼教 1 时,亲自撰写了《飞机性能捷算法》,及时编译了第一部《英汉航空工程名词字典》,翻译出版了《飞机构造学》、《飞机强度学》,从理论上保证了我们飞机研制工作。我本人作为航空事业发展 50 年的见证人,欣然接受了上海交通大学出版社的邀请担任该丛书的主编,希望为我国的"大型飞机"研制发展出一份力。出版社同时也邀请了王礼恒院士、金德琨研究员、吴光辉总设计师、陈迎春副总设计师等航空领域专家撰写专著、精选书目,承担翻译、审校等工作,以确保这套"大飞机"丛书具有高品质和重大的社会价值,为我国的大飞机研制以及学科发展提供参考和智力支持。

编著这套丛书,一是总结整理 50 多年来航空科学技术的重要成果及宝贵经验;二是优化航空专业技术教材体系,为飞机设计技术人员培养提供一套系统、全面的教科书,满足人才培养对教材的迫切需求;三是为大飞机研制提供有力的技术保障;四是将许多专家、教授、学者广博的学识见解和丰富的实践经验总结继承下来,旨在从系统性、完整性和实用性角度出发,把丰富的实践经验进一步理论化、科学化,形成具有我国特色的"大飞机"理论与实践相结合的知识体系。

"大飞机"丛书主要涵盖了总体气动、航空发动机、结构强度、航电、制造等专业方向,知识领域覆盖我国国产大飞机的关键技术。图书类别分为译著、专著、教材、工具书等几个模块;其内容既包括领域内专家们最先进的理论方法和技术成果,也包括来自飞机设计第一线的理论和实践成果。如：2009 年出版的荷兰原福克飞机公司总师撰写的 *Aerodynamic Design of Transport Aircraft*（《运输类飞机的空气动力设计》），由美国堪萨斯大学 2008 年出版的 *Aircraft Propulsion*（《飞机推进》）等国外最新科技的结晶；国内《民用飞机总体设计》等总体阐述之作和《涡量动力学》、《民用飞机气动设计》等专业细分的著作；也有《民机设计 1000 问》、《英汉航空双向词典》等工具类图书。

　　该套图书得到国家出版基金资助，体现了国家对"大型飞机项目"以及"大飞机出版工程"这套丛书的高度重视。这套丛书承担着记载与弘扬科技成就、积累和传播科技知识的使命，凝结了国内外航空领域专业人士的智慧和成果，具有较强的系统性、完整性、实用性和技术前瞻性，既可作为实际工作指导用书，亦可作为相关专业人员的学习参考用书。期望这套丛书能够有益于航空领域里人才的培养，有益于航空工业的发展，有益于大飞机的成功研制。同时，希望能为大飞机工程吸引更多的读者来关心航空、支持航空和热爱航空，并投身于中国航空事业做出一点贡献。

2009 年 12 月 15 日

序　言

　　作为创新型国家的标志工程,大型飞机研制重大科技专项已于 2007 年 2 月由国务院正式批准立项。为了对该项重大工程提供技术支持,2008 年 5 月,上海交通大学出版社酝酿"大飞机出版工程",并得到了国家出版基金资助,现已正式立项。"航空发动机系列丛书"是"大飞机出版工程"的组成部分。

　　航空发动机为飞机提供动力,是飞机的心脏,是航空工业的重要支柱,其发展水平是一个国家综合国力、工业基础和科技水平的集中体现,是国家重要的基础性战略产业,被誉为现代工业"皇冠上的明珠"。建国以来,发动机行业受到国家的重视,从无到有,取得了长足的进步,但与航空技术先进国家相比,我们仍有较大差距,讨厌的东西同"心脏病"的问题,仍很严重,这已引起国家高度重视,正采取一系列有力措施,提高科学技术水平,加快发展进程。

　　航空发动机经历了活塞式发动机和喷气式发动机两个发展阶段。在第二次世界大战期间,活塞式发动机技术日臻成熟,已达到很高水平,但由于其功率不能满足对飞行速度不断提高的要求,加之螺旋桨在高速时尖部激波使效率急剧下降,也不适合高速飞行,这些技术方面的局限性所带来的问题表现得日益突出,客观上提出了对发明新式动力装置的要求。在此背景下,1937 年,英国的 Frank Whittle,1939 年德国的 von Ohain 在相互隔绝的情况下,先后发明了喷气式发动机,宣布了喷气航空新时代的来临。喷气发动机的问世,在很短的时间内得到了飞速发展,在很大程度上改变了人类社会的各个方面,对科学技术进步和人类生活产生了深远的影响。

　　喷气式发机是燃气涡轮发动机的一种类型,自其问世以来,已出现了适用于不同用途的多种类型,得到了长足的发展。在20世纪下半叶,它已占据航空动力装置的绝对统治地位,预计起码到21世纪上半叶,这种地位不会改变。现在一般所说的航空发动机都是指航空燃气涡轮发动机。本系列丛书只包含与这种发动机有关的内容。

现代大型客机均采用大涵道比涡轮风扇发动机,它与用于战斗机的小涵道比发动机有一定区别,特别是前者在低油耗、低噪声、低污染排放、高可靠性、长寿命等方面有更高的要求,但两者的基本工作原理、技术等有很大的共同性,所以除了必须指明外,本系列丛书不再按大、小涵道比(或军、民用)分类型论述。

航空发动机的特点是工作条件极端恶劣而使用要求又非常之高。航空发动机是在高温、高压、高转速特别是很快的加减速瞬变造成应力和热负荷高低周交变的条件下工作的。以高温为例,目前先进发动机涡轮前燃气温度高达 $1800\sim2000\,\mathrm{K}$,而现代三代单晶高温合金最高耐温为 $1376\,\mathrm{K}$;这600多度的温度差跑只能靠复杂的叶片冷却技术和隔热涂层技术解决。发动机转速高达 $10\,000\sim60\,000\,\mathrm{r/min}$,对应的离心加速度约为 $100\,000\,\mathrm{g}$ 的量级,承受如此高温的叶片在如此高的离心负荷下要保证安全、可靠、长寿命工作,难度无疑是非常之高的。

航空发动机是多学科交融的高科技产品,涉及气动力学、固体力学、热力学、传热学、燃烧学、机械学、自动控制、材料学、加工制造等多个学科。这些学科的科学问题,经科学家们长期的艰苦探索、研究,已取得很大成就,所建立的理论体系,可以基本反映客观自然规律,并用以指导航空发动机的工程设计研制。这是本系列丛书的基本内容。但是必须指出,由于许多科学问题,至今尚未得到根本解决,有的甚至基本未得到解决,加之多学科交叉,大大增加了问题的复杂性,人们现在还不能完全靠理论解决工程研制问题。以流动问题为例,气流流过风扇、压气机、燃烧室、涡轮等部件,几何边界条件复杂,流动性质为强三维、固有非定常、包含转捩过程的复杂湍流流动,而湍流理论至今基本未得到解决,而且在近期看不见根本解决的前景。其他的学科也在不同程度上存在类似情况。

由于诸多科学问题还未得到很好解决,而客观上又对发展这种产品有迫切的需求,人们不得不绕开复杂的科学问题,通过大量试验,认识机理,发现规律,获取知识,以基本理论为指导,理论与试验数据结合,总结经验关系,制订各种规范……并以此为基础研制发动机。在认识客观规律的过程中,试验不仅起着揭示现象、探索机理的作用,也是检验理论的最终手段。短短七八十年,航空发动机取得如此惊人的成就,其基本经验和技术途径就是如此。

总之,由于科学问题未得到很好解决,多学科交叉的复杂性,加之工作条件极端恶劣而使用要求又非常之高的特点,使得工程研制的技术难度很大,这些因素决定了航空发动机发展必须遵循以大量试验为支撑的技术途径。

随着计算机和计算数学的发展,计算流体力学、计算固体力学和计算传热学、计算燃烧学等取得了长足的进展,为深入认识发动机内部复杂物理机理、优化设计和加速工程研制进程、逐步减少对试验的依赖起着非常重要的作用。但是由于上述诸多科学问题尚未解决,纯理论的数值计算不能完全准确反映客观真实,因而不能完全据此进行工程研制。目前先进国家的做法,仍是依靠以试验数据为基础建立起来的经验关联关系。在数值技术高度发展的今天,人们正在做出很大的努力,利用试验数据库修正纯理论的数值程序,以期能在工程研制中发挥更大作用。

钱学森先生曾提出技术科学的概念,它是搭建科学与工程之间的桥梁。航空发动机是典型的技术科学。而以试验为支撑的理论、经验关系、设计准则和规范等则是构建此桥梁的水泥、砖石。

对于航空发动机的科学、技术与工程之间的关系及其现状的上述认识将反映在本系列丛书中,并希望得到读者的认同和注意。

“发动机系列丛书”涵盖总体性能、叶轮机械、燃烧、传热、结构、固体力学、自动控制、机械传动、试验测试、适航等专业方向,力求达到学科基本理论的系统性,内容的相对完整性,并适当结合工程应用。丛书反映了学科的近期和未来的可能发展,注意包含相对成熟的先进内容。

本系列丛书的编委会由来自高等学校、科研院所和工业部门的教师和科技工作者组成,他们都有很高的学术造诣,丰富的实际经验,掌握全局,了解需求,对于形成系列丛书的指导思想,确定丛书涵盖的范围和内容,审定编写大纲,保证整个丛书质量,发挥了不可替代的重要作用。我对他们接受编委会的工作,并做出了重要贡献表示衷心感谢。

本系列丛书的编著者均有很高的学术造诣,理论功底深厚,实际经验丰富,熟悉本领域国内外情况,在业内得到了高度认可,享有很高的声望。我很感谢他们接受邀请,用他们的学识和辛勤劳动完成本系列丛书。在编著中他们融入了自己长期教学科研生涯中获得的经验、发现和创新,形成了本系列丛书的特色,这是难能可贵的。

本系列丛书以从事航空发动机专业工作的科技人员、教师和与此专业相关的研究生为主要对象,也可作为本科生的参考书,但不是本科教材。希望本丛书的出版能够有益于航空发动机专业人才的培养,有益于提高行业科学技术水平,有益于航空工业的发展,为中国航空事业做出贡献。

陈懋章

2013 年 12 月

再 版 说 明

本书第 1 版上市后受到了读者的喜爱。随着学科的发展,本书所涉及知识体系亦有更新。为满足读者的需求,同时跟上学科的发展,因此决定再版。

第 2 版除了做一些文字上的修改外,还有如下几方面增补:(1)在 3.1.2 节的控制计划中,增加了涡扇发动机可调几何位置的控制计划的描述,这样对控制计划的描述更加全面。(2)增加了一些工程实用性更强的方法。例如,增加了7.5 节"基于 Kalman 滤波的气路健康评估",Kalman 滤波是经典而历久弥新的方法,期待会得到广大设计师和工程师们的欢迎和使用。(3)第 8 章介绍的是国外大飞机涡扇发动机典型控制系统,本次修订将其中的名词术语都调整为国内大飞机公司习惯使用的术语,便于工程上使用。

作 者
2022 年 1 月

前　　言

20世纪后期以来,航空燃气涡轮发动机控制系统最具有革命性的进展无疑是由液压机械式控制向数字式电子控制发展。数字电子技术由于具有强大的计算能力和逻辑推理功能,又大大推动了发动机控制技术的发展。正是由于数字式电子控制提供了技术手段,才为一系列先进控制技术在发动机上的应用奠定了基础。21世纪以来,在现代先进航空燃气涡轮发动机的需求牵引和高速发展的计算机技术的推动下,航空燃气涡轮发动机控制技术又取得了长足的进步。各种新技术不断涌现,并得到不同程度的应用。

发动机控制系统通过传感器收集各种信息,并发出控制指令,通过执行机构控制发动机的运行,使发动机提供飞机所需要的推力或功率。而且,发动机控制系统能够监视发动机的健康状态,报告健康信息,作出维修决策等,可见其统管发动机的运行。过去把发动机控制器看作发动机的附件,现在,可以说发动机控制系统是发动机的大脑和神经系统。

正是由于航空燃气涡轮发动机控制系统的飞速发展,所以需要一本既能系统论述发动机控制系统分析和设计的基本问题,又能反映发动机控制系统发展的新技术的参考书。本书作者不顾才疏学浅,以此为目标撰写本书。本书是作者长期从事发动机控制专业教学和科研工作的提炼和总结,也力求反映国内外的最新研究成果。希望本书能为从事发动机和发动机控制行业的教学和科研技术人员提供有益的参考,也能为相关专业高年级本科生以及硕士和博士研究生提供有益的指导。

作为大飞机系列丛书的一本分册,本书将以大飞机发动机控制系统为主要对象。大飞机发动机一般都采用高涵道比涡扇发动机,因此本书将不涉及涡轴和涡桨等发动机的一些特殊的控制问题,至于涡喷发动机控制系统的设计问题则几乎完全可以被涡扇发动机控制所覆盖。此外,商用和军用涡扇发动机控制系统虽有某些差别,但是涡扇发动机控制系统设计有其自身的规律,其共性居多,尤其是基础理论很难严格区分。本书将不刻意区分军用和商用,但是对于一些专门用于军用战斗机的发动机,又不可能用在大飞机发动机中的控制技术,例如加力控制系统等问题,本书将不予涉及。尽管本书主要讨论航空燃气涡轮风扇发动机控制系统的分析与设计问题,但其基本原理也适用于其他燃气涡轮发动机控制系统。

本书由南京航空航天大学的孙健国、李秋红、张海波和中国航发控制系统研究所的杨刚合作撰写,其中孙健国执笔第1章、第2章的2.1~2.5节和第8章,李秋红执笔第2章的2.6节、第5章的5.1~5.3节、第6章的6.2~6.4节和第7章,杨刚执笔第3章、第4章和第6章的6.1节,张海波执笔第5章的5.4~5.6节,最后由孙健国统稿全书。

本书第1章介绍了航空燃气涡轮发动机控制的基本概念,发展历史及其展望以及对控制系统的设计要求,通过本章,读者可以对发动机控制系统有一个基本的了解。第2章论述了航空燃气涡轮发动机数学模型的建立方法,不同于发动机总体行业的详细的气动热力学模型,本章重点论述与发动机控制系统密切相关的,且在发动机控制系统研制中需要用到的数学模型的建模方法。具体包括部件级(实时)模型、状态变量模型、智能模型、自适应模型和组件对象模型。第3章论述航空燃气涡轮发动机稳态控制律的设计方法,在介绍了发动机的共同工作和控制计划后,先论述单转子发动机稳态控制,以便于更清楚地认识控制律的本质。主要论述了零极点对消设计方法以及根轨迹和频率响应设计方法,再进一步论述双转子(涡扇)发动机稳态控制。第4章论述航空燃气涡轮发动机过渡态控制律的设计方法,主要论述了基于程序的过渡态控制(开环控制)以及基于转加速度($\dot{n}$)的过渡态控制(闭环控制),又进一步论述了过渡态控制中的非线性问题、限制保护控制器设计以及控制综合问题。第3、4章的内容是目前已经得到普遍使用的方法,是作者长期从事工程设计实践经验的总结。第5章进一步阐述了航空燃气涡轮发动机先进控制技术,包括发动机鲁棒控制、智能控制、性能蜕化缓解控制、性能实时优化控制、涡轮主动间隙控制以及主动稳定性控制。上述先进控制技术中的部分技术目前尚未在工程上得到普遍使用,但是随着对发动机控制系统要求的日益提高,这些先进控制技术一定会在今后先进的航空发动机中发挥越来越重要的作用。第6章论述航空燃气涡轮发动机容错控制,首先论述基于系统重构的多通道容错控制,进而论述基于支持向量机的传感器解析余度技术、基于离线训练神经网络的传感器解析余度技术、基于控制器切换的主动容错控制以及基于模型的执行机构故障诊断技术。第7章论述航空燃气涡轮发动机健康管理,在对发动机健康管理系统进行概述后,介绍了发动机健康监视系统,并进一步论述了基于模型的发动机健康评估以及发动机故障定位技术。第6、7章的内容关乎发动机运行的安全,其中部分技术已经得到实际应用,尚未得到应用的部分也如同前面的先进控制技术那样,会在今后先进的航空发动机中发挥越来越重要的作用。第8章介绍了现代大飞机涡扇发动机的一个典型控制系统,通过本章,使读者对具体大飞机发动机控制系统的概貌有个了解。在有关章节,作者尽量用算例对所论述的方法给予验证,使得读者更清楚如何使用这些方法。

作者要感谢杨蔚华、何必海提供有关大飞机发动机控制系统的资料以及相关的技术咨询。还要特别感谢作者的硕士生和博士生们。长期以来,在他(她)们攻读学位期间,与作者共同从事科学研究,取得一系列研究成果,成为本书重要的资料来源。

最后,作者诚恳地表示,由于我们学识浅薄,水平有限,书中存在的不当和错误,敬请读者批评指正。

作　者

2014 年 1 月

符 号 表

A	面积	cm^2
B	涵道比	
c_p	比定压热容	$J/(kg \cdot K)$
c_V	比定容热容	$J/(kg \cdot K)$
EPR	发动机压比	
f_a	油气比	
F	推力	N
h	焓	J/kg
H	飞行高度	km
J	转动惯量	$N \cdot cm \cdot s^2$
K	增益	
L	长度	cm
Ma	飞行马赫数	
MTBF	平均无故障间隔时间	
MTBM	平均维修间隔时间	
n	转速	r/min
N	功率	$N \cdot cm/s$
P	压力	N/cm^2
N_{EX}	高压涡轮的抽功量	$N \cdot cm/s$
PLA	油门杆角度	°
R_A	气体常数	$44.83\,N \cdot cm/(kg \cdot K)$
R_u	燃油流量比	
SM	喘振裕度	
S_n	熵	
sfc	单位耗油率	$kg/(s \cdot N)$
t	时间	s

T	温度	K
	时间常数	s
TO	起飞	
υ	速度	km/h
V	容积	cm^3
W	质量流量	kg/s
α	飞机攻角	°
β_F	风扇进口可调叶片角度	°
β_C	高压压气机进口可调静子叶片角度	°
γ	比热容比	
δ	相对海平面的总压比	
η	效率	
η_m	机械效率	
θ	相对标准大气条件的总温比	
π	增压比	
π_T	涡轮膨胀比	
σ	总压恢复系数	

下标:

A	附件
ac	加速
B	燃烧室
a	空气,执行机构
b	增压级
C	压气机
cmd	指令
cor	换算参数
dc	减速
d	微分
err	偏差
e	发动机
F	风扇
f	燃油
g	燃气
H	高压,海平面
hb	风扇轮毂
I	进气道

idl	慢车状态
i	积分
L	低压
max	最大
min	最小
p	比例
sT	起动
s	静参数
T	涡轮
tp	风扇叶尖
t	总参数

截面号(按 GJB 2103A - 97)

0—大气

1—进气道进口

2—进气道出口/风扇进口

21—风扇内涵出口

22—增压器进口

23—增压器出口

25—压气机进口

3—压气机出口/燃烧室进口

4—燃烧室出口/高压涡轮进口

41—高压涡轮出口

42—低压涡轮进口

5—低压涡轮出口

13—风扇外涵出口

19—外涵喷管出口

8—喷管喉道

9—内涵喷管出口

目　　录

1 绪　论

　　燃气涡轮技术由于具有高效率和高可靠性而广泛应用于地面、海上和空中的各种推进系统、动力装置和发电设备中，其中用于飞机的航空燃气涡轮发动机无疑是其最重要的应用之一。航空发动机是飞机的动力源，用于产生飞机飞行所需要的推力或功率，常被比喻为飞机的"心脏"。而发动机控制系统通过传感器收集各种信息，并发出控制指令，通过执行机构控制发动机的运行；另一方面它监控发动机的健康状态，报告健康信息，作出维修决策等。可见控制系统统管发动机的运行，可以说是发动机的"大脑"和"神经系统"。

　　随着航空发动机技术的进步，航空发动机性能不断提高，其结构和系统变得越来越复杂，对可靠性的要求也越来越高，使得发动机控制系统的重要性越来越突出。过去单输入/单输出的液压机械式调节器只用燃油流量调节发动机转速一个参数，现代多变量的全权限数字式电子控制（full authority digital electronic control，FADEC）是多输入/多输出控制器［也有资料称其为全权限数字发动机控制（full authority digital engine control）］。从控制原理的角度讲，控制器分为调节器与跟踪器两大类，调节器的功能是使被调节对象的某个参数保持不变，而跟踪器的功能是要使被控对象的某个参数跟踪控制指令给定的随时间变化规律。显然现代FADEC包含了调节器与跟踪器两者的功能，其功能已大大超过以前的调节器。过去常常把发动机调节器看成发动机的一个附件，现在用"附件"已不足以描述发动机控制系统的重要性，将控制系统比作发动机的"大脑"和"神经系统"已不足为过。

　　一般的闭环控制系统原理方框图如图1-1所示，由图可见，控制系统主要由被控对象、传感器、控制器和执行机构所组成。发动机闭环控制系统原理方框图也一样，只是其中的被控对象为发动机。作为被控对象的航空燃气涡轮发动机结构十分复杂，处于高温、高速、高压等，并有可能有强振动恶劣工作环境，且涉及多门学科：空气动力学、流体力学、固体力学、热力学、化学、材料科学和控制论科学等，航空燃气涡轮发动机是目前最复杂的机械设备之一。本书将主要从系统的角度来讨论其中控制器的分析与设计问题。传感器和执行机构种类繁多，其技术涉及的范围很广,而在发动机控制系统设计中往往用简单的一阶或二阶动态模型来描述传感器和执行机构。限于篇幅,本书不讨论传感器和执行机构的理论建模问题。但是,鉴于传感器在控制系统中的重要地位,而它又是一个故障多发部件,本书虽不研究传感器本身,仍将从系统角度讨论传感器的解析余度技术。

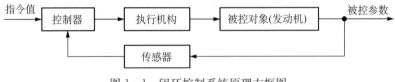

图 1-1 闭环控制系统原理方框图

大飞机发动机一般都采用高涵道比涡扇发动机,因此本书将不涉及涡轴和涡桨等发动机的一些特殊的控制问题,至于涡喷发动机控制系统的设计问题则几乎完全可以被涡扇发动机控制所覆盖。涡扇发动机控制在一定程度上是涡喷发动机演变而来,它们有很多共性,因此,本书也会讨论一些涡喷发动机控制问题,再进一步讨论涡轮风扇发动机控制系统。此外,商用和军用涡扇发动机控制系统虽有某些差别,但是涡扇发动机控制系统设计有其自身的规律,共性居多,尤其是基础理论很难严格区分。本书将不刻意区分军用和商用,但是对于一些专门用于军用战斗机的发动机,又不可能用在大飞机发动机中的控制技术,例如加力控制系统等问题,本书将不予涉及。各章的内容会尽量考虑大飞机发动机的特点,对于大飞机发动机控制有关的一些特殊问题,例如高涵道比涡扇发动机的建模特点等,本书会做专门说明,并将介绍典型的大飞机发动机控制系统。尽管本书主要讨论航空燃气涡轮风扇发动机控制系统的分析与设计问题,但其基本原理也适用于其他燃气涡轮发动机控制系统。

本书要求读者具有自动控制原理和现代控制理论方面的专门知识,此外,只有掌握发动机的工作原理,才能完成发动机控制系统设计任务。因此,还需要具有燃气涡轮发动机原理方面的知识。

1.1 航空燃气涡轮发动机控制系统的组成、功能和基本原理

1.1.1 控制系统的组成

除了被控对象发动机外,发动机控制系统由各种各样的元部件所组成,例如各种控制装置(电子的或液压机械的)、燃油计量装置、燃油泵、执行机构、热管理系统、传感器、温度开关和转换器等。这些元部件按功能可归纳为 3 类:测量元件、计算元件和计量执行元件。

其中测量元件用于速度、压力、温度和位置等参数的测量,例如可用磁探头、振动缸、变换器和热电偶等测量元件完成上述测量。过去几十年中,这些测量元件在技术上的发展相对较慢,不过,近年来随着光学技术的发展,对位置和温度的测量有

望依靠光学技术而得到发展。燃油计量技术的发展也比较稳定,例如,现在的燃油计量装置和燃油泵,由于离不开燃油介质,都仍然是液压机械。然而计算技术在过去几十年却在持续不断地迅猛发展,早期的计算元件是液压机械的,用于计算控制指令等,然后发展出了模拟式电子元件计算装置,现在已被数字计算机所替代。这种技术革新促使发动机控制引入了一些新的元器件,如计算机接口、各种信号转换器和放大器等。例如,力矩马达就是用来转换并放大电信号的。以上元部件组合在一起协调工作构成发动机控制系统,以完成控制系统的功能。

1.1.2 控制系统的功能和基本原理

飞机的飞行条件和飞行任务在不断地变化,如起飞、爬升、巡航、机动飞行、下降、着陆和滑跑等,因此飞机所需要的推力也是不断变化的,发动机就要相应地改变推力(或功率),以适应不同的飞行任务。发动机控制系统要安全可靠,又要以优良的动静态品质控制发动机的工作状态,来改变发动机的推力或功率,以满足飞机飞行的需要。

早期的发动机控制系统比较简单,例如,J47涡喷发动机只有燃油流量一个控制变量。对这种简单的控制,液压机械式控制系统完全能够胜任,而且工作可靠,在航空发动机控制的发展历程中发挥过十分重要的作用。早期典型的液压机械控制都是用燃油流量来控制发动机的全部运行状态。液压机械式控制系统的主要功能为:调节发动机转速,以保持发动机具有一定推力的稳态控制;起动、加速、减速的过渡态控制;超转、超温、超压限制和防喘保护;军用发动机还有加力系统的接通和断开等。液压机械式控制器使用弹簧、凸轮、杠杆、膜盒以及各种阀门等元件来实现上述控制功能。

但是随着飞机和发动机性能的提高,对发动机控制系统提出了越来越高的要求,液压机械式控制已不能适应现代航空发动机对控制系统的要求。另一方面,计算机技术的迅猛发展推动航空发动机采用数字式电子控制技术,由于计算机有强大的计算能力和逻辑推理功能,发动机数字式电子控制的功能也大大增强了。

除了具有上述液压机械式控制的功能外,采用数字式电子控制的发动机控制系统功能还有:实现发动机多变量控制、实现先进的控制模式、自动推力设定、自动温度限制、发动机状态监视与健康管理、控制系统容错、与飞机其他电子系统进行通信等,还可为实现飞行/推进系统综合控制提供技术手段。现代航空发动机控制系统已发展为全权限数字式电子控制(FADEC),这里"全权限"的含义是指,从发动机起动开始到发动机运行再回到发动机熄火的全过程,都由控制系统根据驾驶员发出的指令来控制发动机的运行,以保证发动机发出需要的推力(或功率)。

上述发动机控制系统的主要功能可以归纳为三点:①在给定的油门杆位置下,保持推力在特定水平;②在不同的推力水平间过渡时提供良好的性能;③保证运行安全。其中前两个功能是控制发动机运行时的功率水平,称之为功率管理;第三个功能是要保护发动机不超过它的物理极限和安全极限,称之为保护逻辑[1]。

　　典型的航空发动机闭环控制系统的方框图如图 1-2 所示,由图可见,驾驶员在驾驶舱按照飞机所需要的推力,给定油门杆角度,再基于飞行条件转换成可测量的发动机参数作为发动机被控变量,在大飞机发动机中一般采用发动机压比(engine pressure ratio, EPR)或风扇转速 n_L 为被控参数。传感器测量该发动机被控参数,将测量值反馈到输入端与给定值进行比较,将两者的误差输入到稳态控制器,控制器按照预先设计的控制律计算控制指令 W_{fcmd},执行机构执行控制器的控制指令,用燃油流量 W_f 等控制量对发动机工作状态进行控制,使得发动机输出的被控变量符合给定值,并使发动机产生飞机所需要的推力。

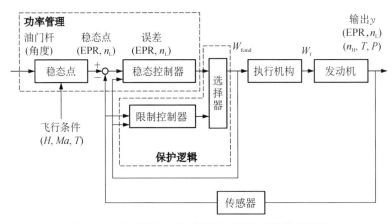

图 1-2　典型的航空发动机闭环控制系统的方框图

　　图中的限制控制器可保护发动机的输出参数 y 不超过极限值,限制控制器必须与主控制回路的稳态控制器综合协调工作。图中选择器的功能是,只有当输出参数超过极限值时才选择限制控制器工作。通常限制控制器用比例-积分-微分(PID)控制,其中包含微分控制作用,该微分控制可以起到一个提前的保护作用,因为微分控制是基于输出参数 y 的变化率来进行控制的。当被保护的变量 y 接近其极限值时,便可提前发出保护信号,来调低燃油指令 W_{fcmd},从而减小发动机的输出量,起到保护作用。

　　既然发动机控制的主要功能是要控制发动机的工作状态来改变发动机的推力,以满足飞机不同飞行任务的需要,我们自然会想到,如果能直接控制推力,那是最理想的。但是,按目前的技术水平,还不能在飞行中准确测量推力的大小,这样就难以直接控制推力,因此我们应该选择与推力最具有相关性的发动机参数作为被控参数进行控制,以间接控制推力的大小。在飞行中推力与通过发动机的空气流量有很强的相关性,推力随空气流量的增减而增减,又由于发动机压比与空气流量具有强相关性,也就与推力具有强相关性,在大飞机发动机中广泛采用 EPR 作为被控参数。此外,也可以选择风扇转速也就是低压转子转速 n_L,或核心机转速也就是高压转子转速 n_H,作为被控变量,但是 n_L 与推力的相关性比 n_H 与推力的相关性更强,因为风扇通过产生推力的全部空气流量,而核心机转速仅与通过核心机的那部分空气流量有关。在大飞机使用的大涵道比涡扇发动机中,通过核心机的空气流量只占全部空气流量的一小部分,大部分空气流量通过风扇外涵道,所以风扇转速 n_L 对空气流量的影响远大于核心机转速 n_H 的影响,因此在大飞机发动机控制中,得到广泛采用的最有效的被控参数是 EPR 和 n_L,如图 1 - 2 所示。现在通用电气公司(GE 公司)的大飞机发动机一般采用 n_L 为被控制量,而普惠公司(P&W 公司)和罗罗公司(R - R 公司)的大飞机发动机一般采用 EPR 作为被控制量,并把 n_L 作为备用被控制量。

1.2　航空燃气涡轮发动机控制系统的发展及展望

随着航空发动机性能和可靠性的不断提高,对控制系统也提出了越来越高的要求,这种要求促使发动机控制系统发生了深刻的变化,通过几十年的发展,大致可归纳为以下几个方面:由液压机械式控制向数字式电子控制发展,由单变量控制向多变量控制发展,由各分系统独立控制向综合控制发展,由非容错控制向容错控制发展,由集中式控制向分布式控制发展,由基于传感器的控制向模型基控制发展,由简单的故障诊断向健康管理发展,以及各种主动控制技术的涌现,下面分别进行介绍。

1.2.1　数字式电子控制

20 世纪后期以来,发动机控制系统最具有革命性的进展无疑是由液压机械式控制向数字式电子控制发展,这种发展却经历了相当长的过程才得以完成。

前面已经提到早期的航空发动机都采用液压机械式控制,它很好地满足了当时航空发动机对控制系统的要求,在一定的历史阶段发挥了十分重要的作用,液压机械控制系统发展到 20 世纪 70 年代,故障率已经相对比较低了(每千小时 0.1),这样的故障率引起飞行中熄火的概率是每千小时 0.01[2]。但是它结构复杂,由数千个零件组成,且尺寸大、重量重,其控制功能也难以满足现代航空发动机发展的需求。还需要指出的是,液压机械式控制器的性能和可靠性的改进主要来自运行经验的积累和结构的改进,而不是技术改进。在 20 世纪 70 年代,航空发动机控制的液压机械技术几乎已达到了技术顶峰。例如 CFM56 - 3 和俄罗斯的 AJI - 31Φ(AL - 31F)涡扇发动机的原型机等仍然采用液压机械控制,其内部结构已极为复杂,采用三维凸轮等空间机构来实现复杂的控制规律及复杂的计算功能。若发动机对控制系统的需求进一步提高,必将使液压机械式控制器更加复杂,导致尺寸、重量以及成本的进一步增加,无法在工程上得到实际应用,促使人们寻求新的控制技术。

早在 20 世纪 40 年代后期 GE 公司在 J47 - 17 涡喷发动机上就曾经使用模拟电子技术,但是把模拟电子技术真正引入航空发动机控制是 20 世纪 70 年代。早期应用模拟式电子控制的发动机有 R - R 公司的 Conway、Spey 和 RB211 发动机[3]。模拟式电子控制往往与液压机械式控制组合应用,控制系统由全液压机械式部件和模拟电子式的校正控制组成,其中模拟电子式的校正控制用于温度或转速限制等局部功能。全权限的模拟式电子控制用得很少,历史上只有 Olympus 发动机和 RB199

军用发动机采用全权限的模拟式电子控制[2,3]。值得一提的是,1976 年 Lucas Aerospace 和 R-R 公司联合开发的第一台双通道发动机控制系统用于 Olympus 发动机,并进行了 50 小时飞行试验,这是世界上首次对民用的全权限发动机控制系统进行飞行试验,但是这是模拟式电子系统[3]。

随着对发动机控制的要求不断地提高,液压机械技术和模拟式电子技术显示了明显的局限性。这可以从以下几方面来看:①应用方面。为了满足复杂的需求,液压机械和模拟式电子控制都需要专用元件,对于新的应用必须开发新的元部件,这需要很高的成本,控制系统的模块化结构也只能稍微缓解这个缺陷;②综合性。液压机械和模拟式电子控制几乎都不能提供综合控制功能,它的主发动机控制、加力控制、喷口控制和进气道控制都是独立进行控制的;③复杂性。液压机械和模拟式电子控制最严重的不足就是不能适应日益增加的发动机复杂性的需求。在 20 世纪 70 年代,开发了不少高推力发动机,其特征是有许多需要精确测量和计算的参数,例如不断增加的涵道比,使得在发动机运行时的推力计算很困难。实际上,低涵道比发动机,例如 P&W 公司的 JT8D 发动机,只需要对功率杆做有限的调整,发动机推力近似由核心机转速和压气机进口温度决定。高涵道比意味着有更高百分比的发动机推力由风扇和外涵道产生,为了避免超转、超温,就需要更频繁地调整功率杆,其后果是推力计算更复杂了,需要驾驶员更频繁地进行功率设定。

随着数字计算机技术的迅猛发展,它强大的计算功能及逻辑推理能力使得数字式电子控制逐渐显示出巨大的优越性,可以归纳数字式电子控制几个主要的无可争辩的优点:①在同样的控制功能下,数字式电子控制的尺寸和重量显著下降,为提高发动机推重比做出贡献;②驾驶员可以无约束地操纵油门杆,过去采用液压机械式控制时,驾驶员推拉油门杆速度要适当,太快了会增加发动机负荷,甚至导致发动机喘振,太慢了又不符合性能要求。采用数字式电子控制后,发动机加减速速度由软件控制,驾驶员可以不受约束地任意推拉油门杆,大大减轻驾驶员负担;③控制系统的调整修改十分方便,若发现问题只要修改软件中的几条代码就可以了。美国装备 F100 发动机的 F-15 飞机在飞行包线左上区域飞行时,曾发生过控制系统振荡的现象,经分析后在软件中调整控制系统增益,一个晚上就解决了问题;④大大增加了与飞机上其他系统进行综合的能力,通过飞机上的总线系统,发动机控制系统可与飞机上的其他系统,如飞控系统、火控系统等进行信息交流与综合,实现综合控制,以发挥发动机的性能潜力,提高飞机性能;⑤增加了发动机故障诊断能力,一方面,采用数字式电子控制大大提高了机载记录发动机状态参数的能力,为故障诊断提供充足的数据;另一方面,计算机强大的计算功能和逻辑推理能力,为先进的故障诊断以至于健康管理提供了有力手段,采用数字控制后,故障诊断能力的提高是十分显著的。

虽然人们都认识到数字式电子控制的优越性,但是出于对数字式电子控制技术可靠性的担忧,数字式电子控制的实际应用还是经历了一个缓慢的过程。在 20 世纪 60 年代，不论是发动机还是发动机控制领域的专业人士，对发动机数字式电子控制的功能和可靠性都还不十分了解。1965 年 Bristol Siddeley 发动机使用数字式电子控制进行了发动机台架试验，以后开展了一系列的验证试验，但是各个航空公司和发动机制造商没有实际应用的经验，仍然不敢使用数字式电子控制发动机。

直到 1974 年，首先是 P&W 公司的军用 F100 发动机监控系统采用数字式电子控制技术[3]；而商用飞机则是在约 10 年后的（1983 年）波音 757 客机的 Lucas Aerospace System 上应用数字监控系统，其中主要的控制功能仍然由液压机械装置来完成，而数字电子部分只用于对飞机和发动机的安全不会产生重大影响的功能，例如推力管理、性能校正等。但是数字监控技术的应用提供了在飞行环境下应用数字电子技术的经验，对促进发动机数字控制技术的应用具有重要作用。在此后较长一段时间内，模拟式电子、数字式电子、液压机械以及流体技术都混合应用于发动机控制系统，表 1-1 以 RB211 和 TRENT 发动机为例反映了这种混合应用的状况[3]。

表 1-1 各种技术混合应用于发动机控制系统的实例

发动机型号	计算功能				
	燃油流量	放气阀	燃油校正	超速限制器	
				转速限制器	轴损坏保护
RB211-535	液压机械	模拟	数字	机械	机械
RB211-524	数字	气动	数字	机械	数字
Trent	数字	数字	数字	机械	数字

F100 发动机的数字电子发动机控制（digital electronic engine control，DEEC）系统是最早进行飞行试验的 FADEC，该 DEEC 是从 F100 发动机液压机械控制器的监控 EEC 演变而来，有效地将开发时间从几个月缩短到几周，表明数字式电子控制技术具有改进发动机开发周期的能力[4]。

20 世纪 80 年代中期第一台双通道数字式的 FADEC 在 P&W 公司 2037 发动机上进入服役，军机上应用双通道的 FADEC 要略为滞后一些，装备 Panavia Tornado 的 RB199 是首次使用双通道 FADEC 的军用发动机。1987 年后，大型的商用涡扇发动机都装备了双通道 FADEC[3]。

再来看看国内航空发动机数字式电子控制的发展情况。近 30 年来，国内发动机数字控制技术的发展也经历了与国外类似的过程：从看到数字控制的优越性，却又怀疑数字控制的可靠性，到最终应用数字控制。所不同的是，在 20 世纪 80 年代，刚开始从液压机械式控制技术转向开发电子控制技术时，国内航空发动机控制的业内人士已经认识到模拟式电子技术的缺点，跳过了模拟式电子控制技术阶段，直接开展数字电子技术的研究，至今已经成功地研制成了数字式双通道 FADEC，并已获得实际应用，实现了跨越式发展。

数字控制技术的应用改变了控制系统中有关元部件重要性的排位，表 1-2 对比了1985年和1996年发动机控制系统中五种重要元部件重要性排位的变化[3],这个排位由美国发动机控制供应商提出,并经另两位总工程师复核。由表可见,在1996年,软件已经是整个发动机控制系统中最重要的部分,液压机械装置的重要性已相对下降了。这种排位的变化反映了技术的进展,过去液压机械装置的许多功能转给电子控制装置来承担,液压机械装置的复杂性也转为软件的复杂性,软件的重要性排在首位是合理的。

表1-2   发动机控制系统中一些关键元部件重要性排位的变化

排位	1985年	1996年
1	液压机械元部件(包括燃油计量装置)	软件
2	电子元部件	电子元部件
3	软件	液压机械元部件(包括燃油计量装置)
4	执行机构	执行机构
5	燃油泵	燃油泵

需要指出的是,数字式电子控制的弱点是抗电子干扰能力差,考虑到现代战争中电子干扰技术的应用,液压机械式控制在一定时期内作为备份控制在军用飞机发动机上仍然有重要使用价值。此外,即使不采用液压机械备份,在数字式电子控制中,仍然离不开燃油泵等液压执行机构,在采用了FADEC系统的航空发动机中,液压机械装置仍然是不可缺少的部件。

1.2.2   多变量控制

早期的航空发动机性能不高,推力不大或者功率较低,一般只需要燃油流量一个控制变量来控制发动机转速,就能满足对发动机控制的要求。随着对航空发动机性能要求的提高,除了燃油流量外,还需要变几何控制,需要控制的变量日益增加,例如F100发动机有7个控制变量,而装有PW1128发动机的F-16XL飞机的飞行/推进系统综合控制系统有多达24个控制变量,其中17个控制变量是控制推进系统的。现代航空发动机常用的控制变量有燃油流量、风扇和压气机导流叶片角度以及静子叶片角度、放气阀位置、喷口面积、矢量喷管角度、反推力装置位置、涵道比、高低压涡轮间隙、压气机叶尖间隙等。除此之外,还有一些离散量的控制和开关控制,如点火、防冰、高低压燃油切断阀、起动机空气阀等。

在开始应用多个控制变量时,普遍采用相继回路闭合设计技术,其设计思想如下:用单变量控制方法设计其中一个控制回路时,假定其他回路保持在稳态,再以同样方法设计下一个回路。这种方法在工程应用中是成功的,例如发动机转速和风扇进口导流叶片角度两个控制回路的设计,加力系统中转速和涡轮膨胀比两个控制回路的设计等,都是采用这种方法。这种方法能成功的原因是所设计的两个回路工作在不同的频率段,相互间的动态干扰比较小。当控制变量进一步增加时,各个控制回路的频率段可能相互交叉重叠,其耦合作用会很强,仍然用单变量控制的方法去设计多变量控制系统,必将难以获得满意的效果。现代控制理论的发展为多变量控制系统的设计提供了有效手段,其中有不少方法在发动机控制系统的设计中得到应用。

在 20 世纪 70 年代,美国空军莱特航空实验室(AFWAL)和 NASA 以 F100 发动机为对象开展了一项规模较大的多变量控制综合(multivariable control synthesis,MVCS)研究计划[5],该计划采用线性二次型调节器(linear quadratic regulator,LQR)。LQR 是一种鲁棒性非常好的调节器,在理论上它具有无限大的幅值裕度和大于 60° 相角裕度,而且 LQR 调节器的结构简单。关于 LQR 的鲁棒性,可参见本书 5.1 节。该研究计划从仿真试验一直到在 NASA 成功地完成高空台试验,试验表明基于 LQR 的控制器设计技术具有良好的鲁棒性,但是当时并没有进行飞行试验。分析其原因如下。

(1) 用这种方法时,发动机模型需要在飞行包线的许多飞行点上进行线化,对每个飞行点都必须解 Riccati 方程求得反馈增益矩阵,每一点的发动机线性化模型及 LQR 反馈增益矩阵都要存储在计算机中,这样增加了对机载计算机的存储要求。这对当时的计算技术来讲,是需要考虑的一个因素。

(2) 线性化飞行点的数目总是有限的,MVCS 计划在飞行包线内选了 10 个点做高空台试验。在实际飞行中,飞行包线内其他点的线性模型及 LQR 增益只能用插值法近似求得。但 LQR 方法对模型的精度比较敏感,用插值法引起的模型误差会导致性能偏离最优,甚至系统不稳定。

(3) LQR 是一种调节器,我们在前面讲过,调节器只能保持被控制量稳定不变,但是在发动机加减速时,要求发动机控制器具有跟踪控制功能。LQR 用于跟踪器时不能保证没有稳态误差,这显然不能满足发动机控制的要求,这或许是 LQR 方法不能进一步应用的主要障碍。

在 20 世纪 80 年代,美国以 F100 涡扇发动机和 T700 涡轴发动机为对象,开展了带有回路传递恢复的线性二次型高斯(linear quadratic Gaussian/loop transfer recovery,LQG/LTR)控制方法研究,该控制系统的原理方框图如图 1-3 所示。对 F100 发动机的 LQG/LTR 控制系统,其控制向量 $u(t)$ 由主燃油流量、尾喷口面积、风扇进口导流叶片角和高压压气机静子叶片角 4 个量组成,输出向量 $y(t)$ 由风扇转速、压气机转速、压气机出口压力和风扇涡轮进口温度 4 个量组成,$r(t)$ 为指令信号

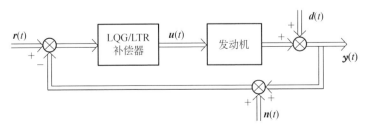

图 1-3　发动机 LQG/LTR 多变量控制系统原理方框图

向量,$d(t)$ 和 $n(t)$ 分别为干扰向量和测量噪声向量。这是一个典型的发动机四输入/四输出的多变量控制系统,其中 LQG/LTR 补偿器考虑了各控制回路间的耦合作用,完全按多变量控制系统进行设计,不仅使各个回路间能够较好地解耦,而且使系统有较好的鲁棒性。其他如 H_∞ 等多变量鲁棒控制方法也受到发动机控制行业的关注。

将多变量控制技术用于航空发动机经过了将近 30 年的研究,P&W 公司的 F135 发动机 FADEC 使用多变量控制技术设计控制规律,并在 2000 年进行了飞行试验,这是航空发动机使用多变量控制技术的首次飞行试验[4]。

近年来,国内各航空高等院校与有关研究所也对航空发动机多变量鲁棒控制开展了一系列研究,但是大都是数字仿真研究。其中南京航空航天大学与中国航发控制系统研究所和中国航发沈阳发动机研究所合作开展的增广线性二次型调节器(augmented linear quadratic regulator, ALQR)多变量控制方法不仅进行了数字仿真与半物理仿真试验,并进行了发动机台架试车,取得了很好的效果,这是国内用多变量控制方法设计的航空发动机控制规律首次成功进行的台架试车。ALQR 方法不仅保留了 LQR 方法鲁棒性好的优点,而且能够克服 LQR 方法用于跟踪控制时会有稳态误差的缺点,是一种很有前途的有望在航空发动机控制中得到实际应用的控制方法。关于 ALQR 的具体设计方法,可参见本书 5.1 节。

需要指出的是,国内外航空发动机专家们对于把现代多变量控制理论用于航空发动机控制开展了大量的研究工作,也取得了一系列令人鼓舞的成果,但是现代多变量控制理论用于航空发动机控制至今尚未达到普遍实用阶段,其原因分析如下。

(1) 上述现代多变量控制理论的一些算法都是基于线性系统理论提出来的,而航空发动机却是具有很强非线性的对象,将现代多变量控制理论用于航空发动机时,首先要把发动机的非线性数学模型在若干飞行包线点处线性化,再按各线化模型设计控制器。而变参数 PID 控制器也是采用这种方法进行设计。发动机控制系统的设计师们对经典的 PID 控制器十分熟悉,PID 控制器又比较简单,当变参数 PID 控制器能够满足设计要求时,他们往往偏爱经典的 PID 控制,使得现代多变量控制理论受到冷落。

(2) 上述多变量控制算法在理论上研究较多,工程应用研究不足。例如 LQG/LTR 方法是一种多变量鲁棒控制算法,但是 LQG/LTR 是高增益控制器,在工程环境中存在不可避免的噪声干扰,高增益控制器对噪声的放大,会使系统性能变坏,甚至不稳定。作者将 LQG/LTR 用于发动机控制并进行半物理仿真时就遇到这种现象。此外,用 LQG/LTR 和 H_∞ 等方法设计的控制器阶数较高,这也限制了它的工程应用。

但是,随着发动机性能的进一步提高,经典的 PID 控制算法必将难以满足航空发动机对控制系统越来越高的要求,发动机控制行业的设计师们一定会寻求适合航空发动机的先进控制算法。另一方面,现代控制理论在进一步发展,一定会有更好的适合于航空发动机的先进控制算法出现,前面提到的 ALQR 方法就是一种很有前途的适合于航空发动机的控制算法。近年来人工智能技术得到飞速发展,以人工神经网络、模糊理论和支持向量机等智能技术为基础的各种控制方法受到国内外航空发动机控制行业的普遍关注,这些方法本身就适用于非线性对象。目前的研究已经表明,基于人工智能技术的控制方法具有强大的生命力。现在商用大飞机发动机在故障诊断中已经使用人工神经网络技术,在不久的将来,先进的多变量控制算法必将在航空发动机控制中得到实际应用。

1.2.3 综合控制

现代飞机都有若干控制系统,例如飞行控制系统、发动机控制系统、火控系统和进气道控制系统等。按传统方式,这些控制系统都独立进行设计,不考虑相互间的耦合作用。实际上,飞机是一个整体,其各系统间的耦合作用是显而易见的。例如当飞机机动飞行时,飞行姿态发生变化,会使进气道流场畸变,影响发动机的工作;飞机发射武器产生的废气被发动机吞入后,也会造成发动机流场畸变,严重时,可导致发动机喘振以致熄火,对飞行安全造成威胁。另外,按照传统的各分系统独立设计的方法,即使每个分系统都达到最优,也难以保证整体系统是最优的。而且,为了安全起见,每个分系统必须以全系统处于最恶劣的工况来进行设计,于是不得不将系统设计得比较保守。例如,飞机作大机动飞行时迎角和侧滑角都很大,使发动机进口流场畸变大。在设计发动机和发动机控制系统时,为了保证在流场畸变大时发动机仍能稳定工作,必须把发动机喘振裕度设计得较大,这样在飞机做水平飞行等发动机进口流场畸变较小的飞行任务时,发动机喘振裕度就显得过于富裕。这意味着发动机性能不能得到充分发挥,要以牺牲发动机性能为代价来保证安全可靠。

另一方面,各个分系统间的耦合又有十分有利的一面,例如,在低速飞行和大机动过失速飞行时,飞机气动舵面产生的控制力矩不足,甚至可能因失速而失效,此时可以利用矢量喷管产生的推力矢量来参与飞行控制,使飞机在这些飞行条件下仍然具有良好的飞行控制能力。

综合控制技术是指,在系统设计中综合考虑各分系统间的耦合,利用其有利的耦合作用,排除其不利的作用,使系统整体性能达到最优。上面提到的矢量喷管,其推进系统已直接参与飞行控制,此时,把飞机和推进系统作为一个整体来设计相应的控制系统。美国 F-22 飞机装备的 F119 发动机采用二元矢量喷管,可上下偏转 20°,并把由 FADEC 控制的推力矢量角控制回路综合进飞控系统,直接参与飞行控制。

需要指出的是,在大机动飞行时,由于气流分离会导致气动舵面失效。另一方面,大机动飞行时,发动机进口流场畸变严重,也可能使发动机进入喘振,导致严重后果,这种情况下也无法用矢量喷管进行飞行控制。因此在大机动飞行时,必须同时采取必要的控制措施,例如,高稳定性控制或主动稳定性控制,保证发动机不进入喘振,才能用矢量喷管参与飞行控制。关于主动稳定性控制,可参见本书 5.6 节。

　　另一类综合控制设计技术并非把各个分系统组合成一个整体来进行设计,而是在各个分系统间进行信息综合,以便在分系统设计时考虑并利用其他分系统的信息,进行综合设计来对系统进行优化。在20世纪90年代,美国NASA开展性能寻优控制(performance seeking control,PSC)计划,在PSC中,驾驶员根据不同飞行任务的需要,对发动机发出不同优化控制模式的指令,PSC系统根据控制模式指令以及从飞行控制系统得到有关飞行姿态(飞行攻角和侧滑角等)和飞行条件(环境温度、飞行高度和马赫数)等信息,实时优化发动机的工作点,以执行指令所要求的控制模式,适应当前飞行任务的需要。例如,在巡航时采用最小油耗模式,在推力不变(飞机巡航速度不变)的前提下降低油耗;在爬升和平飞加速时采用最大推力模式,在保证发动机安全运行的前提下增加推力,可提高飞机爬升速度和平飞加速度;在起飞时采用最低涡轮温度模式,降低涡轮前温度,增加高温部件寿命。各种模式的综合运用,使发动机性能实现全局优化。以上模式都是在基本不改变发动机硬件,而且不超转、不超温、不进喘等保证发动机安全运行的前提下实现的。美国用F-15/F100作为PSC的研究平台,用PSC的各种模式进行了大量的飞行试验,表明PSC有很大的性能效益[6,7]。关于PSC的设计方法,可参见本书5.4节。

　　本书后面有关章节将对性能效益最显著的飞行/推进系统综合控制做专门介绍。

1.2.4　容错控制

　　采用了数字式电子控制技术后,利用计算机强大的计算能力、逻辑判断能力和决策能力,人们设计出了种种具有容错能力的容错控制系统。所谓容错控制系统是指,在出现某些故障的情况下,仍保持稳定,并按原定的性能指标完成控制任务,或性能指标虽有降低,但能安全地完成控制任务的系统。本书第6章将详细介绍容错控制技术。航空发动机常采用以下容错控制技术。

　　1) 余度技术

　　余度技术是指设计几个通道,其中一个通道工作,其他通道为备份通道,当一个通道出现故障时,另有一个通道投入工作。余度技术大致有硬件余度和软件余度,软件余度也叫解析余度。

　　硬件余度的几个通道均为硬件,它靠备份硬件来提供余度。余度通道的范围可大可小,应根据元部件的重要程度以及容易发生故障的概率来决定是否需要采用硬件余度。目前大飞机涡扇发动机普遍采用的双通道FADEC系统中,核心部件电子控制装置(electronic control unit,ECU)都有两套,有些比较重要而又容易发生故障的传感器或电磁线圈等也采用两套,而液压机械装置的尺寸较大,又比较重,发生故障的概率相对要低一些,一般不采用硬件余度。

　　上述硬件余度虽然提高了任务可靠性,但是由于增加了元器件,使个别元器件发生故障的概率增加,会降低基本可靠性。而且冗余的硬件毕竟增加了系统的尺寸和重量,并且需要新的安装空间,这对于航空产品来讲都是必须考虑的重要因素。

解析余度则不需要增加硬件,而是用解析的方法,为十分重要而又容易发生故障的传感器提供余度。通常解析余度使用现代控制理论中的最优估计方法或用人工智能的方法把一些传感器的测量值估计出来。当某个传感器发生故障时,就用相应的估计值代替测量值,使控制系统能继续工作。在实际系统中,往往硬件余度和软件余度混合使用。例如,在 T700 涡轴发动机和 F404 涡扇发动机等多种发动机中对于解析余度技术的应用进行了广泛的研究,而气路传感器的解析余度技术已经在 F‐22 飞机的 F119 发动机中得到实际使用[4]。关于余度技术的设计方法,可参见本书第 6 章。

2) 重构技术

重构技术是指在硬件余度的多个控制通道中,当各个通道都有元件发生故障时,只要能够把各个通道中的无故障元件重新组合成一个新的完整的通道,控制系统仍能继续工作。图 1‐4 为重构技术原理示意图。例如,如果采集模块 A、控制模块 B 和输出模块 A 发生故障,则 A 与 B 两个通道都不能单独工作;但是,如果能把采集模块 B、控制模块 A 和输出模块 B 三个无故障模块重新构成一个完整的无故障通道,系统便仍然能正常工作。

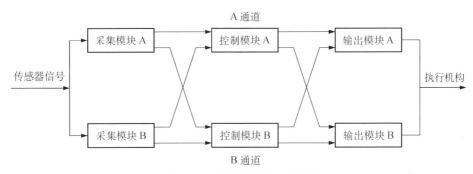

图 1‐4　重构技术原理示意图

3) 机内测试技术

机内测试(built-in test,BIT)技术是指在电子设备内部集成了对其自身故障进行自动检测的功能,并向外报告故障状态的技术,对电子设备提高可靠性和改善维修性具有重要作用。

20 世纪 60 年代后期,随着半导体集成电路技术的飞速发展,军用电子设备日趋复杂,迫切需要提高其安全性和可靠性,减少维修工作量,军用电子设备的设计师和维修工程师们对设备的设计、分析和测试引入了设备自测试和机内自测试等故障诊断和隔离技术。美军首先把 BIT 技术用于海军战斗机 F‐14、空军战斗机 F‐111 和 F‐15A 的某些电子设备。20 世纪 70 年代 F‐16 和 F/A‐18 采用的 BIT 技术还规定了虚警率指标,提高了故障检测和隔离的精度要求。20 世纪 80 年代中期后,BIT 技术的发展和应用进入了新阶段,美国研制的新一代飞机和直升机,如先进战斗机 F‐22 和轻型直升机 RAH‐66 等都采用了先进的综合诊断技术和人工智能技术,大大提高了故障诊断能力,减少了维修保障费用。

发动机 FADEC 系统是航空电子系统的一个重要分支,现在的 FADEC 系统几乎无一例外地采用了 BIT 技术,FADEC 的 BIT 应能够检测和定位系统中各个部件的故障状态,并为容错控制以及故障指示和维修提供必要的信息。FADEC 系统的 BIT 集成在其核心部件——发动机电子控制器(engine electronic control,EEC)中,负责传感器、电缆、输入通道、中央处理模块、输出通道、执行机构以及相关的液压机械组件的故障检测,并将结果储存起来或传输到飞机驾驶舱的显示装置上。

目前,发动机数控系统的可靠性已大大超过了液压机械的可靠性,这不仅是由于电子元件本身的可靠性不断提高,还因为数字控制系统可采用各种容错技术,即使某些元件发生故障,整个数控系统仍能继续工作,从而从整体上提高了数控系统对于故障的耐受力。航空发动机容错控制系统对提高控制系统的可靠性、改善维修性、保证飞行安全具有重要作用,容错技术在航空发动机控制系统中的应用必将得到进一步发展。

1.2.5　分布式控制

分布式控制是航空发动机控制系统的又一重要发展方向,目前,航空发动机控制系统都是集中式多余度 FADEC 系统,如图 1-5 所示。所有处理、控制功能(包括低级功能和高级功能)都由 FADEC 执行,例如控制规律的处理和计算、余度管理、输入/输出信号的滤波、处理等。FADEC 与系统中其他部分都用导线连接通信,这使得发动机控制系统中导线束及其连接器成为最重的部件之一。据统计,发动机控制系统的电缆一般由 100～200 根导线组成,重约 45 kg,为了消除较大的电磁干扰,还需要外加屏蔽 14 kg 左右。

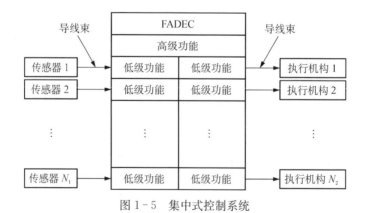

图 1-5　集中式控制系统

分布式控制系统是一种用高度一体化数据总线的全智能分布式结构,它采用智能传感器和智能执行机构,这种传感器和执行机构本身带有控制器或补偿器,并通过有余度的高速数据总线与发动机控制装置相连,如图 1-6 所示。这样就把低级处理功能下放到现场的智能传感器和智能执行机构中,FADEC 仅完成高级功能。

智能传感器将测量到的信号转化为数字信号提供给 FADEC。智能传感器实现的低级功能包括激发、解调/解码、冗余管理以及与数据总线接口等。智能执行机构从 FADEC 接受位置指令,对执行机构进行闭环控制。智能执行机构实现的低级功能包括闭环反馈、冗余管理、操作模式控制、内测试以及与数据总线接口等。FADEC 通过数据总线以固定速率给执行机构发位置指令。

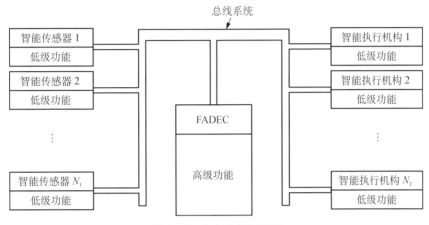

图 1-6　分布式控制系统

　　与集中式控制系统相比,分布式控制系统的导线束几乎都被取消了,而代之以总线系统,大大减轻了重量。若使用光学总线和光学接口,还可以大大减轻电磁干扰。这种系统降低了控制系统的复杂性,提高了可靠性,改善了维修性。它还可做成标准化设备,用于一系列发动机,从而可以缩短研制周期,进一步降低成本,减轻重量。

　　上述分布式控制系统需要解决一些关键技术,例如:①需要研制带有控制器或补偿器的智能传感器和智能执行机构;②由于传感器和执行机构必须安装在发动机上,处于高温和强振动等恶劣环境,智能传感器和智能执行机构所带有的控制器或补偿器都为电子元器件,因此必须要有耐高温的电子元器件;③分布式控制系统的性能必须以良好的通信网络特性为基础,因此要研究网络通信技术;④在电源方面,集中式控制只需要一个电源,而分布式控制中,各个智能模块有各自独立的电源需求,这就需要合理地分配电源,使得各个模块都处于相同的电压水平,避免电源模块的重复出现,以减轻重量;⑤高温环境下分布式电源的设计是一个技术难点,那些在传统温度下的方法已不适用于高于 150℃ 的温度环境。随着上述关键技术的解决,分布式控制技术必将得到广泛应用。

1.2.6　模型基控制

　　前面提到,航空发动机控制系统应该按照控制指令要求,控制发动机使其发出准确的推力值以满足飞行任务的需求。但是按照目前的技术水平还不能在飞行中准确测量推力值,那就不可能构成推力的闭环控制系统,因此就要选择最能反映推力大小,而又能在飞行中可以准确测量的参数作为被控制量。在大飞机发动机中普遍采用发动机压比(EPR)、低压转子(风扇)转速(n_L)或高压转子(核心机)转速(n_H)作为被控制量。控制了发动机压比或转速就间接控制了推力的大小,这种传统的航空发动机控制系统被称之为基于传感器的控制,其原理如图1-7所示。

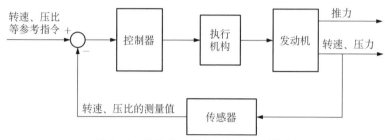

图1-7 航空发动机基于传感器的控制

由于这种基于传感器的控制是间接控制推力的大小,在设计中需要留有一定的裕度,限制了发动机性能的充分发挥,是一种比较保守的设计。在20世纪90年代,美国开展了基于模型的直接推力控制,它采用机载模型来实时估计推力的大小,并把估计得到的推力作为反馈量进行控制,如图1-8所示[9]。该机载模型并非完整的发动机数学模型,而是专门为估计推力而建立的局部数学模型。在建立该数学模型时,需要精心选择模型的输入/输出参数和模型的结构,既要保证在全包线内估计得到的推力值都满足精度要求,又要足够简单以满足实时性要求。当然这种控制方法也离不开传感器测量值,但是它的反馈量却并非传感器测量值,而是机载模型的估计值,为了区别于传统的控制方法,故而把传统的控制称为基于传感器的控制,把这种方法称为模型基控制。

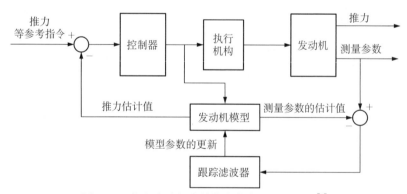

图1-8 航空发动机直接推力控制原理方框图[8]

实际上,如果把图1-8中建立机载模型的输出改为其他发动机性能量,例如喘振裕度,那就可以构成直接喘振裕度控制。当发动机运行中靠近喘振边界时,可以采用直接喘振裕度控制,把喘振裕度控制在一个适当的值,保证发动机不进喘,又不至于喘振裕度过大而损失发动机性能。

很显然,模型基控制的成功与否取决于机载模型的精度与实时性,随着计算机计算能力和逻辑推理能力的日益增强,以及发动机建模技术的提高,在发动机控制系统中采用机载模型已经不是一件遥不可及的事情了。此外,需要指出的是,机载模型并非一定是完整的发动机模型,它可能是某个部件的模型,或者是对某个发动机参数的计算模型。例如基于跟踪滤波器的直接推力控制中的模型(见图 1-8)专门用来计算推力,一般不能用于计算其他发动机参数。这样的模型只要求计算某些特定的参数,可以比较简单,既可以保证计算精度,又容易满足实时性要求。

广义地讲,在发动机控制中,凡是基于发动机机载数学模型的控制都列入模型基控制的范畴,除了上述直接性能量(推力和喘振裕度等)控制是典型的模型基控制外,现代航空发动机的一些先进控制概念大都采用基于模型的控制。例如,前面介绍的性能寻优控制(PSC),它要实时优化发动机工作点,因此必须要有机载的发动机自适应实时模型,机载自适应模型能实时适应发动机的性能蜕化等不确定性,使模型的输出始终与实际发动机相一致。PSC 对该自适应模型进行实时优化计算得到发动机优化工作点。由此可见,PSC 是十分典型的模型基控制。

在 21 世纪初,作为综合高性能涡轮发动机技术(integrated high performance turbine engine technology,IHPTET)的后续计划,美国开展了通用的经济可承受的先进涡轮发动机(VAATE)计划,以保持美国在航空发动机领域的世界领先地位,在该计划中,智能发动机是其中的三个重点研究领域之一。智能发动机研究项目中发动机本身并没有实质性的变化,还是燃气涡轮发动机,其智能体现在智能发动机控制和健康管理两方面。智能发动机控制的原理方框图如图 1-9 所示[10],与上面

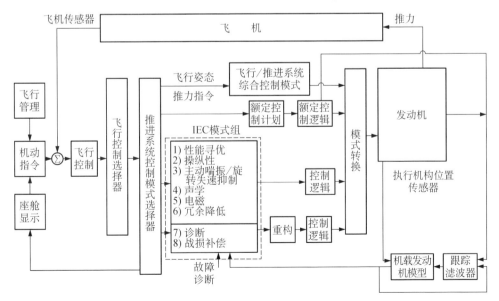

图 1-9 智能发动机控制原理方框图

介绍的 PSC 相比,智能发动机控制能提供广泛得多的控制模式,不仅有提高发动机性能的性能寻优模式,还有保证发动机安全运行或具有自诊断能力的主动喘振抑制模式和诊断模式等。智能发动机控制还具有根据飞行任务、发动机状态和环境条件等自主选择控制模式的能力,大大减轻驾驶员的负担。这些功能都离不开机载发动机模型,可以说智能发动机控制的核心还是模型基控制。

前面讨论的多变量控制技术中有不少方法也需要机载发动机模型的支持,甚至机载自适应模型的支持,模型基控制也必将成为航空发动机控制的一个重要的发展方向。本书第2章将详细讨论发动机建模,尤其是发动机控制中需要的发动机模型的建模方法。

1.2.7 健康管理

航空发动机是保证飞行安全和航班派遣率(dispatch reliability)的关键部件,发动机的任何故障都可能导致十分严重的后果,因此,必须保证发动机始终处于健康状态。早期的发动机主要依靠在地面的检测以及飞行数据记录仪来监视发动机的状态,当时的检测手段有限,为了保证飞行安全,需要根据以往的经验,制定定期维修的策略。随着检测与故障诊断技术的提高,开发出了各种发动机状态监视与故障诊断系统,如表 1-3 所示。随着发动机及其控制系统的日益复杂,不仅要求能在地面对其进行故障诊断,而且要求能在飞行中实时诊断故障,以便实时采取必要的适应措施,并且要能够预测发动机的健康趋势。

表 1-3 部分航空发动机故障诊断系统

系统名称	诊断水平	适用机型
ECMII、EHM	发动机	JT8D, JT9D, PW4000 等
ADEPT, SAGE	发动机	CF6-50, CF6-80, CFM56 等
TEAMIII	单元体	PW4000
MAP	单元体	JT9D, PW4000 等
TEMPER	单元体	CF6-50, CF6-80, CFM56 等
IECMS	单元体	TF41
TEMS	单元体	TF34
EDS	单元体	F100
COMPASS	单元体	V2500 等

现代航空发动机都采用健康管理技术,它的主要目标是保证发动机安全、可靠和可用,为此健康管理系统要具有三个基本的功能[4]:①在飞行中,机载收集发动机各状态参数运行数据,并进行分析;②根据收集的数据,在地面进行发动机健康趋势分析,并作出维修决策;③提供资源支持以保证发动机能够运行,这种资源包括维修人员、各种地面支持人员、各种必要的设备、零部件以及各种储备物资。由此可见健康管理系统由机载部分和地面部分等两部分组成。机载部分负责在线收集数据,完

成自检,必要时使用控制作用来适应性能蜕化,并将飞行中的数据报告给地面健康管理系统。地面部分根据机载健康管理系统收集的发动机工作状态数据进行分析,提取特征值,提出故障诊断报告、故障预测报告和寿命分析报告等,并进一步作出维修决策,以进行必要的维修。由此可见,能够有效地进行发动机状态监视和故障诊断是实现发动机健康管理的基础,在状态监视和故障诊断中采用模型基的算法是十分有效的手段。

航空发动机健康管理系统应该与控制系统进行综合,这是因为[4]:①健康管理系统收集发动机状态参数所用的机载传感器往往就是发动机控制系统所用的传感器,两个系统不可分割;②现代燃气涡轮发动机的大部分故障可能发生在控制系统中的元部件,如传感器、执行机构和控制器中,也可能发生在一些发动机模块中,往往可以通过控制作用来避免或适应这些故障,例如前面提到的解析余度就是由控制系统来进行故障适应的一种有效技术;③现代燃气涡轮发动机中的传感器、执行机构和控制器是双余度或三余度的,它们需要在通道间进行交叉通信,并需要容错逻辑;④发动机健康管理的一些算法采用模型基的算法,它需要发动机机载实时模型,需要进行参数的最优估计,这与控制系统对机载模型的需求是相同的,它们完全可以共用。

由此可见,发动机健康管理系统与控制系统进行综合,对于故障检测和适应是十分重要的。实际上,过去航空发动机的状态监视和故障诊断已经是发动机控制系统功能的一部分了。随着发动机 FADEC 系统的发展,发动机控制与健康管理系统的一体化设计成为可能。发动机健康管理将从有限状态监视向综合监视、从半自动向全自动、从独立设计向发动机健康管理与发动机数控系统综合设计方向发展。

国内对航空燃气涡轮发动机的健康管理技术的研究已经起步,并正在加速进行中,随着健康管理技术的发展和日趋成熟,必将进一步提高航空发动机及其控制系统的安全性、可靠性和可用性。

1.2.8　主动控制

除了以上介绍的几种先进技术外,各种主动控制技术也不断涌现,如对于主动喘振控制、主动间隙控制、主动燃烧稳定性控制、寿命延长控制等主动控制技术的研究,都显示了它们对提高发动机性能、增加发动机寿命、提高发动机安全可靠性等有显著作用,发动机控制系统在发动机中所起的作用将越来越大。下面对这几种主动控制技术做一简要介绍。

1) 主动喘振控制

众所周知,航空燃气涡轮发动机的喘振或失速是非常严重的问题,它会对发动机结构造成严重的损害,并可能引起发动机熄火等事故,严重威胁飞行安全。为了避免发动机喘振,传统的方法就是在设计发动机以及发动机控制系统时,以发动机最不稳定工况来设计喘振裕度,把发动机喘振裕度设计得足够大,这样固然安全,却以牺牲发动机性能为代价。现代航空发动机上都设计有各种防喘控制或消喘控制系统,一般是在即将或已经进入喘振时,采用压气机放气、切油或脉冲切油的方法来防止喘振的发生或及时退出喘振。

主动喘振控制是要避免喘振或失速发生,并主动进行控制。目前主动喘振控制研究中采用的方法很多,例如,调整压气机中的流场,在喘振或失速将要形成的初始阶段,就消除流动的不稳定性。常用的方法有两种:一种是在压气机中间级或出口放气;另一种是在压气机进口注入空气。这两种方法的基本思路都是在喘振或失速将要形成的初始阶段,适当降低压气机压比,使压气机工作点远离喘振边界,这同时意味着在发动机正常运行时,可以增加压气机的压比,提高发动机性能。

有一些非线性主动喘振控制方法,并相继出现了各种形式的执行机构,有良好的控制效果,例如,可控摆动叶片、高压喷气装置、自适应柔性壁面和可控扬声器等。其原理是产生一个比喘振振荡小若干量级的小扰动源,在喘振初期抑制喘振振幅的增加。其附加扰动幅值可调,频率和相角可控。还有一种方法是,利用切向进气装置来改变压气机叶轮进口速度三角形,以改变压气机进口处流体的攻角,从而减少喘振流量或扩大阻塞流量。这种非线性主动控制方法可以扩大压气机稳定工作的范围,是很有前途的主动喘振控制方法。

此外,采用先进的喘振预测技术,能及时预测喘振的发生而提前采取切油等各种增加喘振裕度的措施,实现主动喘振控制。

2) 主动间隙控制

压气机或涡轮叶尖与壳体间的间隙对压气机或涡轮的效率影响很大。间隙过大,空气或燃气从间隙泄漏,使效率下降,增加燃油消耗,降低发动机性能;间隙过小,高速转动的叶片与壳体间可能擦碰,造成叶片或壳体损坏。在发动机运行中,叶尖间隙会随发动机工作状态以及转速等的变化而变化,因此,需要在发动机运行中把间隙控制在一个合理的范围。一般采用从压气机引气来控制壳体的温升,以控制壳体的热胀冷缩,保持一定的间隙。涡轮部件与压气机部件相比,温度变化范围更大,间隙变化大,对效率影响也大,对涡轮叶尖间隙的控制显得更为重要,当然难度也更大,现代大飞机发动机中都采用涡轮主动间隙控制技术。要注意的是,从压气机引气会降低发动机的总循环效率,这是需要权衡的一个因素。利用机械方法来调整间隙以实现主动间隙控制可以避免这种缺点,但是结构非常复杂,增加实现的困难。

3) 主动燃烧稳定性控制

在燃烧室内,如果压力和热释放之间存在不稳定的相互作用,就可能引起热-声振荡,这种不稳定燃烧会严重影响发动机的正常运行。主动燃烧稳定性控制就是要消除这种热-声振荡引起的不稳定燃烧。一般采用的方法是在基本燃油流量外,加注二次燃油,根据测量得到的燃烧室内压力的瞬时变化,对二次燃油进行调节,来消除压力振荡。

1.3　航空燃气涡轮发动机控制系统的设计要求

前面已多次提到航空燃气涡轮发动机的复杂性,它会对控制系统提出特别高的要求,以保证发动机正常而安全地运行。一般地,航空发动机控制系统应该满足以下设计要求:性能要求、可靠性要求、重量要求以及可维护性要求等。下面分别进行介绍。

1.3.1 性能要求

对航空发动机控制的性能要求主要是对控制系统本身的性能要求,但也包括通过控制系统设计来提高发动机性能的要求。对航空发动机控制系统的性能要求与对一般控制系统的性能要求类似,包括稳定性、动态性能和稳态性能要求。

1)稳定性

稳定性是对任何控制系统设计的最基本的要求,对航空发动机控制系统而言,保证发动机稳定工作的重要性更是不言而喻。必须在发动机全状态和全飞行包线范围内,都有足够的稳定余度,在受到各种可能的干扰时,都具有良好的稳定性,即必须具有鲁棒稳定性。此外,在发动机加减速过渡态运行时,若控制不当,风扇和压气机还可能发生喘振和旋转失速等不稳定工况。在飞机做机动飞行,或发射武器使发动机吞烟时,发动机进口流场畸变,也可能发生这种不稳定工况。喘振和旋转失速会对发动机造成很大损害,甚至导致空中熄火,这是十分危险的。发动机控制系统设计必须保证发动机不会进入喘振等不稳定工况,要设计专门的防喘控制系统来防止发动机进入喘振。

2)动态性能

动态性能是指控制系统要有良好的动态品质,即响应速度快、超调小、振荡次数少;由一种工作状态过渡到另一种状态时,过渡时间要短,要平稳且安全可靠。多变量控制系统应能满足解耦要求,这应包括稳态解耦和良好的动态解耦特性。

3)稳态性能

稳态性能是指控制系统所控制的发动机参数要有足够高的稳态精度,以保证发动机性能达到设计要求并保证发动机工作安全可靠。例如燃气涡轮发动机的推力大约与转速的三次方成正比,若转速控制没有足够的精度,转速偏低会引起推力损失,转速偏高会增加发动机负荷,影响发动机寿命。在航空发动机控制系统设计中必然会对被控参数提出稳态精度要求。

4)航空发动机的特殊要求

对一般的控制系统都会有上述三项性能要求,但是航空燃气涡轮发动机又有其非常特殊之处,从控制的角度来看,它是一种复杂、强非线性、时变、多输入/多输出的被控对象。它的强非线性表现为,发动机的一些部件特性大都要用复杂的非线性函数来描述,如压气机和涡轮特性甚至难以用解析的非线性函数表达,而只能用一些图表曲线等来描述。

航空燃气涡轮发动机的时变特性非常突出,从发动机起动到慢车到最大状态,发动机特性变化很大,从慢车状态到最大状态,发动机的时间常数变化 $5\sim6$ 倍是不足为奇的。发动机还必须在很大的飞行包线范围内正常工作。一般用飞行高度(H)

和马赫数(Ma)的变化范围来描述飞行包线,如图1-10(a)所示。实际上,在H和Ma都相同的情况下,如果大气环境温度不同,发动机的特性(时间常数)还是不同的,因此有的文献[4]用三维图来描述飞行包线,如图1-10(b)所示。但是,在这三维参数中,环境温度与马赫数之间是具有相关性的,进一步分析可以发现,用发动机进口总温和总压二维参数来描述飞行包线就足够了,对此我们将在第2章中做进一步讨论。

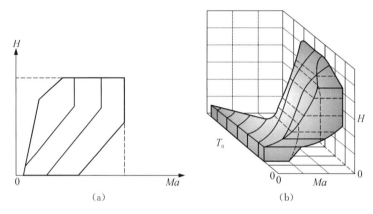

图1-10　用飞行高度和马赫数描述的飞行包线

现代航空发动机的飞行包线高度范围为从海平面到20 000 m以上,商用飞机发动机的高度也要到10 000 m以上。马赫数范围为从静止(马赫数为零)到数倍声速,大飞机发动机一般到高亚声速。在20世纪70年代,英法联合研制了超声速协和号客机,苏联研制了图-144超声速运输机。但是,因为耗油率高,经济性不好,以及音障引起的巨大噪声等原因,这两种超声速大飞机都没有得到真正的应用。现在,有关国家仍在研究超声速大飞机,例如洛克希德公司正在研究的N+2商用超声速运输机,但要获得应用,还有待时日。目前,使用中的大飞机发动机的飞行包线都只到高亚声速。除了高度和马赫数的变化外,在不同的气候条件下飞行,例如炎热的夏天在赤道附近的沙漠地带飞行,或者寒冷的冬天在极地飞行,环境温度的变化很大。在如此大的飞行包线范围内,发动机的时间常数又有很大的变化。在发动机全状态和全包线范围内,发动机时间常数的变化可达10倍,甚至更大。此外,发动机在寿命期间会发生性能蜕化;发动机在大修后或者遇到外物损伤后性能会发生突变。

被控对象在如此大的时间常数变化范围内,控制系统都要有良好的稳定性和动静态性能,要安全可靠的工作,给控制系统的设计带来巨大的挑战。

1.3.2　可靠性要求

可靠性是指产品在规定条件下和规定时间内完成规定功能的能力,也有的文献[3]把可靠性定义为产品或系统不发生故障的概率的量度,也就是在规定条件和规定时间内,产品或系统不发生故障的概率。控制系统性能再好,若工作不可靠仍然是不能满足要求的,这对航空产品尤为重要。航空产品的一个小小的故障,在飞行中都可能造成严重的后果,甚至导致机毁人亡。经常见诸报道的空难事故往往是由于某个元件看似不大的故障引起的。因此,从事航空产品设计及研制的人员必须牢固树立安全可靠第一的思想。

航空发动机 FADEC 系统设计的固有可靠性大都用平均无故障间隔时间(MTBF)来衡量,而描述系统的运行可靠性大都用平均维修间隔时间(MTBM)[3]。大部分现代军用航空发动机 FADEC 系统的 MTBF 都在 2000h 以上,商用航空发动机 FADEC 系统的 MTBF 在 40000h 以上,例如,PW4000 发动机的 FADEC 系统的MTBF 已达到 65000h。

可靠性设计是航空发动机控制系统设计中一项十分重要的内容,但它又是一项繁重而复杂的工作,需要经过大量的试验,积累大量的资料才能对可靠性做出符合实际的评估。前面提到的容错技术也是提高控制系统可靠性的有效手段。关于可靠性设计超出了本书范围,有兴趣的读者可参阅其他文献。

1.3.3　重量要求

减轻重量是对所有航空产品的重要要求,这是提高飞机性能和效率的十分重要的因素。航空发动机设计中最重要的指标之一是推重比(推力与重量之比)要大,这就要求发动机各部件的重量都要尽可能轻,控制系统当然也不例外。控制系统对减轻重量的贡献体现在以下几方面:发动机采用数字式电子控制后,与液压机械式控制相比,重量显著减轻了;设计新型的、重量轻的燃油泵和供油系统;采用分布式控制代替集中式控制;进一步减轻重量将依赖于采用先进的轻质材料,例如使用轻型复合材料等。

1.3.4　维修性要求

维修性是航空发动机控制系统设计的重要要求之一,在外场使用时,必须便于检查,在返修时便于分解,便于对有故障零部件和老化零部件进行更换,便于重新安装和调试。过去航空产品都采用定期维修的原则,到了规定时间,不管是否有故障都要进行维修。按照维修的规模和内容不同分为中修和大修等,这在当时的技术水平下,是保证飞行安全所必需的。随着发动机状态监视和故障诊断技术的发展,能对发动机健康状况进行监视和趋势分析,能及时诊断故障、确定故障的位置,以及决定是否需要维修,就形成了视情维修的概念。所谓视情维修是指,当发动机或发动机某个子系统的状态蜕化到一定程度,以致很可能会失去完成它应该完成的任务的能力时,便进行维修。从定期维修到视情维修是维修性要求的重大发展,它可避免已经发生故障,但是因为规定期限未到不去维修而可能导致的事故,也可避免尚未发生故障,但因规定期限已到必须去维修而导致经济上的损失。应当指出的是,只有在发动机状态监视和故障诊断技术比较成熟的前提下,才能采用视情维修。

此外,对航空发动机控制系统的设计还应具有测试性和保障性等要求,这里不再——详述。

参 考 文 献

[1] Csank J, May R D, Litt J S, et al. Control Design for a Generic Commercial Aircraft Engine [R]. NASA/TM - 2010 - 216811.

[2] Griffiths D M, Powell R D. The Use of Digital Control for Complex Power Plant Management [R]. AGARD Conference Proceedings N. 151, Power Plants Controls for Aero-Gas Turbine Engines, Ustaoset, Norway, 1974.

[3] Prencipe A. Breadth and Depth of Technological Capabilities in CoPS: the Case of the Aircraft Engine Control System [J]. Research Policy, 2000, 29(7 - 8): 895 - 911.

[4] Jaw L C, Mattingly J D. Aircraft Engine Controls: Design, System, Analysis, and Health Monitoring [M]. Reston: AIAA, 2009.

[5] Lehtinen B, Soeder J F. F100 Multivariable Control Syntheses Program: A Review of Full-Scale Engine Altitude Tests [R]. N81 - 12093.

[6] Lambert H H, Gilyard G B, Chisholm J D, et al. Preliminary Flight Evaluation of an Engine Performance Optimization Algorithm [R]. AIAA - 91 - 1998.

[7] Orma J S, Gilyard G B. Preliminary Supersonic Flight Test Evaluation of Performance Seeking Control [R]. AIAA - 93 - 1821.

[8] 孙丰诚. 航空发动机性能寻优控制技术研究[D]. 南京: 南京航空航天大学, 2007.

[9] Adibhatla S, Gastineau Z D. Tracking Filter Selection and Control Mode Selection for Model Based Control [R]. AIAA - 94 - 3204.

[10] Adibhatla S, Brown H, Gastineau Z. Intelligent Engine Control [R]. AIAA - 92 - 3484.

2 航空燃气涡轮发动机的建模与仿真

2.1 引言

2.1.1 发动机数学模型的种类

建立被控对象的数学模型历来是控制系统领域中的重要研究内容,鉴于航空燃气涡轮发动机是多变量、非线性、时变的复杂系统,建立作为被控对象的航空燃气涡轮发动机的数学模型更是重要的研究内容。有资料显示,在航空发动机控制系统设计中有 80% 的工作是用于建模和对发动机动力系统特性的理解;在发动机监视系统的设计中有 80% 的工作是用于估计发动机的期望值或预测值[1]。由此可见在航空发动机控制系统的设计中建模的重要性。

在航空发动机控制系统研制和开发的不同阶段,对发动机数学模型的需求是不同的。例如:在控制规律设计与分析阶段对数学模型精度的要求比较高,以便对控制系统的性能做出准确的分析、计算与评价,所以,在这一阶段一般采用较精确的气动热力学模型;在进一步考核控制算法的实时性时,要求数学模型既要有较高的精度,又要满足实时性,因此需要对精确的气动热力学数学模型作一定的简化,建立实时的气动热力学模型,一般常用部件级模型;在进行半物理仿真试验时,所使用的数学模型也要满足精度和实时性两方面的要求;当用现代控制算法来设计控制规律时,由于现代控制算法大都基于线性系统理论,因此要采用发动机的线性化模型,一般采用发动机线性化的状态变量模型;机载的发动机模型用于实时优化模式控制、机载控制规律的实时设计或校正,或用于机载发动机状态监视系统对发动机状态参数的实时估计,则要求机载模型不仅要满足精度和实时性要求,而且要具有适应发动机性能蜕化等各种不确定因素,使发动机模型始终与实际发动机相匹配,因此要建立机载自适应实时发动机模型,这种模型往往要采用卡尔曼滤波等一些最优估计技术,或采用人工智能技术。还须注意的是,由于对机载计算机在尺寸、重量和可靠性等方面有特别高的要求和限制,其计算速度一般比地面计算机慢,这给机载模型满足实时性要求带来更大的挑战。

此外,解析余度、故障诊断、飞行仿真等对发动机数学模型都会有一些特殊的要求,例如,用于飞行仿真的飞行模拟器(工程上常称铁鸟台)中的发动机数学模型不仅要满足精度和实时性两方面的要求,用户往往会要求发动机模型在模拟飞行到飞行包线以外时(新机的飞行模拟试验时,尤其可能发生这种现象),不会死机,而且在飞回包线内时,模型能自动恢复正常工作;又会要求发动机模型能在包线内任何一点与飞机相匹配,开始正常工作。这些要求都是为了便于铁鸟台的仿真操纵等提出来的。

由上所述可见,根据不同的需求,发动机数学模型的种类很多,而且有多种分类方法,例如线性模型和非线性模型、稳态模型和动态模型、实时模型和非实时模型、自适应模型和非自适应模型、面向过程的模型和面向对象的模型等。另外,除了发动机控制系统研制中需要发动机数学模型外,在发动机主机研制中也需要发动机数学模型。通常,主机需要精确的非线性气动热力学模型,这属于主机的学科范畴,因此本书将不讨论精确的非线性气动热力学模型,有兴趣的读者可参阅发动机原理方面的书籍。

本书将主要讨论发动机控制系统研制中需要的数学模型,例如实时部件级模型、状态变量模型、智能模型以及自适应实时模型等。此外,发动机总体设计部门主要对发动机稳态模型感兴趣,一般不研究动态模型。而控制系统的研究离不开动态特性,因此,本书对上述模型的讨论都会同时涉及稳态和动态模型。

2.1.2 对模型的要求

航空发动机数学模型种类很多,一般可以归纳为以下三方面要求:

1) 精度或保真度

模型应该能按规定的精度对发动机进行定性和定量的描述,这是对模型最基本的要求,如果模型没有一定的精度,那模型就没有意义了。

2) 实时性

运算模型所需的时间应足够短,这是实时模型所必须满足的要求。例如在发动机控制系统半物理仿真试验中,用发动机数学模型代替实际发动机,如果模型的运算速度比发动机实际运行速度慢,那就不能真实模拟发动机控制系统的实际运行情况。在实际试验中,模型计算机还需要进行数据采集和传输等其他功能运算,故要求模型的运算速度必须远快于发动机运行速度。现在航空发动机控制系统的帧周期在 20 ms 以内,这样才能与发动机运行速度相匹配,则要求发动机实时模型运算一个循环的时间应该远小于 20 ms,例如要求小于 10 ms。

在发动机控制系统中大量使用实时模型,上述精度和实时性是一对相互矛盾的要求,实际建模中,要根据具体情况在精度与实时性间进行适当的折中。

3) 收敛性

在讨论发动机模型仿真时将会看到,由于发动机非线性模型不是简单闭合形式的方程组,无法得到解析解,需要用数值解法,而且往往要进行迭代运算,迭代算法就涉及收敛性问题。如果模型在求解时不收敛,则无法使用,因此收敛性是必须满足的要求。鉴于航空燃气涡轮发动机的强非线性,模型的收敛性是个非常突出的问题,下面将进行详细论述。

2.1.3　建模方法

发动机数学模型的建模方法可归纳为以下几类：

1）解析法

解析法就是用数学解析的方法来建立模型。这种方法首先要依据发动机运行中所遵循的气动热力学规律，用一系列非线性气动热力学方程以及一些曲线数据表格等，构成发动机气动热力学模型。气动热力学模型是解析法建模的基础，其他解析模型，如状态变量模型、各种动态模型和自适应模型等，都是由气动热力学模型派生出来的。

2）试验法

这种方法首先需要大量发动机在地面和空中运行时测量到的试验数据，利用这些数据，使用系统辨识的方法建立发动机数学模型。这种方法有一些明显的缺点：①这种方法需要具备必要的试验条件，成本很高；②众所周知，系统辨识方法所建立的数学模型只反映输入/输出关系，因此，这种模型不能反映发动机内部参数的变化，用途很有限；③在设计阶段还没有发动机，当然就不可能有发动机的试验数据，所以试验法不能用于设计阶段。由于这些缺点，较少使用试验法来建立航空发动机数学模型。但是用解析法建立的模型，最终要由试验来检验模型是否能真正描述发动机的实际运行状态，因此需要用发动机运行和飞行中测量得到的试验数据来不断修正和完善发动机模型。

3）人工智能法

随着人工神经网络、遗传算法和支持向量机等各种人工智能技术的迅速发展，在近 20 年来，用人工智能技术来建立发动机数学模型也得以快速发展。当采用不同的人工智能技术时，具体的建模方法也各不相同。例如用人工神经网络或支持向量机建模时，需要大量数据样本，用这些样本对设计好的神经网络或支持向量机结构进行离线训练，使得神经网络或支持向量机的输入/输出关系与实际发动机对应的输入/输出关系相一致，从而构成发动机模型。由此可见，这种模型也只能反映发动机一定的输入/输出关系。训练样本可以从发动机运行时的测量数据中获得，也可以从精确的非线性气动热力学模型中采集。这种模型有其特殊的优点：①由于神经网络具有很强的非线性映射能力，它能够很好地适应发动机模型的非线性特性，在用非训练样本检验模型时可以有很高的精度，有较强的泛化能力；②离线训练好的模型在实时使用中，可以用在线的样本进行实时修正，使模型具有自适应性；③在神经网络拓扑结构中加入某些反馈，构成动态模型，可以模拟发动机动态特性；④只要选择适当的输入/输出集，就可以很方便地建立发动机某个部件或某局部的模型；⑤离线训练好的模型，在线计算工作量很小，具有很好的实时性。发动机人工神经网络模型已经在现代大飞机发动机的状态监视中得到实际应用。本章将介绍几种典型的人工智能技术的建模方法。

4）面向对象的建模方法

面向对象建模方法是采用面向对象的程序设计方法来建立模型的方法，面向对象的程序设计方法是相对于面向过程的程序设计方法而言的,它的本质是把数据和处理数据的过程当成一个整体对象,使用类、继承、封装、消息等概念进行程序设计。这种建模方法有其独特的优点:①封装好的发动机类具有较好的移植性,可以方便地添加到各种应用场合,不需要花费大量时间在程序之间的连接上;②使用这种模型的用户不一定要对发动机模型的计算过程很了解,封装好的发动机类提供给用户的是一些简单的接口函数,使用方便,不需要了解内部计算过程;③应用派生技术,可以方便地从已有的发动机类派生出新的发动机类。在继承父类属性的同时,增加一些新的属性,从而构成新型号的发动机模型,不用为每种型号的发动机都重新建模,显著减少建模周期。所以面向对象建模技术是建立可重用和扩展灵活的航空发动机仿真软件的有效途径。2.6节组件对象模型便属于这种方法。

下面几节将分别介绍几种典型的发动机数学模型。

2.2 部件级模型

所谓部件级模型是指基于组成发动机各个部件的模型而建立起来的发动机模型,每个部件模型有若干个输入/输出参数,构成一个单独的模块,不考虑部件内部参数的变化。例如压气机模型把压气机看成一个模块,不考虑压气机内部各个级间的参数的大小。这样处理是为了简化模型,满足实时性要求。把各个部件模型按照它们间的输入/输出关系连接起来,用一组共同工作方程把它们综合成共同工作关系而组成发动机模型。大飞机涡扇发动机通常由风扇、外涵道、增压器、压气机、燃烧室、高/低压涡轮和喷管等部件组成,如图 2-1 所示。在航空术语中,进气道、发动机和尾喷管共同组成推进系统,但是发动机建模时,往往以飞行条件(例如,飞行高度、马赫数和环境温度等)为输入参数,而发动机必须通过进气道和尾喷管与环境相通,因此本书在讨论发动机数学模型时,把以环境参数为输入或输出量的进气道和尾喷管模型也包含在发动机模型内,以后对此不再做专门说明。

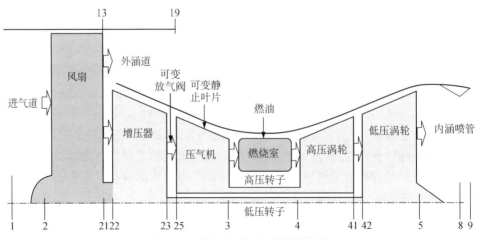

图 2-1 涡扇发动机各部件模块图

为了简化起见,在建模前,还会做一些假设,根据对模型精度和实时性要求的不同,简化假设也会不同,简化假设的多少往往是在精度与实时性之间进行折中。常用的假设有:忽略雷诺数对部件特性的影响,忽略燃烧延迟的影响,发动机流道为集总参数的一维流动,比热容为常数等。如果发现其中某一条假设对精度影响比较大,取消这条假设虽然会增加计算工作量,但仍能满足实时性要求,并且可以显著提高精度时,就可以取消这条假设。需要指出的是,随着计算机技术的进步,计算速度在加快,完全可以取消某些假设,提高模型精度,而仍然满足实时性要求。例如,按现在的计算机技术一般都不需要上述比热容为常数的假设,而采用变比热容计算,可以显著提高模型精度。读者在自行建立发动机数学模型时,可以根据具体要求,灵活选择假设。

各部件的模型是部件级模型的基础,但是,在发动机原理的参考书中对各部件模型有较详细的描述,故本书不讨论各部件的数学模型,主要讨论各部件的共同工作,稳态和动态模型的仿真以及几个需要特别注意的问题。读者可参考有关发动机原理书籍,或参阅文献[6]来建立发动机各部件的模型,然后按本书后面几节介绍的方法,建立完整的发动机部件级数学模型。

2.2.1 稳态部件级模型及其仿真

如前所述,在完成了各个部件的数学模型后,可以按照其输入/输出关系把它们连接起来,按气体流程进行仿真计算。首先要给出输入参数,从物理概念来讲,当飞行条件(飞行高度、马赫数和环境温度)一定,燃油供油量一定,而且发动机几何不变的情况下,发动机工作状态就确定了。所以,可以将飞行条件(飞行高度、马赫数和环境温度)和燃油供油量作为输入参数。但是在用发动机数学模型做发动机性能计算时,往往要计算发动机某个状态,例如巡航状态(这是商用飞机发动机的常用的设计点,而战斗机往往以最大状态为设计点)的性能,而发动机状态一般以转速或推力来定义,因此,涡扇发动机数学模型的输入参数也可以是飞行条件和风扇转速。当发动机几何可变时,例如尾喷口面积可变,而且这些几何量的变化规律独立于其他输入量的变化,则这些可变几何量也应该作为模型的输入参数。有了输入参数,一般可以从进气道开始按气体流程进行仿真计算,如图 2-2 所示。但是,若是简单地按气体流程计算,我们会发现,计算往往会难以进行下去,原因如下。

在发动机稳定运转时,各个部件都在各自的某一个特定工作点上运行,而各个部件之间都是相互制约、相互影响的。因此,在开始计算时,并不知道各个部件在各自的哪个工作点上,也就无法知道部件的某些参数,这样便会影响计算继续进行下去。例如,从进气道开始,已知进气道进口参数,就可以计算进气道出口也就是风扇进口参数。继续计算风扇部件时,要使用风扇模型,风扇模型是用风扇特性线来描述的,如图 2-3 所示。已知风扇进口参数和风扇转速,还必须知道风扇压比,才能计算风扇的换算流量和效率(或者已知换算流量来计算压比和效率)。但是,现在风扇压比、换算流量和效率都还未知,这样,按现在的已知条件就难以继续计算下去。

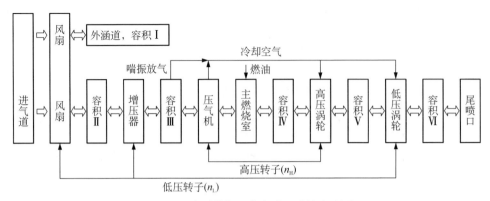

图 2-2　分开排气涡扇发动机计算流程图

但是,如果先初步试猜风扇压比值(或者初步试猜换算流量值),计算就可以继续进行下去了。在其他部件计算中还会发生类似情况。所以,为了能够继续进行计算,就要对那些暂时还不知道,而继续计算所必需的参数做初步的猜想,至于试猜值是否对,则要用有关截面处流量连续、压力平衡以及转轴的功率平衡等共同工作方程进行检验。

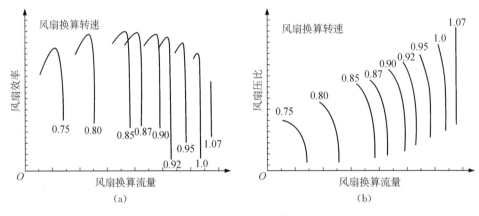

图 2-3　风扇特性线

对于涡喷、涡轴和涡扇等不同类型的发动机,以及单转子和双转子等不同结构的发动机,其共同工作方程是不同的,而双转子涡扇发动机有分开排气和混合排气式等不同结构形式,其共同工作方程也是不同的。即使对同一台发动机也可以采用不同的共同工作方程。大飞机一般都采用高涵道比分开排气式涡扇发动机,这种发动机在高亚声速飞行时,经济性好。本书就以分开排气双转子涡扇发动机为例来说明其共同工作方程。

若给定飞行高度、马赫数、环境温度、燃油流量,那么可以试猜以下 8 个参数[2]:风扇内涵压比、风扇外涵压比、增压器压比、压气机压比、高压涡轮膨胀比、低压涡轮膨胀比、高压转子转速以及低压转子转速。

在此基础上,建立发动机下列 8 个稳态共同工作方程,对上述 8 个试猜参数进行检查。

(1) 风扇内涵出口与增压器进口流量连续:

$$W_{22} - W_{21} = 0 \tag{2-1}$$

(2) 增压器出口与压气机进口流量连续:

$$W_{25} - W_{23} = 0 \tag{2-2}$$

(3) 燃烧室出口流量加冷却涡轮空气流量与高压涡轮出口流量连续:

$$W_{41} - (W_{\text{cool}} + W_4) = 0 \tag{2-3}$$

(4) 高压涡轮出口与低压涡轮进口流量连续:

$$W_{42} - W_{41} = 0 \tag{2-4}$$

(5) 低压涡轮出口与内涵喷管出口流量连续:

$$W_9 - W_5 = 0 \tag{2-5}$$

(6) 风扇外涵出口与外涵喷管出口流量连续:

$$W_{19} - W_{13} = 0 \tag{2-6}$$

(7) 高压转子功率平衡:

$$N_{\text{HT}} \eta_{\text{H}} - N_{\text{C}} - N_{\text{A}} = 0 \tag{2-7}$$

式中:η_{H} 为高压转子机械效率,N_{C} 为压气机功率,N_{A} 为附件提取功率。

(8) 低压转子功率平衡:

$$N_{\text{LT}} \eta_{\text{L}} - N_{\text{F}} - N_{\text{b}} = 0 \tag{2-8}$$

式中:η_{L} 为低压转子机械效率,N_{F} 为风扇功率,N_{b} 为增压器功率;发动机各截面号按《航空燃气涡轮动力装置术语和符号(GJB 2103A - 97)》确定,可参见本书符号表。

上述试猜参数和共同工作方程的选择不是唯一的,应根据具体情况选定,但是试猜参数的个数与共同工作方程的个数必须相同。例如:若改变已知条件为低压转子转速而不是燃油流量,那低压转子转速就变成已知参数而不是试猜参数,便要另选其他试猜参数,并可能改用其他共同工作方程;又若把风扇内涵后的增压级与风扇一起作为一个部件(风扇和增压器同在低压轴上机械相连,所以也有的文献为了简化起见,将它们作为一个部件来建模),并用一个共同的特性线表示,那就可以减少一个试猜参数和一个共同工作方程。

已知发动机各输入参数和试猜参数的数值,就可以对发动机各部件模型和共同工作方程组合起来进行计算。每计算完一个流程,检查共同工作方程满足的情况,当不满足共同工作方程时,便对试猜值进行修正,再进行计算,这样反复迭代,直到收敛为止。所谓收敛是指在给定的精度指标下,8个共同工作方程虽然不全为零,但满足给定的精度指标要求,例如共同工作方程残差小于10^{-5}。这样就得到在给定已知输入参数下,发动机稳定运行时,各个状态参数的解。其修正过程可以用差分方程式(2-9)来表示:

$$\boldsymbol{x}_{k+1} = \boldsymbol{x}_k - \boldsymbol{J}^{-1}\boldsymbol{e}_k \qquad (2-9)$$

式中:$\boldsymbol{x}_k$是试猜参数向量,$\boldsymbol{e}_k$是与$\boldsymbol{x}_k$维数相同的共同工作方程残差向量,$\boldsymbol{J}$是用来对试猜参数进行修正的雅可比矩阵。

实际上,这就是一般非线性方程组的数值求解方法——牛顿-拉弗森法(N-R法)。也可以用其他的数值解法,例如,$n+1$点残差法和Brown法等,在一般计算方法的参考书中都可以找到具体算法,本书不再赘述。

2.2.2 动态部件级模型及其仿真

动态模型是指,描述发动机从一个稳态过渡到另一个稳态的动态过程的模型。一般,影响动力学系统动态特性的因素有:该系统中运动元件的惯性、运动中的阻尼以及元件的弹性等。而在燃气涡轮发动机中影响其动态特性的主要因素是惯性。例如:转轴的转动惯量具有机械惯性,当转轴上涡轮的输出功率与压气机消耗的功率(包括从转轴上提取的功率)不相等时,转轴便具有加速度或减速度;燃烧室和涡轮等高温部件有明显的热惯性,使这些部件温度的升高或降低都有动态过程;发动机内的一些气体容腔中气体的压缩与膨胀、质量的积聚与释放、热量的传递等都有惯性而具有动态过程,这使得在动态过程中,气体容腔进口和出口的状态参数(流量、压力和温度等)不相等。这就需要对上一小节发动机稳态模型中的共同工作方程进行修正,为了便于说明建立发动机动态模型的思路,本小节暂且先只考虑对发动机动态特性影响最大的转子转动惯量,也称转子动力学,在以后小节中,再对其他动力学特性做进一步说明。

在动态过程中考虑了转子的惯性,稳态模型共同工作方程中的流量连续条件仍然需要满足,而转子功率平衡方程式(2-7)和式(2-8)显然不再成立,需改为式(2-10)和式(2-11)。

$$\frac{\mathrm{d}n_{\mathrm{L}}}{\mathrm{d}t} = (N_{\mathrm{LT}}\eta_{\mathrm{L}} - N_{\mathrm{F}} - N_{\mathrm{b}}) / \left[n_{\mathrm{L}} J_{\mathrm{L}} \left(\frac{\pi}{30} \right)^2 \right] \qquad (2-10)$$

$$\frac{\mathrm{d}n_{\mathrm{H}}}{\mathrm{d}t} = (N_{\mathrm{HT}}\eta_{\mathrm{H}} - N_{\mathrm{C}} - N_{\mathrm{A}}) / \left[n_{\mathrm{H}} J_{\mathrm{H}} \left(\frac{\pi}{30} \right)^2 \right] \qquad (2-11)$$

式中:J_{H}和J_{L}分别为高压转子和低压转子的转动惯量。

这是描述转子动力学的微分方程组,所以,在发动机动态模型的仿真中,除了要解非线性代数方程式(2-1)~式(2-6)外,还要解微分方程式(2-10)和式(2-11),

计算出高低压转子的转加速度,进而得到转子的转速。可以用欧拉法或龙格-库塔法等数值方法来解微分方程组,在一般计算方法的参考书中也都可以找到具体算法,本书不再赘述。

建立了发动机各部件模型以及动态模型的共同工作方程后,就可以进行动态模型的仿真计算。例如,可以进行飞行高度、马赫数和环境温度等飞行条件不变情况下,发动机加减速运行的仿真计算。也可以进行飞机爬升、下降等机动飞行条件下,发动机动态运行的仿真计算。

1) 飞行条件不变时,发动机加减速动态运行仿真

在用动态模型进行发动机动态仿真时,试猜参数与稳态模型不同,由于转速在不断变化,不把高低压转子转速作为试猜参数,保留稳态模型仿真时的其他试猜参数。发动机的动态过程都是以稳态为起始状态,因此,首先要按已知初始条件进行发动机稳态计算,得到发动机初始稳态的全部状态参数,然后进行动态仿真。

先考虑发动机控制器断开的开环情况下发动机加减速仿真,此时,还要给定输入参数的变化规律,若发动机几何不变,则应给定燃油流量的变化规律。若几何可变,例如尾喷口面积变化,而且其变化是独立于发动机其他输入量的,则需同时给定尾喷管面积的变化规律。给定了输入参数的变化规律,发动机动态模型便会按照输入量的变化进行加减速动态运行仿真了。

实际发动机加减速运行时都是在控制器接入的闭环状态下进行的,此时,驾驶员推拉油门杆,油门杆角度的变化转换成发动机闭环控制系统的输入指令,控制器就能计算出燃油流量的变化规律,并作为发动机动态模型的输入,使发动机模型实现动态加减速运行仿真。

2) 机动飞行时,发动机动态运行仿真

当飞机作起飞、爬升、转弯等各种机动飞行时,发动机必须处于闭环控制下才能正常工作。为了使发动机发出的推力适应飞行任务的需要,油门杆角度可能在变化,发动机的飞行条件参数,如飞行高度、马赫数等也在不断变化。要把这些变化的参数都作为模型的输入,采用与发动机加减速闭环运行仿真相同的方法,可以实现机动飞行时发动机动态运行仿真。

从上面两小节所论述的发动机数学模型的建模方法来看,还是比较简单的,但是,在实际建模中,还是会遇到一些颇有挑战性的问题,下面进一步讨论这些问题。

2.2.3 容积动力学和传热动力学

在 2.2.2 节讨论动态模型时,为了便于说明问题,仅考虑转子动力学,实际上,发动机中一些气体容腔的容积动力学、高温部件的传热动力学,都会对发动机动态特性产生影响。

1) 容积动力学

发动机内部有许多空气和燃气的容腔,如图 2-2 所示。在发动机稳定运行时,这些容腔的进出口参数——压力、温度和流量都是相等的。但是,在动态过程中,容

腔中燃气受到压缩和膨胀,其质量、能量和动量有积聚和释放的过程,使得容腔的进出口参数——压力、温度和流量都不相等,下面以质量守恒为例来推导压力方程。取出容腔中的单位容积,如图2-4所示,控制面内空气(或燃气)质量 m 的变化率如式(2-12)所列:

$$\dot{m} = \dot{m}_{in} - \dot{m}_{out} \qquad (2-12)$$

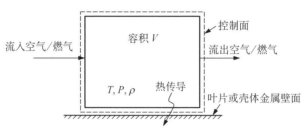

图2-4 空气/燃气单位容积

容腔内的空气以温度 T、压力 P 和密度 ρ 来表征。假设空气在额定工作点附近为理想气体,单位容积内压力的微小变化量如式(2-13)所列:

$$dP = (\rho R)_0 dT + (RT)_0 d\rho = (\rho R)_0 dT + \left(\frac{RT}{V}\right)_0 dm \qquad (2-13)$$

式中:V 是控制面包围的体积,为常量;下标0表示额定工作点。上述方程对时间微分,得到式(2-14):

$$\dot{P} = (\rho R)_0 \dot{T} + \left(\frac{RT}{V}\right)_0 \dot{m} \qquad (2-14)$$

可见单位容积内压力的变化率与温度和质量的变化率相关。然而,由于温度的变化相对缓慢,上述方程右边第1项要远小于第2项,即可以舍去第1项。于是,容腔内的压力变化率便近似正比于质量变化率,就有式(2-15):

$$\dot{P} \approx \left(\frac{RT}{V}\right)_0 \dot{m} \qquad (2-15)$$

式(2-15)就是按质量守恒推导得到的压力方程。按能量守恒和动量守恒,可以推导出另外两个容积动力学方程。所以,每个容积就有3个容积动力学方程。对于高涵道比涡扇发动机,若考虑6个容腔(如图2-2所示)就要有18阶容积动力学。一般,容腔越大,相应的容积动力学对发动机动态特性的影响就越大。在具体建模中要根据对模型的动态精度和实时性要求,决定是否要考虑容积动力学或采用哪些容积动力学。

2) 传热动力学

除了前面讨论的转子动力学和容积动力学外,发动机内还有高温部件的传热动力学。例如,向燃烧室增加燃油流量,则燃烧室内及其出口燃气温度升高,高温燃气把热量传给高压涡轮和机匣等在燃烧室出口处的金属部件,使这些部件温度升高。由于热量的传递具有惯性,使得高温部件温度的升高并非瞬间发生,而是有个动态过程,因此,高压涡轮出口的燃气温度变化也有动态过程。

以高温燃气流过涡轮部件的传热动态过程为例,假设燃气温度高于金属部件温度,在单位时间内从燃气传递到金属的热量可以用一个一维的热传导方程来近似描述[见式(2-16)]:

$$\dot{q} = hA_{\mathrm{M}}(T - T_{\mathrm{M}}) = c_{\mathrm{M}} m_{\mathrm{M}} \dot{T}_{\mathrm{M}} \qquad (2-16)$$

式中:h 为传热系数;A_{M} 为与燃气相接触的金属壁面积;T 为燃气温度;T_{M} 为金属温度;c_{M} 为金属比热容;m_{M} 为金属质量。

由于燃气损失的热量等于金属获得的热量,可以把热交换的燃气温度关系表示如式(2-17):

$$\dot{q} = c_p \dot{m}_t (T_{\mathrm{in}} - T_{\mathrm{out}}) = hA_{\mathrm{M}}(T - T_{\mathrm{M}}) \qquad (2-17)$$

式中:$\dot{m}_t$ 是通过涡轮(控制面)的燃气质量流量;T_{in} 为热交换前涡轮进口燃气温度;T_{out} 是热交换后涡轮出口燃气温度。式(2-16)和式(2-17)即为高温部件传热动力学方程。

如果分别考虑高、低压涡轮传热动力学,则有两阶传热动力学。传热动力学是并不复杂的一阶滞后环节,但是,由于涡轮部件处结构复杂,动力学公式中的传热系数等参数往往需要通过试验确定。只有通过试验得到传热系数,才能使用传热动力学进行计算。

　　3) 各种动力学对发动机动态特性影响的比较及简化

上面讨论了转子动力学、容积动力学和传热动力学等 3 种动力学,对双转子涡扇发动机而言,它有两阶转子动力学,18 阶容积动力学以及两阶传热动力学,总阶数高达 22 阶,它会带来很大的计算工作量,影响模型的实时性,在实时模型中应该予以简化。实际上,这些动力学对发动机动态特性产生不同程度的影响。以PW1128 涡扇发动机为例,其 3 种动力学的频带宽度分别为:转子动力学带宽小于6 Hz;容积动力学带宽约 25 Hz;金属传热动力学带宽小于 0.15 Hz。其中容积动力学带宽远大于其他两种动力学带宽,显然为高频特性,在发动机工程计算中,一般可以忽略它对发动机动态特性的影响。传热动力学带宽最小,这说明传热过程比较缓慢,似乎对发动机动态特性影响最大,应该重点考虑。但是,实际上还是转子动力学对发动机动态特性的影响最大,可以从以下几方面分析。

　　(1) 所谓忽略高频特性,就是忽略高阶传递函数(复变函数)中远离原点的大的极点,保留小的极点。但是,如果经分解后,极点小的函数其分子的量值(复变函数中的留数)也很小,从工程上看,也是可以忽略的。设有传递函数 $G(s)$ 分解如式(2-18)所述:

$$G(s) = \frac{Y(s)}{X(s)} = \frac{a_1}{T_1 s + 1} + \frac{a_2}{T_2 s + 1} \tag{2-18}$$

式中：$T_1 = 1$；$T_2 = 10$；$a_1 = 1$；$a_2 = 0.001$。

上述经分解后的传递函数中，第二项的时间常数 T_2 大于第一项的时间常数 T_1，也就是第二项的极点比第一项小，似乎应该保留。但是，第二项中的分子 a_2 却远小于第一项的分子 a_1。综合考虑，对传递函数影响大的还是第一项。当计算中需要降阶简化时，还是应该忽略第二项。

（2）从物理概念上理解，极点绝对值小的第二项虽然对输入的响应慢，但是其响应幅值小，所以对系统响应的影响还是小。

（3）如果把公式(2-18)两项合并成下式：

$$\begin{aligned}
G(s) &= \frac{1}{s+1} + \frac{0.001}{10s+1} = \frac{1.0001s + 0.1001}{(s+1)(s+0.1)} \\
&= \frac{1}{1.0001} \frac{s + 0.10009}{(s+1)(s+0.1)} \\
&\approx \frac{1.001}{s+1}
\end{aligned}$$

可以发现，其中较小的极点与零点很接近而可以对消，最终还是保留了较大的极点。由此可见，对于较小的极点，如果其对应的留数很小，则该极点附近必有一个零点，使该零极点可以对消，而不起作用。

所以，在进行动力学分析时，不能简单地认为，带宽小的动力学对系统动态特性的影响一定大于带宽大的动力学的影响，还要综合考虑其影响幅值的大小。

综上所述，在燃气涡轮发动机中转子动力学对发动机动态特性影响最大，在建模时必须包含转子动力学。其次是高低压涡轮传热动力学，其中高压涡轮在动态过程中温度变化的幅度较大，因此高压涡轮传热动力学对发动机动态特性的影响比低压涡轮大。容积动力学对发动机动态特性的影响最小，在需要简化计算时，首先可以忽略容积动力学。PW1128 发动机动态模型为三阶模型，两个转子动力学和一个高压涡轮处的传热动力学。但是，发动机结构千变万化，对于具体发动机究竟采用哪几阶动力学模型还需要通过具体计算分析后决定。

在发动机控制系统中，还有传感器和执行机构，如图 1-1 所示。传感器和执行机构的动力学也会对发动机控制系统的动态特性产生影响。传感器中的温度传感器响应比较慢，其他传感器的响应都很快，它们的动态特性都可以忽略，可以简化为比例环节。而温度传感器和执行机构动力学相对于发动机而言也是响应比较快的高频特性，在发动机控制系统中，一般可以用一阶惯性环节来近似。该一阶惯性环节的具体时间常数的大小可以通过建立数学模型或试验测定获得。传感器和执行机构种类繁多，它们的建模和动态特性的研究不是本书重点，不做详细介绍，有兴趣的读者可参阅有关文献。

2.2.4　改善模型收敛性的方法

上面介绍的发动机部件级模型都必须采用数值迭代计算,既然是迭代计算,就必然有收敛性的问题。第1章曾反复强调航空燃气涡轮发动机的复杂性和强非线性,这种复杂性和强非线性严重影响模型的收敛性,往往已经建立好的发动机模型,开始运行得还很好,但是在飞行包线的某一点,或者发动机某个状态,模型不收敛了。所以,要在发动机运行的全状态和全包线范围内都有良好的收敛性,这是对建模的一大挑战,下面提出几种解决收敛性的方法。

1) 计算部件特性时,正确选择试猜参数

以压气机特性计算为例,压气机部件的压比-换算流量特性图如图2-5所示,其特点是,在高转速范围,特性线很陡,如果选择换算流量为已知试猜参数,则在给定转速下,求取压比时,由于换算流量的微小差别引起压比的变化很大,这样,误差会很大,过大的误差会影响计算收敛性。若取压比为试猜参数来求取换算流量时,换算流量对压比的变化不敏感,计算就比较准确。在2.2.2节所列举的试猜参数就符合这个原则。但是,在低转速范围,压比-换算流量特性线比较平坦,甚至有的压气机在低转速的特性不是单调

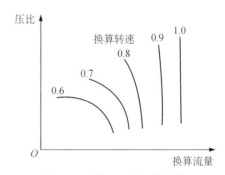

图2-5　典型压气机特性线

变化,如果仍取压比为已知的试猜参数来求取流量时,误差会很大。因此,往往会发生这种现象:所建立的发动机模型,在高转速范围,模型精度很高,运行稳定,而在靠近慢车转速的低转速范围,模型精度差,或者无法稳定运行,甚至不收敛。在这种情况下,在低转速时,应该取换算流量为已知的试猜参数,来求取压比,以提高计算精度,改善收敛性。当然,试猜参数不同时,其相应的共同工作方程也可能不同。在这种情况下,发动机数学模型在高、低速间变化时,要进行切换。

不同的发动机,其部件特性相差很大,具体选择试猜参数时,要灵活处理。如果所计算的压气机在低速范围的压比-换算流量特性线不是非常平坦,用压比作为试猜参数,计算精度能够满足要求,那就可以与高速范围一样,取压比为试猜参数。有的压气机低速区的压比-换算流量特性线不仅平坦,而且不是单调变化,则在低速范围必须改用换算流量为试猜参数,并可能采用与高速范围不同的共同工作方程。当高、低转速范围采用不同的试猜参数和不同的共同工作方程时,则要注意在不同共同工作方程的转速交接处应避免出现不圆滑过渡的情况。

2) 正确给定试猜参数的值

发动机的非线性特性很强,如果给定试猜参数值偏离真解较远,则迭代运算很难收敛,因此,给定的试猜参数值应该尽量靠近真解。一般可以按以下步骤来得到

试猜参数值:①由发动机总体设计部门提供的发动机设计点的参数是比较全的,其中包括求解发动机模型所需要的准确的试猜参数值。因此,首先以设计点为初始点进行稳态计算,得到设计点的发动机稳态模型;②在地面条件下,以设计点为起点,逐步改变输入量,对应每个输入量(例如供油量、转速或尾喷口面积等)通过稳态仿真计算,算出收敛的各试猜参数值,从而得到地面条件下,各试猜参数值与输入量间的关系。设计点一般是零高度、零马赫数、地面标准大气条件以及设计转速处的发动机工作点。对于战斗机一般以最大转速为设计转速,对于大飞机发动机一般以巡航转速为设计转速;③在高空条件下,由于马赫数不同,不满足相似条件,不能采用上述地面条件下得到的换算参数间的关系。为此,需要将飞行包线均匀划分为很多网格,并仍然以设计点为起点,即开始以设计点的值作为初值,通过发动机稳态模型的仿真,逐一计算网格相邻各分隔点处试猜参数的真值,直至算出全包线内各网格分隔点处的试猜参数值,并把这些值储存在计算机中,构成试猜参数真值表;④当在控制系统设计或故障诊断等工作中,需要用飞行包线内某一点发动机模型时,以储存在计算机中包线内相邻几点的试猜参数值,来插值或拟合算出需要计算点的试猜参数值,并可以此试猜值来求解该点的发动机模型。当飞行包线的网格分得比较细时,这样得到的试猜值与真解应该比较接近,容易使模型计算收敛。

上述方法比较可靠,但是比较麻烦,很费计算时间。在发动机控制系统设计初期,控制器还没有设计出来时,可采用上述方法。当发动机控制器设计出来后,需要进一步完善发动机数学模型时,可以利用控制器与发动机模型构成的闭环控制系统来求取试猜参数值。具体方法如下:先构成设计点含控制器的发动机闭环模型,在设计点进行初始化。然后通过闭环系统的动态仿真,在发动机全状态、全包线内进行试猜参数的稳态采集,其效果也相当于对包线进行网格划分,不同的就是有闭环控制在内,可以根据控制计划在包线内运行闭环系统,通过编程来修改高度、马赫数、大气温度和油门杆角度等即可实现试猜参数值的采集。

3) 有限域优化搜索法

由于发动机很强的非线性,采用上述措施后,在迭代运算过程中,仍然有可能使试猜参数的值远离真解而使计算发散,采用有限域优化搜索法可以改善传统N-R算法的收敛性。有限域优化搜索法的思路是,在需要计算的飞行包线点邻域,将试猜参数划出一个有限的小邻域,保证真解在该有限域内。在用N-R法的迭代计算过程中,若试猜参数的值超出了该有限域,则在下一次迭代时拉回到有限域内,使试猜值遍搜有限域,直到收敛为止,具体计算方法可参阅文献[3]。

4) 辅助变量法

在2.1.1节中说明了在用发动机模型来计算发动机性能时,不能简单地按气流的流程一步步计算下去,而必须用迭代算法。这一节我们进一步用非线性数学方程组的求解来说明这个问题,并提出一种不需要迭代的方法——辅助变量法[4,5],这样可以从方法上避免迭代引起的不收敛问题。

设有如式(2-19)的非线性方程组：

$$\begin{cases} x_1 = f_1(u) \\ x_2 = f_2(x_1) \\ x_3 = f_3(x_1, x_2) \end{cases} \tag{2-19}$$

其中，u 为已知参数，求解 x_1、x_2 和 x_3，显然，依次求解 3 个方程时，每个方程都是显式，都可以直接求解，不需要迭代，就可以解得三个未知参数 x_1、x_2 和 x_3。

但对如式(2-20)所列一般非线性方程组

$$\begin{cases} x_1 = f_1(u) \\ x_2 = f_2(x_1, x_3) \\ x_3 = f_3(x_1, x_2) \end{cases} \tag{2-20}$$

同样，已知 u，求解 x_1、x_2 和 x_3。虽然未知数个数与方程个数仍然相同，方程组可以求解，但是，在由第 1 个方程求得 x_1 后，在求 x_2 时需要知道 x_3，而求 x_3 时又需要知道 x_2。也即第 2、3 个方程是隐式的，显然不能像求解方程(2-19)那样依次直接求解。因此，通常利用数值解法，例如 N - R 法等进行迭代运算，但是用迭代法就可能引起不收敛。

如果对应式(2-20)引入新的辅助变量 x_3' 以及新的辅助微分方程 $\dot{x}_3' = f_2'(x_1)$，则非线性方程组变成

$$\begin{cases} x_1 = f_1(u) \\ \dot{x}_3' = f_2'(x_1) \\ x_2 = f_2(x_1, x_3') \\ x_3 = f_3(x_1, x_2) \end{cases} \tag{2-21}$$

显然，只要已知 u 和 x_3' 的初值，那么在求解过程中，式(2-21)的每一个方程都是显式的，就可以逐个方程直接求解，而不需要迭代运算。显然，要能够使用辅助变量法，必须要找到辅助微分方程和辅助变量，已知辅助变量的初值来求解辅助微分方程。而在发动机部件级模型中，恰恰可以找到这样的辅助变量和辅助变量微分方程。下面作进一步阐述。

发动机部件级模型就是由一系列非线性方程构成的非线性方程组，如果在建立发动机模型时，也能找到适当的辅助变量和辅助微分方程组，使得辅助微分方程与原发动机模型的非线性方程组联合成为闭合形式，则不需要迭代求解，也就避免了迭代引起的收敛性问题。研究表明，容积动力学不仅可以描述发动机的部分动态特性，而且，适当地引进容积动力学，可以避免迭代运算，说明如下。当发动机建模中不考虑容积动力学时，发动机内部各容积的进出口状态参数如压力、流量和温度等都被认为是相等的。当考虑容积动力学时，例如考虑质量守恒的容积动力学，如式(2-15)，那么该容积的进出口流量不相等，我们可以取出口流量为辅助变量，取相

应的容积动力学方程为辅助微分方程。只要选取容积适当,便可以使得辅助微分方程与发动机原非线性方程组联合成为闭合形式而不需要迭代求解。进一步选择容积动力学的细节可参阅文献[4,5]。

用辅助变量法时还需要注意几个问题。

(1) 与传统的 N‑R 法不同,用辅助变量法求解发动机模型时,要先考虑动态模型,因此首先要解决求解微分方程组的初值问题。众所周知,利用龙格‑库塔法等数值方法求解微分方程组时,必须已知初值。一般发动机设计点的各参数是已知的,故模型计算可以从设计点开始,以设计点参数作为初值,求解设计点邻近工作点的发动机模型,然后逐步延伸求解发动机全包线、全状态模型。若设计点外还已知其他工作点的参数,则可以选取离计算点最近的已知工作点作为计算的初始点。

(2) 在发动机数学模型中引入辅助变量和辅助微分方程后,发动机模型的气动热力学计算过程发生了变化,其共同工作方程可能要发生变化。

(3) 从以上描述可见,辅助变量法是用来求解发动机动态过程的。当需要用作发动机稳态模型时,则在输入已知条件后,让动态模型运行,待动态过程结束,到达稳定状态,就得到了发动机的稳态参数。所以,不需要另外专门的稳态模型。图 2‑6 表示用 2.2.1 节的 N‑R 法以及用辅助变量法建立的某涡扇发动机模型在全包线范围内 n_L 和 n_H 的稳态仿真结果,两者几乎完全相同。

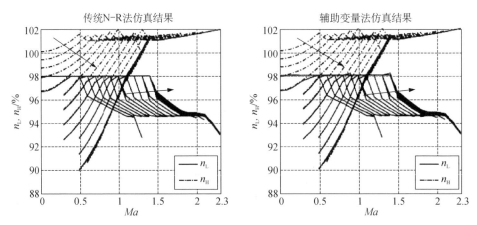

图 2‑6　用辅助变量法和用传统 N‑R 法稳态仿真结果比较

(图中箭头表示飞行高度增加方向)

5) 正确选择计算步长

在动态模型计算中,需要用龙格‑库塔法等数值方法解微分方程组,一般需要按计算步长做离散化处理,为此,必须正确选择计算步长。计算步长取得太大,则截断误差增大,计算精度下降,不能满足精度要求。为了使离散化计算与实际物理过程的连续变化相一致,需要减小计算步长。但是计算步长太小,则会增加仿真计算时间,不能满足实时性要求。而且,过小的计算步长增加了计算次数会导致舍入误差的大量积累,也会影响计算精度。因此,在模型求解前,首先必须正确选择计算步长,下面介绍一种选择计算步长的方法。

先按经验选择一个计算步长 T_0,如果用该步长使得计算发散,说明该步长太大,需要用 $T_1 = T_0/2$ 作为计算步长,重新进行仿真计算,直到计算收敛。即使计算收敛,还不能说明该步长 T 是正确的,需要继续把计算步长缩小一半,直到相邻两次仿真计算结果的误差满足精度要求,便可以将前一次的步长选为解微分方程组的计算步长。用这种方法选出来的计算步长,既能使微分方程计算以致发动机动态模型满足精度要求,又尽可能地提高了实时性。如果所选用的计算方法已经具有自动选择步长的功能,则可以免去上述过程。

引起发动机模型仿真中不收敛的具体原因多种多样,首先必须仔细分析,找出不收敛的原因,才能采取正确的措施,解决不收敛问题。

2.2.5 提高模型实时性的措施

对航空发动机控制系统研制中所用的数学模型大都具有实时性要求,下面给出几种可以提高模型实时性的措施。

1)部件特性线性化

航空发动机的部件特性一般都有很强的非线性,可以把部件特性的非线性计算公式线性化来提高实时性。现以压气机特性为例来说明该方法。压气机出口总温 T_{t3} 可用式(2-22)表示:

$$T_{t3} = T_{t25}\left(1 + \frac{\pi_c^{\frac{\gamma-1}{\gamma}} - 1}{\eta_c}\right) \tag{2-22}$$

式中:η_c 为压气机效率,它是压气机压比 π_c 和压气机换算转速 n_{Hcor} 的函数。故 T_{t3} 可写成式(2-23):

$$T_{t3} = T_{t25} f(n_{Hcor}, \pi_c) \tag{2-23}$$

在稳态点 (n_{Hcor0}, π_{c0}) 用泰勒级数展开式(2-23),并忽略二阶及以上高阶项,得到:

$$T_{t3} = T_{t25}(K_{c1} n_{Hcor} + K_{c2}\pi_c + K_{c3}) \tag{2-24}$$

式中:K_{c1},K_{c2} 和 K_{c3} 是取决于稳态点的常数。这样就把非线性关系式(2-22)线化成线性关系式(2-24)。对于式(2-24)可以做进一步简化:在压气机特性线图上,沿共同工作线建立 n_{Hcor} 和 π_c 间的分段线性函数,

$$n_{Hcor} = K_c \pi_c \tag{2-25}$$

式中:K_c 是随 π_c 分段变化的常数。式(2-24)可进一步简化为

$$T_{t3} = T_{t25}(K_{3i}\pi_c + K_{4i}) \tag{2-26}$$

式中:K_{3i} 和 K_{4i} 是随 π_c 分段变化的常数。

通常,这种线化方法引起的误差在1%以内[6]。

2) 部件特性图的坐标变换

风扇、压气机和涡轮等部件特性都具有很强的非线性,上小节的方法是把部件特性的非线性计算公式线性化,如果能够直接把部件特性曲线线性化,也必将便于计算,并减少计算时间。F404‐GE‐400涡扇发动机的风扇特性如图2‐7所示[7]。该图与常规的风扇特性一样,其横坐标为换算到风扇进口的换算流量。如果把横坐标改为换算到风扇出口的换算流量,如图2‐8所示,其特性几乎成为直线,在计算中可以用直线方程代替非线性的风扇特性线而简化计算。

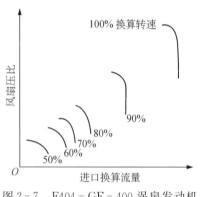

图2‐7　F404‐GE‐400涡扇发动机风扇特性线

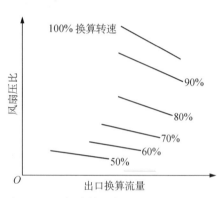

图2‐8　坐标变换后的F404‐GE‐400涡扇发动机风扇特性线

需要指出的是,由于发动机部件特性有很强的非线性,而且不同的发动机以及同一台发动机各部件的非线性特性各不相同,因此,此方法仅对F404‐GE‐400涡扇发动机风扇特性线有效,对其他发动机不一定有效。实际上,将图2‐7变换成图2‐8就是对横坐标进行坐标变换。对其他发动机可以找到其他坐标变换方法来进行线化,对不同的发动机、不同的部件,读者可以试凑各种坐标变换公式,以得到满意的线性变换。关于这种方法的进一步细节,读者可参阅文献[6]。

3) 一次通过算法

上面介绍的两种线性化的方法确实可以减少模型计算时间,但是随着计算机技术的进步,用非线性计算所需的计算时间对模型的实时性已经没有严重影响,再考虑到线化引起的计算误差,目前上述两种线化方法只有在对实时性有特别高的要求时采用。本小节介绍的一次通过算法目前仍然具有重要的实用价值而获得广泛应用。

在用发动机动态模型进行加减速的动态仿真中,每一流程迭代计算,都要使试猜值满足精度要求后,再进行下一时间步长的迭代计算,这需要很大的计算工作量。所谓一次通过算法是指,在用试猜参数的试猜值作为已知量完成一个流程计算,并按式(2‐9)用雅克比矩阵修正一次后,不再进行迭代,而进行下一个时间步长的流程计算。

采用一次通过算法要满足两个条件:①开始进行动态仿真时的发动机稳态模型

要有足够的精度,这样可以保证在开始进行动态模型仿真时,所采用的试猜参数值已经有足够的精度;②进行动态计算的时间步长要足够小,使得计算步长前后,相邻两个计算点处,包括试猜参数在内的发动机状态参数的值变化不大。满足上述两个条件可以保证,每一个计算步长所用的试猜参数的值与真解已经比较接近。

按照现在的建模技术,只要部件特性有足够的精度,所建立的精确的气动热力学模型的稳态精度,特别是设计点状态参数的精度可以相当高了,满足上述第 1 个条件是没有问题的。此外,目前发动机 FADEC 系统的帧周期小于 20 ms,如前所述,实际计算步长还远小于 20 ms,以此为计算步长,该步长前后,发动机状态参数的变化不大,一般能满足上述第 2 个条件。大量仿真计算表明,采用一次通过算法完全可以满足加减速动态仿真计算的精度要求,而且,由于不需要反复迭代,可以避免计算发散,大大减少计算时间,提高模型的实时性,是一种切实可行的方法。

2.3　状态变量模型

现代控制理论中一些先进控制算法大都基于线性系统理论,需要被控对象的线性模型。在发动机状态监视和故障诊断中采用的最优估计理论也大都基于线性系统理论,因此,也需要用发动机线性模型来进行设计。发动机状态变量模型就是在状态空间中建立的发动机线性模型,广泛应用于发动机先进控制规律的设计、发动机状态监视和故障诊断中。状态变量模型可以由发动机非线性气动热力学模型提取出来,也可以用发动机运行中的测量数据来建立。后者涉及昂贵的发动机运行成本,而且当测量数据不充分时,难以保证模型有足够的精度,很少采用。本节讨论前者,下面主要介绍两种建立状态变量模型的方法。

2.3.1　偏导数法

1) 非线性方程的线性化

假定发动机非线性气动热力学模型可以表达如式(2 - 27)和式(2 - 28):

$$
\begin{cases}
\dot{\boldsymbol{X}} = f(\boldsymbol{X}, \boldsymbol{U}) & (2-27) \\
\boldsymbol{Y} = g(\boldsymbol{X}, \boldsymbol{U}) & (2-28)
\end{cases}
$$

式中:状态向量 $\boldsymbol{X} \in \mathbf{R}^n$;输出向量 $\boldsymbol{Y} \in \mathbf{R}^m$;控制向量 $\boldsymbol{U} \in \mathbf{R}^r$。

确定需要求取发动机线性模型的稳态平衡点$(\boldsymbol{X}_0, \boldsymbol{U}_0)$,在该平衡点处展开方程式(2 - 27)和式(2 - 28),并忽略二阶和二阶以上小项,得到式(2 - 29)和式(2 - 30):

$$
\begin{cases}
\Delta \dot{\boldsymbol{X}} = \boldsymbol{A} \Delta \boldsymbol{X} + \boldsymbol{B} \Delta \boldsymbol{U} & (2-29) \\
\Delta \boldsymbol{Y} = \boldsymbol{C} \Delta \boldsymbol{X} + \boldsymbol{D} \Delta \boldsymbol{U} & (2-30)
\end{cases}
$$

式中: $\Delta \boldsymbol{X} = \boldsymbol{X} - \boldsymbol{X}_0$; $\Delta \boldsymbol{Y} = \boldsymbol{Y} - \boldsymbol{Y}_0$; $\Delta \boldsymbol{U} = \boldsymbol{U} - \boldsymbol{U}_0$; $\boldsymbol{Y}_0 = g(\boldsymbol{X}_0, \boldsymbol{U}_0)$。各系数矩阵 $\boldsymbol{A}$、$\boldsymbol{B}$、$\boldsymbol{C}$ 和 $\boldsymbol{D}$ 分别是 $(n \times n)$、$(n \times r)$、$(m \times n)$ 和$(m \times r)$ 维矩阵,并分别用式(2 - 31)~式(2 - 34)表示:

$$A = [a_{ij}] = \left\{ \left(\frac{\partial f_i}{\partial x_j} \right)_{\Delta x_{j'}=0,\ \Delta u_l=0} \right\} \tag{2-31}$$

$$B = [b_{il}] = \left\{ \left(\frac{\partial f_i}{\partial u_l} \right)_{\Delta x_i=0,\ \Delta u_{l'}=0} \right\} \tag{2-32}$$

$$C = [c_{kj}] = \left\{ \left(\frac{\partial g_k}{\partial x_j} \right)_{\Delta x_{j'}=0,\ \Delta u_l=0} \right\} \tag{2-33}$$

$$D = [d_{kl}] = \left\{ \left(\frac{\partial g_k}{\partial u_l} \right)_{\Delta x_i=0,\ \Delta u_{l'}=0} \right\} \tag{2-34}$$

式中：$i = 1, 2, \cdots, n$；$k = 1, 2, \cdots, m$；$j, j' = 1, 2, \cdots, n\,(j \neq j')$；$l, l' = 1,$ $2, \cdots, r\,(l \neq l')$；$\left(\dfrac{\partial f_i}{\partial x_j} \right)_{\Delta x_{j'}=0,\ \Delta u_l=0}$ 是在稳态平衡点 $(x_{01}, x_{02}, \cdots, u_{01}, u_{02}, \cdots)$ 处，$f_i(x_1, x_2, \cdots, u_1, u_2, \cdots)$ 对 x_j 的偏导数。以此类推其余偏导数的含义。

式(2-29)~式(2-34)就是发动机线性化的状态变量模型表达式,注意,式中各变量均为增量。

2) 偏导数的求取[8, 9]

先求式(2-31)和式(2-33)中的 a_{ij} 和 c_{kj}：把发动机气动热力学模型稳定在稳态平衡点 (X_0, U_0),在该平衡点摄动状态变量 x_j,其摄动量为 Δx_j,而保持其他状态变量 $x_{j'}(j' = 1, 2, \cdots, n,$ 但 $j' \neq j)$ 和 $u_l(l = 1, 2, \cdots, r)$ 不变,即 $\Delta x_{j'} = 0$, $\Delta u_l = 0$,计算 f_i 的变化,并用差分来计算 a_{ij}

$$a_{ij} = \frac{\Delta f_i}{\Delta x_j} \tag{2-35}$$

式中：$i = 1, 2, \cdots, n$；$j = 1, 2, \cdots, n$；Δx_j 是对第 j 个状态变量 x_j 的摄动量；Δf_i 是在摄动后的稳态平衡点 $(x_1, x_2, \cdots, x_j + \Delta x_j, \cdots, x_n, u_1, u_2, \cdots, u_r)$ 处的第 i 个函数值的增量。要注意,在每次摄动后,要把发动机气动热力学模型重新稳定在开始的稳态平衡点 (X_0, U_0),然后在该平衡点再开始下一次摄动。用类似的方法,可以得到式(2-33)中的 c_{kj} 的计算公式。

在发动机气动热力学模型稳态平衡点 (X_0, U_0) 处摄动状态量 x_j 时,如果仅以 Δx_j 为发动机模型的输入量进行摄动,则其他状态量也会相应变化,以维持发动机内部各个参数的气动热力学关系,这样就无法保持其他状态量不变。为此,需要人为地"冻结"发动机动态模型中的动态方程,即令各状态变量的导数为零,以保持其他状态量不变,但是其他稳态共同工作方程仍然应该得到满足。

在求得各 a_{ij} 和 c_{kj} 后,再求式(2-32)和式(2-34)中的 b_{il} 和 d_{kl}：把发动机气动热力学模型重新稳定在平衡点 (X_0, U_0),摄动控制量 u_l,而保持其他控制量 $u_{l'}(l' = 1, 2, \cdots, r,$ 但 $l' \neq l)$ 不变,计算 f_i 的变化,并同样用差分来计算 b_{il}

$$b_{il} = \frac{\Delta f_i}{\Delta u_l} \tag{2-36}$$

用类似的方法，可以得到式(2-34)中的 d_{kl} 的计算公式。

上面得到的偏导数 $a_{ij}(i=1, 2, \cdots, n, j=1, 2, \cdots, n)$、$b_{il}(i=1, 2, \cdots, n, l=1, 2, \cdots, r)$、$c_{kj}(k=1, 2, \cdots, m, j=1, 2, \cdots, n)$ 和 $d_{kl}(k=1, 2, \cdots, m, l=1, 2, \cdots, r)$ 就构成了状态变量模型式(2-29)和式(2-30)中各系数矩阵 $\boldsymbol{A}$、$\boldsymbol{B}$、$\boldsymbol{C}$ 和 $\boldsymbol{D}$，也就建立了在发动机稳态平衡点$(\boldsymbol{X}_0, \boldsymbol{U}_0)$处的状态变量模型。

3）分段线性化

上小节求得了发动机某一稳态平衡点处的状态变量模型，为了求取发动机全状态和全包线内的各个稳态平衡点的状态变量模型，需要进行分段线性化。把发动机全状态按转速进行分段，并且把发动机全包线分成很多网格，按照上小节的方法求取各个分隔点处的状态变量模型。把这些状态变量模型的 $\boldsymbol{A}$、$\boldsymbol{B}$、$\boldsymbol{C}$ 和 $\boldsymbol{D}$ 矩阵存入计算机中，可作为实时控制规律设计或状态监视所需要的数学模型。当在实时设计控制规律的设计点不是上述分隔点时，可按相邻点处的相应的 $\boldsymbol{A}$、$\boldsymbol{B}$、$\boldsymbol{C}$ 和 $\boldsymbol{D}$ 矩阵元素插值或拟合方法求取控制规律设计点的 $\boldsymbol{A}$、$\boldsymbol{B}$、$\boldsymbol{C}$ 和 $\boldsymbol{D}$ 矩阵。

按转速可均匀分段，分段的细化程度可按具体情况确定。当要求精度高时，可以分隔得细一些，但是会增加存储量要求。包线内网格的分隔，首先要确定用什么包线。在第 1 章曾经介绍过以飞行高度、马赫数和环境温度为坐标的三维包线，在三维空间中分隔网格比较复杂。现在，较常用的方法是采用飞行高度和马赫数为坐标的二维包线，然后用环境温度进行修正，这样仍然比较复杂。实际上，其中马赫数和环境温度是相关的，因此，决定发动机飞行条件用二维完全够了。我们来看进气道模型。

$$T_0 = \begin{cases} T_H - 6.5H, & H < 11.0\,\mathrm{km} \\ T_H - 71.5, & \text{其他} \end{cases}$$

$$P_0 = \begin{cases} 1.013\,25 \times 10^5 \times (1.0 - 0.022\,577H)^{5.255\,88}, & H < 11.0\,\mathrm{km} \\ 0.233\,85 \times 10^5 \times \mathrm{e}^{-[0.157\,693\,2 \times (H-11.0)]}, & \text{其他} \end{cases}$$

式中：T_H 为海平面大气温度；T_0 和 P_0 分别为发动机高空环境温度和压力；H 为飞行高度。则进气道进口总温 T_{t1} 和总压 P_{t1} 为

$$T_{t1} = T_0(1.0 + 0.2Ma^2)$$
$$P_{t1} = P_0(1.0 + 0.2Ma^2)^{3.5}$$

进气道出口总温 T_{t2} 和总压 P_{t2} 为

$$T_{t2} = T_{t1}$$
$$P_{t2} = \sigma_1 P_{t1}$$

式中：σ_1 为进气道总压恢复系数。

由此可见，进气道出口总温 T_{t2} 和总压 P_{t2} 包含了 H、Ma 和 T_H 三个参数的全部信息，所以，用 T_{t2} 和 P_{t2} 作为坐标的二维包线可以代替 H、Ma 和 T_H 三维

包线,在此二维包线内分割网格来求取各分割点处的 $\boldsymbol{A}$、$\boldsymbol{B}$、$\boldsymbol{C}$ 和 $\boldsymbol{D}$ 矩阵,这比用三维包线或者用二维包线再用环境温度进行修正要简化多了。

已有研究表明,用 T_{t2} 和 P_{t2} 作为坐标的二维包线还有其特殊的优点。美国 F100 发动机传感器故障诊断研究中,要在飞行包线内选择网格点,以建立线化模型,起初按 H、Ma 包线内均匀分布选择分隔点,如图 2-9(a)所示。建模表明,在某些区域模型精度较高,而另一些区域模型精度较低。把 $H-Ma$ 包线的分隔点转化到 $P_{t2}-T_{t2}$ 包线,如图 2-9(b)所示。发现在 $P_{t2}-T_{t2}$ 包线内,分隔点较集中的左下区域内模型精度较高。分析其原因是,$P_{t2}-T_{t2}$ 比 $H-Ma$ 更直接而充分地反映发动机内部状态参数的变化。为此,按在 $P_{t2}-T_{t2}$ 包线内的均匀分布重新选择分隔点,如图 2-10(a)所示,其相应分隔点在 $H-Ma$ 包线内的分布如图 2-10(b)

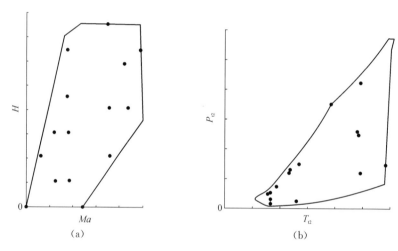

图 2-9　按 $H-Ma$ 包线选择分隔点

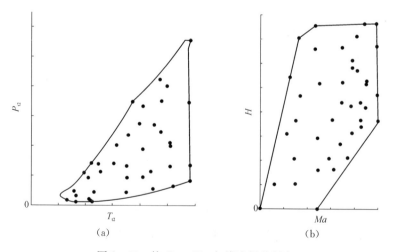

图 2-10　按 $P_{t2}-T_{t2}$ 包线选择分隔点

所示,这样提高了在全包线内模型的精度[10]。

分隔点选定后,便可按前面介绍的方法建立每个分隔点处的状态变量模型,并把这些状态变量模型的 **A**、**B**、**C** 和 **D** 矩阵存入计算机中待用。有的文献把地面条件下建立的状态变量模型,用相似变换转换成高空的状态变量模型。但是,在高空时,马赫数不同,并不满足动力相似条件,这样转换会引起误差。不过,在一些具体问题中,这种误差不大,如果满足工程上对精度的要求,这样做也是可以的,因为,这样会使计算大大简化。当然,必须在进行必要的误差分析,并确认其满足精度要求后,才可以使用这种方法。

2.3.2 拟合法[11]

用上述偏导数法建立状态变量模型求取 a_{ij} 和 c_{kj} 时,要摄动状态变量 x_j,而在气动热力学模型中人为地保持其他状态变量 $x_{j'}(j'=1,2,\cdots,n,$但$j'\neq j$)和 $u_l(l=1,2,\cdots,r)$ 不变。但是实际上其他状态变量必然也要变化,这样人为地保持其他状态变量不变并不符合发动机实际工况,必然会引起误差,本小节给出的拟合法可以克服上述缺点。拟合法的基本思路是:在发动机某稳态平衡点求得的线性状态变量模型的小偏差响应曲线,与同一点处气动热力学模型的小偏差响应曲线应该相同,具体建模步骤如下。

(1)首先在给定的稳态平衡点分别求出状态变量模型在各控制量小阶跃作用下的动态响应解析式。

(2)对发动机气动热力学模型在发动机同一稳态平衡点,同样作各控制量小阶跃作用下的非线性动态响应。

(3)以状态变量模型的动态响应应该与非线性气动热力学模型动态响应相一致为原则,用非线性动态响应数据来拟合出状态变量模型式(2-29)和式(2-30)中的各系数矩阵。

以双转子涡扇发动机为例,若选择风扇和压气机转速 n_L 和 n_H 为状态变量,五个可测参数 n_L、n_H、P_{t4}、P_{t5} 和 T_{t42} 为输出变量,W_f 和 A_8 为控制变量,则在某稳态平衡点(n_{L0},n_{H0},P_{t40},P_{t50},T_{t420})处,状态变量模型可写为

$$\begin{bmatrix} \Delta \dot{n}_L \\ \Delta \dot{n}_H \end{bmatrix} = \begin{bmatrix} a_{11} & a_{12} \\ a_{21} & a_{22} \end{bmatrix} \begin{bmatrix} \Delta n_L \\ \Delta n_H \end{bmatrix} + \begin{bmatrix} b_{11} & b_{12} \\ b_{21} & b_{22} \end{bmatrix} \begin{bmatrix} \Delta W_f \\ \Delta A_8 \end{bmatrix} \tag{2-37}$$

$$\begin{bmatrix} \Delta n_L \\ \Delta n_H \\ \Delta P_{t4} \\ \Delta P_{t5} \\ \Delta T_{t42} \end{bmatrix} = \begin{bmatrix} 1 & 0 \\ 0 & 1 \\ c_{31} & c_{32} \\ c_{41} & c_{42} \\ c_{51} & c_{52} \end{bmatrix} \begin{bmatrix} \Delta n_L \\ \Delta n_H \end{bmatrix} + \begin{bmatrix} 0 & 0 \\ 0 & 0 \\ d_{31} & d_{32} \\ d_{41} & d_{42} \\ d_{51} & d_{52} \end{bmatrix} \begin{bmatrix} \Delta W_f \\ \Delta A_8 \end{bmatrix} \tag{2-38}$$

对于式(2-37)和式(2-38)所示的状态变量模型,不失一般性,可设该线性系统有

两个互异模态 $e^{s_1 t}$ 和 $e^{s_2 t}$,则有

$$s_1 + s_2 = a_{11} + a_{22} \qquad (2-39)$$

$$s_1 s_2 = a_{11}a_{22} - a_{12}a_{21} \qquad (2-40)$$

先对状态变量模型做燃油小阶跃,喷口面积保持不变,即 $\Delta W_f = \delta W_f$,而 $\Delta A_8 = 0$。写出各输出量增量的燃油阶跃响应表达式为

$$\Delta n_L^1(t) = \delta W_f \left[\frac{a_{12}b_{21} - a_{22}b_{11}}{s_1 s_2} + \frac{(s_1 - a_{22})b_{11} + a_{12}b_{21}}{s_1(s_1 - s_2)}e^{s_1 t} + \frac{(s_2 - a_{22})b_{11} + a_{12}b_{21}}{s_2(s_2 - s_1)}e^{s_2 t} \right]$$

$$\Delta n_H^1(t) = \delta W_f \left[\frac{a_{21}b_{11} - a_{11}b_{21}}{s_1 s_2} + \frac{(s_1 - a_{11})b_{21} + a_{21}b_{11}}{s_1(s_1 - s_2)}e^{s_1 t} + \frac{(s_2 - a_{11})b_{21} + a_{21}b_{11}}{s_2(s_2 - s_1)}e^{s_2 t} \right]$$

$$\Delta P_{t4}^1(t) = c_{31}\Delta n_L(t) + c_{32}\Delta n_H(t) + \delta W_f d_{31}$$

$$\Delta P_{t5}^1(t) = c_{41}\Delta n_L(t) + c_{42}\Delta n_H(t) + \delta W_f d_{41}$$

$$\Delta T_{t42}^1(t) = c_{51}\Delta n_L(t) + c_{52}\Delta n_H(t) + \delta W_f d_{51}$$

加上各个变量在稳态平衡点的稳态值,得状态变量模型各输出量的燃油阶跃动态响应为

$$n_L^1(t) = n_{L0} + \Delta n_L^1(t)$$

$$n_H^1(t) = n_{H0} + \Delta n_H^1(t)$$

$$P_{t4}^1(t) = P_{t40} + \Delta P_{t4}^1(t)$$

$$P_{t5}^1(t) = P_{t50} + \Delta P_{t5}^1(t)$$

$$T_{t42}^1(t) = T_{t420} + \Delta T_{t42}^1(t)$$

再对状态变量模型做喷口小阶跃,燃油流量保持不变,即 $\Delta A_8 = \delta A_8$,而 $\Delta W_f = 0$,写出各输出量增量的喷口阶跃响应表达式为

$$\Delta n_L^2(t) = \delta A_8 \left[\frac{a_{12}b_{22} - a_{22}b_{11}}{s_1 s_2} + \frac{(s_1 - a_{22})b_{12} + a_{12}b_{22}}{s_1(s_1 - s_2)}e^{s_1 t} + \frac{(s_2 - a_{22})b_{12} + a_{12}b_{22}}{s_2(s_2 - s_1)}e^{s_2 t} \right]$$

$$\Delta n_H^2(t) = \delta A_8 \left[\frac{a_{21}b_{12} - a_{11}b_{22}}{s_1 s_2} + \frac{(s_1 - a_{11})b_{22} + a_{21}b_{12}}{s_1(s_1 - s_2)}e^{s_1 t} + \frac{(s_2 - a_{11})b_{22} + a_{21}b_{12}}{s_2(s_2 - s_1)}e^{s_2 t} \right]$$

$$\Delta P_{t4}^2(t) = c_{31}\Delta n_L(t) + c_{32}\Delta n_H(t) + \delta A_8 d_{32}$$

$$\Delta P_{t5}^2(t) = c_{41}\Delta n_L(t) + c_{42}\Delta n_H(t) + \delta A_8 d_{42}$$

$$\Delta T_{t42}^2(t) = c_{51}\Delta n_L(t) + c_{52}\Delta n_H(t) + \delta A_8 d_{52}$$

加上各个变量在稳态平衡点的稳态值,得状态变量模型各输出量的喷口阶跃动态响应为

$$n_L^2(t) = n_{L0} + \Delta n_L^2(t)$$

$$n_H^2(t) = n_{H0} + \Delta n_H^2(t)$$

$$P_{t4}^2(t) = P_{t40} + \Delta P_{t4}^2(t)$$

$$P_{t5}^2(t) = P_{t50} + \Delta P_{t5}^2(t)$$

$$T_{t42}^2(t) = T_{t420} + \Delta T_{t42}^2(t)$$

显然，状态变量模型各输出量的动态响应的解析表达式是关于 $\boldsymbol{A}$、$\boldsymbol{B}$、$\boldsymbol{C}$ 和 $\boldsymbol{D}$ 矩阵中各元素的函数。

另一方面，在同一稳态平衡点 $(n_{L0}, n_{H0}, P_{t40}, P_{t50}, T_{t420})$ 处，对发动机气动热力学模型做同样的小阶跃动态响应仿真。

先做燃油小阶跃，喷口面积保持不变，即 $\Delta W_f = \delta W_f$，而 $\Delta A_8 = 0$，得到非线性气动热力学模型的输出量的燃油阶跃响应为

$$n_{L non}^1(t_k) = n_{L0} + \Delta n_{L non}^1(t_k)$$

$$n_{H non}^1(t_k) = n_{H0} + \Delta n_{H non}^1(t_k)$$

$$P_{t4 non}^1(t_k) = P_{t40} + \Delta P_{t4 non}^1(t_k)$$

$$P_{t5 non}^1(t_k) = P_{t50} + \Delta P_{t5 non}^1(t_k)$$

$$T_{t42 non}^1(t_k) = T_{t420} + \Delta T_{t42 non}^1(t_k)$$

式中下标 non 表示非线性模型。再做喷口小阶跃，燃油流量保持不变，即 $\Delta A_8 = \delta A_8$，而 $\Delta W_f = 0$，得到非线性气动热力学模型的输出量的喷口阶跃响应为

$$n_{L non}^2(t_k) = n_{L0} + \Delta n_{L non}^2(t_k)$$

$$n_{H non}^2(t_k) = n_{H0} + \Delta n_{H non}^2(t_k)$$

$$P_{t4 non}^2(t_k) = P_{t40} + \Delta P_{t4 non}^2(t_k)$$

$$P_{t5 non}^2(t_k) = P_{t50} + \Delta P_{t5 non}^2(t_k)$$

$$T_{t42 non}^2(t_k) = T_{t420} + \Delta T_{t42 non}^2(t_k)$$

式中 $t_k = 0, T, 2T, \cdots, NT$，$T$ 为采样周期。上述非线性模型的响应式实际上代表响应曲线。

最后，以状态变量模型与非线性气动热力学模型的动态响应一致为准则，用已知的气动热力学模型动态响应数据来拟合状态变量模型中 $\boldsymbol{A}$、$\boldsymbol{B}$、$\boldsymbol{C}$ 和 $\boldsymbol{D}$ 矩阵中的各元素。由于气动热力学模型的动态响应数据很多，只需要选择若干特征数据来拟合就能获得很高的拟合精度。特征数据的选择原则如下：在动态响应曲线变化较大的部分应该较为密集，在变化平缓部分较为稀疏。若取 K 个特征数据，则拟合过程转化为求解下面的矛盾方程组。

$$\delta W_f \left[\frac{a_{12}b_{21} - a_{22}b_{11}}{s_1 s_2} + \frac{(s_1 - a_{22})b_{11} + a_{12}b_{21}}{s_1(s_1 - s_2)} e^{s_1 t_k} + \frac{(s_2 - a_{22})b_{11} + a_{12}b_{21}}{s_2(s_2 - s_1)} e^{s_2 t_k} \right] - \Delta n_{L non}^1(t_k) = 0$$

$$(2-41)$$

$$\delta W_f\left[\frac{a_{21}b_{11}-a_{11}b_{21}}{s_1s_2}+\frac{(s_1-a_{11})b_{21}+a_{21}b_{11}}{s_1(s_1-s_2)}\mathrm{e}^{s_1t_k}+\frac{(s_2-a_{11})b_{21}+a_{21}b_{11}}{s_2(s_2-s_1)}\mathrm{e}^{s_2t_k}\right]-\Delta n_{\mathrm{Hnon}}^1(t_k)=0$$

$$(2-42)$$

$$\delta A_8\left[\frac{a_{12}b_{22}-a_{22}b_{11}}{s_1s_2}+\frac{(s_1-a_{22})b_{12}+a_{12}b_{22}}{s_1(s_1-s_2)}\mathrm{e}^{s_1t_k}+\frac{(s_2-a_{22})b_{12}+a_{12}b_{22}}{s_2(s_2-s_1)}\mathrm{e}^{s_2t_k}\right]-\Delta n_{\mathrm{Lnon}}^2(t_k)=0$$

$$(2-43)$$

$$\delta A_8\left[\frac{a_{21}b_{12}-a_{11}b_{22}}{s_1s_2}+\frac{(s_1-a_{11})b_{22}+a_{21}b_{12}}{s_1(s_1-s_2)}\mathrm{e}^{s_1t_k}+\frac{(s_2-a_{11})b_{22}+a_{21}b_{12}}{s_2(s_2-s_1)}\mathrm{e}^{s_2t_k}\right]-\Delta n_{\mathrm{Hnon}}^2(t_k)=0$$

$$(2-44)$$

$$c_{31}\Delta n_{\mathrm{L}}(t_k)+c_{32}\Delta n_{\mathrm{H}}(t_k)+\delta W_f d_{31}-\Delta P_{\mathrm{t4non}}^1(t_k)=0 \qquad (2-45)$$

$$c_{41}\Delta n_{\mathrm{L}}(t_k)+c_{42}\Delta n_{\mathrm{H}}(t_k)+\delta W_f d_{41}-\Delta P_{\mathrm{t5non}}^1(t_k)=0 \qquad (2-46)$$

$$c_{51}\Delta n_{\mathrm{L}}(t_k)+c_{52}\Delta n_{\mathrm{H}}(t_k)+\delta W_f d_{51}-\Delta T_{\mathrm{t42non}}^1(t_k)=0 \qquad (2-47)$$

$$c_{31}\Delta n_{\mathrm{L}}(t_k)+c_{32}\Delta n_{\mathrm{H}}(t_k)+\delta A_8 d_{32}-\Delta P_{\mathrm{t4non}}^2(t_k)=0 \qquad (2-48)$$

$$c_{41}\Delta n_{\mathrm{L}}(t_k)+c_{42}\Delta n_{\mathrm{H}}(t_k)+\delta A_8 d_{42}-\Delta P_{\mathrm{t5non}}^2(t_k)=0 \qquad (2-49)$$

$$c_{51}\Delta n_{\mathrm{L}}(t_k)+c_{52}\Delta n_{\mathrm{H}}(t_k)+\delta A_8 d_{52}-\Delta T_{\mathrm{t42non}}^2(t_k)=0 \qquad (2-50)$$

式中：$k=1, 2, \cdots, K$，再把式(2-39)和式(2-40)两个方程写成

$$s_1+s_2-a_{11}-a_{22}=0 \qquad (2-51)$$

$$s_1s_2-a_{11}a_{22}+a_{12}a_{21}=0 \qquad (2-52)$$

由式(2-41)~式(2-52)共有 $10k+2$ 个方程，将它们联立求解，即可求得给定的稳态平衡点处状态变量模型 $\boldsymbol{A}$、$\boldsymbol{B}$、$\boldsymbol{C}$ 和 $\boldsymbol{D}$ 矩阵中各元素的最小二乘解。大量仿真结果表明，拟合法建立的状态变量模型的精度远高于偏导数法。需要注意的是，以上方程适用于2阶状态变量模型，如果状态变量模型的阶数比较高，其解析解非常复杂，用拟合法就不一定适用了，读者可根据具体情况选用上述求解方法。除了偏导数法和拟合法外还可以用优化方法求取状态变量系数矩阵中的各元素，限于篇幅，本书不再一一介绍，有兴趣的读者可参阅有关文献[12]。

求得一个平衡点的状态变量模型后，采用与 2.3.1 节的 3)中介绍的方法，进行分段线性化，可求得全包线、全状态各分隔点处的状态变量模型。

2.3.3　须注意的几个问题

1) 摄动量大小和计算步长的选择

前面求取的状态变量模型是在给定的发动机稳态平衡点处的小偏差线性模型，它只适用于稳态平衡点附近小偏差范围。在用上述两种方法求取状态变量模型时，需要对气动热力学模型和状态变量模型进行摄动，或者输入阶跃信号。若所加的摄动量或阶跃量太大，会超出线性近似范围而降低状态变量模型精度。但是，若所加的摄动量太小，以致摄动量接近气动热力学模型误差的数量级，那么，这种摄动的响

应曲线会被气动热力学模型误差所淹没，而不能反映非线性模型的本质特性，也会降低状态变量模型精度。具体摄动量的大小应通过试凑确定。以某航空发动机状态变量模型的求取为例，图 2-11～图 2-14 表示用上述偏导数法求得的系数矩阵元素随摄动量大小的变化。由图 2-11 可见，在摄动量为 0.001 附近，**A** 矩阵的各元素值都保持基本不变。当摄动量大于 0.002 时，有几个矩阵元素值变化很大。状态变量模型是非线性模型在稳态平衡点的线性描述，该模型应该是确定的。上述矩阵元素值变化大，说明这样求得的矩阵元素误差大，故可取 0.001 为摄动量来求取各矩阵元素。基于同样理由，根据图 2-12～图 2-14，在求 **B**、**C** 和 **D** 矩阵元素时分别选取摄动量为 0.006、0.0015 和 0.006。

求得状态变量模型后一般应该检验其精度：在给定的稳态平衡点，对状态变量模型和非线性气动热力学模型输入相同的阶跃量，比较两者的响应曲线，其误差应该在规定的精度指标范围内。

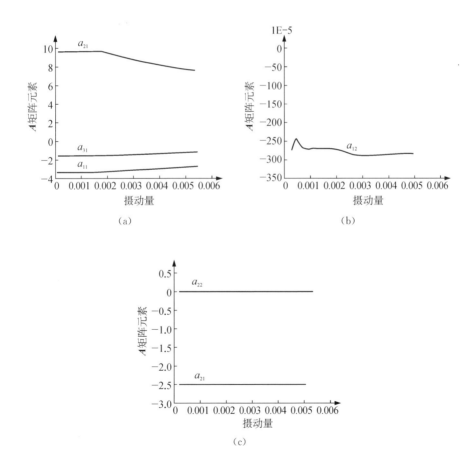

图 2-11 摄动量大小对 **A** 矩阵各元素的影响

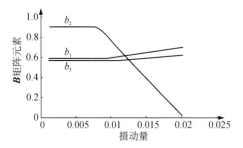
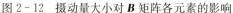
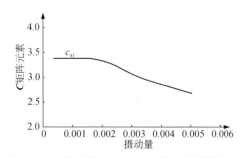

图 2-12　摄动量大小对 **B** 矩阵各元素的影响　　图 2-13　摄动量大小对 **C** 矩阵各元素的影响

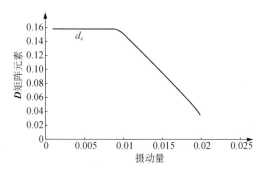

图 2-14　摄动量大小对 **D** 矩阵各元素的影响

　　用状态变量模型作阶跃响应等仿真计算时,一般用欧拉法或龙格-库塔法等数值方法,需要选择计算步长,计算步长的选择方法可参阅 2.2.4 节中 5)所述。

　　注意,在检验状态变量模型精度时,所选阶跃量既不应该与原摄动量相同,又应该处于图 2-11～图 2-14 中使对应元素值保持平坦的区域。要求选阶跃量不同于原摄动量的原因是,如果求取状态变量模型时,用的摄动量过大,超出了该平衡点的线性范围,得到的状态变量模型的误差是比较大的。但是若仍然用该摄动量作为阶跃量来检验精度,可能两种响应曲线很接近,使人误以为状态变量模型精度满足要求,实际上,由于摄动量过大,该状态变量模型已经不是该平衡点处的发动机的线性描述,若用于在该平衡点设计控制器和发动机状态监视,会降低控制器性能和造成状态监视误差。

　　2) 归一化

　　通常状态变量模型的各个变量值的大小是不同的,例如某涡扇发动机的最大压气机转速 10450r/min,总压比 30,巡航耗油率 0.602kg/(daN·h),这些参数的值相差很大。在求取发动机状态变量模型时,会用到这些参数,这样会使得该发动机状态变量模型系数矩阵的最大奇异值 σ_{max} 和最小奇异值 σ_{min} 相差很大,则矩阵的条件数 CN,即最大奇异值和最小奇异值之比

$$CN = \sigma_{max}/\sigma_{min}$$

很大。矩阵条件数越大,则该矩阵的求逆便越困难。在多变量控制问题中,增益矩阵条件数的大小是多变量控制解耦难易程度的度量,若条件数很大,要满足全部控制目标几乎是不可能的[13]。为此,要设法减小矩阵的条件数。把状态变量模型中的变量进行归一化处理是减小矩阵条件数的有效方法。一般可取各物理变量的额定值或设计点的值为归一化的基准值,将各物理变量与其对应的基准值的比值作为各变量的归一化参数。这样得到的各参数值都在 1 附近,不会有数量级的差别。以这些归一化的参数来建立状态变量模型,状态变量模型中的各系数矩阵的条件数也就不会很大。现以状态变量模型式(2-37)、式(2-38)中的各个变量 n_L、n_H、P_{t4}、P_{t5}、T_{42}、W_f 和 A_8 为例,取它们设计点的值为基准值,它们所对应的归一化参数为

$$\bar{n}_L = \frac{n_L}{(n_L)_{ds}} \times 100\%$$

$$\bar{n}_H = \frac{n_H}{(n_H)_{ds}} \times 100\%$$

$$\overline{P}_{t4} = \frac{P_{t4}}{(P_{t4})_{ds}} \times 100\%$$

$$\overline{T}_{t42} = \frac{T_{t42}}{(T_{t42})_{ds}} \times 100\%$$

$$\overline{P}_{t5} = \frac{P_{t5}}{(P_{t5})_{ds}} \times 100\%$$

$$\overline{W}_f = \frac{W_f}{(W_f)_{ds}} \times 100\% .$$

$$\overline{A}_8 = \frac{A_8}{(A_8)_{ds}} \times 100\%$$

于是,在标准大气条件下,用上述归一化的变量建立的 SVM 为

$$\begin{bmatrix} \Delta \dot{\bar{n}}_L \\ \Delta \dot{\bar{n}}_H \end{bmatrix} = \begin{bmatrix} a_{11} & a_{12} \\ a_{21} & a_{22} \end{bmatrix} \begin{bmatrix} \Delta \bar{n}_L \\ \Delta \bar{n}_H \end{bmatrix} + \begin{bmatrix} b_{11} & b_{12} \\ b_{21} & b_{22} \end{bmatrix} \begin{bmatrix} \Delta \overline{W}_f \\ \Delta \overline{A}_8 \end{bmatrix} \tag{2-53}$$

$$\begin{bmatrix} \Delta \bar{n}_L \\ \Delta \bar{n}_H \\ \Delta \overline{P}_{t4} \\ \Delta \overline{P}_{t5} \\ \Delta \overline{T}_{t42} \end{bmatrix} = \begin{bmatrix} 1 & 0 \\ 0 & 1 \\ c_{31} & c_{32} \\ c_{41} & c_{42} \\ c_{51} & c_{52} \end{bmatrix} \begin{bmatrix} \Delta \bar{n}_L \\ \Delta \bar{n}_H \end{bmatrix} + \begin{bmatrix} 0 & 0 \\ 0 & 0 \\ d_{31} & d_{32} \\ d_{41} & d_{42} \\ d_{51} & d_{52} \end{bmatrix} \begin{bmatrix} \Delta \overline{W}_f \\ \Delta \overline{A}_8 \end{bmatrix} \tag{2-54}$$

以上即为归一化后的方程,用归一化的状态变量模型式(2-53)、式(2-54)代替式

(2-37)、式(2-38),按 2.3.2 节的拟合法求取 SVM 中的各系数矩阵元素。实际上,就是把式(2-41)~式(2-50)中的 7 个变量 n_L、n_H、P_{t4}、T_{t42}、P_{t5}、W_f 和 A_8 都用他们相应的归一化参数代替就可以了。

3) 变量的选取

在建立航空发动机状态变量模型时,其状态向量 X、输出向量 Y、控制向量 U 中各变量的选取并非确定不变,应视具体建模要求而定。凡是用来描述发动机动态特性的变量都应取为状态变量,前面已经讨论过,转子动力学是燃气轮机发动机中最重要的动力学,因此,对于双转子涡扇发动机,其低压转速 n_L 和高压转速 n_H 一般都取为状态变量。此外,如传热动力学中的高温部件金属温度、容积动力学中的容积压力等是否取为状态变量取决于是否考虑相应的动力学。例如,若所建数学模型需要考虑高温部件传热动力学时,则高温部件的金属温度就要取为状态变量,以此类推。控制变量按实际情况确定,用于战斗机的涡扇发动机中,取燃油流量和喷口面积等为控制量。大飞机涡扇发动机中喷口面积一般保持不变,仅以燃油流量为控制变量,这样在状态方程式(2-37)、式(2-38)中,控制向量只是标量 ΔW_f,没有 ΔA_8,方程简化了,求取状态变量模型的具体计算公式也都简化了。输出量的确定完全取决于建模的需要。

2.4 智能模型

20 世纪末以来,人工神经网络、遗传算法、模糊理论和支持向量机等人工智能技术及其在各个领域的应用发展迅猛,它们在发动机控制和建模领域也得到广泛应用。本节主要讨论用人工神经网络和遗传算法来建立发动机模型。

2.4.1 人工神经网络模型

在广泛研究人脑智能的基础上形成人工神经网络理论,用神经网络模拟人脑智能的特点和结构,使系统具备感知、学习和推理等智能活动能力。从控制的角度看,人工神经网络具有以下特点。

(1) 强大的非线性映射特性。

一个人工神经网络是一个大规模并行运算以及基本神经元相互连接的网络,已有研究证明,给定相应的神经网络,经过足够的训练,神经网络就能给出任意连续非线性映射(函数)的任意闭合形式的近似。神经网络能用学习算法从历史训练数据中自动吸收系统特性,对系统不需要了解或者只需要很少的了解,因而易于建立非线性系统的模型,且易于实现在线运算。所以,神经网络特别适合应用于航空发动机这样一些难以建模的复杂非线性系统。

(2) 良好的容错性和联想记忆特性。

人工神经网络的信息以分布形式储存在连接权系数中,使网络具有很高的鲁棒性和容错性。由于信息是分布储存在整个系统中,而不是储存在一个单元中,因此,即使一些神经元损坏而不能参与运算,对整个网络也不会产生重大影响。

（3）学习和自适应特性。

人工神经网络可以通过样本训练和学习来获得网络的权值和结构，使之能成功地应用于有噪声干扰的模式识别等（例如应用于故障识别），即使对于未知类型的模式也能通过学习识别出来。因此，在故障诊断中神经网络能实现如划分残差模式、激活报警信号、故障检测和隔离等功能。

（4）高度并行处理及综合信息的特性。

人工神经网络不但结构是并行的，处理信息的顺序也是并行同时的，而且能同时处理定量和定性的信息，因此，可以大大提高信息处理量和处理速度。需要说明的是，速度的提高只有在硬件实现后才能真正体现出来。

从以上特点可见，人工神经网络特别适合于处理非线性问题，本书以后各章会多次应用神经网络。航空发动机是一个复杂的、多变量的、非线性很强的系统，所以，用神经网络来建立发动机模型是具有独特优势的。

1）神经网络的拓扑结构

人工神经网络是对人脑的一种抽象、简化和模拟，它根据人脑的结构和功能，把大量的神经单元按照某种方式连接而成。典型的多输入/多输出神经网络结构如图 2 - 15 所示，网络输入为 x_1，x_2，…，x_n，位于输入层，网络输出为 y_1，y_2，…，y_m，位于输出层，输入/输出变量的选择根据所应用的实际问题而定，中间层为隐层。W_{ij} 表示各神经元连接的强弱，称为权值，权值根据外部信号的大小而做自适应变化。每个神经元又由新接收到的激励信号

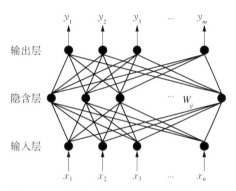

图 2 - 15 多输入/多输出神经网络结构示意图

的综合大小而呈现兴奋或抑制状态。神经网络的工作机理，就是通过不断地调整权值，使神经网络来适应和记忆样本数据的映射情况。同时，神经网络是以非线性处理为基础的，因而具有很好的自适应性和鲁棒性。

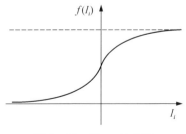

图 2 - 16 Sigmoid 函数

目前，常用 Sigmoid 函数作为网络中神经元的激发函数（输出层的激励函数也常用线性函数 Pureline），简称 s 函数，若神经元输入为 I_i，则取神经元输出为

$$O_i = \frac{1}{1 + e^{-I_i}}, \qquad O_i = f(I_i)$$

Sigmoid 函数图像如图 2 - 16 所示。

2）神经网络的训练

在确定了神经网络的结构后，就要收集样本数据，用来训练神经网络。样本数

据的来源主要是各种模型计算得到的参数或实际测量数据等。在收集数据时,应注意以下一些问题。

（1）训练样本用来训练网络,以确定网络中的权值等,一个训练样本是一组输入/输出数据。为了使经训练后的网络具有好的性能,也就是说,能够准确反映所处理和解决的问题的实质,所收集的数据应该包括与问题相应的全部模式。例如,若要建立发动机加减速过程的稳态和动态模型,那么训练用的样本数据不仅要覆盖各个有关稳态工作点,而且要覆盖各个加减速段的动态过程。

（2）收集样本时,要避免人为因素的干扰。有时,网络的设计者偏重于某一数据区,在收集样本时,将样本模式集中在这一区域,经训练后的网络对这一区域的计算或者预测可能达到很高的精度,但是,网络的其他使用者可能会发现,网络对其他区域的计算或预测精度很低。例如,若要建立航空发动机全包线数学模型,那么,训练用的样本数据就应该覆盖全包线。如果仅用低空数据作为样本进行训练,那么训练出来的网络就难以模拟发动机的高空行为。

（3）所收集的训练样本,还应该考虑可能模式间的平衡。训练样本不仅要包括各种模式,而且每种模式所具有的样本数要平衡,不能偏重于某种模式。

（4）对所收集到的样本,可以取样本中的大部分构成网络的学习样本,少量样本留作供检验训练后的样本是否准确、可靠,即检验其泛化能力。

（5）选择训练样本的疏密度要适当,如果相邻样本间的距离过大,则网络的内插和外推能力无法保证。如果距离过小,则相邻样本在网络训练过程中起的作用重复,造成资源浪费。

（6）前面介绍了一般用 Sigmoid 函数作为网络中神经元的激发函数,为了有效地利用 s 函数的特性,以保证神经元的非线性作用,对于数值型输入/输出学习样本要进行归一化处理。不失一般性,样本数据为:x_p,$(p=1,2,\cdots,P)$,定义 $x_{max}=\max\{x_p\}$,$x_{min}=\min\{x_p\}$,则归一化处理计算,就是按照下式:

$$\frac{x_p - x_{min}}{x_{max} - x_{min}} \Rightarrow \overline{x}_p$$

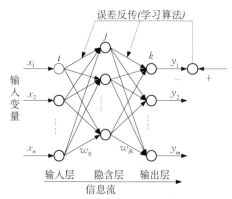

图 2-17　BP 网络结构示意图

将样本数据化为 0 与 1 之间的数据。这样,网络计算就不会发生计算溢出问题。

网络的训练常用 BP 算法,也就是 BP 神经网络,这是一种基于误差反向传播（back propagation,BP）算法的多层前向神经网络,BP 网络的结构如图 2-17 所示。该算法的训练过程由信号的正向传播和误差的反向传播组成。正向传播时,输入参数作用于输入层,经隐层计算后,传向输出层。若输出层未能获得期望输出,则转入误差的逆向传播阶段,将输出误差按某种形式,通过隐层向输入层逐层反馈,并"分摊"给各层的所有单元,从而获得各神经元的误差信号,作为修改各神经元权值的依据。这种信号的正向传播和误差的反向传播和权值的修改是周而复始进行的。权值不断修改的过程,也就是网络的训练(或称学习)过程。此过程一直进行到网络的输出误差达到精度要求或训练次数达到预先设定的最大训练次数为止。给出最大训练次数的目的,是为了避免当计算精度一直不满足要求时,程序无法结束的问题。

3)神经网络的泛化能力

神经网络的精度和泛化能力分别由训练误差和测试误差两个指标来反映。训练误差反映网络对于训练集样本的映射精度。而测试误差反映:经训练后的神经网络,对于未在训练集中出现的样本的映射精度,它反映了网络的泛化能力。如果把训练过程看作一个拟合过程,泛化相当于非线性内插和外推。网络的训练次数直接影响网络的精度和泛化能力,网络训练精度和泛化能力并不一定是等价的,即训练精度高不一定表示泛化能力强。在网络隐层节点确定的情况下,存在一个最佳训练次数。训练次数过多,会出现"过拟合"现象,即随着训练次数增加,训练误差虽然减小,而测试误差反而增大,泛化能力变差。所谓过拟合是指在训练中,过于专注于训练样本中某些本来可能只是反映噪声干扰的细节,而忽略了反映样本实质的总体规律,而使泛化能力变差。在网络的实际应用中,其输入参数的值一般都不同于训练样本,所以,实际上需要的是网络的泛化能力。因此,泛化能力是衡量网络性能的重要指标。在实际训练中,每经过一定训练次数后,就暂停训练,并测试其测试误差,当发现测试误差开始上升时,网络便达到最佳训练次数。此时网络具有最佳泛化能力。

4)发动机神经网络模型

如果我们要用神经网络建立航空发动机全包线数学模型,该模型要求在一定飞行环境条件下,输入量为供油量和尾喷口面积,输出量为发动机低压转速和涡轮膨胀比。则网络的输入量除了供油量和尾喷口面积外,还应有反映飞行环境条件的飞行高度、马赫数和海平面大气温度,共有 5 个输入变量,网络结构应该是五输入/双输出,隐层节点数按经验初步选择后,再经试算决定。按照 2.3.1 节的 3)所述,飞行高度、马赫数和海平面大气温度的三维包线完全可以用进气道出口总温 T_{t2} 和总压 P_{t2} 代替,这样,我们神经网络的输入量可减少为供油量、尾喷口面积、进气道出口总温 T_{t2} 和总压 P_{t2} 四个参数,从而简化了网络结构。

然后根据 2.3.1 节所述的概念在 T_{t2}-P_{t2} 包线内,按一定网格间隔均匀采集上述输入输出数据作为训练样本来训练网络。用训练完成后的网络,就可以在全包线内的任意工作点,由上述 4 个输入量计算出低压转速和涡轮膨胀比。

实际上,在发动机控制和状态监视中,不仅需要整台发动机的数学模型,往往会需要发动机某一部件或某一局部的数学模型。神经网络由于具有强大的非线性映射能力,在建立这种局部模型中也具有其独特的优势。例如,可以用神经网络来内插或外推压气机或涡轮特性。一般我们所能得到的压气机或涡轮特性,只有有限几条对应不同换算转速的曲线,实际工作点一般不在这些曲线上,而需要插值求取。由于这些特性线有很强的非线性特性,很难得到其非线性变化规律,因此,不论用线性或一般的非线性插值,都难以达到较高的精度。如果采用神经网络来内插,只要收集样本得当,训练方法得当,有可能获得满意的效果。

我们回顾在2.2.4节的1)中讨论试猜参数选择时,为了提高模型精度,要考虑风扇或压气机在高转速和低转速区压比-换算流量特性线形状的差别,而选取不同的试猜参数。在样本选择中,同样也要考虑这种差别。即如果在高速区特性线很陡,而在低速区特性线很平坦,则在高转速区,应该把压比和换算转速作为网络输入参数,换算流量为网络输出参数,并收集相应的样本,对网络进行训练;在低转速区,应该把换算流量和换算转速为网络输入参数,压比为网络输出参数,并收集相应的样本,对网络进行训练。最后,用训练好的网络进行内插。这种情况下,为了提高精度,需要用两个神经网络来内插一台压气机或风扇的压比-换算流量特性。当然,如果压气机或风扇在低速区的特性线不是非常平坦,那就没有必要用两个网络了。

此外,在慢车转速附近,特别是在慢车转速以下的起动过程,一般不易用部件试验获得较精确的部件特性。但是,可以用神经网络来外推压气机或风扇的低速特性线,具体方法与内插类似。但是,外插精度一般比内插精度要低一些,往往要采取一些措施来提高外插精度,有兴趣的读者,可参考文献[14]。必须要提出注意的是,发动机的起动过程分为三个阶段:第一阶段发动机完全由起动机带转,涡轮处于"压气机工况";第二阶段发动机已点火,涡轮已经能发出一定量的功来带转风扇或压气机,但起动机仍然在工作,涡轮并非完全由高温高压气体膨胀做功而转动;到第三阶段,起动机已脱开,涡轮完全由高温高压气体膨胀而转动,与正常工况相同。显然,在第一和第二阶段,涡轮并没有进入,或者没有完全进入正常的涡轮工况,与正常工作的涡轮工况具有实质上的差别,这些不同的工况不能用同一类非线性函数来描述。所以,不能用正常工况的涡轮特性来外插起动过程第一和第二阶段的特性,只能外插慢车转速以上以及起动过程第三阶段的涡轮特性。

在以后章节中,我们还会用神经网络来映射某些发动机参数间非线性关系的局部模型。

2.4.2　遗传算法建模

前面已经说明,若试猜参数的试猜值远离真解,则迭代计算很可能发散,我们进一步用图2-18来说明之。我们要求解非线性方程 $f(x)=0$,其真解为 x^*。若取 x^* 附近的 x_a^0 为试猜值,则经过几次迭代就收敛了。若

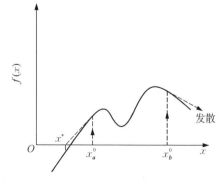

图2-18　N-R算法对初猜值的敏感性

取较远的 x_b^0 为试猜值,则迭代运算必然发散。要试猜值靠近真解,意味着我们对真解要具有足够的先验知识。当先验知识不充分,就可能使试猜值远离真解,会导致迭代发散。遗传算法是一种随机的全局搜索算法,它对初值不敏感,甚至不需要先验知识,可以随机选择试猜值,也能够使算法收敛。下面简要介绍这种方法。

1) 遗传算法简介

遗传算法(genetic algorithm,GA)从生物进化论中得到启示,达尔文的进化论说明,生物的进化经历了突变、自然选择和隔离等过程的渐次分化,而得以形成新种。这是一个"物竞天择,适者生存,不适者淘汰"的"自然选择"过程的必然结果。遗传算法正是建立在这种自然选择和群体遗传学原理基础上的随机、迭代、进化,而且具有广泛适应性的优化搜索方法,下面简单举例说明基本方法。

对于一个给定的优化问题,设目标函数如式(2-55):

$$F = f(x, y, z), \qquad (x, y, z) \in \Omega, F \in \mathbf{R} \qquad (2-55)$$

求 (x_0, y_0, z_0) 使得(不失一般性,假设求最大值)

$$F = f(x_0, y_0, z_0) = \max_{(x, y, z) \in \Omega} f(x, y, z)$$

式中: x、y、z 为自变量,Ω 为 (x, y, z) 的定义域,x、y、z 可以是数值,也可以是符号;F 为实数,是解的优劣程度的一种度量,也称适应度;f 为从解空间 $(x, y, z) \in \Omega$ 到实数域 $F \in \mathbf{R}$ 的一种映射。遗传算法的求解步骤可简述如下。

(1) 编码。

由于遗传算法不能直接处理解空间的数据库,因此,必须通过编码将它们表示成遗传空间的基因型串结构数据。每一个码链表示一个个体,表示优化问题的一个解。

(2) 产生初始群体。

若以 t 表示进化代数,$t=0$,随机产生 N 个个体组成一个群体 $P(t)$,该群体代表优化问题的一些可能解的集合。一般说,初始群体中各个个体的素质都很差,遗传算法的任务是要从这些群体出发,模拟进化过程,择优汰劣,最后得出非常优秀的群体和个体,满足优化要求。

(3) 适应度评估检测。

遗传算法在搜索进化过程中用评估函数来评价个体或解的优劣,并作为以后遗传操作的依据。评估函数又叫适应度。按编码规则,将群体 $P(t)$ 中每一个个体的基因编码所对应的自变量取值 (x, y, z) 代入式(2-55),算出函数值 F_i,$i=1$,2,$\cdots$,N。F_i 越大(也可能是越小,视具体优化问题而定),表示该个体适应度越高,适应度 F 为群体进化时的选择提供了依据。

(4) 选择。

选择操作的目的是为了从当前群体中选出优良的,即适应度高的个体,使它们有机会作为父代繁殖后代。按一定概率从群体 $P(t)$ 中选取 M 对个体,作为双亲用于繁殖后代,产生新的个体,加入下一代群体 $P(t+1)$。

(5) 交叉。

所谓交叉是指把两个父代个体的部分结构加以替换重组,而生成新的个体的操作。通过交叉,遗传算法的搜索能力得以飞跃提高。

(6) 变异。

以一定概率从群体 $P(t+1)$ 中随机选取若干个体,对于选中的个体,随机选取某些基因座上的基因,对其做变动,以实现个体性状的突变。遗传算法的搜索能力主要由选择和交叉来赋予,变异算子则使得算法能搜索到问题解空间的每一点,增强了遗传算法的全局搜索能力。

2) 把发动机非线性模型的求解问题转化为遗传算法问题[15, 16]

遗传算法是求解优化问题的,我们首先要阐述,何以能把遗传算法用来求解发动机非线性模型。在 2.2.1 节中已经说明,对于发动机非线性部件级模型,在建立了发动机各个部件模型后,需要求解一组非线性共同工作方程组。于是我们知道,求解发动机非线性模型可归结为求解非线性方程组问题。如果能够把求解非线性方程组问题转化为优化问题,也就可以把发动机非线性模型的求解转化为优化问题,便可以用遗传算法来求解了。设有以下非线性方程组

$$\begin{cases} f_1(x_1, x_2, \cdots, x_n) = 0 \\ f_2(x_1, x_2, \cdots, x_n) = 0 \\ \qquad\qquad \vdots \\ f_m(x_1, x_2, \cdots, x_n) = 0 \end{cases} \qquad (2-56)$$

为了把求解非线性方程组问题转化为优化问题,我们定义函数

$$G = C(|f_1| + |f_2| + \cdots + |f_m|), \quad C > 0 \qquad (2-57)$$

显然,G 也是 $x_1, x_2, \cdots, x_n$ 的函数。由式(2-56)和式(2-57),我们预先知道 G 的最小值为零,所以 G 的最小值所对应的自变量就是非线性方程组(2-56)的解。如果该非线性方程组就是发动机共同工作方程式(2-1)~式(2-8),其自变量就是 8 个试猜参数:风扇内涵压比、风扇外涵压比、增压器压比、压气机压比、高压涡轮膨胀比、低压涡轮膨胀比、高压转子转速以及低压转子转速。这样,就把发动机非线性模型的求解问题转化为求函数 G 的极小值问题,即求解一组上述 8 个试猜参数,使得 $G \rightarrow G_{\min}$。函数 G 就成为将发动机非线性模型求解问题转化为用遗传算法求解的适应度函数,使适应度函数取值达到预定精度要求的自变量(试猜参数)即为发动机模型的解。

3) 用遗传算法求解发动机非线性模型

(1) 适应度函数的设计。

上述这 8 个自变量的每一种取值的编码就成为遗传算法问题中的基因,它们的每一种组合都成为遗传算法中的染色体。常数 C 的作用主要是增强遗传操作中个

体间的竞争力,避免搜索出现随机漂移。因为预知 G 的极小值为零,所以在个体接近最优解时,G 的取值会很小。如果单以各个共同工作方程的残差绝对值的和作为适应度函数,会造成在遗传进化接近最优解时,个体染色体串之间的适应度函数相差太小,而难以比较其大小,导致难以收敛至最优解。所以,需要将各个共同工作方程的残差绝对值的和适当放大作为适应度函数。当然,C 的取值也不能无限放大,因为 C 的放大也会放大计算机的有限字长运算误差。C 的具体取值随不同发动机模型而变,读者需通过试算确定。在燃气涡轮发动机数学模型中,作为初步计算,建议取 $C=1000$,这样,当 $G<10^{-2}$ 时,8 个共同工作方程的残差指标都在 10^{-5} 以下,一般已经满足求解模型的精度要求了。

(2) 参数的编码和译码。

遗传算法不能直接处理问题空间的参数,必须把它们转换成遗传空间的由基因按一定结构组成的染色体或个体。这一操作叫编码。采用基于符号集的二值编码形式对自变量(试猜参数)进行编码。当选编码字长为 l 时,各个自变量的编码值 x_{ev} 为

$$x_{ev} = (x - x_{min})2^l/(x_{max} - x_{min}) \tag{2-58}$$

确定编码时,要选择能覆盖对象发动机工作范围的区间来确定自变量的搜索范围 (x_{min}, x_{max})。例如,自变量中高低压转速相对量的搜索范围可取为:

$$\bar{n}_{Hmin} = 1\%, \quad \bar{n}_{Hmax} = 200\%$$
$$\bar{n}_{Lmin} = 1\%, \quad \bar{n}_{Lmax} = 200\%$$

可见其上下限范围超出实际对象发动机的相应参数的工作范围,这样可以保证不会遗漏可能的解。其他自变量的搜索范围可参照选择。

译码是编码的反问题,当把遗传算法求得的参数结构(指编码值)映射回实际物理量时,需要译码,由式(2-58),可得译码公式为

$$x = x_{min} + x_{ev}(x_{max} - x_{min})/2^l \tag{2-59}$$

(3) 初始群体设定。

通过随机方法来建立初始群体,用能产生 $0\sim1$ 的随机数发生器产生随机数,以这个随机数乘上编码长度值 2^l 来决定一个参数的编码值,再通过译码转换得到该参数的物理量。需要指出的是,如此产生的随机数还必须代入发动机模型进行计算,考察它是否满足发动机必须遵守的气动热力学关系。例如,在压气机部件计算中不能出现压比为负的现象,在尾喷口计算时,不能出现喷口压力小于环境背压的现象。我们把通过发动机模型计算考察的参数(染色体)叫作健康染色体,而不能通过考察的染色体叫病态染色体。初始群体必须有健康染色体组成,而对随机产生的病态染色体必须淘汰,重新产生健康染色体代替,以保证种群数不变。

(4) 确定选择方式。

选择算子的作用是从群体中选择优胜的个体,淘汰劣质个体。选择方法很多,

例如排序选择方法:在计算每个个体适应度后,根据适应度从小到大排序,然后将前 M 个个体保留,舍去后面的个体。

(5) 确定交叉算子。

在自然界生物进化过程中起核心作用的是生物遗传基因的重组(加上变异)。同样,遗传算法中起核心作用的遗传操作是交叉算子。所谓交叉是指两个配对个体间的部分结构按一定的规则互换,从而形成两个新个体。为了提高产生新优势个体的能力,可以使用多种交叉方式,例如一点交叉,与或交叉,异或、异或非交叉等。图 2-19 表示用一点交叉产生新个体的例子。一点交叉的操作是在个体串中随机设定一个交叉点,该点前或后部分两个个体的结构互换,并生成两个新个体。

配对个体　个体 A 　1001 ⦙ 111 　一点交叉→　1001000 　新个体 A′
　　　　　　个体 B 　0011 ⦙ 000 　　　　　　　0011111 　新个体 B′
　　　　　　　　　　交叉点

图 2-19 一点交叉示意图

(6) 确定变异算子。

采用随机产生的一定数量的健康染色体来代替种群中的染色体,这些被取代的染色体串号也是随机确定的,用这种方法完成对种群的变异操作。遗传算法中,交叉算子因其全局搜索能力而作为主要算子,变异算子则因其局部搜索能力而作为辅助算子。

遗传算法通过交叉和变异这一对相互配合又相互竞争的操作,而使其具备兼顾全局和局部搜索的均衡搜索能力。如果交叉或变异后出现了病态染色体,就要重新用随机方法产生健康染色体来代替这些病态染色体。

(7) 确定控制参数。

在采用的遗传操作中,控制参数是种群规模数 M、参加交叉操作的配对个体数 N、要进行变异操作的个体数 P 等 3 个参数。M 和 N 越大,越能体现遗传的多样性,也越能产生优良的个体基因,全局搜索能力更强。但是 M 和 N 越大,占用机器的内存开销大,计算处理耗时也多。对求解发动机模型而言,可试取 $M=200$,$N=200$,而要发生变异的个体数 $P=15$,最终数据可经试算后确定。

4) 加快遗传算法收敛速度的措施[16]

(1) 采用自适应组合交叉方式。

在遗传算法计算中会发现,采用单一交叉算子操作,很容易出现“蜕化”现象。图 2-20(a)是只用一点交叉算子计算发动机设计点的结果,遗传到第 8 代时,最小适应度函数值便停留在 71.56,到第 200 代时,最小适应度函数只下降到 49.71。可见采用单一交叉操作很容易出现在遗传远未达到收敛指标要求时,适应度函数下降趋势便迅速变缓的现象,这就是所谓的“交叉蜕化”。只用与或交叉算子以及只用异或、异或非交叉算子时,都有类似的“交叉蜕化”现象,限于篇幅,不再一一列出。为了减少这种交叉蜕化的影响,可以采用各种交叉算子的组合,这会增加遗传的多样性,也有利于克服未成熟收敛。但是各种交叉方式之间也会产生竞争,导致随机漫游,所以交叉方式不能频繁交换使用。因此,建议当用一种交叉方式作用下,如果适应度函数最小值连续 10 代维持不变,就换用另一种交叉方式。图 2-20(b)是采用这种组合交叉方式的结果,由该图可见,适应度函数下降趋势大大加快了,到第 200代时,最小适应度函数值已下降到 8.03,收敛性得到显著改善。

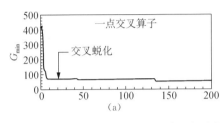 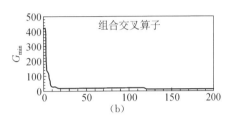

图 2-20 采用自适应组合交叉方式的效果对比

(2) 采用视情改变搜索区的方式。

在遗传算法的初始阶段,由于不知道发动机稳态工作点在何处,所以搜索区域是整个发动机可能工作区域,即由自变量(试猜参数)上下限值所覆盖的全部区域。经过相当代数的遗传操作后,当一个较为接近模型解的染色体被搜索到,搜索的区域应当缩小到该染色体附近一个较小的区域,可以明显提高搜索效率。一般,当检测到最小适应度函数值小于 50,相当于 8 个共同工作方程残差在 10^{-2} 数量级时,将搜索区缩小到以当前最优解为中心的 $\pm 25\%$ 区域。当检测到最小适应度函数值小于 10 时,将搜索区缩小到以当前最优解为中心的 $\pm 10\%$ 区域。

(3) 将遗传算法和 N-R 法相结合。

如前所述,在接近最优解附近,遗传算法的收敛速度会变慢。用遗传算法求解发动机模型时,当适应度函数最小值达到 1 附近,这相当于 8 个共同工作方程残差在 10^{-4} 数量级时,收敛速度十分缓慢。为了克服在接近真解时,遗传算法搜索的缓慢性,在用遗传算法求解发动机模型时,当检测到适应度函数最小值小于 2 时,用当前搜索到的最优解作为初猜值,调用 N-R 法来求解模型。此时,用遗传算法得到的解已接近真解,把它们作为用 N-R 法求解的初值,一般不会发散,而且可以充分利用 N-R 算法按切线(切平面)方向快速求解的特点,迅速得到满足收敛指标的模型解。

2.5 自适应模型

本章前面所讨论的发动机模型是基于额定发动机部件特性建立起来的,或是由额定发动机部件特性建立起来的部件级模型提取的,它们是额定发动机模型。而实际发动机由于存在不可避免的制造安装公差以及发动机使用期内的性能蜕化等,每台具体发动机都具有不确定性,这种不确定性使建模面临很大挑战。当按额定发动机模型设计的先进优化控制模式,用于控制性能已经蜕化的发动机时,将不可能达到原先设计的优化目标。当用额定发动机模型设计的先进控制规律用于性能已经蜕化的发动机时,必然会降低控制系统性能,甚至使得系统不稳定。发动机的在线故障诊断和解析余度等先进技术也都直接依赖发动机机载模型的准确性。可见,探求好的方法,对额定发动机模型进行实时修正,使之能表示发动机的真实的非额定工作情况,成为研究先进控制模式、先进控制规律和在线故障诊断等技术首先必须解决的问题。为此,提出了建立自适应模型的需求。

2.5.1　自适应模型概述

所谓自适应模型就是能够自动适应实际发动机的性能蜕化等不确定性,对模型进行实时修正,使模型的输出和实际发动机输出相一致的模型。长期以来,国内外的研究人员对这一问题进行了深入的研究,不断地提出一些行之有效的方法。20世纪80年代中期提出了设计部件跟踪滤波器来解决模型和发动机输出间的失配。该方法的基础是把传感器检测到的发动机参数与模型之间的偏差进行频率分解,用广义逆法求出部件性能的修正因子,校正模型的输出,使发动机和模型间的不一致减小到最小[17]。该方法的缺点是必须在线进行大量运算,实时性差。20世纪80年代末期,美国Luppold等研究者提出了用发动机的五个部件偏差因子(又称效能参数)[18]——高、低压转子效率的下降,风扇、压气机流通能力下降,高压涡轮进口导向器面积的变化,来表征发动机的非额定工作特性。文献[18]指出高、低压转子效率分别是压气机和高压涡轮效率的综合以及风扇和低压涡轮效率的综合,但具体计算时,可折算为高、低压涡轮效率。将这5个部件偏差因子作为增广的状态变量,设计卡尔曼滤波器,对之进行最优估计。文献[18]所提出的上述方法对航空发动机自适应模型的发展起了重要作用。但是,这些偏差因子之间以及偏差因子与其他部件性能参数间存在相关性,这给估计带来了困难。而且,难以求取模型中对应于这些部件偏差因子的系数矩阵元素,因为要求得这些元素就要求非线性模型对发动机的非额定特性详细建模。

图2-21是本章要讨论的一种典型的发动机机载自适应模型的原理方框图,该模型的建模思路是:发动机的性能蜕化等一切不确定性一定会在发动机的输出中反映出来,使输出变量发生变化,我们用这种输出变量的变化来表征发动机的非额定工作特性。将由于发动机不确定性引起的发动机输出变量的变化增广到状态变量中,构成一个增广状态变量模型(ASVM),并用卡尔曼滤波器估计增广状态变量,也就估计出发动机输出变量的变化。再用神经网络等模块映射出设计先进控制模式等所需要的未测辅助变量偏离量,具体需要映射的辅助变量由自适应模型的应用场合确定,然后将这些未测辅助变量偏离量估计值用于修正机载模型的计算输出,使模型输出与真实发动机的输出一致。并可进一步通过非线性模块计算推力、单位耗油率和喘振裕度等发动机性能参数。本章将以用于先进控制模式的自适应模型为例来说明自适应模型的建模方法[16, 19, 8]。下面我们先具体讨论图2-21所示的自适应模型的工作原理和其中各个模块的功能。

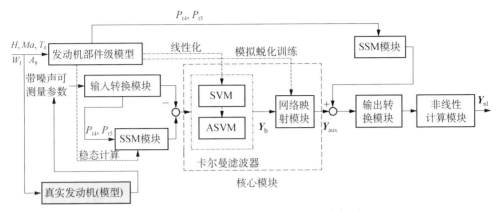

图 2-21　发动机自适应模型的原理方框图

发动机自适应模型的输入为：发动机控制变量（W_f，A_8）、飞行条件（H，Ma 和大气温度 T_0）及带噪声的传感器测量参数（n_L，n_H，P_{t4}，T_{t42}，P_{t5}）。对于大飞机发动机，A_8 一般不变，不作为控制量，也就不是自适应模型的输入了。

自适应模型的输出为：可测输出偏离量 Y_b（n_{Lb}，n_{Hb}，P_{t4b}，T_{t42b}，P_{t5b}）、未测辅助变量 Y_{aux}（T_{t25}，P_{t25}，W_{a21cor}，W_{a3cor}，T_{t5}）以及由这些变量值经非线性计算得到的发动机性能量 Y_{nl}：风扇、压气机的喘振裕度（SMF、SMC），发动机推力 F 和单位耗油率 sfc 等。

图中的输入转换模块是将自适应模型的输入参数转换成标准大气条件下的参数。自适应模型按海平面标准大气条件来建立，通过相似变换适用于高空。这样可以大大节省自适应模型各结构参数（系数矩阵）和基点数据的存贮量，以利于实时处理。

状态变量模型（state variable model，SVM）是分段线性化的发动机模型，该模型中的变量采用了经归一化处理的无量纲形式。增广状态变量模型（augmented state variable model，ASVM）是将表征发动机的非额定工作的可测输出偏离量（额定工作时变量值与非额定工作时变量值之差）视为增广的发动机状态变量，增广到 SVM 中形成的。然后利用卡尔曼滤波器（Kalman filtering，KF）对 ASVM 中的增广状态向量 Z 进行最优估计，估计出可测输出向量偏离量 Y_b，从而获得发动机不确定的非额定工作的信息。

神经网络映射模块将经卡尔曼滤波器估计出的可测输出偏离量输入到神经网络映射模块。该神经网络是可测输出偏离量 Y_b 和未测辅助变量偏离量 Y_{aux} 间的映射模块，将该模块的输出用于修正机载模型的未测辅助变量的计算输出，使得该输出与真实发动机的输出一致。

稳态基点模型（steady state model，SSM）模块是一个按 P_{t4}、P_{t5} 查找的发动机稳态值表，以得到发动机的稳态参数值。

输出转换模块将标准大气条件下的发动机变量值换算到真实飞行状况下变

量值。

非线性计算模块是在真实状况下计算发动机的性能量,如发动机推力,风扇、压气机喘振裕度等。

图中"真实发动机(模型)"在仿真中用来模拟真实发动机以得到带噪声的传感器测量参数。在实际应用中它就是真实发动机,不属于自适应模型。

途中的虚线表示离线计算,例如,离线建立线性化的 SVM,模拟发动机蜕化的神经网络映射模块的离线训练等,这样可以大大提高自适应模型的实时性。

下面各小节将具体阐述各个模块的建立。

2.5.2 输入转换模块

自适应模型的内部功能模块均在海平面标准大气条件下建立,通过相似转换应用于高空。所以,输入到自适应模型的各变量必须通过相似变换转换为地面标准条件下的换算变量。用相似关系,就可以把发动机在任何状态下的变量转换成地面标准状态下的变量值,这个值称为该变量在地面标准条件下的换算变量值,以下用下标 cor 表示。

$$n_{\text{Lcor}} = n_{\text{L}}\sqrt{288/T_{t2}} \tag{2-60}$$

$$n_{\text{Hcor}} = n_{\text{H}}\sqrt{288/T_{t2}} \tag{2-61}$$

$$P_{t4\text{cor}} = P_{t4} \times 101\,325/P_{t2} \tag{2-62}$$

$$P_{t5\text{cor}} = P_{t5} \times 101\,325/P_{t2} \tag{2-63}$$

$$T_{t42\text{cor}} = T_{t42} \times 101\,325/T_{t2} \tag{2-64}$$

$$W_{f\text{cor}} = W_f \times 101\,325 \times \sqrt{288}/(P_{t2} \times \sqrt{T_{t2}}) \tag{2-65}$$

以上换算关系式(2-60)~式(2-65)构成了自适应模型的输入变量转换模块。

2.5.3 状态变量模型模块

因为在自适应模型中要用卡尔曼滤波器对发动机可测输出偏离量进行最优估计,而卡尔曼滤波器是针对线性系统的滤波理论,当要把它推广应用于非线性的航空发动机系统时,必须首先建立发动机的线性化状态变量模型(SVM)。SVM 的各变量的选择:低压转子转速 n_{L}、高压转子转速 n_{H} 为 SVM 的状态变量;n_{L}、n_{H}、P_{t4}、T_{t42} 和 P_{t5} 为 SVM 的输出变量,同时这 5 个输出变量的偏离变化将被用来表征发动机的非额定工作特性,作为后面要建立的增广状态变量模型(ASVM)中的增广状态变量,它们是自适应模型中卡尔曼滤波器要估计的变量;W_f 和 A_8 作为控制变量。选择好 SVM 的各变量后,就得到如下用物理变量表示的 SVM 模型。

$$\begin{bmatrix} \Delta\dot{n}_{\text{L}} \\ \Delta\dot{n}_{\text{H}} \end{bmatrix} = \begin{bmatrix} a_{11} & a_{12} \\ a_{21} & a_{22} \end{bmatrix} \begin{bmatrix} \Delta n_{\text{L}} \\ \Delta n_{\text{H}} \end{bmatrix} + \begin{bmatrix} b_{11} & b_{12} \\ b_{21} & b_{22} \end{bmatrix} \begin{bmatrix} \Delta W_f \\ \Delta A_8 \end{bmatrix} \tag{2-66}$$

$$
\begin{bmatrix} \Delta n_{\mathrm{L}} \\ \Delta n_{\mathrm{H}} \\ \Delta P_{\mathrm{t4}} \\ \Delta P_{\mathrm{t5}} \\ \Delta T_{\mathrm{t42}} \end{bmatrix} = \begin{bmatrix} 1 & 0 \\ 0 & 1 \\ c_{31} & c_{32} \\ c_{41} & c_{42} \\ c_{51} & c_{52} \end{bmatrix} \begin{bmatrix} \Delta n_{\mathrm{L}} \\ \Delta n_{\mathrm{H}} \end{bmatrix} + \begin{bmatrix} 0 & 0 \\ 0 & 0 \\ d_{31} & d_{32} \\ d_{41} & d_{42} \\ d_{51} & d_{52} \end{bmatrix} \begin{bmatrix} \Delta W_{\mathrm{f}} \\ \Delta A_8 \end{bmatrix} \tag{2-67}
$$

状态变量模型的具体求取方法见 2.3 节所述,这里不再赘述。

2.5.4　增广状态变量模型模块

设额定发动机状态变量模型(SVM)为

$$
\begin{cases} \Delta \dot{\boldsymbol{X}} = \boldsymbol{A} \Delta \boldsymbol{X} + \boldsymbol{B} \Delta \boldsymbol{U} \\ \Delta \boldsymbol{Y} = \boldsymbol{C} \Delta \boldsymbol{X} + \boldsymbol{D} \Delta \boldsymbol{U} \end{cases}
$$

此模型与方程式(2-29)、式(2-30)相同。

当发动机有制造安装公差或发生性能蜕化等不确定性时,其输出变量必然会偏离其额定值。此外,在建模中不可避免地会有系统噪声(例如建模误差),测量时有测量噪声。考虑了以上不确定性,发动机状态变量模型可写成

$$
\begin{cases} \Delta \dot{\boldsymbol{X}} = \boldsymbol{A} \Delta \boldsymbol{X} + \boldsymbol{B} \Delta \boldsymbol{U} + \boldsymbol{W} \\ \Delta \boldsymbol{Y} = \boldsymbol{C} \Delta \boldsymbol{X} + \boldsymbol{D} \Delta \boldsymbol{U} + \boldsymbol{Y}_{\mathrm{b}} + \boldsymbol{V} \end{cases} \tag{2-68}
$$

式中 $\boldsymbol{A}$、$\boldsymbol{B}$、$\boldsymbol{C}$ 和 $\boldsymbol{D}$ 是状态变量模型中的各系数矩阵,$\boldsymbol{X}$ 是状态向量,$\boldsymbol{U}$ 是输入向量或控制向量,$\boldsymbol{Y}$ 是输出向量,$\boldsymbol{Y}_{\mathrm{b}}$ 是输出偏离向量 $\boldsymbol{Y}_{\mathrm{b}} = (n_{\mathrm{Lb}}, n_{\mathrm{Hb}}, P_{\mathrm{t4b}}, P_{\mathrm{t5b}}, T_{\mathrm{42b}})$,$\boldsymbol{W}$ 是系统噪声,$\boldsymbol{W} = (w_1, w_2)^{\mathrm{T}}$,$\boldsymbol{V}$ 是测量噪声,$\boldsymbol{V} = (v_1, v_2, v_3, v_4, v_5)^{\mathrm{T}}$。假定 $\boldsymbol{W}$ 和 $\boldsymbol{V}$ 都是不相关的高斯白噪声,其强度分别为 $\boldsymbol{Q}$ 和 $\boldsymbol{R}$,$\boldsymbol{Q}$ 是非负定阵,$\boldsymbol{R}$ 是正定阵,则

$$
E[\boldsymbol{W}(t)\boldsymbol{W}^{\mathrm{T}}(\tau)] = \boldsymbol{Q}\delta(t-\tau)
$$
$$
E[\boldsymbol{V}(t)\boldsymbol{V}^{\mathrm{T}}(\tau)] = \boldsymbol{R}\delta(t-\tau)
$$
$$
E[\boldsymbol{W}(t)\boldsymbol{V}^{\mathrm{T}}(\tau)] = 0
$$

由于噪声作用使 $\boldsymbol{Y}_{\mathrm{b}}$ 不能直接获得,只能通过估计方法得到。为了能够用估计方法得到 $\boldsymbol{Y}_{\mathrm{b}}$,我们把 $\boldsymbol{Y}_{\mathrm{b}}$ 增广到状态向量 $\boldsymbol{X}$ 中,构成一个新的增广状态向量 $\Delta \boldsymbol{Z}$,于是得到增广状态变量模型(ASVM)为

$$
\Delta \dot{\boldsymbol{Z}} = \boldsymbol{AI} \Delta \boldsymbol{Z} + \boldsymbol{BI} \Delta \boldsymbol{U} + \boldsymbol{GW} \tag{2-69}
$$
$$
\Delta \boldsymbol{Y} = \boldsymbol{CI} \Delta \boldsymbol{Z} + \boldsymbol{DI} \Delta \boldsymbol{U} + \boldsymbol{V} \tag{2-70}
$$

式中:

$$增广状态向量 \boldsymbol{Z} = \begin{bmatrix} n_{\mathrm{L}} \\ n_{\mathrm{H}} \\ n_{\mathrm{Lb}} \\ n_{\mathrm{Hb}} \\ P_{\mathrm{t4b}} \\ P_{\mathrm{t5b}} \\ T_{\mathrm{t42b}} \end{bmatrix}_{7\times1} \qquad 输出向量 \boldsymbol{Y} = \begin{bmatrix} n_{\mathrm{L}} \\ n_{\mathrm{H}} \\ P_{\mathrm{t4}} \\ P_{\mathrm{t5}} \\ T_{\mathrm{t42}} \end{bmatrix}_{5\times1} \qquad 控制向量 \boldsymbol{U} = \begin{bmatrix} W_{\mathrm{f}} \\ A_8 \end{bmatrix}_{2\times1}$$

$$(2-71)$$

$$\begin{cases} \boldsymbol{AI} = \begin{bmatrix} \boldsymbol{A} & \boldsymbol{0} \\ \boldsymbol{0} & \boldsymbol{0} \end{bmatrix}, & \boldsymbol{BI} = \begin{bmatrix} \boldsymbol{B} \\ \boldsymbol{0} \end{bmatrix} \\[3mm] \boldsymbol{CI} = \begin{bmatrix} \boldsymbol{C} & \boldsymbol{I} \end{bmatrix}, & \boldsymbol{G} = \begin{bmatrix} \boldsymbol{I} \\ \boldsymbol{0} \end{bmatrix} \end{cases} \qquad (2-72)$$

以上述增广状态变量模型为对象设计卡尔曼滤波器,来最优估计增广状态向量 $\Delta \boldsymbol{Z}$,其中就包含了输出偏离向量 $\boldsymbol{Y}_{\mathrm{b}}$,一般情况下,性能蜕化过程是缓慢的,上述 ASVM 中已认为 $\dot{\boldsymbol{Y}}_{\mathrm{b}} = \boldsymbol{0}$。下面讨论卡尔曼滤波器的设计。

2.5.5 卡尔曼滤波器模块

如前所述,在这里,卡尔曼滤波器是用来估计增广状态变量模型中包含了输出偏离向量 $\boldsymbol{Y}_{\mathrm{b}}$ 的增广状态向量 $\Delta \boldsymbol{Z}$。若 $\Delta \boldsymbol{Z}$ 的最优估计是 $\Delta \hat{\boldsymbol{Z}}$,则卡尔曼滤波器的最优估计为

$$\Delta \dot{\hat{\boldsymbol{Z}}} = \boldsymbol{AI} \Delta \hat{\boldsymbol{Z}} + \boldsymbol{BI} \Delta \boldsymbol{U} + \boldsymbol{PCI}^{\mathrm{T}} \boldsymbol{R}^{-1} (\Delta \boldsymbol{Y} - \boldsymbol{CI} \Delta \hat{\boldsymbol{Z}} - \boldsymbol{DI} \Delta \boldsymbol{U}) \qquad (2-73)$$

式中:$\boldsymbol{P}$ 是下述黎卡提方程的稳态解,

$$\boldsymbol{AIP} + \boldsymbol{PAI}^{\mathrm{T}} + \boldsymbol{GQG}^{\mathrm{T}} - \boldsymbol{PCI}^{\mathrm{T}} \boldsymbol{R}^{-1} \boldsymbol{CIP} = \boldsymbol{0} \qquad (2-74)$$

令 $\boldsymbol{K} = \boldsymbol{PCI}^{\mathrm{T}} \boldsymbol{R}^{-1}$,矩阵 $\boldsymbol{K}$ 即为卡尔曼滤波器增益矩阵,则卡尔曼滤波器的最优估计,即卡尔曼滤波器方程可重写为

$$\Delta \dot{\hat{\boldsymbol{Z}}} = (\boldsymbol{AI} - \boldsymbol{KCI}) \Delta \hat{\boldsymbol{Z}} + (\boldsymbol{BI} - \boldsymbol{KDI}) \Delta \boldsymbol{U} + \boldsymbol{K} \Delta \boldsymbol{Y} \qquad (2-75)$$

$$\Delta \hat{\boldsymbol{Y}} = \boldsymbol{CI} \Delta \hat{\boldsymbol{Z}} + \boldsymbol{DI} \Delta \boldsymbol{U} \qquad (2-76)$$

可见,用卡尔曼滤波器得到增广状态向量 $\Delta \boldsymbol{Z}$ 的最优估计 $\Delta \hat{\boldsymbol{Z}}$,也就得到了输出偏离向量 $\boldsymbol{Y}_{\mathrm{b}}$ 的最优估计 $\hat{\boldsymbol{Y}}_{\mathrm{b}}$。

上述卡尔曼滤波器的设计是基于发动机状态变量模型 SVM,再增广出 ASVM,因此首先要建立足够好的发动机 SVM。卡尔曼滤波器设计中,还必须解决 $\boldsymbol{Q}$、$\boldsymbol{R}$ 阵的确定。系统噪声协方差阵 $\boldsymbol{Q}$ 是模型误差的量度,由于在卡尔曼滤波器设计时,已假设系统噪声为互不相关的正态分布白噪声,所以 $\boldsymbol{Q}$ 为一对角阵。测量噪声协方差

阵 R 是测量精度的度量,R 也是对角阵。具体 Q、R 阵的确定需要有足够的工程上的经验。

2.5.6　神经网络模块

状态变量模型中的输出变量是可测量的变量,需要设置传感器进行测量。从控制系统设计或故障诊断的角度考虑,一般希望增加测量变量。但是,传感器的设置涉及多方面因素,例如,传感器需要安装空间,并会增加重量以及传感器技术的可行性等。所以,这需要与总体设计部门等多方面协调来确定。最后选定的测量输出变量不一定满足控制的需求,控制系统可能还必须知道一些未测辅助变量的值。未测辅助变量的选择与自适应模型的用途有关,例如,若自适应模型要用于性能寻优控制,需要用自适应模型求取推力和喘振裕度等发动机性能量,则应该选取与上述发动机性能量相关性强的变量作为未测辅助变量。假定我们已经按照性能寻优控制的需求选定辅助变量,如 2.5.1 节所述为 T_{t25}、P_{t25}、W_{a21cor}、T_{t5},这样便可以通过可测输出变量来计算或估计未测辅助变量的值。早期采用线性变换的方法来估计未测辅助变量[16],研究表明,由于发动机有很强的非线性特性,这种线性估计方法的精度低,而且计算工作量大,不能满足要求。随着人工智能技术的发展,具有强大非线性映射能力的神经网络非常适合于可测输出变量向未测辅助变量的映射[19]。设可测输出偏离量与未测辅助变量偏离量之间有如下非线性关系

$$\begin{bmatrix} \Delta P_{t25} \\ \Delta T_{t25} \\ \Delta T_{t5} \\ \Delta W_{a21cor} \\ \Delta W_{a3cor} \end{bmatrix} = \boldsymbol{f} \begin{pmatrix} n_{Lb} \\ n_{Hb} \\ P_{t4b} \\ P_{t5b} \\ T_{t42b} \end{pmatrix} \tag{2-77}$$

式中 $\boldsymbol{f}(\cdot)$ 为可测输出偏离量到未测辅助变量偏离量的一个非线性映射关系,我们可以用神经网络来映射该非线性关系。例如,采用 BP 神经网络,如图 2-15 所示。图中网络输入 $\boldsymbol{X}$ 为 5 个可测输出偏离量 $\boldsymbol{Y}_b = (n_{Lb}, n_{Hb}, P_{t4b}, P_{t5b}, T_{42b})$,输出 $\boldsymbol{Y}$ 为 5 个未测辅助变量偏离量 $\boldsymbol{Y}_{aux} = (T_{t25}, P_{t25}, W_{a21cor}, W_{a3cor}, T_{t5})$。可以在一个选定的稳态点处预先形成多个蜕化模型(例如,风扇效率和流通能力下降 $0\sim1\%$,压气机效率和流通能力下降 $0\sim1\%$,以 0.25% 为间隔),获取样本。利用这些样本可以在该稳态工作点处训练出一个关于可测输出偏离量和未测辅助变量偏离量之间映射关系的神经网络模型,在其他稳态点可用同样方法得到这样的神经网络模型。具体方法可参见 2.4.1 节,这里不再赘述。

2.5.7　稳态基线模型模块

状态变量模型和增广状态变量模型都是线性小偏差模型,上述神经网络模型也是对小偏差进行映射,只适用于稳态点附近,用它们求得的变量都是在稳态点处的增量。在用它们计算发动机的状态变量、输出变量和未测辅助变量时,必须要有

相应的作为增量基准点的发动机稳态数据,这些作为小扰动模型基准点的发动机稳态数据简称为基点数据。这一系列的基点数据实际上就构成了一个发动机的稳态数据表,我们把这个稳态数据表称为发动机稳态基线模型(SSM)。

一般可以从发动机非线性气动热力学模型求得发动机稳态基点数据,为了使得机载模型计算时获取的基点数据比较准确,采用 P_{t4} 和 P_{t5} 两个参数来从 SSM 获取基点数据。在具体计算中,可以先求取 P_{t4} 相同而 P_{t5} 不同的发动机稳态工作点数据。为此,我们在求解非线性发动机模型时,增加一个保持 P_{t4} 不变的共同工作方程:

$$(P_{t4} - P_{t40})/P_{t40} - 1 = 0 \qquad (2-78)$$

同时,把原来作为已知的输入参数 W_f 增加为求解方程的试猜参数,然后通过改变尾喷口面积 A_8 来获得具有相同 P_{t4} 而有不同 P_{t5} 的发动机稳态工作点。再选取一个新的 P_{t4},将其保持不变,用上面同样的方法,又求得一组有相同 P_{t4} 而有不同 P_{t5} 的发动机稳态工作点。重复上述过程,便可建立起 SSM。

对于大飞机发动机,由于 A_8 不变,只有一个控制输入,因此只要在 P_{t4}、P_{t5} 选取一个参数来建立发动机稳态值表。有的文献直接用 W_f 来建立 SSM 的发动机稳态值表也是可以的。其选择原则是,该参数应该最能反映发动机内部状态参数的变化。如果考虑到风扇、压气机导叶角可调,它们也都要作为 SSM 模块的输入,而且也都要作为自适应模型的输入参数,对此,可参见 5.4 节。

2.5.8 输出转换模块

输出变量转换模块是把自适应模型内部功能模块在地面标准条件下计算得到的发动机变量估计值,通过相似变换转换为真实飞行条件下的变量值。这些要被转换到真实条件下的变量是 n_L、n_H、P_{t25}、T_{t25}、P_{t4}、P_{t5}、T_{t5},换算方法可参考 2.5.1 节的公式,W_{a21cor}、W_{a3cor} 本身是换算变量,不需要转换。

2.5.9 非线性计算模块

若所建立的自适应模型用于发动机性能寻优控制,需要在线计算发动机的性能参数。通过前面各功能模块的计算,已估计出了计算发动机性能量所需的发动机变量:n_L、n_H、P_{t25}、T_{t25}、P_{t4}、P_{t5}、T_{t5}、W_{a21cor}、W_{a3cor},非线性模块就是要由这些变量估计值来进一步计算推力 F、喘振裕度 SM 和单位耗油率 sfc 等发动机的性能量,具体计算公式可参阅发动机原理书籍。

2.5.10 仿真结果

为了对自适应模型适应发动机非额定工作的能力进行评价,本节用非线性发动机模型来仿真发动机的非额定工作:将风扇效率下降 0.98%,风扇流通能力下降 0.97%,压气机效率下降 0.96%,压气机流通能力下降 0.95%。运行该模型,在某一稳定点收敛后记录下发动机可测输出变量偏离量和未测辅助变量偏离量。然后将可测输出变量偏离量混入正态分布白噪声后输入自适应模型,最后将自适应模型的输出与部件级模型计算出的未测辅助变量偏离量进行比较。限于篇幅,仅给出一个稳态点附近的仿真结果。

仿真计算结果如图 2-22 和图 2-23 所示。图 2-22 中,虚线是实际的可测输出偏离量,实线是自适应模型对蜕化发动机可测输出偏离量的估计,从中可以看出经过一定的时间,自适应模型可以估计出表征非额定工作状态的发动机可测输出偏离量。

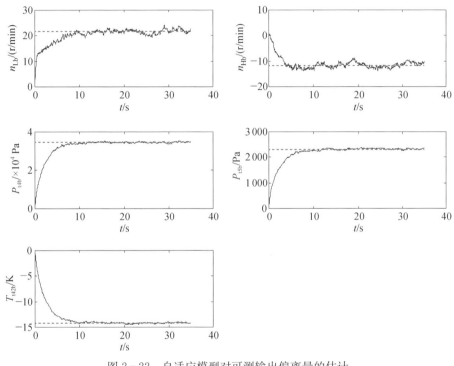

图 2-22　自适应模型对可测输出偏离量的估计

显然,由于发动机的蜕化工作,自适应模型的输出偏离值应当从初始零值过渡到一个新水平的稳态值以反映非线性发动机模型输出,使之逼近发动机真实输出值,该图与分析相一致。

在图 2-23 中,实线是期望的未测辅助变量偏离量,是蜕化发动机的输出,虚线是自适应模型的输出,也就是经过网络映射模块计算出的未测辅助变量偏离量。显然,从图中可以看出自适应模型的输出逼近蜕化发动机的真实输出,反映自适应模型有很好的精度。

最后,要说明一点:对于大飞机发动机,其尾喷口面积不可调,在飞行条件确定后,只需要燃油流量一个输入量便能确定发动机的全部状态。因此,在图 2-18 中,也只需要 P_{t4} 一个输入量就能确定 SSM 的状态,SSM 模块的输入量只需要 P_{t4},不需要 P_{t5}。这样可以简化各个模块的设计。例如:在状态变量模型式(2-66)和

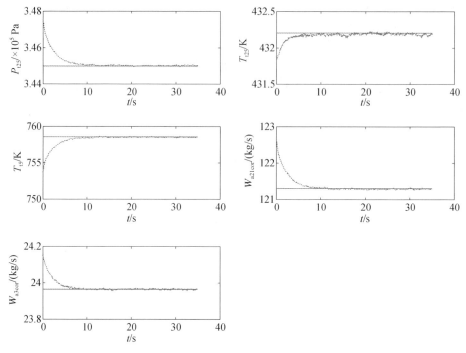

图 2-23　自适应模型输出与蜕化发动机输出比较仿真

式(2-67)中只需要一个输入量 W_f,不需要 A_8,可以大大简化 SVM 和 ASVM 系数矩阵的求取;状态变量模型的简化使卡尔曼滤波器的设计也简化了;神经网络结构也简化了。限于篇幅不再一一写出各简化公式。

2.6　组件对象模型

2.6.1　引言

在前面几节中,介绍了建模的基本原理和方法,随着现代计算机和软件技术的不断发展,航空发动机数值仿真技术也在不断进步。面向对象的建模技术由于其良好的继承性、可重用性、封装性等优点,自 1990 年以来,在美国推进系统数值仿真(Numerical Propulsion Simulation System,NPSS)计划的推动下,逐渐代替传统面向过程的建模方法,在航空发动机控制系统仿真领域得到广泛应用。

面向对象技术是一个被广大编程人员和用户普遍认同的概念。面向对象程序设计方法让开发者按照现实世界里人们思考问题的模式来编写程序,能够更好地用代码模块表达现实中存在的对象,这样开发代码简单并且易于维护。面向对象方法用类和对象作为系统的基本构成单位,在设计程序时大量运用类、实例、对象的方式,能比较直接地反映客观事物的本质特征。

面向对象技术具有如下特点。

（1）对象标识的唯一性。

标识是对相应对象进行查找的依据，每个对象都有自身唯一的标识，在对象的整个生命期中，它的标识都不会改变，不同的对象之间需要用不同的标识进行区分。

（2）对象的分类性。

分类性是指将具有一致的数据结构（属性）和行为（操作）的对象抽象成一个类。每个类都是这样一种抽象。任何类的划分都是主观的，但类的划分必须考虑具体的应用对象。

（3）继承性。

继承性是面向对象程序设计语言不同于其他语言的最重要的特点。继承性使子类可以自动共享父类数据结构和方法。新对象可以利用旧对象的功能。在定义和实现一个类的时候，可以基于一个已经存在的类，把这个已经存在的类所定义的内容继承为子类的内容，并加入若干新的内容。类的继承性使所建立的软件具有开放性、可扩充性，简化了对象、类的创建工作量，增加了代码的可重用性。

（4）多态性。

多态性是指相同的操作、函数、过程可作用于多种类型的对象上并获得不同的结果，根据所使用的对象展现多种不同行为的能力。不同的对象，收到同一消息可以产生不同的结果，这种现象称为多态性。

（5）封装性。

强调隐藏对象的实现细节，对象的使用者仅仅通过定义好的接口使用对象。

从程序的整体来看，面向对象编程提供给用户的最重要的概念是代码的共享与重用，它对于提高编写程序的效率极为重要。但版本升级、接口变化、代码共享等方面在实际应用中仍存在种种问题，这就是组件对象模型提出的背景。

组件技术建立在对象技术之上的，它是对象技术的进一步发展，组件技术极大地改变了传统的软件生产方式，具有广阔的发展前景。基于组件的发动机模型，具有良好的通用性和可复用性，可大大降低建模的成本和时间，得到业内的广泛关注。下面就基于组件的航空发动机建模技术进行介绍。

2.6.2 组件化设计思想

组件是指能够容易地组装起来，以更高的开发效率创建应用程序的可复用软件部分。一个组件同一个微型应用程序类似，是已经编译、链接好，并可以使用的程序，应用程序就是由多个这样的组件打包而成。各定制的组件可以在运行时同其他组件连接起来以构成某个应用程序。如果要对应用程序进行修改或改进，只需要用新版本替换需要更新的组件即可。目前常用的组件开发标准有 Microsoft 的 COM/DCOM、Java 的 JaveBeans 和 ELB，以及 OMG 组织的 CORBA。

COM，即组件对象模型，是关于如何建立组件以及如何通过组件建立应用程序的一个规范。COM 组件是以 Win32 动态链接库（DLLs、OCXs）或可执行文件（EXEs）形式发布的可执行二进制的代码。遵循 COM 规范编写的组件能够满足对组件架构的需求,组件与应用、组件与组件之间可以进行互操作,方便地建立可以伸缩的应用系统。开发人员创建的 COM 组件可展示一个或多个接口。每一个接口提供一组方法和属性,这些方法和属性可被其他组件或者应用程序访问。

基于组件的航空发动机建模方法,从发动机装配的角度,将发动机模型分解为进气道模型、风扇模型、压气机模型、燃烧室模型、外涵道模型、高压涡轮模型、低压涡轮模型、混合器模型、加力燃烧室模型、尾喷管模型和传动轴模型等模块。将每个模块定义为一个类,通过类的成员变量和成员函数实现部件的气动热力计算功能,并将部件模型封装在一个与之对应的组件中,进行部件的组件化。其他程序可以通过组件的接口触发相应部件模型的气动热力过程计算,模拟部件的工作状态,设置部件的几何参数等,使之与所要研究的发动机相一致。

在组件化模型中,如果需要修改替换部件,只需要对相应的部件组件进行修改替换升级即可,其他组件不需要进行相应的操作。这样,航空发动机的建模效率明显提高,而且可以根据用户需要选择不同数量和种类的组件来搭建所需发动机模型,如涡喷、涡扇、涡轴等,简化了模型开发过程,具有一定的通用性。对于大飞机常用的高涵道比分开排气式涡扇发动机,我们就可以不用混合器模型和加力燃烧室模型,仅以进气道、风扇、压气机、燃烧室、高压涡轮、低压涡轮、尾喷口、外涵、外涵喷口、高压轴、低压轴等部件的组件完成模型搭建。

COM 是面向对象的软件模型,对象是它的基本元素之一。类似于 C++中对象的概念,对象是某个类的一个实例。在 COM 标准中,一个组件程序也被称为一个模块,它可以是一个动态链接库(DLL),也可以是一个可执行程序(EXE)。类的概念仍然是组件技术中一个基础的概念,但是组件技术更核心的概念是接口。对发动机进行组件建模时,在原有部件模型的基础上,大部分的工作是要进行接口设计和基于动态链接库对组件进行封装,为此下面将对这两种技术进行介绍。

2.6.3 COM 接口

COM 是主要的组件开发标准,它定义了创建兼容对象的技术规范,以及运行所需的 Windows 操作系统进程间通信(IPC)的规范[20]。COM 接口是 COM 规范中最重要的一个部分。在 COM 模型中,对象本身对于客户来说是不可见的,客户请求服务时,只能通过接口进行。每一个接口都由一个 128 位的全局唯一标识符(globally unique identifier, GUID)来标识。客户通过 GUID 获得接口的指针,通过接口指针,客户就可以调用其相应的成员函数。对由 COM 组件构成的应用程序而言,接口比实现接口的组件更重要。接口提供两个不同对象间的一种连接,客户只能通过接口和组件打交道。接口可以保护系统免受外界变化的影响,这是封装的体现。COM 规范的核心内容就是对接口的定义。COM 接口包含一个虚拟函数表(为函数指针数组),和一个指向这个数组的指针(vtbl 指针)。虚拟函数表包含一组指向虚拟函数实现的指针。为了实现组件的自我描述和控制自身的生存时间,COM 规定所有的 COM 组件必须实现一个名为 IUnknown 的接口,IUnknown 这个名字直接表达出这个接口是未知的。客户可以通过 IUnknown 指针对接口进行访问，IUnkonown 指针是客户创建 COM 对象时，由 CreateInstance( )函数生成的。IUnknown 接口的 C++语言定义如下：

```
class IUnkonwn
{
  public：
          virtual HRESULT    _stdcall QueryInterfance(const IID& iid, void **
          ppv)＝0;
          virtual ULONG    _stdcall AddRef( )＝0;
          virtual ULONG    _stdcall Relaese( )＝0;
}
```

程序中的 QueryInterface( )是提供组件自我描述的关键函数。客户可以通过此函数来查询某个组件是否支持特定的接口。而 AddRef( )和 Release( )两个成员函数实现了一种名为引用计数的内存管理计数，引用计数是组件能够将自己最简单、最高效删除的方法。这三个函数是固定的，是组件内部的成员函数。COM 接口及组件中的三个成员函数的使用方法详见文献[21]。

为了能够通过接口访问组件的特定功能，虚拟函数表中还需要添加部分组件内部函数的指针，便于主程序和其他组件对其进行访问。对于表征模型的组件，组件内部通常含有模型参数设置函数 SetParameter( )、模型初始化函数 InitModel( )、组件运行函数 RunModel( )。因而在接口的虚拟函数表中，应添加 &SetParameter、&InitModel、&RunModel 指针，以便于外部程序对组件中的函数进行调用，实现参数设置、模型初始化和模型的运行。与 IUnknown 接口中的前三个固定指针不同，此处的函数名是用户自定义的，其所实现的功能也是用户通过编程实现的。

COM 接口具有不变性和多态性。接口的不变性是 COM 接口最大的特点，接口一旦公布，它将保持不变。升级组件时，应该不修改已有的接口，而是加入一些新的接口。而多态性是指可以按照同一种方式来处理不同的对象。若两个不同的组件支持同一个接口，那么客户可以使用相同的代码来处理其中的任何一个组件。任何 COM 接口都将实现 IUnknown 接口。

COM 本身与编程语言无关，可供编写 COM 组件的语言可以是 C、Java、Python 等，其中 C 语言用得最多。鉴于微软基础类(microsoft foundation classes，MFC)提供了面向对象的方式将 COM 的基本功能封装在类中，可以通过 MFC 的图形系统创建组件的属性页，而且便于采用 C 语言实现组件模型，为此本节介绍基于 MFC 提供的 COM 支持进行航空发动机部件组件设计的方法。

2.6.4 动态链接库

动态链接库(dynamic-link library，DLL)是 Windows 的一种极其重要的技术，它使得开发人员可以通过编写动态链接库，方便灵活地实现大型程序的开发，按照需求对操作系统进行扩展。DLL 是微软公司在 Windows 操作系统中实现共享库函数的一种方式。这些库函数的扩展名是. DLL、. OCX 或者. DRV。COM 组件是以Win32 动态链接库或可执行文件形式发布的二进制代码。动态链接库不仅仅是函数代码,而且可以包含程序以外的任何数据或资源,如位图、图标等。

DLL 可以被一个或多个客户程序调用,这些客户程序可以是应用程序或者是其他的 DLL。动态链接库具有以下优点:①运行时占用的硬件资源较少,只有在应用程序调用的情况下才会被装载到内存空间中;②有助于模块化程序开发,将大型程序按模块分成一系列的主程序和 DLL,则可以减少程序开发的工作量和提高程序开发的速度;③修改升级软件方便,当程序中部分函数需要更新时,只修改对应的动态链接库即可,并不需要重新建立应用程序与该 DLL 的连接;④隐藏实现细节,应用程序中不能看到具体的动态链接库实现代码。

DLL 的编制与具体的编程语言及编译器无关,只要遵守 DLL 的开发规范和编程策略,并安排正确的调用接口,不管用何种编程语言编写的 DLL 都具有通用性。例如在 VC 中编写的 DLL 程序,可在 BC、VC、VB、Delphi 等多种语言程序中进行调用。

VC++ 支持三种 DLL,它们分别是非 MFC 动态库、MFC 规则 DLL、MFC 扩展 DLL。非 MFC 动态库不采用 MFC 类库结构,其导出函数为标准的 C 接口,能被非 MFC 或 MFC 编写的应用程序所调用;MFC 规则 DLL 包含一个继承自CWinApp 的类,但其无消息循环;MFC 扩展 DLL 采用 MFC 的动态链接版本创建,它只能被用 MFC 类库所编写的应用程序所调用。

组件需要放入动态链接库中,DLL 是一个组件服务程序,或者说是发行组件的一种方式。组件可以看成是在 DLL 中实现的接口集。在客户获取某个组件接口指针之前,它必须先将相应的 DLL 装载到其进程空间中,并创建此组件。COM 是一种规范,按照 COM 规范实现的 DLL 可以被视为 COM,COM 接口包含一组具有特定规范的函数,所以 COM 可以被视为 DLL,但 DLL 不一定是 COM。

在对接口和动态链接库有初步的了解之后,下面介绍如何利用基于 MFC 的组件支持对部件进行组件化。

2.6.5　部件模型的组件化

燃气涡轮发动机的部件可以分为转动部件、管道部件、连接轴等。转动部件模型主要基于发动机几何尺寸、工作状态和入口参数,进行部件特性插值,结合气动热力计算得到部件出口总温、总压、流量等气动热力参数;管道部件则根据部件几何尺寸、总压恢复系数和入口参数,结合气动热力计算,计算部件的出口参数。由于转动部件的特性有时候会与试验数据不一致,此时,需要基于设计点数据对特性进行修正,并且发动机使用过程中也会发生性能蜕化,因此,转动部件模型中应该包含部件特性修正系数计算功能、发动机性能蜕化模拟功能,还应考虑引气和功率提取等问题。所以,转动部件的组件模型应包含参数设置模块、气动热力计算模块、特性插值计算模块、部件特性修正模块、发动机性能蜕化模拟模块等。在传统的发动机建模过程中,部件计算同样要实现这些功能,在组件化建模过程中,还需要设置接口以便与其他部件或系统进行数据交互。转动部件的组件功能示意如图 2-24 所示。相对来说,管道部件的组件模型比较简单,只需进行几何参数、总压恢复系数的设置,具有气动热力计算功能,并设置接口即可。

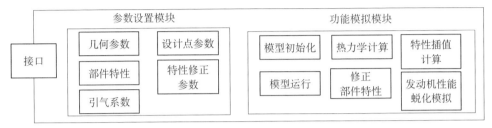

图 2-24　转动部件组件功能

基于 MFC 进行组件化建模时,首先生成一个工程。如用 VC++进行开发,可以起动 VC++后,在菜单和弹出的对话框中依次选择 File→New→Projects→MFC AppWizard[DLL],对话框如图 2-25 所示。在选择了路径 Location 和工程名字 Project name 后,点击 OK 按钮,按照后面出来对话框的提示,生成需要形式的动态链接库。

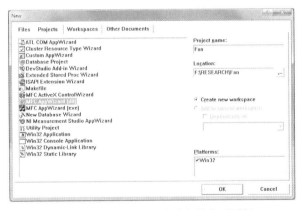

图 2-25　基于 MFC 生成组件的对话框

组件化过程中,需将组件的名称、图标、位图、编号以及部件属性等参数添加为组件对象的属性。基于 MFC 进行组件开发的具体步骤和编程代码可参见文献[22]。为了能够直观方便地修改部件参数,组件中的参数设置功能通常通过属性页实现,其示意如图 2-26 所示。

部件组件建模实际上是用组件的概念实现了各部件模型的功能,通过接口实现了部件模型的封装,其他程序只能通过接口来对部件模型进行访问,而不像采用 C 语言开发的普通模型那样,可以随意对部件中的公开变量和函数进行访问和调用。

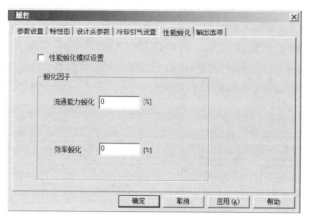

图 2 - 26　部件组件属性页示意图

在发动机部件组件中,需要设置模型初始化接口、属性页显示接口、模型运行接口、参数设置接口等,以便其他程序和组件调用相关接口访问组件。

组件是不能独立运行的,需要一个平台为其提供运行的软件环境。完成发动机各个部件的组件设计之后,需要在仿真平台上,将其搭建成发动机的模型。

2.6.6　组建发动机模型

仿真平台主要实现发动机模型的组装和数值计算。当起动仿真平台时,部件组件会被加载到主程序中,显示在仿真平台的组件栏中,如图 2 - 27 所示[23]。图 2 - 27 中的仿真平台基于 MFC 的单文档视图类(SDI)应用程序框架设计,包括菜单栏、工具栏、状态调节栏、组件栏、信息栏以及仿真区等部分[22~26]。

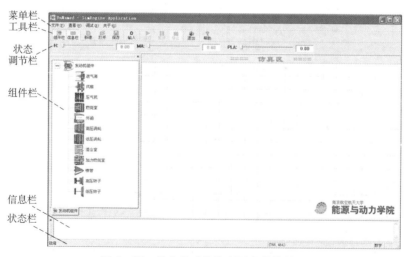

图 2 - 27　航空发动机仿真平台软件界面

菜单栏给出了仿真平台的主要功能,通过菜单栏中的选项可以对仿真平台进行设置,对仿真过程进行控制。工具栏中的一些按钮是菜单栏部分功能的快捷方式,能够简单快速地实现菜单栏的功能。此外,工具栏还提供了像"运行"、"暂停"、"停止"等功能用于对仿真过程进行控制。状态调节栏提供了油门杆角度、飞行高度、飞行马赫数的调节滑杆。在进行仿真时,可以对发动机的飞行状态、功率水平进行调节。信息栏用来显示模型运行过程中的信息,让操作者能够掌握模型运行的情况。状态栏用来显示仿真区内鼠标光标的坐标以及系统时间。组件栏中显示的是发动机各部件组件的图标,以树形控件的形式存在。发动机的部件组件封装了各部件的数学模型、图标、位图、名称以及属性页。当起动仿真平台时,部件组件会被加载到主程序中,显示在仿真平台的组件栏。

组件是基于 MFC 的动态链接库文件,对于仿真平台来说,它并不知道各组件存于计算机的什么位置,因此需要对所有的组件进行加载注册。动态链接库的加载有两种形式,即显示加载和隐式加载。隐式加载是在进程启动时,连接动态链接库,这种加载方式,不管动态链接库是否被使用,客服程序都必须承担开销。显式加载则是在运行应用程序时,才会加载相应的动态链接库。组件加载之后就可以通过接口,调用组件里的函数和进行参数设置等。当不再使用组件或者仿真平台退出时,需要调用 FreeLibrary(DLLName) 函数对所有的组件进行卸载。

当所用组件加载完成之后,就可以利用拖到仿真区的组件位图搭建仿真模型。首先按照发动机部件的物理位置将所用组件摆放好,该物理位置实际上反映了各部件间的输入/输出关系,通过鼠标的拖放可以调整组件位图的大小以适应仿真区大小的需要。每个部件位图都表示发动机的某个部件对象,除了进气道和喷管,其他的组件位图都有输入、输出两个端口。一般左端口为输入端口,右端口为输出端口;进气道只有输出端口,喷管只有输入端口。将仿真区的部件位图按照航空发动机的气流顺序连接成一个整体,这些连线表示部件之间的气路连接。图 2-28 为仿真区

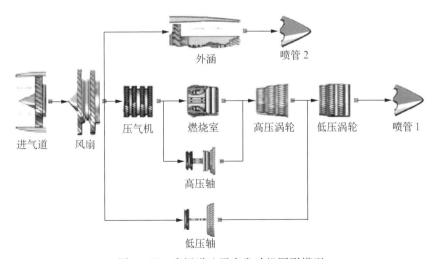

图 2-28 高涵道比涡扇发动机图形模型

内搭建完成的某高涵道比涡扇发动机图形模型[12]。

在仿真区完成模型搭建后,并不能直接进行仿真,需要对搭建完成的图形化模型进行编译,进行完整性和合理性检查,避免模型组装过程中出现不合理或者错误的连接,连接是否完整以及是否存在孤立部件等。完成检查后,可以运行程序。先设置各部件的参数,对模型进行初始化,设定仿真条件,含飞行高度、马赫数以及油门杆角度等。完成这些工作后,可以开始仿真计算。图2-29为某仿真平台界面,仿真平台能顺利运行则意味着组件化建模的成功。

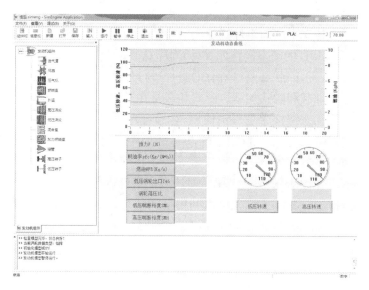

图2-29　模型运行时仿真区的界面

参 考 文 献

[1] Jaw L C, Mattingly J D. Aircraft Engine Controls:Design, System, Analysis, and Health Monitoring [M]. Reston:AIAA, 2009.

[2] 钱德峰. 大涵道比民用涡扇发动机部件级建模技术研究[D]. 南京:南京航空航天大学,2010.

[3] 李松林,孙健国,李健民,等. 求解涡扇发动机数学模型的有限域搜索方法[J]. 航空动力学报,1997,12(3):276-332.

[4] 杨刚,孙健国,黄向华. 一种不需要迭代的发动机辅助变量建模方法[J]. 航空动力学报,2003,18(2):289-294.

[5] 杨刚. 多变量鲁棒控制在涡扇发动机中的应用研究与实验验证[D],南京:南京航空航天大学,2004.

[6] 孙健国, Vasilyev V, Ilyasov B. Advanced Multivariable Control Systems of Aeroengines [M].北京:北京航空航天大学出版社,2005.

[7] French M W. Development of a Compact Real-time Turbofan Engine Dynamic Simulation [S]. SAE 821401.

[8] 袁莺. 发动机自适应建模及神经网络控制[D]. 南京:南京航空航天大学,2005.

［9］ Sugiyama N. Derivation of ABCD System Matrices from Nonlinear Dynamic Simulation of Jet Engines ［R］. AIAA 92‐3319.

［10］ Emami‐Naeimi A，Akhter M M，Rock S M. Robust Detection Isolation and Accommodation for Sensor Failures ［R］. NASA‐CR‐174825，1985.

［11］ 冯正平,孙健国,黄金泉,等.一种建立航空发动机状态变量模型的新方法[J].航空动力学报, 1998,13(4):435‐438.

［12］ 李秋红,孙健国.基于遗传算法的航空发动机状态变量模型建立方法[J].航空动力学报, 2006,21(2):427‐431.

［13］ Moore C. Application of Singular Value Decomposition to the Design，Analysis and Control of Industrial Processes ［C］. Proceed. of 1988 American Control Conference.

［14］ 周文祥.航空发动机及控制系统建模与面向对象的仿真研究[D].南京:南京航空航天大学,2006.

［15］ Li S，Sun J. Application of Genetic Algorithm to Solving Nonlinear Model of Aeroengines ［J］. Chinese Journal of Aeronautics，2003,16(2):69‐72.

［16］ 李松林.飞行/推进系统综合控制—性能寻优自适应控制研究[D].南京:南京航空航天大学,1998.

［17］ Swan J A，Vizzini R W. Analytical Redundancy Design for Improved Engine Control Reliability ［C］. Final Review，AIAA‐88‐3176.

［18］ Luppold R H，Gallops G W，Kerr L J，et al. Estimating In‐Flight Engine Performance Variation Using Kalman Filter Concepts ［R］. AIAA‐89‐2584.

［19］ 王信德,孙健国,李松林.神经网络在发动机自适应模型中的应用研究[J].航空动力学报, 2003,18(6).

［20］ 潘爱民.COM 原理及应用[M].北京:清华大学出版社,1999.

［21］ Rogerson D. COM 技术内幕—微软组件对象模型[M].杨秀章,译.北京:清华大学出版社.

［22］ 何友鸣.VC/MFC 应用程序开发[M].武汉:湖北科学技术出版社,2002.

［23］ 刘龙.COM 组件化程序设计方法研究[D].哈尔滨:哈尔滨工程大学,2006.

［24］ 孙龙飞.航空发动机组件化建模技术[D].南京:南京航空航天大学,2009.

［25］ 李业波.航空发动机组件化建模及性能参数估计[D].南京:南京航空航天大学,2011.

［26］ 陶金伟.航空发动机组态化建模仿真技术研究[D].南京:南京航空航天大学,2010.

3 航空燃气涡轮发动机稳态控制

　　航空发动机工作可分为稳态和过渡态,相应的航空发动机控制也分为稳态控制和过渡态控制。过渡态控制将在第 4 章讨论,本章重点讨论稳态控制。

　　稳态控制的目的是在相对较长的时间周期内调节发动机的性能,使其接近期望工作状态的性能,期望工作点即为相应稳态点,它对应由发动机产生的一个固定功率状态,该状态通常由发动机转速或增压比控制。对大飞机发动机而言,常用的稳态点有慢车、巡航和起飞状态,分别对应发动机稳定工作的最小推力、空中飞行的最经济工作状态和飞机起飞时的最大推力状态。而对军用涡扇发动机而言,常用的稳态点有慢车、节流、最大及加力状态,其中慢车状态与大飞机发动机类似,最大状态表示不加力时的最大推力状态,加力状态表明带加力式发动机加力燃烧室工作的状态,节流表示最大和慢车中间的稳定工作状态,处于被"节流"的状态。

　　本章主要讨论目前在航空发动机上使用得最多的单输入/单输出控制,采用经典控制理论,至于多输入/多输出控制涉及多变量先进控制理论,将在第 5 章讨论。

　　由于航空发动机控制系统的分析与设计是一项极其复杂的工作,进行这方面的工作不仅需要深入掌握作为被控对象航空发动机的特性,而且需要熟悉其使用特性。为此,本节首先对涡扇类航空发动机的共同工作、控制计划等使用性能方面的基本问题做简要介绍,以作为航空发动机控制研究的基础和预备知识。

3.1 发动机稳态共同工作及控制计划

　　发动机的共同工作及控制计划属于发动机原理学科的内容,但是,它们是发动机控制系统设计的基础和对控制系统的顶层要求。因此发动机控制专业人员应该对它们有基本的了解。本章仅将简单讨论与大飞机发动机关系比较密切的双转子涡扇发动机的共同工作及控制计划。有关其他发动机稳态共同工作及控制计划的详细论述,读者可参阅有关发动机原理的书籍。

3.1.1 发动机的共同工作

　　1) 分开排气的双转子涡轮风扇发动机

　　这是大飞机发动机广泛使用的涡扇发动机结构形式。通过内外涵的流量连续方程、高低压转子的功率平衡方程，以及发动机各部件共同工作方程等分析，可给出双转子涡扇发动机一些共同的重要特点。

首先，当发动机节流时，高压涡轮的膨胀比是固定不变的(即 π_{TH}＝常数)，内涵的工作类似于尾喷口面积不可调的单转子涡喷发动机，发动机沿固定的共同工作线工作；而发动机低压转子共同工作比较复杂，它与内外涵排气密切相关。

当发动机工作状态改变时，高压压气机增压比 π_{CH} 的变化对低压转子共同工作线影响很大。而只有当内外涵两路都临界排气时，风扇的共同工作线与飞行条件无关，仅取决于发动机的内部规律，这只有涵道比较小时才可能出现。而当内路为亚临界排气时，风扇涡轮的膨胀比 π_{TL} 不再为常数，这时风扇的工作状态不仅与高压压气机的工作状态有关，还与飞行马赫数(Ma)有关。

由于分开排气式高涵道比涡扇发动机的耗油率低、噪声小，这种类型的发动机被广泛用于大型商用和军用运输机以及其他大型亚声速飞机如加油机、预警机、反潜机等。

2) 混合排气双转子涡轮风扇发动机

对于混合排气双转子涡扇发动机，还必须考虑混合室的能量方程、动量方程，以及混合室气流流动状态等因素，其共同工作分析极其复杂。

发动机节流时，混合排气与分开排气涡扇发动机涵道比的变化是不同的，在 n_H 下降量相同的条件下，混合排气涡扇发动机涵道比的增加比分开排气发动机多，而且当尾喷管为临界排气时，其低压涡轮膨胀比 π_{TL} 也不等于常数，它在节流时是减小的。

3.1.2 涡扇发动机的控制计划

1) 被控制量的选择

一般情况下，涡轮风扇发动机的被控制量可以从 n_L、n_H、T_{t4} 和 EPR 等参数中选择，对几何不可调的涡扇发动机，由于主控制回路只有燃油流量为控制量，因此，只能选择其中的一个参数作为被控制量。

在大多数情况下，涡轮前燃气温度 T_{t4} 与高压压气机转速的平方成正比。因此，在规定的工作状态下，n_H 为常数的控制计划能保持发动机的机械负荷与热负荷状态不变。由于这一原因，大多数涵道比不很高的涡轮风扇发动机都选择 n_H 为被控制量。

对大飞机发动机普遍使用的高涵道比涡轮风扇发动机，大部分推力由外涵产生，外涵产生的推力主要取决于通过外涵的空气流量，而风扇转速 n_L 决定外涵空气流量。因此，对高涵道比涡扇发动机，控制 n_L 比控制 n_H 对推力的影响更有效。一些高涵道比发动机如 CF6、CFM56 等都选取 n_L 作为被控制量。

发动机增压比 EPR 虽然不能反映发动机的受力及热状况，但它是发动机的工作过程参数，对推力和耗油率有直接影响。此外，以它作为被控制量对保证控制精度和降低控制装置成本是有利的，高涵道比的 PW4000 系列等发动机都选 EPR 作为被控制量。对几何可调的涡扇发动机,除以燃油流量为控制量的主控制回路外,还需控制各可调几何位置,如压气机可变静子叶片角度(VSV)、可变放气阀(VBV)等,避免发动机在偏离设计点较远的状态下工作或在发动机加、减速过程中,气流流过旋转或静子叶片时发生气流分离而导致发动机喘振[1]。但这些回路通常采用设定好的开环控制计划,因此无须选择对应的被控制变量。

2) 涡轮风扇发动机的控制计划

可采用的控制计划包括等低(高)压转速调节、等涡轮前温度调节和等发动机压比调节。由于转速是强度和推力的敏感参数,如应力随转速是平方关系,一般是不允许超转的,而推力随转速的变化一般是立方关系,转速低了将严重影响推力,同样是不希望的。为了获得最大的推力,必须精确保证转速一定,因此,很多发动机都将转速作为被控制量。对涡扇发动机,由于其推力与风扇转速关系更密切,因此,很多涡扇发动机选择 n_L 作为被控制量,其控制计划为

$$W_f \rightarrow n_L = 常数$$

对于高涵道比涡扇发动机,常选择 EPR 作为被控制量,采取如下控制方案:

$$W_f \rightarrow EPR = 常数$$

上式控制方案的优点如下。

(1) 在一定飞行条件下(尾喷管临界排气,给定高度和速度),推力 F 是 EPR 的单值函数,发动机能自动地保持推力不随外界温度而变,正好满足大飞机对发动机的要求。

(2) 当 EPR 一定时,即使 A_8 变化,也不影响发动机推力。所以对民航机来说,着陆时就可采取减小 A_8 以降低风扇转速的办法来降低噪声,而推力不致下降。而对等转速控制的发动机,要先收油门杆来降速降噪,会使推力随之下降,不利于复飞时的加速要求,故又要再前推油门保持一定的推力水平。

除上述优点外,按发动机压比调节方案要求的测量精度低,故获得广泛应用。不过要注意,采用 EPR 为常数控制计划的发动机,其 n_L、n_H 及 T_{t4} 会随 T_{t2} 的变化而改变。为了保证发动机在全飞行范围内不出现超转、超温等超负荷状态,需要转速和 T_{t4} 最大值限制系统。类似地,对采用 n_L 为常数控制计划的发动机,也需要考虑高压转速和 T_{t4} 最大值限制系统。

大飞机发动机常采用 $W_f \rightarrow EPR = 常数$ 作为控制计划,并把 n_L 作为备用被控制量,如 P&W 和 R-R 公司的发动机;但也有采用 $W_f \rightarrow n_L = 常数$ 为主控制计划的,如 GE 公司的发动机。对几何可调的涡扇发动机,通常各可调几何位置采用开环控制,根据发动机工作在不同状态时空气流量与压气机所需流量的匹配关系,将压气机可变静子叶片角度(VSV)、可变放气阀(VBV)等设置为发动机换算转速等状态参数的单值函数,如 VSV = f(n_{Hc})、VBV = f(n_{Hc}) 等,使压气机叶片工作条件与发动机状态及加、减速等动态过程匹配,使压气机特性得到最佳利用,在避免喘振

的前提下尽可能地发挥最大性能,保证发动机安全高效工作。由于这些开环控制实现相对简单,本节不再赘述其实现细节。

3.2 单转子发动机稳态控制

尽管单转子发动机在燃气涡轮发动机中属于最简单的一种,但单转子发动机控制设计原理本质上是与多转子(双转子或三转子)发动机相同的,通过单转子发动机可以更清楚地看出控制律的本质,因此,本节先介绍单转子发动机的稳态控制设计方法。

从经典控制设计的观点来看,所有的稳态控制器都有一个主控制回路,这一主控制回路将主导给定的控制模式下所产生的稳态特性和过渡态特性。本节将介绍三种用于单转子发动机的控制律设计方法:零极点对消法、根轨迹法和频率响应法。

从发动机特性可知,发动机从燃油流量到转子转速的传递函数是一阶滞后环节,如果我们用比例-积分(PI)控制律来控制发动机转速,对于这种控制回路的方框图如图 3-1 所示,其中 T_e 是发动机时间常数(对应极点为 $-a = -1/T_e$),K_e 是发动机传递函数的增益,K_p 是比例控制增益,T_i 是积分时间常数(对应积分控制增益 $K_i = K_p/T_i$),输出变量是转子转速 n,控制器以指令值 n_{cmd} 的要求对转速进行调节。

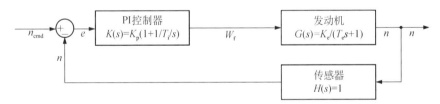

图 3-1 稳态控制器的转速控制回路方框图

假设转速传感器的动态比转子转速的动态快得多,则转速传感器的传递函数可用 1 近似。因此,开环传递函数 $G_o(s)$ 如式(3-1)所示:

$$G_o(s) = \frac{K_e K_p (s + K_i/K_p)}{s(T_e s + 1)} = \frac{K_e K_p (s + 1/T_i)}{T_e s(s + a)} \tag{3-1}$$

这是一个极点位于 0 和 $-a$、零点位于 $-K_i/K_p = -1/T_i$ 的二阶系统,常数 $K_e K_p/T_e$ 称为回路增益。

同样的理由,我们假设执行机构的动态远比发动机动态快得多,则可忽略执行机构的传递函数。不过,如果我们想把执行机构的动态包含在开环传递函数 $G_o(s)$ 中,那么被控对象阶次增加,我们可以用更复杂的、适应性也更好的控制律进行控制,如比例加积分再加微分(PID)控制律,如图 3-2 所示。可推导出的开环传递函数如式(3-2)所示:

$$G_o(s) = \frac{K_e K_a K_d (s^2 + T_d s + 1/T_i)}{T_e T_a s(s+a)(s+b)} \tag{3-2}$$

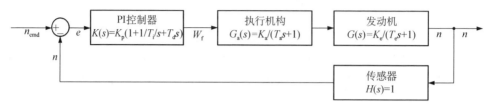

图 3-2　稳态控制器的转速控制回路方框图(考虑执行机构)

式中: $-b$ 为执行机构的极点(对应时间常数 $T_a = 1/b$); K_a 为执行机构的传递函数增益; K_d 为微分控制增益(对应微分时间常数 $T_d = K_d/K_p$); 回路增益为 $K_e K_a K_d / T_e / T_a = K_e K_a K_p T_d / T_e / T_a$。 这一开环传递函数的分母是三次多项式, 其根(或极点)位于 0、$-a$ 和 $-b$。其中 $-a$ 和 $-b$ 这两个根可能以下面的三种形式之一出现, 取决于这一多项式系数的相关值: ①两个不同的实根; ②两个相同的实根; ③两个复共轭根。

为了说明设计的结果, 我们定义一个单转子发动机的稳态点如下: 稳态转速为 15 000 r/min; 发动机时间常数为 $1/0.6 \text{ s} = 1.67 \text{ s}$, 或 $a = 0.6 \text{ r/s}$; 转速与燃油之间的传递函数, 即 $K_e/(s+a)$ 的增益 $K_e = 0.9 \text{ (r/min)/(kg/h)}$。

分别用三种方法对这一工作点设计稳态控制器。

3.2.1　单转子发动机控制零极点对消法设计

零极点对消, 适用于具有一阶惯性特性的被控对象。顾名思义, 指的是通过设定控制器的零点为被控对象的极点, 再通过零极点对消, 使闭环系统的开环传递函数蜕化为纯积分环节, 再通过设定适当的比例系数, 使整个系统的带宽(或响应速度)达到期望的数值。

假定航空发动机的开环传递函数为

$$G(s) = \frac{K_e'}{T_e s + 1}$$

式中: $K_e' = K_e/a$, 为发动机增益; $T_e = 1/a$, 为发动机的时间常数。

控制器取 PI 控制律, 如前所示。但其形式换为如下表达:

$$C(s) = K_p \left(1 + \frac{1}{T_i s}\right) = K_p \frac{T_i s + 1}{T_i s}$$

式中: K_p 为比例增益; T_i 为积分时间常数。

显然, 开环传递函数为

$$G_o(s) = K_p \frac{T_i s + 1}{T_i s} \frac{K_e'}{T_e s + 1} = \frac{K_p K_e'}{T_i s} \frac{T_i s + 1}{T_e s + 1}$$

若令

$$T_i = T_e, \ T_m = T_e / (K_p K_e')$$

则控制系统开环传递函数可简化为

$$G_o(s) = \frac{1}{T_m s}$$

显然,闭环系统体现为时间常数为 T_m 的一阶惯性。只要设定 T_m 为期望的发动机响应速度对应的时间常数,就可以得到期望的响应。

若考虑执行机构的影响,则最终得到的开环传递函数为

$$G_o(s) = \frac{1}{T_m s} \frac{1}{T_a s + 1}$$

当执行机构的时间常数 T_a 足够小时,对闭环系统特性的影响可以忽略。此外,不失一般性,执行机构增益设定为 1。

利用本节所举的示例,进行实例分析。假设期望闭环系统时间常数为 0.5 s,则

$$K_p = T_e / (T_m K_e') = 1.67 / (0.5 \times 1.5) = 2.22 \ (\text{kg/h}) / (\text{r/min})$$

$$T_i = T_e = 1.67 \ \text{s}$$

系统开环传递函数为

$$G_o(s) = 1 / (0.5s)$$

对应伯德图如图 3-3 中曲线 go1,幅值裕度和相位裕度分别为∞和 90°;阶跃响应曲线如图 3-4 中曲线 go1,阶跃响应无超调量,调节时间为 1.96 s。

为检查模型不准确可能对控制性能的影响,假设发动机特性参数 T_e 发生变化,再进行分析。假设由于建模误差,使得 T_e 分别变化为 1.5 s 和 2 s,则系统开环传递函数为

$$G_o(s) = \frac{1}{1.39s} \cdot \frac{1.67s + 1}{1.5s + 1} \ \text{或} \ G_o(s) = \frac{1}{1.39s} \cdot \frac{1.67s + 1}{2s + 1}$$

对应伯德图如图 3-3 中曲线 go2 和 go3,幅值裕度均保持为∞,而相位裕度分别为 91.6°和 86.9°;阶跃响应曲线如图 3-4 中曲线 go2 和 go3,阶跃响应时间分别为 2.22 s 和 1.81 s,超调量分别为 0%和 1.39%。

执行机构回路响应通常比较快,此处假设其时间常数 $T_a = 0.05 \ \text{s}$,则考虑执行机构特性后的系统开环传递函数为

$$G_{\circ}(s) = \frac{1}{0.5s(0.05s+1)}$$

对应伯德图如图 3-3 中曲线 go4,幅值裕度和相位裕度分别为∞和 84.3°;阶跃响应曲线如图 3-4 中曲线 go4,阶跃响应时间分别为 1.8 s,无超调。显然,引入执行机构特性,使系统在高频段幅值下降速率增加,且使高频段相位滞后增加,但在带宽范围之内,不会导致控制品质的明显下降。

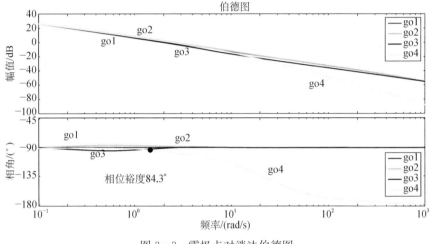

图 3-3　零极点对消法伯德图

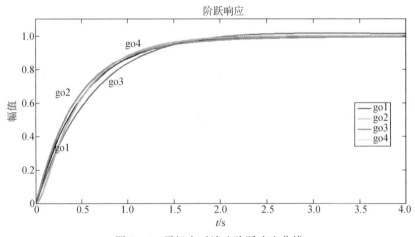

图 3-4　零极点对消法阶跃响应曲线

从设计过程可知,零极点对消法要求完全对消发动机的时间常数,但由于发动机模型不可能完全准确,实际发动机不同台份之间也会存在差异等,发动机时间常数不可能准确获得,因此现实中不可能完全实现这种算法。但通过对发动机时间常数的摄动分析可知,这种方法具有一定的鲁棒性,可以容许发动机特性参数在一定范围内变化,而最终闭环特性没有明显的下降。而通过对引入执行机构后控制的分析可知,这种方法的鲁棒性还可以包容设计过程中未考虑执行机构带来的影响。

3.2.2 单转子发动机控制根轨迹和频率响应设计

根轨迹方法是经典控制理论中的一种图形设计法,它通过绘制闭环控制系统的根轨迹,用图形化的方式选择控制增益值,使控制系统的闭环极点处于期望位置。根轨迹设计的目标是确保所有的闭环极点都落在 s 平面的左半域内期望区域,以此来获得闭环系统的稳定性及期望的性能。

频率响应法的设计要点在于选择一个控制器传递函数,使得控制系统开环传递函数满足期望的响应特性,期望的响应特性通过伯德图中的"通道特性线"来描述。频率响应法就是通过设计开环幅频特性形状来完成的。可行的设计要点是:①在很低的频域段,开环传递函数要起类似积分器的作用;②在很高的频域段,开环传递函数要起类似一阶滞后环节的作用(即低通滤波)。

实际控制律设计时,我们并不需要严格区别根轨迹和频率响应设计这两种方法,我们通常利用 MATLAB $^\circledR$ 中的图形化设计工具 SISOTOOL 来进行设计。利用 SISOTOOL 工具,可以同时观察闭环系统的根轨迹曲线和伯德图。

为与前节设计区别,本节设计时考虑包含执行机构的控制律设计,采用 PID 控制律。被控对象的参数假设同前一节,则被控对象模型为

$$G(s) = \frac{K'_e}{(T_e s + 1)(T_a s + 1)} = \frac{1.5}{(1.67s + 1)(0.05s + 1)}$$

控制律采用 PID 控制,则控制器传递函数如式(3-3)所示:

$$C(s) = K_p \left(1 + \frac{1}{T_i s} + T_d s \right) \tag{3-3}$$

本例中微分时间常数取为 0.05 s 的弱微分,以抵消执行机构特性的影响;同时 T_i 参考零极点对消方法中的取值方法取为 $T_i = T_e = 1.67$ s,则系统的 SISOTOOL 设计的闭环系统的根轨迹曲线和伯德图如图 3-5(a)所示,其中 $K_p = 2.283$ (kg/h)/(r/min),对应闭环带宽为 2 rad/s,与零极点对消方法设计结果一致,其闭环阶跃响应曲线如图 3-5(b)所示。由图可见,按相同的指标设计的结果,带宽相同,闭环响应曲线近似,幅值裕度和相位裕度分别为 ∞ 和 89.7°,并且在高频段相位接近 -90°。除根轨迹图和开环幅频图外,SISOTOOL 还给出了闭环伯德图(含控制器的幅频特性),可以更清晰地分析闭环系统特性及控制器的幅频特性。

进一步,在当前微分时间常数设定值下,根据积分强弱不同,考虑如下两种情况。

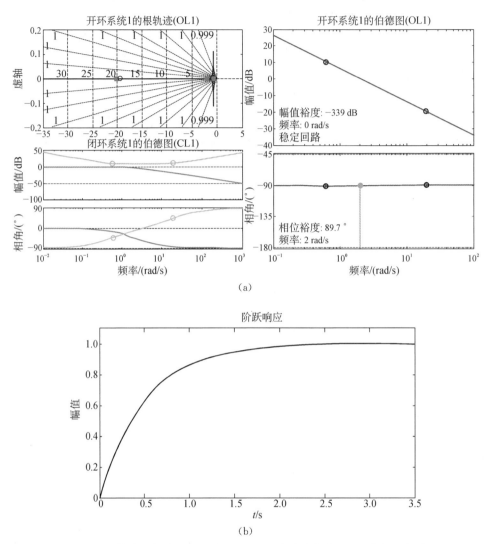

图 3-5　单转子发动机利用 SISOTOOL 设计的曲线(a)和对应的阶跃
　　　　响应曲线(b)

　　情况 1——弱积分器:积分器增益值较小,积分时间常数大于发动机时间常数,导致零点将位于 0 和$-a$ 之间。

　　情况 2——强积分器:积分器增益值较大,积分时间常数小于发动机时间常数,导致零点将位于$-a$ 的左半域内。

　　在第 1 种情况中,除最左侧的非主导极点外,另两个闭环极点中的一个将位于 0 和$-1/T_i$(对应积分律引入的零点,实际上由于控制律为 PID 控制律,D 环节的加入产生了一个距虚轴很远的零点,同时对 T_i 对应的零点产生了影响,但可以证明,当$T_d \ll T_i$ 时,这个零点近似等于$-1/T_i$。因此,此处及后文描述直接用$-1/T_i$ 代表该零点)之间,而另一个将位于−a 的更左侧。两个极点都落在实轴上,输出变量的闭环响应是三个一阶滞后环节响应的组合,因此在输出响应中也就不会出现振荡现象。在第 2 种情况中,除最左侧的非主导极点外,另两个闭环极点可能会取两个实数值或两个复共轭值,其理由是根轨迹的两个初始分支将在实轴的 0 和−a 之间的某点相遇,而后各自分离并远离实轴,直到再次相遇在位于零点−1/T_i 左侧的某个实轴点上。大多数情况下,优先选择第 1 种设计方法,因为这种方法获得的闭环系统相对稳定裕度更大,鲁棒性更好。

在每种情况下,根轨迹都是关于实轴对称的,因此仅需要显示 s 平面上半部分的分支。当回路增益从 0 向∞增加时,根轨迹曲线从开环极点向开环零点(含无穷远处的零点)运动。由于我们已经获得了发动机传递函数的增益 K_e、微分常数 T_d,回路增益只不过是一个比例控制增益 K_p 的函数,这意味着闭环极点的位置直接与比例控制增益的值相关。

因为通常发动机控制以比例和积分控制为主,微分环节目的是优化控制性能,因此微分环节的分析可参考相关控制原理教材,本节省略。

总的来说,对于设计 PID 控制律的问题等同于选择控制器的三个设计参数:比例控制增益 K_p、积分时间常数 T_i 和微分时间常数 T_d。

对本节用例,我们可以画出刚刚所述的属于第 1 种情况的 PID 控制律的根轨迹,并选择零点位于−0.1(对应 $T_i=10s$),其 SISOTOOL 设计曲线如图 3−6(a)所示,其右侧分支的放大图如图 3−6(b)、(c)所示。从图 3−6(a)、(b)、(c)的关系可知,对闭环性能起主要作用的闭环主导极点主要在放大图(c)中体现,因此,后续设计图,也仅给出最右侧分支的放大图。

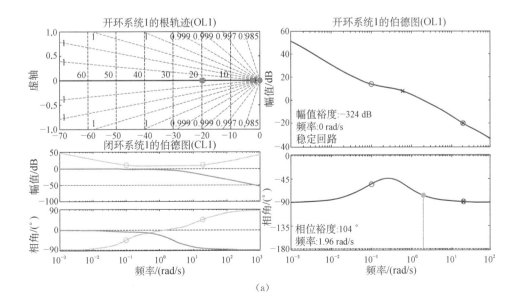

(a)

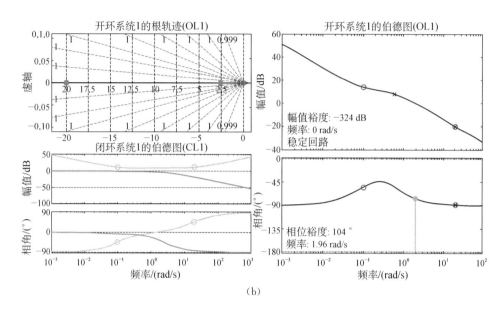

(b)

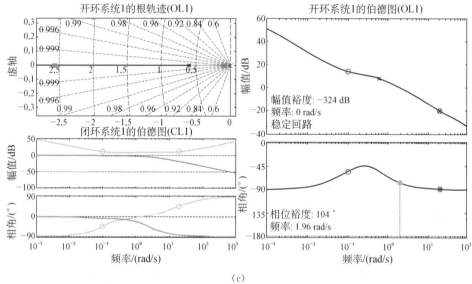

(c)

图 3-6 单转子发动机按弱积分器设计的 PID 控制律的根轨迹(a)和图(a)中根轨迹右侧分支的放大图(b)和图(b)中根轨迹右侧分支的放大图(c)

对于第 2 种情况也做类似处理,选择零点位于 -1(对应 $T_i = 1$s),即相对于第 1 种情况,使 T_i 减小到 $1/10$,其 SISOTOOL 设计曲线,如图 3-7 所示。

现在让我们来观察一下闭环控制系统的时间响应。设计中,比例控制增益 K_p 的值被置为 2.283(kg/h)/(r/min),则回路增益为 $K_p K_e K_a T_d = 2.0547$,对比强弱积分器两种设计情况下的输出阶跃响应如图 3-8 所示。

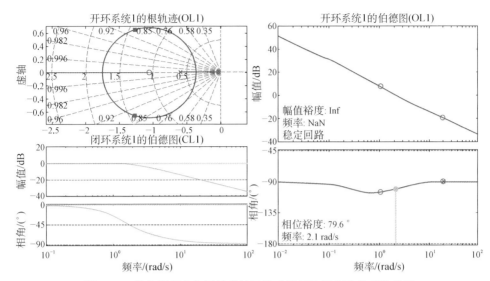

图 3-7 带有强积分作用的单转子发动机 PID 控制律的根轨迹图

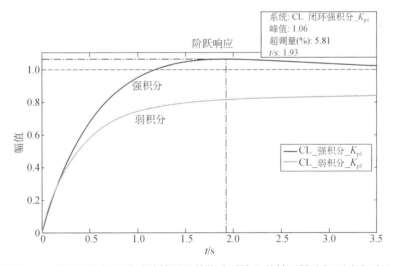

图 3-8 强弱积分器两种设计情况的单位阶跃输入的转子转速闭环响应对比

若再把比例控制增益增大 10 倍，即 $K_p = 22.83(kg/h)/(r/min)$，则强弱积分器两种情况在高增益时的单位阶跃响应对比如图 3-9 所示。

此图表明，当我们选择一个更小的积分时间常数（积分强）时，即使比例控制增益相对较小，输出响应仍然是欠阻尼。欠阻尼响应是由于复平面两个共轭的闭环极点引起的，它们位于根轨迹的顶部和底部分支，并当这两条分支在实轴上彼此相遇和分离后而形成，如图 3-10 所示。为了避免欠阻尼响应的发生，可以降低或增加

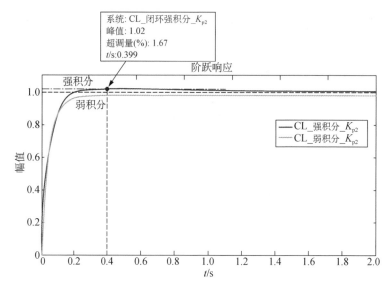

图 3 - 9 高增益时两种设计情况下闭环转速响应的对比

比例控制增益,使这两个闭环极点仍保持在实轴上。如果选择比例增益增大 10 倍,则情况 2 中的这两个闭环极点就变成两个实数值,因此,在两种设计情况下,通过选择较小的或较大的比例增益,就可以理解当设计参数即比例控制增益改变时,闭环极点位置的变化原理,这种参数分析的结果列入表 3 - 1 中。由于本例设计的是 PID 控制器,因此闭环极点事实上有 3 个。

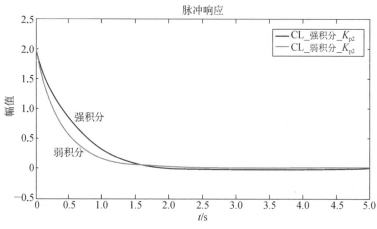

图 3 - 10 单转子发动机脉冲输入闭环转速响应

表 3-1 高、低比例增益闭环极点的对比

增益	弱积分器 $T_i = 10s$	强积分器 $T_i = 1s$
小 $K_p = 2.283(kg/h)/(r/min)$	-20.0118	-20.1170
	-2.5627	$-1.2689 + 0.6578i$
	-0.0801	$-1.2689 - 0.6578i$
大 $K_p = 22.83(kg/h)/(r/min)$	-22.0541	-24.6931
	-18.9948	-15.3713
	-0.0981	-1.0827

由表 3-1 可见,一个强积分器会引起输出响应变快,为了避免不希望的振荡现象,需要增大比例控制增益。然而,通过增大比例控制增益,闭环系统将对高频干扰和高频激励源变得更为灵敏,传感器噪声就是高频干扰的一个典型示例。由于传感器噪声在测量和数据采集过程中总会出现,并会反映在反馈误差中(即 $n_{cmd} - n$),再被高增益控制器放大。这就意味着作为控制变量或控制器输出的发动机燃油流量将出现较大的摆动。大的燃油摆动是不期望的现象,有以下两个理由:①燃油控制执行机构会产生较大的峰值,并会使执行机构产生较大的磨损;②输出变量(在这种情况下如转子转速)会表现出类似于极值循环的特征,即稳态误差是在上下界之间进行循环变化。

欠阻尼响应并不一定是负面问题,相对过阻尼响应来说通常它会获得较快的上升时间和较短的调节时间的好处。带有过量摆动的欠阻尼响应,尤其在接近稳态点周围出现的欠阻尼响应摆动,是我们在设计中要力求避免的问题。通常在控制律设计中,要对多种目标相互冲突的问题采用折中方法来处理,不同的工作条件和任务描述导致不同的控制规律。下面的情况是这种折中设计的实例之一,如在起飞功率状态所要求的转速摆动的误差要比慢车或部分功率状态下所要求的转速摆动误差小得多,在起飞功率状态,我们要求发动机能尽快地稳定,这样能在起飞运转和爬升的初始阶段使发动机推力快速稳定。其结果是要求在起飞功率状态下的稳态控制器设计应力求使转速超调量限制在 5% 以内。

带有 $K_p = 2.283(kg/h)/(r/min)$,$T_i = 1s$ 的转子转速闭环单位阶跃输入响应如图 3-8 强积分曲线所示,超调量接近 6%,单位脉冲响应如图 3-10 所示。阶跃响应描述了当转子转速指令改变时控制系统的过渡态特性;而脉冲响应描述了当有干扰时,控制系统的过渡态特性。脉冲响应峰值反映了控制回路对外界干扰的灵敏性,并且这一响应的斜率反映了系统的等效时间常数。

3.2.3 PID 控制参数对发动机响应的影响

在 PID 控制中,三种基本控制律在闭环发动机性能中的作用如何呢? 我们对本节描述的单转子发动机的设计用例进行分析,来说明这一问题,并以图 3-8 强积分情况对应数据做详细分析。对本例中的转速响应,我们尤其对两种控制律,即比例和

积分控制律所对应的燃油控制量的变化感兴趣。因此对控制器进行修正,取消了微分作用,仅考虑比例、积分的作用,如图 3 - 11 所示。其中阶跃输入幅值为 100 r/min,比例控制指令、积分控制指令、组合的 PI 控制指令分别在标示在图中。图 3 - 11 所示 P、I 指令均比较合理,将作为后续对比的基础。

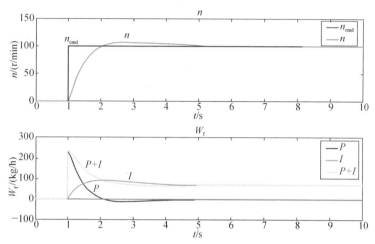

图 3 - 11　转速阶跃响应和对应于比例、积分控制下的燃油控制指令

如果我们把积分控制增益增大 5 倍,相应的闭环控制性能结果如图 3 - 12 所示,转速响应和燃油流量两个参数都出现了摆动。

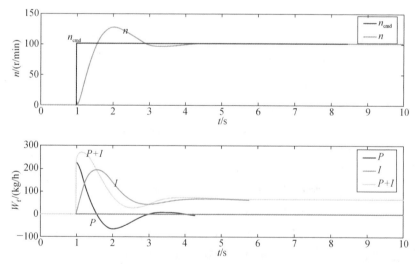

图 3 - 12　转速阶跃响应和积分作用放大 5 倍时对应的燃油控制指令

对于增加积分控制增益的情况,如果我们对应于转子转速分别画出比例和积分控制律作用下的燃流量变化曲线,如图 3 - 13 中所见到的那样,控制对输出的关系在两种控制律下是不同的。值得注意的是,在阶跃响应的过渡态中,比例控制指令

是以负比例增益 $Z[-2.283(\text{kg/h})/(\text{r/min})]$ 这一斜率所作的直线下降的,而积分控制指令在这一过渡态是跟随从 0 到最终稳态值之间的螺旋形曲线上升的。注意:为消除稳态误差,积分控制指令在过渡态结束时并不是 0(用圆圈作了标记)。

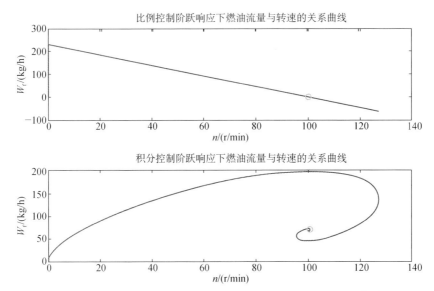

图 3 - 13　比例控制和积分控制的发动机转速与燃油流量的关系曲线对比

如果在设计中恢复微分控制,则转速时域响应和微分控制指令如图 3 - 14 所示。由于微分控制指令直接正比于转速的变化率,因此,在转速变化率最大处,微分控制指令(图中 D 曲线)最大(即加速的初期),如图瞬态可达近 3 000 kg/h。图 3 - 14 转速响应图中,还给出了与未加 D 环节时的响应对比。由图可见,虽然由于微分未精调,微分作用不是很明显,但微分对超调抑制的作用还是可以看出。

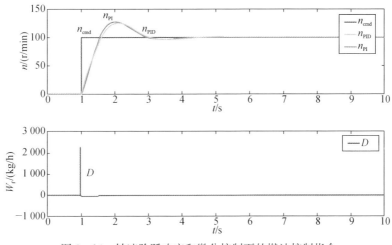

图 3 - 14　转速阶跃响应和微分控制下的燃油控制指令

3.3 双转子(涡扇)发动机稳态控制

双转子发动机是当前飞机推进系统最常用的动力装置。如前所述,稳态控制器的主要目标是在一个给定的工作状态调节发动机性能,这一工作状态常被定义为等转速或等压比控制。对于双转子发动机的控制律设计问题,可以采用 EPR 作为功率(或推力)给定变量,并且与转速控制回路相对应的思路来设计 EPR 控制回路的控制律。本节通过某涡扇发动机的设计实例来说明 EPR 控制回路是如何进行设计的。其他控制回路的设计方法类似,不再赘述。

双转子发动机燃油流量与发动机压比之间的传递函数是二阶系统[2](含一个零点 z_1、两个极点 r_1 和 r_2),带有 PI 控制律的 EPR 控制回路方框图如图 3-15 所示。

由图 3-15,开环传递函数如式(3-4)所示:

$$G_o(s) = \frac{K_e K_p (T_i s + 1)(s + z_1)}{T_i s(s + r_1)(s + r_2)} \tag{3-4}$$

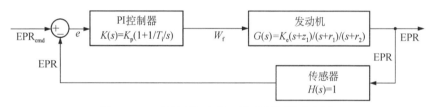

图 3-15 双转子发动机 EPR 控制回路方框图

这是极点位于 0、$-r_1$ 和 $-r_2$,零点位于 $-K_i/K_p = -1/T_i$ 和 $-z_1$ 的一个三阶系统。如果将执行机构动态加入其中,并采用 PID 控制律,如图 3-16 所示,则开环传递函数如式(3-5)所示:

$$G_o(s) = \frac{K_e K_a K_p (T_d T_i s^2 + T_i s + 1)(s + z_1)}{T_i s(T_a s + 1)(s + r_1)(s + r_2)} \tag{3-5}$$

其中,如前所述,T_a 是执行机构的时间常数,K_a 是执行机构传递函数的增益。上式是以经典控制理论设计时,双转子发动机开环传递函数的一般式,相应的方框图如图 3-16 所示。

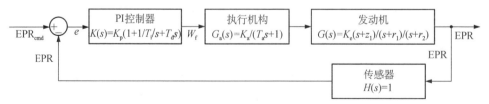

图 3-16 双转子发动机一般控制回路方框图

　　以某发动机在中间状态稳态工作为例,给出以下双转子发动机三种不同输出变量——EPR、n_L 和 T_{t5} 的传递函数的数值用例:

$$G_{EPR}(s) = \frac{EPR(s)}{W_f(s)} = \frac{0.000307(7.4291s + 26.363)}{s^2 + 22.997s + 26.363}$$

$$G_{n_L}(s) = \frac{n_L(s)}{W_f(s)} = \frac{0.50616(-1.1081s + 57.413)}{s^2 + 41.59s + 57.413}$$

$$G_{T_{t5}}(s) = \frac{T_{t5}(s)}{W_f(s)} = \frac{0.0361(187.57s + 225.74)}{s^2 + 110.77s + 225.74}$$

式中:燃油流量 W_f 的单位是 kg/h;n_L 的单位是 r/min;T_{t5} 的单位是 K。这些输出变量对于单位燃油流量阶跃输入开环响应如图 3 - 17 所示。注意到,由于 $W_f \rightarrow n_L$ 传递函数中的零点落在 s 平面的右半部分,这会在 n_L 响应的初始出现下垂,如 n_L 曲线放大图所示,这是大飞机发动机的一个普遍现象[2]。

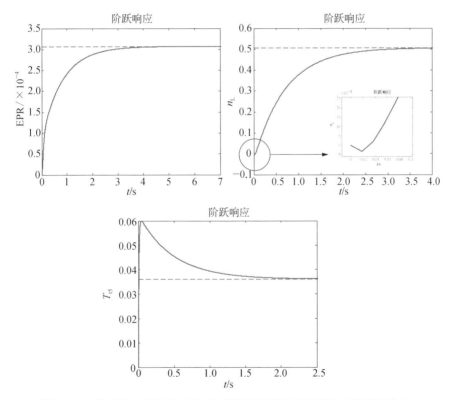

图 3 - 17　发动机三个输出变量对于燃油流量的单位阶跃输入的开环响应

3.3.1　不带执行机构动力学的双转子(涡扇)发动机 PI 控制律设计

　　先讨论不带执行机构的情况。对于本设计用例,由于传递函数为二阶系统,无法直接使用前文介绍的零极点对消法。但若对应的二阶系统特性可以降阶到一阶惯性系统而又不丧失太多精度时,可以先将双转子(多转子)发动机的控制回路被控对象降阶为一阶惯性系统,然后再用零极点对消方法进行设计,通常设计精度可以满足控制要求。

对于本实例,直接采用前面介绍的基于 MATLAB® 工具 SISOTOOL 的设计,但初步 PI 参数通过零极点对消方法获得。

首先对被控对象进行降阶处理,以便于采用零极点对消方法。由于为初始设计,降阶设计仅需大致一致即可。通过对 $G_{EPR}(s)$ 进行阶跃仿真,并利用 ident 工具箱对阶跃仿真数据进行辨识,辨识模型结构选择 process models,假设待辨识结构为一阶惯性环节,则获得降阶后模型为:

$$G_{EPR,降阶}(s) = \frac{0.0003049}{0.7282s + 1}$$

降阶前后系统阶跃响应对比如图 3-18 所示,基本动态特性一致,说明降阶可行。

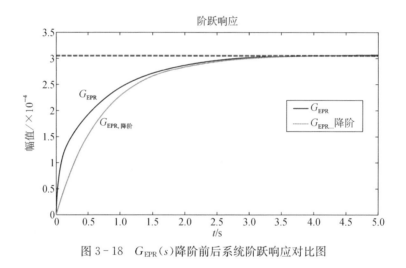

图 3-18　$G_{EPR}(s)$ 降阶前后系统阶跃响应对比图

根据零极点对消法,假设期望闭环系统带宽为 2 rad/s,对应时间常数为 0.5 s,则 PI 控制律的控制参数为:

$$K_p = 0.7282/0.5/0.0003049 = 4776.6$$
$$T_i = 0.7282s$$

按如上参数选择,图 3-15 采用 PI 控制律时,对应控制回路的开环传递函数变为(K_p 未用设计值替代):

$$G_{EPR}(s) = \frac{K_p(s + 1.3732) \times 0.000307(7.4291s + 26.363)}{s(s^2 + 22.997s + 26.363)}$$

本用例的 SISOTOOL 设计图如图 3-19 所示,图示控制器增益对应 $K_p =$ 4776.6。 显然,闭环系统相位裕度为 110°,增益裕度为无穷大,开环截止频率为 2.13 rad/s,接近期望值。

从 EPR 指令到 EPR 输出的闭环阶跃响应如图 3-20 所示。

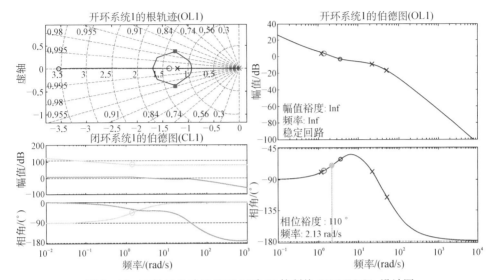

图 3-19 双转子发动机 EPR 回路 PI 控制律 SISOTOOL 设计图

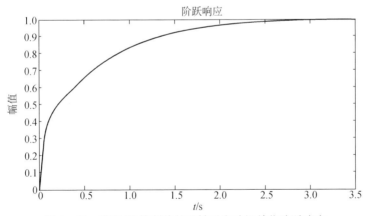

图 3-20 带有 PI 控制律的双转子发动机单位阶跃响应

本节主要介绍设计过程与方法,因此,未对利用零极点对消法获得的 PI 参数进一步优化,这也从侧面反映,利用零极点对消法设计控制器,可以基本满足发动机的控制要求。

3.3.2 带有执行机构动力学的双转子(涡扇)发动机 PID 控制律设计

若考虑执行机构动力学(其中 $K_a = 1$,$T_a = 0.02\,\mathrm{s}$),并且采用具有微分环节的

PID 控制律,则图 3-15 对应控制回路的开环传递函数变为:

$$G_o(s) = \frac{2.0138(0.014564s^2 + 0.7282s + 1)(7.4291s + 26.363)}{s(0.02s+1)(s^2 + 22.997s + 26.363)}$$

其中比例增益 K_p、积分时间常数 T_i 取为与上节相同,微分时间常数 T_d 取为 $0.02\,s$,对应 $T_i T_d = 0.014\,564$,$K_e K_a K_p / T_i = 2.013\,8$,对应的 SISOTOOL 设计图如图 3-21 所示。

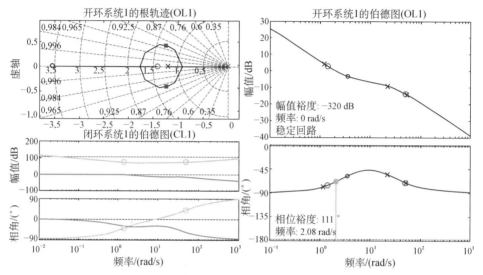

图 3-21　双转子发动机 EPR 回路 PID 控制律 SISOTOOL 设计图

　　按上述参数设计的闭环系统从 EPR 指令到 EPR 输出的阶跃响应如图 3-22 所示。通过 PID 控制器设计的单位阶跃闭环响应图 3-22 与 PI 控制器设计的单位阶跃闭环响应图 3-20 进行对比,可知在当前控制参数设计下,两种控制效果相近,也

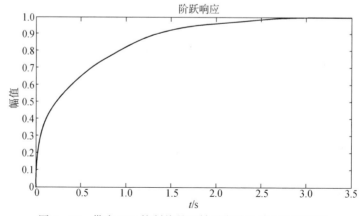

图 3-22　带有 PID 控制律的双转子发动机单位阶跃响应

即说明执行机构对控制系统影响不大。

　　我们可以加大微分的作用，相应的对 PID 参数进一步调整，当 $K_p = 61\,215$，$T_i = 0.57523\text{s}$，$T_d = 0.12483\text{s}$ 时，SISOTOOL 设计曲线如图 3-23 所示，对应的从 EPR 指令到 EPR 输出的阶跃响应如图 3-24 所示。通过与图 3-20、图 3-22 对比可知，在增大 T_d 后，系统响应加快。

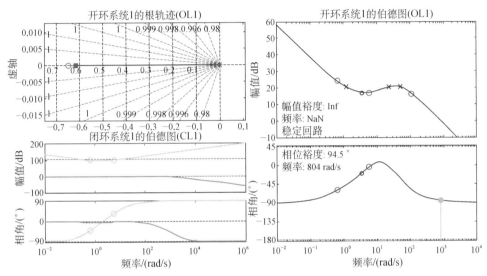

图 3-23　双转子发动机 EPR 回路 PID 控制律 SISOTOOL 设计图（2）

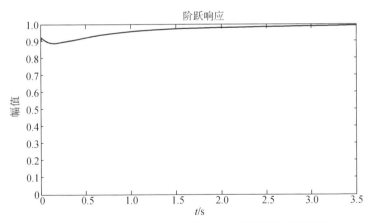

图 3-24　带有 PID 控制律的双转子发动机单位阶跃响应

3.4　发动机控制量的选择——用燃油流量比作为控制变量

　　到目前为止所讨论的所有设计例中，我们都是用燃油流量作为控制变量的，然而，燃油流量比 $R_u \equiv W_f / P_{t3}$，在国外发动机控制中已被广泛用作燃油控制变量[2]。用燃油流量比而不是简单地用燃油流量作主燃油控制变量的理由如下：①由于燃油流量比对于主燃烧室的油气比存在正比关系,因此燃油流量比可以很好地控制涡轮燃气温度 T_{t4};②当发动机发生喘振时,它提供了一种自动消除喘振的特性;③它通过减少控制器增益常数的变化范围(或较小的范围)而简化了控制律,就如同用换算变量那样降低了发动机性能变量的易变性。

从发动机原理可知,燃烧室换算燃油流量为

$$W_{f,cor} = \frac{W_f}{\dfrac{P_{t2}}{P_{t20}}\sqrt{\dfrac{T_{t2}}{T_{t20}}}}$$

它是由发动机进口总压和总温进行"换算"的。通过选择压气机出口静压作换算参数,我们就可以极大地减少起飞功率和慢车功率之间的燃油流量比的差别,即减小起飞燃油流量比对于慢车燃油流量比的比值($R_{u,TO}/R_{u,idle}$)。从以往的情况来看,这是非常有意义的,原因在于减小这一比值意味着减小了在液压机械控制(hydromechanical control,HMC)装置中的调节燃油凸轮的尺寸大小(这个凸轮起到了一个从慢车到起飞功率,来调节期望的燃油流量比机械计算器的作用)。基于经典控制设计理论,可知,减小这个比值同样可使发动机控制更"线性"和更可预测。

当燃油流量比用作控制变量时,它需要乘以压气机出口压力,以得到喷入燃烧室的燃油流量,这一逻辑如图3-25所示。这一乘法运算保证了当发动机进入失速和喘振时,进入燃烧室的燃油流量会减少,这是因为在失速或喘振的瞬间压气机出口压力会下降的缘故,有利于对发动机消喘。

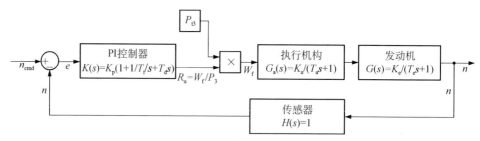

图3-25 与主燃烧室燃油流量对应的控制器输出的相关控制逻辑

3.5 航空发动机控制的全包线扩展

由航空发动机原理知,航空发动机在包线内工作时,虽然受发动机几何可调、高空雷诺数等影响,发动机不完全满足相似原理,但若从发动机整个工作过程来看,发动机仍在一定程度上近似满足相似原理,航空发动机特性可以近似的换算到稳态点,或者说,在相似的意义下,航空发动机在全包线具有相同的特性。我们可以利用这一原理,将稳态控制律推广到全包线。这种近似具有一定的精度,而且,即使有一些偏差,在对控制系统设计中,也可通过控制器的鲁棒性来适应,或者可以通过增加修正系数的方法来补偿。

为了便于说明问题,我们仍以单转子发动机为被控对象,以 $W_f \rightarrow n$ 回路 PI 控制律为例进行说明。全包线 PI 控制律可以写为

$$W_f = K_p(1 + 1/T_i s)e_n \tag{3-6}$$

式中: $e_n = n_{cmd} - n$。

对应的相似 PI 控制律可以写为

$$W_{fcor} = K_{pcor}(1 + 1/T_{icor} s_{cor})e_{ncor} \tag{3-7}$$

从相似原理可知,控制律中各参数的换算参数为

$$W_{f, cor} = \frac{W_f}{\delta\sqrt{\theta}}$$

$$n_{cor} = \frac{n}{\sqrt{\theta}}$$

$$s_{cor} = s\frac{\sqrt{\theta}}{\delta}$$

式中: s_{cor} 为拉氏算子的换算参数,拉氏算子具有时间倒数的量纲,其换算参数也为时间换算参数的倒数; $\delta = P_{t2}/P_{t20}$,表示相对海平面的总压比; $\theta = T_{t2}/T_{t20}$,表示相对标准大气条件的总温比。

在包线任一工作点,相似 PI 控制律与 PI 控制律应该具有相同的表达形式,即

$$W_f = K_p(1 + 1/T_i s)e_n$$

$$\Updownarrow$$

$$W_{fcor} = K_{pcor}(1 + 1/T_{icor} s_{cor})e_{ncor}$$

将各过程参数的换算关系代入下式,有

$$\left(\frac{W_f}{\delta\sqrt{\theta}}\right) = K_{pcor}\left(1 + \frac{1}{T_{icor}\left(s\frac{\sqrt{\theta}}{\delta}\right)}\right)\left(\frac{e_n}{\sqrt{\theta}}\right)$$

$$\Updownarrow$$

$$W_f = (K_{pcor}\delta)\left(1 + \frac{1}{\left(T_{icor}\frac{\sqrt{\theta}}{\delta}\right)s}\right)e_n$$

通过对比可知,比例、积分控制参数的换算关系如下:

$$K_{\mathrm{p}} = K_{\mathrm{pcor}}\delta \qquad\qquad (3-8)$$

$$T_{\mathrm{i}} = T_{\mathrm{icor}}\frac{\sqrt{\theta}}{\delta} \qquad\qquad (3-9)$$

由上述推导可知,可以在稳态点完成发动机的 PI 控制律设计,而通过相似换算,可以将 PI 控制律扩展到全包线。

需要指出的是,不同的控制回路,PI 控制参数的换算关系是不完全相同的,需要按上述思路分别求取,限于篇幅,本节省略。此外,利用相似原理进行扩展仅为控制律全包线扩展的一种方法。对于不满足相似原理的控制回路(如对喷口可调发动机的喷口控制回路),可以分析该回路在全包线范围工作的特性,针对性的设计全包线扩展方法。又如本书 4.4.4 节中描述的增益调参方法,也是一种可以将发动机控制律扩展到全包线的方法。

参 考 文 献

[1] 孙健国. 现代航空动力装置控制[M]. 北京:航空工业出版社,2009.

[2] Jaw L C,Mattingly J D. Aircraft Engine Controls:Design,System Analysis,and Health Monitoring[M]. Reston:AIAA,2009.

[3] 尚义. 航空燃气涡轮发动机[M]. 北京:航空工业出版社,1995.

4 航空燃气涡轮发动机过渡态控制

4.1 发动机过渡态控制总述

在航空发动机的使用中,经常要根据飞机的推力需求,控制发动机从一种工作状态改变到另一种工作状态,这种变化过程称为发动机的过渡态。航空发动机的过渡态包括起动、加速、减速、加力接通和切断等。为了保证过渡过程平稳、稳定可靠,而且过渡时间尽量短,就需要有过渡态控制系统。

过渡态控制系统设计占用了控制律设计和开发总周期的近 3/4[2],原因在于过渡态控制本来就覆盖了若干不同的稳态点,本质上又属于非线性,而且它必须在过渡态运行期间保护发动机不超出它的工作极限范围。工作极限范围包括转子转速的物理极限、涡轮叶片的最大工作温度、燃烧室最大工作压力、喘振(或失速)极限等。过渡态控制设计关注两件事情:①如何改变发动机,使之从一个状态平稳到达另一个状态,而且过渡时间尽量短;②当使这些状态发生改变时,如何保证发动机不超过它的工作极限范围。

民用涡扇发动机的过渡态通常包括起动、加速和减速等几种。本节简单介绍其概念。

4.1.1 发动机起动过程控制要求

发动机从转速为零加速到慢车转速 n_{idl},称为发动机的起动过程。

发动机起动过程通常包括如下几个过程:起动机带动转子加速段,燃烧室点火段,起动机和涡轮共同带动转子加速段,起动机停止工作、涡轮单独带动转子加速段;又可以按起动机与发动机的工作过程分为起动机单独工作段、涡轮与起动机共同工作段和涡轮单独工作段三个阶段。

飞机在飞行中,当出现燃烧室熄火的空中停车时,发动机在进口气流作用下,有时不需要起动机带转,而直接由发动机点火后,由涡轮单独工作将发动机加速到慢车状态。

通常,对发动机的起动过程有两方面要求:其一是起动时间,其二是起动可靠性,均要靠起动过程控制来保证。发动机起动主要包括起动机、点火及燃烧室供油等控制,其中起动机、点火过程必须严格按顺序,一个阶段接一个阶段地进行,可参见 8.5 节所述。而点火成功后的燃油控制与发动机加速的控制方法有很大的相似性,本文将不单独描述起动过程控制。

4.1.2 发动机加速过程控制要求

快推油门操纵杆,发动机从一种工作状态迅速地过渡到另一种工作状态,使推力迅速增大的过程称为发动机加速。工作状态过渡所持续的时间称为加速时间,通常用加速时间表示发动机的加速性,时间愈短,加速性愈好,时间愈长,加速性愈差。

发动机加速性是发动机的重要性能指标之一,它直接关系到飞机起飞、加速飞行和机动飞行等性能的好坏。

为缩短加速时间,就需要增大涡轮剩余功率,也就要增加燃油流量,提高涡轮进口燃气温度 T_{t4}。加速时,某一转速下的涡轮进口燃气温度比稳定工作状态时同样转速下的涡轮进口燃气温度高得愈多,剩余功率就愈大,加速时间就愈短,加速性也就愈好。然而,T_{t4} 不可能过分提高。在加速过程中,当发动机在低、中转速时,T_{t4} 过高,压气机易喘振;在高转速时,T_{t4} 过高,涡轮部件易过热,当发动机在高空条件下时,还可能产生燃烧室富油熄火。因此,在加速过程的不同阶段和在不同环境条件下加速,发动机可能受到喘振、超温及富油熄火等不同限制,不可能随意增加燃油流量以缩短加速时间。

4.1.3 发动机减速过程控制要求

快收油门操纵杆使供油量迅速减小,发动机由高转速状态迅速降低到低转速状态,发动机推力迅速减小的过程称为发动机减速。例如,发动机由最大工作状态迅速降低到慢车状态或巡航状态,以及由巡航状态迅速降低到慢车状态等过程,均为发动机减速,在这些过程中发动机转速和推力均迅速减小。发动机减速时应防止燃烧室贫油熄火,为此供油量减小的速度应受到限制。

此外,发动机在减速过程中,还要特别注意减速喘振现象。这个现象可以这样理解:如同加速喘振一样,当低压压气机和高压压气机之间的气动载荷不同时,也就是高低压转子转速失配时,减速喘振就有可能发生。此时,在高压压气机的出口就会引起突然的压力上升。事实上,在双转子发动机中,低压转子在加速时易发生喘振,而高压转子在减速时易发生喘振,如图 4-1 所示[2]。

在减速时,为避免出现喘振现象,通

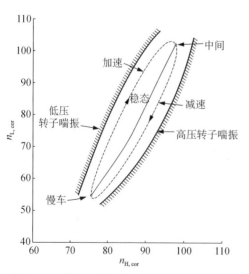

图 4-1 典型双转子发动机的高低压转子
转速动态匹配限制

常采用打开中间级放气阀门,或关小高压压气机进口可调叶片角度,以减小高压压气机的空气流量,增加高压压气机的喘振裕度。

4.2　过渡态控制设计方法

发动机过渡态控制,可以按照开环的方式,按照一定的规律,直接给定燃油流量及几何通道面积;也可以按照闭环的方式,设定过渡过程的某种控制计划(如转加速度的变化规律),通过燃油闭环的方式保证被控变量按给定规律变化。

4.2.1　基于程序的过渡态控制(开环控制)

为了产生涡轮的剩余功率,必须增加供油量 W_f。为了保证发动机迅速且安全可靠地加速,在开环控制规律中,W_f 必须按一定规律变化,这一规律称为加速供油规律。对几何通道不可调的发动机,加速供油规律确定后,发动机的加速过程即可确定,也即在开环控制时,发动机的加速过程仅取决于控制量 W_f 的变化规律。

为了确定加速供油规律,对几何不可调的发动机,首先确定加速性要求,然后在压气机特性图上确定合适的加速线,通过发动机气动热力计算获得在加速线上 T_{t4} 等参数随转速 n 上升的变化规律,进而可获得 W_f 随 n 或其他参数的变化规律,即加速供油规律。

以下是几种实际使用的几何不可调的发动机加速控制规律:

$$W_f = f(t)$$
$$W_f = f(P_{t3})$$
$$W_f / P_{t3} = f(n)$$
$$W_f / (\delta\sqrt{\theta}) = f(n/\sqrt{\theta})$$

$W_f = f(t)$ 的加速控制规律表示,按固定不变的供油时间程序,来控制加速过程,加速供油量仅为时间的函数。供油时间程序是根据一定外界条件下的加速性要求确定的加速供油规律,比较简单,易于实现。但是当外界条件改变时,由于流过发动机的空气流量改变,仍然按不变的时间程序供油,必然导致 T_{t4} 随转速的变化规律改变,使加速性改变。所以,这种加速控制规律只在特定的外界条件下,才能获得良好的加速性。对用于飞行范围不宽的发动机,是一种可取的加速控制方案。

$W_f = f(P_{t3})$ 和 $W_f / P_{t3} = f(n)$ 这两种加速控制规律的加速供油量随 P_{t3} 改变,由于 P_{t3} 能比较精确地反映流过发动机的空气流量,因此,它们实质上都是加速供油量随发动机的空气流量而变化的加速控制规律。这样就能限制涡轮进口的燃气温度 T_{t4},达到加速过程既不喘振又不超温的目的。在一定的飞行条件下,P_{t3} 能间接反映发动机转速,因此 $W_f = f(P_{t3})$ 的控制规律能保证在一定飞行条件下油气比随转速的变化规律。$W_f / P_{t3} = f(n)$ 的控制规律则保证发动机在任何飞行条件下,油气比随转速按加速线给定的规律变化,用以控制加速过程中 T_{t4} 的变化规律,使发动机可以沿着更为接近喘振边界的加速线进行加速。

$W_f / (\delta\sqrt{\theta}) = f(n/\sqrt{\theta})$ 是以换算参数表示的加速控制规律,δ、θ 分别表示被控

转子的压气机进口总压相对于海平面的进口总压比和被控转子的压气机进口总温相对于标准大气条件下的进口总温比($\delta = P_{t2}/P_{t20}$,$\theta = T_{t2}/T_{t20}$),这种加速控制规律可以使加速过程不随飞行条件(P_{t2},T_{t2})而变化,或者说与飞行条件无关。理论上讲,这种加速控制规律可以保证发动机在任何飞行条件下都具有同样良好的加速性。

以上介绍的是几何不可调的发动机加速控制规律。对现代高性能航空发动机,要求具有更好的加速性。这就需要在加速过程中除燃油流量 W_f 按一定规律变化外,发动机的几何通道,如尾喷管喉部面积 A_8、涡扇发动机风扇导流叶片安装角 β_F、可变角度高压压气机前几级静子叶片安装角 β_C、压气机放气门的放气面积 A_{bld} 等,也按一定规律变化。在同样涡轮进口温度条件下,尾喷管喉部面积加大,将产生更大的涡轮剩余功率,风扇导流叶片可变角度和压气机静子叶片安装角的变化,可以扩大压气机的稳定工作范围,从而可进一步增加供油量,以提高涡轮剩余功率。因此,对高性能的航空发动机,加速过程中的控制量为 $W_f/A_8/\beta_F/\beta_C/A_{bld}$ 等,并且这些控制量应按一定规律变化,而这种规律是复杂的多变量控制规律。

起动和减速供油规律与加速供油规律类似,通常采用的是以换算参数 $W_f/(\delta\sqrt{\theta}) = f(n/\sqrt{\theta})$ 表示的供油控制规律。起动点火时,为保证发动机可靠点火,通常点火供油按当前大气压力修正 $[W_f = f(P_{t2})]$,而在点火成功后,逐渐过渡到以换算参数表示的供油规律。而由于发动机对减速控制没有加速过程要求严格,有时也会采取按时间程序减速供油的规律。

加速或减速过渡过程结束时,还需要考虑从过渡态控制向稳态控制的切换过程。具体见 4.3 节所述。

4.2.2 基于转加速度($\dot{n}$)的过渡态控制(闭环控制)

第二种控制发动机过渡态的方法是调节发动机燃油流量,以此来获得期望的加速和减速要求。

通常,基于加速率的控制可看作 $\dot{n}$ 控制[2],这是由于在加速和减速过程中,总希望控制期望的发动机转子转速的变化率。提出 $\dot{n}$ 控制有以下两个原因:①对于一台发动机,即使它已经进入老龄期或性能已经蜕化,但是以转子转速、温度、压力和功率等变量表示的加减速性能应是一致的;②即使存在由于制造和材料误差等原因引起的发动机之间的差异性,对于同一型号中的所有发动机,加减速性能也应是一致的。

1)$\dot{n}$ 控制原理

转加速度控制中是以转子加速度(或 $\dot{n}$)作为被控制变量的,反馈控制回路的参考指令是期望转子的加速度。$\dot{n}$ 定义为发动机转子转速的变化率,一般来说,在双转子发动机中,它指的是高压转子转速的变化率,即 $\dot{n}$ 是 n_H 的变化率。图 4 - 2 表示发动机 $\dot{n}$ 控制回路的工作原理。

通常,发动机上不直接测量 $\dot{n}$,它是通过对转子转速测量数值微分(如SIMULINK 中的离散微分模块)得到的。数值微分获得的 $\dot{n}$ 通常要进行数字滤波,以在每个采样周期内平滑地去掉 $\dot{n}$ 的跳变值。若采用多周期平均的数字滤波,则可

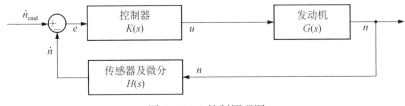

图 4-2 $\dot{n}$ 控制原理图

用如下公式求取 $\dot{n}$：

$$\dot{n} = \frac{\dfrac{n(k)-n(k-1)}{\Delta t} + \dfrac{n(k)-n(k-2)}{2\Delta t} + \dfrac{n(k)-n(k-3)}{3\Delta t} + \dfrac{n(k)-n(k-4)}{4\Delta t}}{4}$$

　　为了消除稳态误差或伺服跟踪误差，在 $\dot{n}$ 控制回路中可使用积分控制（附加比例控制），$\dot{n}$ 控制回路的 PI 控制律如图 4-3 所示。当然此图中的 PI 控制律可由别的控制规律所代替，只要不降低 $\dot{n}$ 控制的性能即可。常用到的两种 $\dot{n}$ 控制律：①纯积分控制；②控制器后再接一个积分控制。

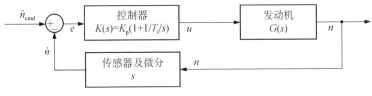

图 4-3 含有 PI 控制律的 $\dot{n}$ 控制回路

　　$\dot{n}$ 控制回路的开环传递函数是

$$\left.\frac{\dot{N}(s)}{E(s)}\right| = sG(s)\left[\frac{k_p s + k_i}{s}\right]$$

对消掉分子和分母中的 s 项，可得

$$\left.\frac{\dot{N}(s)}{E(s)}\right| = G(s)(k_p s + k_i) \tag{4-1}$$

　　从上述方程可知，由于高频时开环传递函数的相位滞后小于 $90°$，并且回路的相位裕度至少有 $90°$，因此，$\dot{n}$ 控制回路可以确保一定的稳定性。当然，上述结论仅理论上有效，实际上，当计算延时过大时，$\dot{n}$ 控制就有可能不稳定。此外，上述分析时未考虑燃油控制和执行机构动态，它们会增加闭环系统的阶次和相位滞后。

　　为改善闭环控制性能，有时在控制输出前增加转速的前馈控制，如图 4-4 所示，其中前馈取为发动机开环传递函数的直流增益的倒数。当发动机特性可以用一阶惯性环节近似时，则采用本结构可以使包含前馈在内的设计被控对象模型的特性为积分环节,而当控制器采用积分控制时,控制器与微分环节的综合作用为比例环节,这样整个闭环系统就是一阶惯性环节,理论上增益裕度为无穷大,相位裕度为 90°,且可以根据需要调整控制器积分增益,使带宽达到任意期望值。当然,考虑到实际的计算延时、执行机构动态后,系统性能会下降。但综合而言,增加前馈作用可以简化设计,改善系统性能。

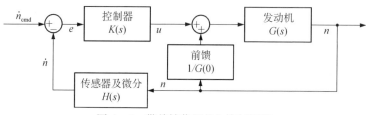

图 4 - 4 带前馈作用的 $\dot{n}$ 控制回路

2) 双转子涡扇发动机 $\dot{n}$ 控制设计

我们仍使用第 3 章中的双转子发动机例子,设计一个 $\dot{n}$ 控制回路的 PI 控制律,如图 4 - 3 所示,发动机传递函数的输入是燃油流量,输出是 n_L。需要说明的是,尽管 $\dot{n}$ 控制通常被应用到高压转子转速中,这里我们将用低压转子(或风扇)转速来说明 $\dot{n}$ 控制的设计方法。包含 PI 控制律、$W_f \rightarrow n_L$ 传递函数及微分作用在内的开环传递函数为:

$$\frac{N(s)}{E(s)}\bigg| = \frac{3.5431(0.1s+1)(-1.1081s+57.413)}{s^2+41.59s+57.413}$$

其中 PI 控制律的零点位于 $-10\,\mathrm{r/s}$,SISOTOOL 设计曲线如图 4 - 5 所示,$\dot{n}$ 控制回路的闭环阶跃响应如图 4 - 6 所示。注意,输出变量 n_L 的幅值与时间成线性增加,这是由于 $\dot{n}$ 参考指令值是常数的缘故。

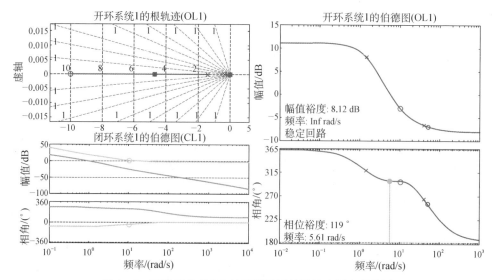

图 4 - 5 双转子发动机 $\dot{n}$ 控制器设计的根轨迹图和伯德图

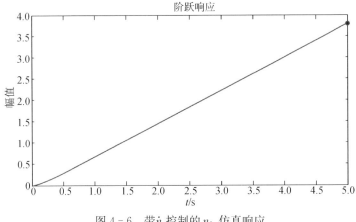

图 4 - 6 带 $\dot{n}$ 控制的 n_L 仿真响应

在 SIMULINK 环境下，搭建闭环仿真系统，其中微分环节用求导环节 $\dfrac{\mathrm{d}u}{\mathrm{d}t}$ 代替，$\dot{n}_{\mathrm{cmd}}$ 和 $\dot{n}$ 对比如图 4 - 7 所示，由于积分与微分环节的抵消，实际闭环系统存在控制静差。

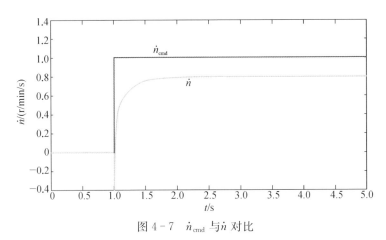

图 4 - 7 $\dot{n}_{\mathrm{cmd}}$ 与 $\dot{n}$ 对比

如果用不完全微分替代微分环节，如取传递函数为 $s/(0.002s+1)$，也就是把所计算的微分值由低通滤波器做一些平滑，再将这样计算得到的 $\dot{n}$ 与参考指令及图 4 - 7 中反馈进行比较，如图 4 - 8 所示。注意到，此不完全微分环节的引入，对控制性能没有明显影响。需要注意的是，仿真时，限制了仿真步长最大为 0.001 s，否则若设计仿真步长为 auto，会由于数值计算引起不稳定现象，如图 4 - 9 所示。在实际使用中，使用微分环节时，需要设计一个更为合理的滤波器来获得平滑的 $\dot{n}$ 值。

若引入如图 4 - 4 所示的转速前馈控制，则仿真曲线如图 4 - 10 所示。为简单起见，这里并未重新设计控制器。由仿真曲线可知，引入前馈控制后，稳态误差消除，性能改善。

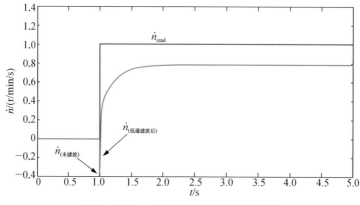

图 4-8 $\dot{n}_{cmd}$ 和$\dot{n}$、经低通滤波后$\dot{n}$ 对比

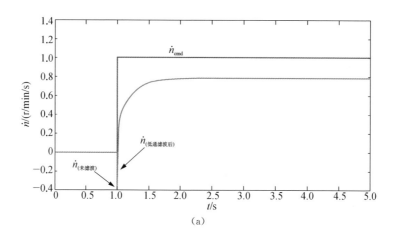

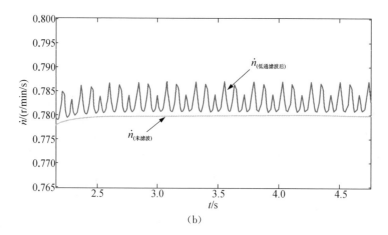

图 4-9 $\dot{n}_{cmd}$ 和$\dot{n}$、经低通滤波后的$\dot{n}$ 对比(数值计算不稳定)(a)
和图(a)数值计算不稳定区域放大图(b)

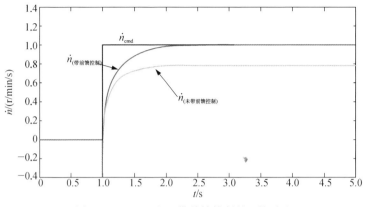

图 4-10 $\dot{n}_{cmd}$ 和 $\dot{n}$、带前馈控制的 $\dot{n}$ 的对比

3）基于程序的控制与 $\dot{n}$ 控制的对比

现在 $\dot{n}$ 控制已用于涡扇和涡喷发动机中，$\dot{n}$ 控制的优点总结如下[2]。

（1）同一型号的所有发动机，即使有制造公差、老化和性能蜕化等差异，仍然具有相一致的过渡态性能，降低了这些性能对不同发动机之间的制造差异、老化和性能蜕化的敏感性。

（2）直接控制转子加速度能够对发动机过渡态的变化做出更快的响应。

（3）控制回路的稳定性好，故而可以使用高增益的控制器。

但是，$\dot{n}$ 控制也有其局限性[2]。

（1）最严重的局限性是它有一种使发动机进入失速、喘振或熄火的趋势。因此，加速和减速计划的制订，几乎都必须考虑如何保护发动机，以避免这些潜在的灾难性事件发生。所以，在 $\dot{n}$ 控制器设计过程中必须考虑额外的开环保护计划，不过，这将增加设计的时间和代价。

（2）发动机过渡态的加速时间不是最短的，而是按 $\dot{n}$ 控制计划设计好的。

在基于程序的控制中，加速时间和减速时间能被最小化，因为在这种控制过程中，控制逻辑按类似于开-关控制的方式在最大控制极限和最小控制极限之间变化。对于大飞机发动机来说，最短时间加速并不一定是最合适的过渡态工作方案，它会增加涡轮温度，而使发动机热端部件的寿命降低。因此，在满足适航规定的加速要求的前提下，加速不一定要按最短时间来进行。但从军用飞机的角度来说，最短时间加速是为了满足军用战斗机和攻击性直升机发动机的快速响应性、灵敏性和生存性的一项必需设计要求。实际上，在某些特殊情况下（优先考虑飞行安全时），即使大飞机也需要最短加速时间，如：在飞机着陆过程中需要紧急拉起复飞，或在起飞/着陆过程中，当飞机遭遇下降气流（或切变风）而存在坠毁风险的紧急情况时，均需要紧急增加功率输出将飞机拉起，此时需要最短加速时间的加速性能。

4.3 加减速控制

实际发动机加、减速控制可以是单独基于程序的开环控制，也可以是开环和闭环控制方法结合的综合控制。

4.3.1 基于程序的加、减速控制

1) 加速控制

任何一台发动机的加速和减速过程都是从稳态控制开始,再回到稳态控制的。稳态控制器向加速控制器的切换时刻是由与稳态点对应的起点转速和终点转速的转速差决定的。如果这一转速差很小,则加速计划根本不可能起作用,这种小范围的加速过程完全由两个端点的稳态控制器控制就可以了。

发动机控制中的稳态控制律至少是由两个基本的控制律组成的,即比例控制和积分控制,表达如式(4-2)所示:

$$\frac{\Delta W_f}{\Delta n_{err}} = K_{sp}(s) = K_p + \frac{K_i}{s} \tag{4-2}$$

式中:$\Delta n_{err} = n_{Lcmd} - n_L$,即 n_{Lcmd} 指令和 n_L 测量值的偏差。由此可以把加速控制逻辑表示如下:

$$\begin{cases} \Delta W_f = K\Delta n_{err}, & \text{当 } K\Delta n_{err} < W_{facc} - W_{fss} \\ \Delta W_f = W_{facc} - W_{fss}, & \text{当 } K\Delta n_{err} \geqslant W_{facc} - W_{fss} \end{cases}$$

式中:ΔW_f 是传输给燃油流量计量阀的燃油流量指令偏差,W_{facc} 是加速计划上的燃油流量值,W_{fss} 是在稳态点的稳态燃油流量值,不失一般性,公式中略去了拉普拉斯算子 s。图4-11为加速控制逻辑原理图,要注意的是,稳态控制器计算的燃油流量是对应于"当前"发动机转速的稳态燃油流量的增量,而进行比较时,应将对应于该

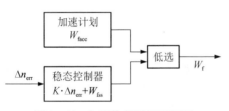

图4-11　加速控制逻辑原理图

转速的稳态燃油流量 W_{fss} 加在稳态控制器的输出上,以便与加速计划计算得到的燃油流量进行"低选"选择。这样进行低选是为了加速的安全性,防止加速过快引起喘振、超温等危险。当选择到的流量是加速计划得到的流量时,表明控制权交给了加速计划。

2) 减速控制

减速控制与加速控制类似,所不同的是,减速控制权限用"高选"选择,取代加速过程中"低选"控制,这样选择是为了减速的安全性,防止减速过快引起贫油熄火等问题。如果减速中所减少的燃油流量较大,则减速计划将起到作用,这意味着,在高选时,由减速计划限制的燃油流量比稳态控制器输出的流量大。

减速控制逻辑表示如下:

$$\begin{cases} \Delta W_f = K\Delta n_{err}, & \text{当 } K\Delta n_{err} \geqslant W_{fdec} - W_{fss} \\ \Delta W_f = W_{fdec} - W_{fss}, & \text{当 } K\Delta n_{err} < W_{fdec} - W_{fss} \end{cases}$$

式中：W_{fdec} 是减速计划上的值，图 4 - 12 为减速控制逻辑原理图，同样要注意的是，该图中稳态控制器的输出要包含对应该发动机转速的稳态燃油流量 W_{fss}，而不仅仅是控制器计算得到的燃油增量。

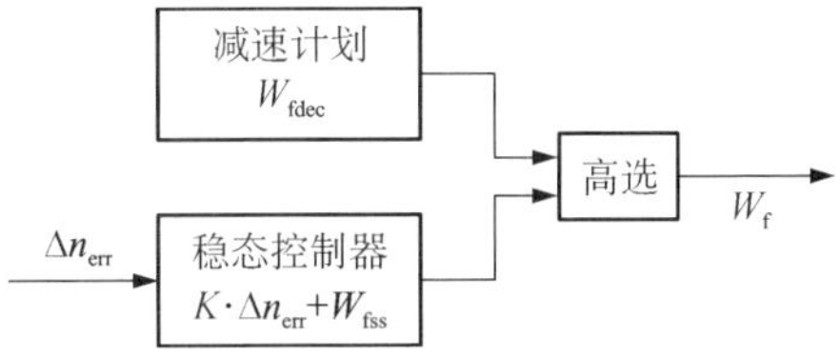

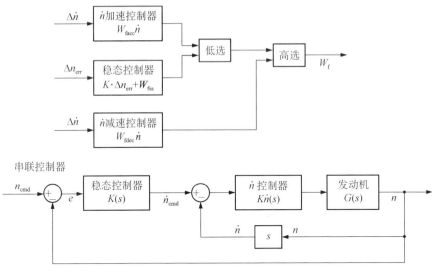

图 4 - 12　减速控制逻辑原理图

4.3.2　基于 $\dot{n}$ 的加、减速控制

1) 正常控制

与基于程序的加速控制类似，基于 $\dot{n}$ 闭环加、减速控制也必须设计稳态控制器和 $\dot{n}$ 控制器之间的切换逻辑。

通常，这种切换逻辑有两种方法。

(1) 硬切换方式：类似前节基于程序控制时的切换方法，稳态控制器和 $\dot{n}$ 控制器之间也通过切换方法过渡。

(2) 串联方式：用 $\dot{n}$ 控制回路串联稳态点控制回路构成内外环结构的回路控制。这两种方法如图 4 - 13 所示。

图 4 - 13　稳态控制器和 $\dot{n}$ 控制器切换的两种方法

第一种硬切换方式相对合理，原因在于：

(1) 稳态控制器和 $\dot{n}$ 控制器可以分别独立设计；

(2) 这两个控制器的(线性系统)稳定性可保持不变，而不像串联控制器方法中的那样，内环的稳定性会受到外环的影响，反之亦然。

需要注意的是，在图 4 - 3 中所表示的基于 $\dot{n}$ 的闭环控制中期望的转子加速(或减速)度 $\dot{n}_{cmd}$ 一般不是常数，考虑到发动机的非线性特性，通常将它设计成一个关于转子转速 n 的函数，通过这个函数的调整，可为加速(或减速)计划设计提供更大的灵活性。

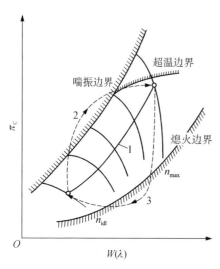

图 4 - 14   按转加速度控制时超出发动机正常工作边界示意图

2) 过渡态防喘

如前所述,转加速度控制时,闭环控制本身并不能靠自己单独地预防发动机进入喘振、超温、燃烧熄火。实际上,由于上述按转加速度的加速控制仅关注能否获得如期的转子加速度,而并不考虑发动机工作在什么状态上,因此转加速度控制在保持按设定转子转加速度加速或减速时,很有可能会使发动机工作状态进入这些喘振、超温、燃烧熄火的工作极限区域。如图 4 - 14 曲线 2 所示,按一定的转加速度加速时,发动机可能超出喘振边界或超温边界;又如曲线 3 所示,按一定转加速度减速时,发动机可能会工作在熄火边界以外。因此,转加速度控制并不"关心"发动机是否已性能变差或处于已损坏状态。

为了防止 $\dot{n}$ 控制给发动机带来的问题,将开环加速控制计划与闭环供油控制器结合起来共同完成发动机的过渡态控制。具体做法可以是:将加速和减速计划作为 $\dot{n}$ 控制的上下限限制,它们之间也采用切换的方式共同工作,详细与前文所述的开环过渡态控制与稳态控制切换方式相同(见图 4 - 13)。当稳态控制器和 $\dot{n}$ 控制器之间切换采用串联方式时,上述开环保护限制逻辑可按图 4 - 15 中原理设计。

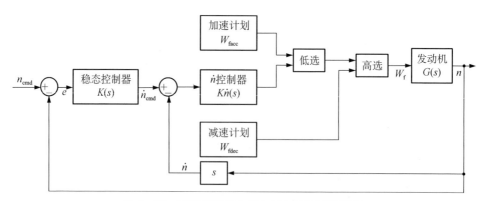

图 4 - 15   串联控制器中添加了加速和减速计划

3) 自适应加速控制和消喘控制

如前所述,$\dot{n}$ 控制的潜在风险驱使发动机进入喘振,如果 $\dot{n}$ 指令(或 $\dot{n}$ 计划)能被压气机出口压力(P_{t3})所修正,即以 $\dot{n}/P_{t3}$ 为指令,则这种不利的影响就微不足道了。这一逻辑依据是与用燃油流量比($R_u \equiv W_f/P_{t3}$)作控制变量进行消喘的原理类似的,如图 3 - 31 所示。

当喘振发生时,发动机控制首先希望能自动、平滑的完成消喘;而当发动机由于性能蜕化或被损伤造成喘振裕度下降时,发动机控制可以采用更保守的加速计划来补偿损失的裕度。20 世纪 80 年代自适应燃油控制的研究[2]中已经实现上述两点要求。这种自适应控制采用了前面所述的 $\dot{n}/P_{t3}$ 的闭环控制而具有消喘作用。另外,在发动机电子控制装置 ECU 中有喘振检测器,其检测逻辑是当检测到一个异常增大的压气机出口压力负变化率,即 $-\dot{P}_3 \geqslant c > 0$,可认为发动机喘振了。在检测到这种比较大的负的压力下降时,就设置一个指示喘振裕度损失的标志,根据此标志抑制燃油流量,即使在压力开始从最小值恢复的情况下,仍然要对燃油流量进行抑制。

为避免重复出现喘振,这个喘振标志还会减少与 $\dot{n}$ 加速计划相乘的加速修正量,因此,当检测到喘振发生时,便可有效地减小 $\dot{n}$ 指令值。自适应加速控制逻辑如图 4 - 16 所示。文献[2]将这种方法用于直升机发动机控制,作者将其用于涡扇发动机控制,也取得很好的效果,这是一种值得推广的加速控制方法。

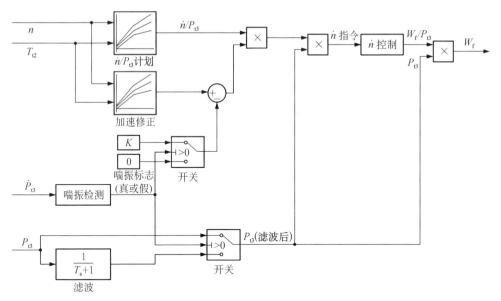

图 4 - 16 自适应加速控制逻辑

4.4 加速控制过程中的非线性

4.4.1 增益调参

航空发动机是一个高度复杂的非线性系统,如大飞机发动机在接近起飞功率状态时,时域响应速度比慢车状态可能要快 3～5 倍。这种强非线性增加了设计的难度,如由于响应速度的差异,大飞机发动机为起飞功率状态设计的控制律并不一定适用于发动机的慢车控制,反之亦然。为何会导致这种现象呢?原因在于,我们在为稳态点设计控制器时,通常都是在该稳态点附近对发动机进行线性化后,再进行设计的。由于线性模型对非线性发动机只是在小范围内可以达到一定的精度,相应的,设计出的控制器也只适用于该稳态点相对较小的范围。为了克服这一问题,我们常常采取分段线性化的方法,把发动机共同工作线分为若干个有限的稳态点,接着在每个稳态点上都设计稳态控制器,再通过某种方法,让这些控制器共同工作,完成全状态的发动机控制。但对每一个控制器,均只在其稳态点附近是有效的。

　　分段线性化的结果是一组线性稳态控制器,要让这一组线性控制器可以适用于发动机的全状态控制,需要研究发动机工作在非稳态点时的控制问题,通常这个问题可以等价为考虑当发动机处于两个相邻的稳态点之间的控制问题,最常用到的是增益调参方法[2]。

　　增益调参是用于非线性动态控制系统的一项有效的技术,可以应用于在整个飞行包线内其性能能有很大变化的飞机发动机和高性能飞机发动机。增益调参技术的思路是:设计一组具有相同结构的控制器,再将这些控制器组合成一个超级控制器,其结构与单个控制器相同,而其参数根据系统的工作状态和它与邻近稳态点之间的关系而变化。这个超级控制器称为增益调参控制器,其特点是在每个稳态点上,性能与单个控制器相同;而在非稳态点上,性能与相邻稳态点的性能近似。

　　进行增益调参时,需要确定调参变量,使控制器参数按调参变量的变化而连续变化,实现全包线、全状态控制器的功能。调参变量可以选择为一个或多个状态变量或输出变量,选择原则是——该变量应是一个能够准确区分不同稳态控制器中哪个最适合在所给定工作点上进行工作的独立变量,也就是调参变量应与稳态点特性密切相关,该参数变量会引起控制性能的明显变化。简言之,调参变量把所有的稳态控制器或线性模型(事实上是控制器或模型的参数)作为这些变量的函数,而与稳态点对应的线性控制器和线性模型随这些调参变量变化而变化。通常,航空发动机的调参变量可取为发动机转速,以及可以反映包线工作特性的高度、马赫数。为简单起见,本章讨论时,只考虑以转速为调参变量的情形。

　　设发动机的动态由慢车、巡航和起飞功率状态的3个线性模型表示,按第2章所述线性模型建立方法,我们将这3个线性模型写作如下状态方程

$$\begin{bmatrix} \dot{n}_\mathrm{L} \\ \dot{n}_\mathrm{H} \end{bmatrix} = \boldsymbol{A}_k \begin{bmatrix} n_\mathrm{L} \\ n_\mathrm{H} \end{bmatrix} + \boldsymbol{B}_k W_\mathrm{f}$$

$$\boldsymbol{y} = \boldsymbol{C}_k \begin{bmatrix} n_\mathrm{L} \\ n_\mathrm{H} \end{bmatrix}$$

式中:下标 k 表示慢车、巡航或起飞状态。为简单起见,假设线性模型中的 $\boldsymbol{D}$ 矩阵为 $\boldsymbol{0}$。假设对于这3个线性模型均已设计好对应线性控制器,且这些控制器可按下式表示成二阶系统:

$$\begin{bmatrix} \dot{x}_{c1} \\ \dot{x}_{c2} \end{bmatrix} = \boldsymbol{A}_{ck} \begin{bmatrix} x_{c1} \\ x_{c2} \end{bmatrix} + \boldsymbol{B}_{ck} e$$

$$\boldsymbol{y} = \boldsymbol{C}_{ck} \begin{bmatrix} x_{c1} \\ x_{c2} \end{bmatrix} + \boldsymbol{D}_{ck} e$$

式中：x_{c1} 和 x_{c2} 为控制器状态变量，e 是反馈误差，$\boldsymbol{A}_c$、$\boldsymbol{B}_c$、$\boldsymbol{C}_c$ 和 $\boldsymbol{D}_c$ 是控制器参数矩阵，下标 k 表示第 k 个稳态点。需要说明的是，本例以 3 个稳态点为例说明增益调参方法，事实上稳态点数量不限，因此下标标号时未直接令其为与本例对应的序号 1、2、3。再设 n_L 是被控制变量，即主控制回路是控制 n_L，则

$$e = n_{Lcmd} - n_L$$

则在第 k 个稳态点小领域内的闭环系统用状态方程表示成

$$\begin{bmatrix} \dot{n}_L \\ \dot{n}_H \\ \vdots \\ \dot{x}_{c1} \\ \dot{x}_{c2} \end{bmatrix} = \begin{bmatrix} \boldsymbol{A}_k - \begin{bmatrix} \boldsymbol{B}_k \boldsymbol{D}_{ck} & \boldsymbol{0} \end{bmatrix} & \cdots & \boldsymbol{B}_k \boldsymbol{D}_{ck} \\ \vdots & & \vdots \\ \begin{bmatrix} -\boldsymbol{B}_{ck} & \boldsymbol{0} \end{bmatrix} & \cdots & \boldsymbol{A}_{ck} \end{bmatrix} \begin{bmatrix} n_L \\ n_H \\ \vdots \\ x_{c1} \\ x_{c2} \end{bmatrix} + \begin{bmatrix} \boldsymbol{B}_k \boldsymbol{D}_{ck} \\ \vdots \\ \boldsymbol{B}_{ck} \end{bmatrix} n_{Lcmd}$$

式中：所有的矩阵元素在相应小领域内有效。对于任何一个位于相邻两个稳态点 k 和 $k+1$ 之间的工作点来说，控制器中的参数值能够通过第 k 个和第 $k+1$ 个稳态点的两个控制器所对应的值进行插值求出。

设 n_H 为调参变量，则控制矩阵就变为这个调参变量的函数，如下式所示：

$$\begin{bmatrix} \dot{n}_L \\ \dot{n}_H \\ \vdots \\ \dot{x}_{c1} \\ \dot{x}_{c2} \end{bmatrix} = \boldsymbol{A}_{GS}(n_H) \begin{bmatrix} n_L \\ n_H \\ \vdots \\ x_{c1} \\ x_{c2} \end{bmatrix} + \boldsymbol{B}_{GS}(n_H) n_{Lcmd}$$

式中：$\boldsymbol{A}_{GS}$ 和 $\boldsymbol{B}_{GS}$ 为闭环系统的增益调参矩阵，它们对于上述稳态点都是有效的。

同样，我们可以用传递函数表达式来描述增益调参，我们先把第 k 个稳态点的线性模型表示成

$$G_{1k}(s) \equiv \frac{n_L(s)}{W_f(s)} \bigg|_k = \frac{k_{1k}(s+b_{1k})}{s^2 + a_{1k}s + a_{2k}}$$

$$G_{2k}(s) \equiv \frac{n_H(s)}{W_f(s)} \bigg|_k = \frac{k_{2k}(s+b_{2k})}{s^2 + a_{1k}s + a_{2k}}$$

同理，可以把第 k 个稳态点设计的 PID 控制律表示为

$$K_k(s) \equiv \frac{W_f(s)}{E(s)}\bigg|_k = \frac{k_{dk}s^2 + k_{pk}s + k_{ik}}{s}$$

式中：$e = n_{Lcmd} - n_L$，经替换后，可得输出 n_L 与输入 n_{Lcmd} 之间的传递函数为

$$\frac{n_L(s)}{n_{Lcmd}(s)}\bigg|_k = \frac{G_k(s)K_k(s)}{1 + G_k(s)K_k(s)} \tag{4-3}$$

上式是双转子发动机含有增益调参的闭环传递函数，其中的每一系数 K、a 和 b 都是 n_H 的函数，并由相邻的两个稳态点所对应的模型值插值后求得。

　　在实际增益调参控制器设计过程中，要求每个稳态点控制器的结构一致，同时还要求控制器的对应参数变化连续，对控制器的设计过程提出了不小的挑战。为获得参数连续变化的控制参数，需要控制工程师在设计过程中充分考虑不同控制器的设计过程，尽量从理论方法上去寻找合理的控制律，而不是采用 MATLAB 软件之类的现代控制设计工具去做这件事情。

4.4.2　抗积分饱和

　　除了发动机本身的非线性问题外，还有另外一种形式的非线性，它在所有非线性控制系统中普遍存在，它是由线性控制器和非线性计划的切换引起的，称之为饱和非线性。为了改善性能和鲁棒性，通常的控制器中都包含积分控制，只要反馈误差不为零，积分控制将不停地计算，进行积分累加，即使在线性控制器已向非线性控制器让出了控制权限的情况下也是这样的。这一现象称积分饱和。典型案例是：期望的执行机构位置位于执行机构机械限位范围之外，则当执行机构处于限位情况下时，控制仍存在偏差，在积分控制作用下，控制电流不断增加，希望能减少偏差，进而导致控制电流异常增大，这种误积分导致电流异常增大的现象就叫作积分饱和[2]。

　　前文所提到的基于程序的加速和减速控制是在由稳态点控制器所计算出的控制变量中加入了"硬"限制，这些硬限制强迫稳态控制器和加速（或减速）计划进行立即切换，而并没有考虑在稳态控制器中存在的积分饱和问题。积分饱和现象在线性控制器的输出受到由过渡态计划、作动器的幅值限制或作动器的速率限制时就会发生。无论哪一种积分饱和现象，只要存在非零的相同符号的反馈误差，就会使积分控制值一直保持增加。为了避免积分饱和，当积分饱和现象发生时，应该冻结或向下调整这一积分控制的作用。目前已经对积分饱和控制的不同调节技术进行了大量的研究和应用，也有许多对多变量控制的积分饱和问题的研究报道。然而，当线性控制器的输出被限制时，能够避免积分饱和问题的最简单方法是"冻结"积分器（或积分控制），尽管这并不是最合适的方法，但是在许多发动机控制的实际应用中已被证明是有效的，这是因为在冻结之前，积分控制的初始值还相对较小，带来的负作用没有大到不可接受的程度。

　　将冻结积分器的逻辑用于积分保护中，我们可以得到鲁棒性更强的过渡态控制逻辑，如图 4-17 所示，这种鲁棒性更强的逻辑起到了把积分饱和保护和加、减速控

制组合在一起的作用。如图中箭头所示,当执行加速计划或减速计划时,冻结稳态控制器中的积分量。

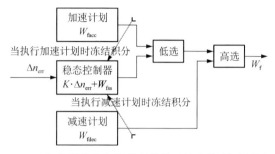

图 4-17　含有积分饱和保护逻辑的过渡态控制逻辑原理图

上述抗积分饱和逻辑同样适用于基于 $\dot{n}$ 的加、减速控制,如图 4-18 所示,当加、减速保护逻辑工作时,冻结稳态控制律的积分项。

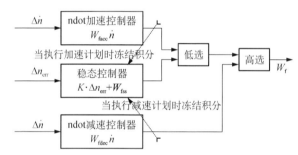

图 4-18　含有积分饱和保护逻辑的 $\dot{n}$ 控制器原理图

除积分冻结外,还有一种使用较广泛的抗积分饱和措施,即稳态控制律采用增量式的方式计算,将控制增量叠加在最终输出的控制作用上。这样在发生控制权交接后,由于每一步积分都是叠加在输出的实际控制作用上,积分控制律产生的作用有限,不会引起异常的积分饱和现象,如图 4-19 所示,图中 Δn_{err0} 与 W_{f0} 分别表示上一周期的 Δn_{err} 与 W_f。

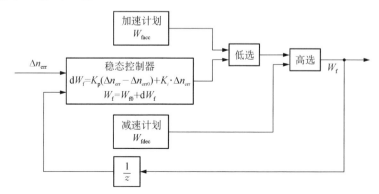

图 4-19　含增量式稳态控制器形式的抗积分饱和逻辑的过渡态控制逻辑原理图

　　还有一种常用的基于输出回馈(back-calculation)[4]抗积分饱和方法,其工作原理如图4-20所示,将稳态控制器计算的燃油流量 W_{fPI} 与其经过加速、减速计划限制后的燃油流量 W_f 的差值,经过增益 $1/T_t$ 后回馈到积分前端。当输出饱和时,对积分项进行修正,使积分项产生恰好达到饱和限制值的输出;而当输出未饱和时, W_{fPI} 与 W_f 之差为0,该方法对积分项的修正为0,不影响稳态 PI 控制器的计算结果,燃油按稳态控制器计算的燃油输出。 T_t 为输出反馈增益时间常数,它的大小决定了该方法的抗积分饱和速度,可以根据实际情况通过试验调整确定。从该方法工作原理可知,当控制器处于受加速或减速计划限制的积分饱和状态时,积分项被限制在"恰好达到饱和限制值的输出",从而避免积分控制值持续增加,达到抗积分饱和的目的。与积分冻结方法不同,这种方法不需要在发生积分饱和的时候同步设置积分量,它可以动态自动调整积分量,从而自动实现抗积分饱和。

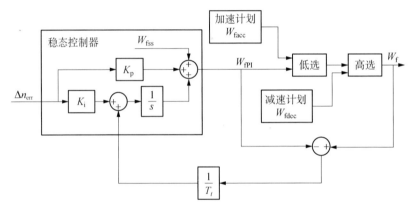

图 4-20　基于输出回馈抗积分饱和逻辑的过渡态控制逻辑原理图

4.5　限制保护控制器设计

　　本章我们已经论述了利用加速和减速计划来保护发动机,避免其进入失速、喘振、超温以及燃烧室熄火等异常工作状态。除这些正常的过渡态限制以外,燃气涡轮发动机有可能会进入另一些存在潜在破坏性的状态运行,控制器的任务就是通过强制性的附加限制来阻止这情况发生。加、减速计划几乎在所有的中等过渡态到大过渡态都会起作用,与加速和减速计划不同,这些强制性的附加限制仅仅是在以下几种条件下才会起作用:当发动机工作在一定的飞行包线范围内时;或当发动机性能发生剧烈的变化时,而这种变化在设计阶段又无法预测;或当发动机已处于严重的不正常状态或故障状态时。在这些不期望的条件下设计控制器时,最需要关注如下4个问题[2]。

　　(1)超过低压转子物理转速 n_L 的最大极限。需要通过超转保护避免可能出现的轮盘破裂或叶片折断。导致这一情况发生的最常见的原因是尾喷管面积开得太快或太大,导致转速调节器(或在起飞功率状态下的稳态控制器)不能足够快地通过减少燃油流量产生减速作用;另一种可能性是当加力燃烧室熄火时,超转有可能会发生。对于不带加力的发动机,这有可能是在发动机性能恶化或已被损坏时发生,如低压转子和高压转子的转速匹配已远远偏离了它们的设计关系。

(2) 超过高压转子物理转速 n_H 的最大极限。这种情况有可能是在某种原因导致低压转子出现超转时发生,最典型的是尾喷口开得太大时会发生低压转子超转,并进一步导致高压转子超转。另一种可能是,当以 n_H 为被控变量时,由于转速传感器失效或燃油控制装置失效。关于超转保护有一个措施需要特别提一下:为了保护由液压机械控制装置(HMC)控制的发动机不超转,在 HMC 装置内的燃油计量阀上设置一个止动装置,使得燃油流量不会超过其允许值,通过限制燃油流量的最大值来保证发动机不超转。这个措施对 20 世纪 80 年代中期以前设计的发动机尤为重要,因为这些发动机的控制系统主要是纯液压机械控制(HMC)装置或由一个单通道的电子控制装置(ECU)和液压备份控制装置组合而成的。对于现代的双通道电子控制发动机,由类似的单一传感器或作动器失效而导致的超转情况出现的可能性已大大降低了。

(3) 超过压气机出口静压 P_{s3} 的最大极限。这种情况有可能导致燃烧室套筒破裂。当发动机超转或进口总压超过设计极限时,有可能出现这种情况。

(4) 超过发动机低压涡轮排气温度(T_{t5})的最大极限。这主要是为了保证不发生高温引起的涡轮叶片烧蚀,当发动机燃烧室富油燃烧或过量抽取放气或过量提取机械功率时有可能发生这种情况。

对于以高增压比工作的发动机,主要是军用战斗机,应考虑其他的工作限制,其中之一是最大的压气机出口温度 T_{t3} 限制,主要用来保护压气机后面几级的轮缘处不出现过大的热温差应力,当发动机超转或进口总温超过设计极限时有可能发生这种情况。其他的工作限制还包括加力燃烧室熄火限制、空中起动限制和结构限制等。

设计限制保护控制器的习惯做法是将 PID 控制律应用于反馈的误差中,这些误差是按发动机输出变量减去其所限制的极值得到的偏差来计算的。被保护的输出变量称为控制限制变量,当这个变量接近其限制值时,由 PID 控制律中的微分控制在限制变量的变化率接近极限时,提前发挥作用。限制保护控制器习惯上称为顶层管理器。

另一种常用做法是直接设计限制保护控制器。限制保护 PID 控制律的设计方法与稳态控制器的设计方法类似。这些限制控制律获得的燃油流量,与主回路控制器获得的燃油流量进行低选控制,就可以在被限制参数接近限制值时投入工作,提前作用,使被限制参数工作在限制值附近。

在此,又是一个综合问题,即要求限制保护控制器与主回路控制器两者工作一致的问题。主回路控制器既可以是稳态控制器,也可以是 $\dot{n}$ 控制器,在第一种方法(顶层管理器)中,我们通过将限制控制器作为"调整"或"修正"来加入主控制回路的指令值中,这样做的理由是为了避免当两个控制器为了相互争夺最终的控制权出现冲突而发生极限环现象。图4-21是限制保护的 n_L 主控制回路的控制逻辑框图。类似的,对于串联主控制设计,限制保护逻辑如图4-22所示,其中内环路是 $\dot{n}$ 控制。第二种方法(直接设计限制保护控制器)对应的控制逻辑如图4-23所示。

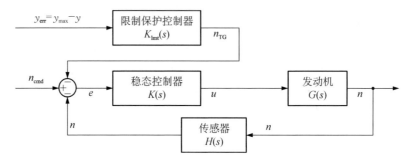

图4-21　限制保护控制器与主控制回路的综合

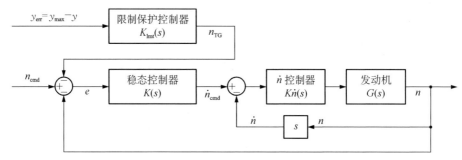

图4-22　串联主控制回路的限制保护逻辑

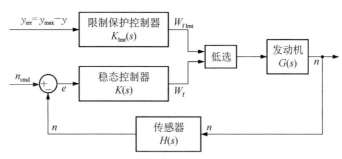

图4-23　基于燃油流量低选的限制保护逻辑

通常设计保证第一种方法对应的顶层管理器仅在限制时起作用,换句话说就是顶层管理器(下标 TG)的控制权限被限制在正值,即 $\Delta n_{TG} \geqslant 0$。

另外,限制保护顶层管理器可用如下方法来处理,即利用限制保护控制器去调整主控制回路(n_L 或 EPR)的指令值。还必须指出这些管理器综合时的一些细节问题:由于多重限制保护控制器可以在同一时间起作用(这种情况会在多个限制值被超越时发生),我们既可以让所有起作用的管理器同时发挥它们自己的调整指令值的作用(平等表决),也可以让其中的一个管理器担负决策角色的作用对指令值进行单独调整(领导-跟踪型),这两种方法如图 4 - 24 所示。

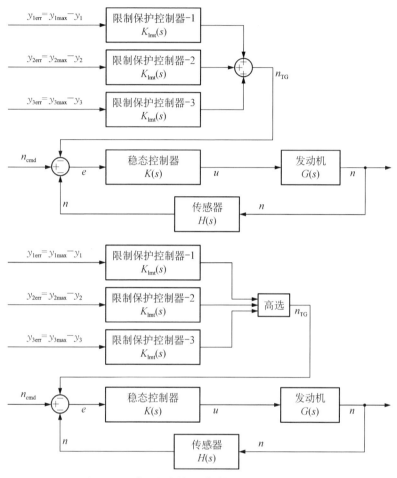

图 4 - 24 多重限制保护控制器的两种处理方法

而对第二种基于燃油流量低选的方法,自然就是领导-跟踪型,不需要特别说明。

这两种方法都有一个相同的作用,即最终仅有一个限制保护控制器起作用,因为,只要发动机不碰到工作极值的限制,在平等表决方法中所对应的限制保护控制器的输出就立刻被置为零。当多个限制保护控制器一起工作时,平等表决方法有一种使发动机更快远离工作极限值的能力。另一方面,领导-跟踪型表决在任何时候仅仅选择一个限制保护控制器起作用,这种管理能够自动保证所有的其他限制不会被超过。

4.6 控制综合

发动机控制器设计的目标就是将各线性稳态点控制律、过渡态控制律、限制保护和转换逻辑进行综合。而在数字仿真环境下,对所有发动机极端工作条件下进行大偏差控制过程仿真模拟,则是实现这一目标的最有效方法。本节将使用两个数字仿真实例来说明综合设计概念。这两个例子基本上可以涵盖发动机简化控制包线上各关键点的状态。

4.6.1 单转子发动机控制器综合

为满足从慢车到起飞之间大范围瞬态功率变化的要求,发动机控制器必须能够在整个工作范围内,在保证安全的前提下快速地改变发动机的转速(或压比)。由于发动机具有非线性特征,大偏差控制要求控制律不断地从一个稳态点转换到另一个稳态点。大偏差控制还要求处理好稳态控制律和过渡态控制律之间的平稳切换,以避免切换时产生冲击以及发动机超过物理和工作极限。发动机控制律设计中最重要的、关注最多的就是大偏差控制,因为只要控制器能够在大偏差控制时满足性能要求,小偏差(或部分功率)瞬态控制时的性能要求通常能得到满足。大偏差控制器设计实际上是一种控制律的综合,包含了各类控制律选择和切换逻辑。本节将用一个简化单转子发动机模型对控制器综合方法进行说明。

1) 发动机分段线性模型

假设现在已经获得了一个简化单转子发动机分段线性模型,这个模型包含从慢车到起飞功率各额定工作点,其 MATLAB $^{®}$ /SIMULINK 模型如图 4-25 所示。

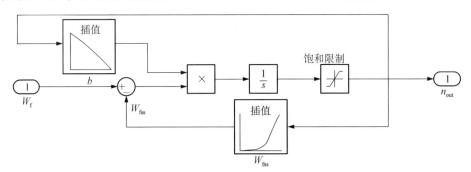

图 4-25　一个简化的单转子发动机分段线性模型

该模型有一个输入变量:燃油流量 W_f。从发动机原理可知,共同工作线是所有稳态点的集合,这些稳态点转速与稳态燃油流量的对应关系即为稳态燃油流量特性,如图 4-25 中的稳态流量 W_{fss} 特性所示。当发动机在瞬态工作时,当前瞬态转速所对应的"稳态燃油流量"是随转速而不断变化的。

接下来说明图 4-25 所描述的模型与转子动力学线性模型($\dot{n} = a \cdot \Delta n + b \cdot \Delta W_f$)是对应的。分析中,假设线性模型的稳态点参数为($W_{f0}$, n_0),作为过程分析的起点;当前工作点参数为(W_f, n)。

(1) 图 4-25 中的系数 b 为燃油系数,对应于转子动力学线性模型中的系数 b。

(2) 稳态流量 W_{fss} 特性曲线的导数 $\dfrac{dn}{dW_{fss}}$ 对应当前工作点的燃油流量到转速的稳态增益。这一增益与上述模型中发动机增益 $[b/(-a)]$ 是同一个量,因此,它们是相等的,即: $\dfrac{\mathrm{d}n}{\mathrm{d}W_{fss}} = \dfrac{b}{-a}$。 该式的一个等价表示为: $\dfrac{\mathrm{d}W_{fss}}{\mathrm{d}n} = \dfrac{-a}{b}$。

(3) 从图 4 - 25 可知, $\dot{n} = b \cdot (W_f - W_{fss})$。

(4) 考虑到稳态假设,则上述关系可以改写为

$$\dot{n} = b \cdot [(W_f - W_{f0}) - (W_{fss} - W_{f0})] = b \cdot \Delta W_f - b \cdot \Delta W_{fss} \qquad (4-4)$$

式中: $\Delta W_f = W_f - W_{f0}$,为相对于 n_0 转速对应稳态流量的流量变化量; $\Delta W_{fss} = W_{fss} - W_{f0}$,为当前转速 n 对应稳态流量相对于 n_0 转速对应稳态流量的流量变化量。

(5) ΔW_{fss} 可通过对当前 W_{fss} 特性曲线斜率积分获得,即:

$$\Delta W_{fss} = \int_{n_0}^{n} \left(\frac{\mathrm{d}W_{fss}}{\mathrm{d}n}\right) \mathrm{d}n = \int_{n_0}^{n} \left(\frac{-a}{b}\right)_n \mathrm{d}n \qquad (4-5)$$

式中:最后一个等式中的下标 n 表示等式 $\dfrac{\mathrm{d}W_{fss}}{\mathrm{d}n} = \dfrac{-a}{b}$ 在不同的转速 n 下分别成立。

(6) 若假设从 n_0 工作到 n 的过程是线性的,即 $\dfrac{\mathrm{d}W_{fss}}{\mathrm{d}n} = \dfrac{-a}{b}$ 在不同的转速 n 下相等,则

$$\Delta W_{fss} = \int_{n_0}^{n} \left(\frac{-a}{b}\right) \mathrm{d}n = \frac{-a}{b}(n - n_0) = \frac{-a}{b}\Delta n \qquad (4-6)$$

式中: $\Delta n = n - n_0$,为转速相对稳态点的增量。

(7) 将公式(4-6)代入式(4-4):

$$\dot{n} = b\Delta W_f - b\Delta W_{fss} = b\Delta W_f - b(-a)/b\Delta n = b\Delta W_f + a\Delta n \qquad (4-7)$$

上式与转子动力学线性模型表达式一样,表明图 4 - 25 与转子动力学模型对应。

(8) 在公式推导中,我们假设了"从 n_0 工作到 n 的过程是线性的",事实上真实发动机工作中这是不成立的。但 $\dfrac{\mathrm{d}n}{\mathrm{d}W_{fss}}$ 表示了随转速变化的发动机增益,更符合发动机特性,因此图 4 - 25 所示描述可以与转子动力学线性模型对应,并且是实际发动机的分段线性模型的实现。

图 4 - 25 系数 b 以分段线性函数的形式建模,通过查表方式使用。该系数是发动机转子转速的函数,如表 4 - 1 所示。稳态流量特性是发动机的特性,如表 4 - 2 所示。

表 4 - 1　某单转子发动机分段线性模型系数

转速 $n/(\mathrm{r/min})$	燃油系数 $b/\{[(\mathrm{r/min})/\mathrm{s}]/(\mathrm{kg/h})\}$
5 000	35
10 000	30
15 000	24

表 4 - 2　某单转子发动机的加、减速计划及稳态流量特性

转速 n /(r/min)	加速计划燃油流量 /(kg/h)	减速计划燃油流量 /(kg/h)	稳态燃油流量 /(kg/h)
0	156	50	100
6 666.7	195	60	120
8 333.3	260	75	150
10 000	325	100	200
11 667	455	130	320
13 333	650	190	450
15 000	780	210	550

2) 稳态点控制器的设计

假设,稳态点控制器采用的是 PI 控制器结构,可以按 3.2.2 节方式完成控制器参数设计。在所有已经设计完成的稳态点控制器中都包含一对控制参数 K_p 和 T_i,它们同样也是发动机转子转速的函数。这里要说明的是,图 4 - 26 中的转子转速被选定作为被控变量,控制器结构示意图表示的是主控回路。表 4 - 3 列出了某一单转子发动机基于转速计划的稳态点控制增益。

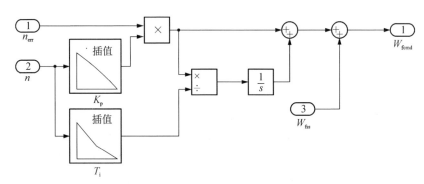

图 4 - 26　用于稳态点控制的 PI 控制律

控制器示意图如图 4 - 26 所示,对应 PI 控制器的实现公式如式(4 - 8)所示:

$$W_{fcmd} = W_{fss} + W_{fPI} = W_{fss} + K_p n_{err} + \int \frac{K_p}{T_i} n_{err} \mathrm{d}t \qquad (4-8)$$

式中:K_p 为比例系数,$K_p = f(n)$,利用一维插值表实现,如表 4 - 3 所示;T_i 为积分时间常数,$K_p = f(n)$,利用一维插值表实现,如表 4 - 3 所示;n_{err} 为转速偏差,是控制器模块输入;W_{fss} 为稳态燃油流量;W_{fcmd} 为 PI 控制器输出。

表 4-3　某单转子发动机基于转速计划的稳态点控制参数

转速 n/(r/min)	比例增益 K_p/[(kg/h)/(r/min)]	积分常数 T_i/s
5 000	0.15	20
10 000	0.09	13.3
15 000	0.03	10

3) 瞬态控制器的设计

本节考虑用 4.2.1 节所示的基于程序的加、减速控制。

最简单的瞬态控制器只包含两个计划:加速计划和减速计划。从前文内容可以看出,控制器中加入这些计划的目的就是为了防止发动机发生喘振、超温和熄火。根据表 4-2 中的定义,简单发动机模型的加、减速计划的燃油流量也可看作转子转速的函数。表中还列举了不同转子转速时的稳态燃油流量值。这是一个比较简单的例子,没有考虑像涡轮温度限制或转子转速限制等工作限制条件。

如前所述,瞬态控制器的一个重要功能就是处理线性(稳态点)控制律和瞬态计划之间的转换。图 4-11 和图 4-12 给出了基本转换逻辑。

4) 抗积分饱和处理

当发动机加速或减速时,由于受加速计划或减速计划限制,PI 控制律计算出的燃油流量会受到限制,此时会出现积分饱和现象,若不处理,则会导致控制异常。因此,参考 4.4.2 节所述积分冻结的思路,对积分作用进行处理,当 PI 控制律计算出的供油流量与经加速、减速计划限制后的实际供给发动机的流量不相等时,不进行积分。

带抗积分饱和措施的 PI 控制器如图 4-27 所示。图 4-27 在图 4-26 基础上,

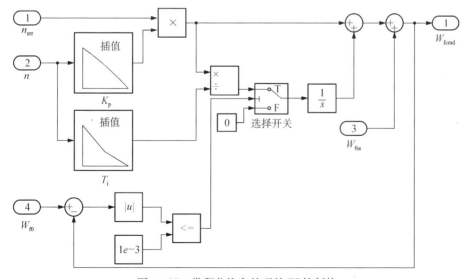

图 4-27　带积分饱和处理的 PI 控制律

引入经加速、减速计划限制后的实际供给发动机的流量 W_{f0}，并将其与 PI 计算的供油量 W_{fcmd} 进行比较，当两者不相等(浮点数计算时，用两者之差的绝对值小于一个小量来代替)时，表明实际输出的燃油流量不是 PI 计算的燃油流量，需要进行积分饱和处理，因此选定进入积分器的控制量为 0；当两者相等时，表明实际输出的燃油流量是 PI 计算的燃油流量，不需要进行积分饱和处理，因此选定进入积分器的控制量为正常积分控制量。

5) 单转子发动机稳态点和瞬态控制器的综合

综合是指，将多个稳态点控制器和瞬态(和限制保护)计划集成，以保证发动机满足各种工作条件下对性能要求的过程。为了实现发动机的瞬态快速响应和较好的瞬态阻尼特性，要采用综合技术来调节线性控制增益和进行逻辑转换。一般情况下，在快速加速时的起飞功率工作状态，或者是在快速减速时的慢车工作状态等大偏差控制时，在边界稳态设计点附近的调节操作难度大。

先进行控制增益调节。控制增益调节后，大偏差控制状态下的发动机综合控制器模块如图 4-28 所示。表 4-2 列出了加、减速及稳态流量特性曲线，而表 4-3 列出了不同稳态点分别设计的控制参数(比例系数和积分常数)。需要说明的是，表 4-3 中的线性控制增益已经是控制器综合过程中获得的优化控制参数了。

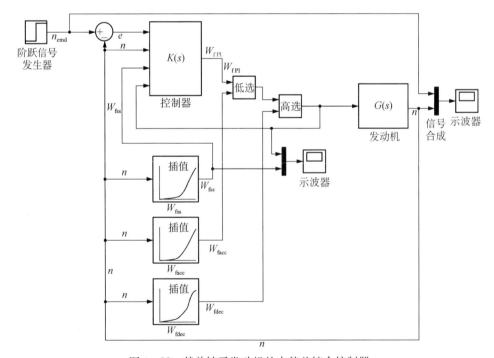

图 4-28 某单转子发动机的大偏差综合控制器

　　还要说明的是该控制器模型并未将燃油执行机构和转速传感器的动态特性考虑在内,因为这里假设燃油执行机构和转速传感器的动态响应特性比发动机动态特性要快得多,因此,把燃油执行机构和转速传感器的传递函数设置为1,不会对系统的动态特性产生明显影响。

　　6) 单转子发动机大偏差控制闭环性能仿真

　　图4-29和图4-30分别给出了发动机从慢车快速加速到起飞功率,以及从起飞功率快速减速到慢车功率的闭环仿真响应。图中W_{fout}为控制最终输出的燃油流量。

　　实际上为了避免推力在起飞过程中出现急剧变化,在快速加速过程中起飞功率附近超调应该保持在不超过10%的水平[2]。另一方面,因为发动机仿真模型不包括热端部件的热惯性效应,但是热惯性效应存在于真实的发动机中,并能够抵消一部分转速超调量,所以图4-29中的超调量在可接受的范围之内。

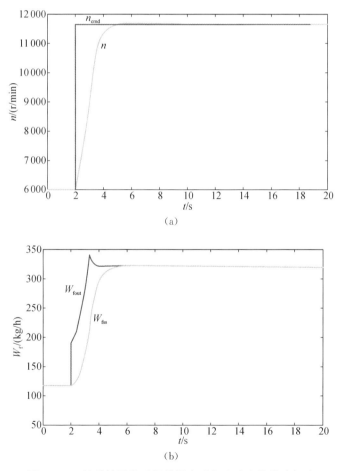

(a)

(b)

图4-29　某单转子发动机从慢车到起飞功率的快速加速

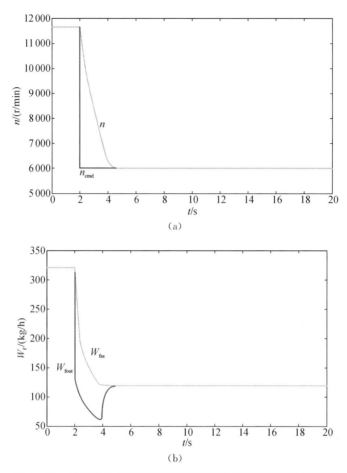

图 4-30 某假想的单转子发动机从起飞功率到慢车的快速减速

增加表 4-3 中积分控制增益,直到出现振荡超限,这就可以展示不可接受的瞬态性能。图 4-31 对控制器引入振荡的现象做了举例说明,图中控制输出燃油流量

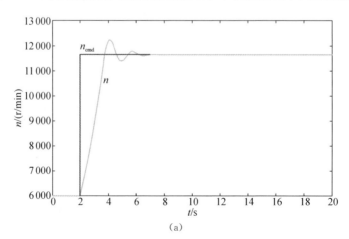

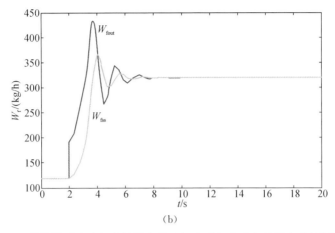

(b)

图 4-31　某单转子发动机在从慢车快速加速到起飞功率过程中的控制器振荡

W_{fout} 曲线与稳态燃油流量 W_{fss} 的峰值曲线表明，两个流量之间存在明显差异，也存在明显相位延迟。

4.6.2　双转子发动机控制器综合

上一小节我们设计了单转子发动机的控制系统，并通过加速、减速的程序控制与稳态 PI 控制律的综合，完成了全状态的发动机控制。接下来我们讨论另一种控制器综合的方法，即稳态 PI 控制律与转加速度控制结合的全状态控制器综合。

本例设计时，模型用 3 个一组的传递函数表示，传递函数表示 3 个发动机输出变量与燃油流量输入变量的函数关系。3 个发动机输出变量分别为 EPR、n_L 和 T_{t5}。双转子发动机传递函数模型如图 4-32 所示，与 3.3 节介绍的双转子发动机线性模型相同。模型输入值同样是燃油增量。模型输出值是单个设计点变量（都是增量）与对应设计点稳态值求和计算后获得的值，其中设计点稳态值即图中的初始

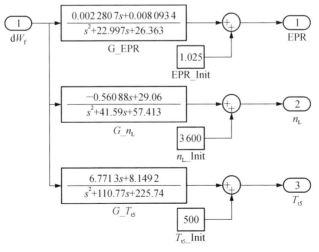

图 4-32　某双转子发动机传递函数模型

值(图中用_Init 表示)。

图 4-33 描述了 3 个输出变量对燃油流量单位阶跃输入值的开环响应情况。需要说明的是,在大飞机高涵道涡轮风扇发动机中比较常见的一种情况就是,风扇转速 n_L 瞬时响应之初会出现一个微小的转速下垂,如 3.3 节所述。

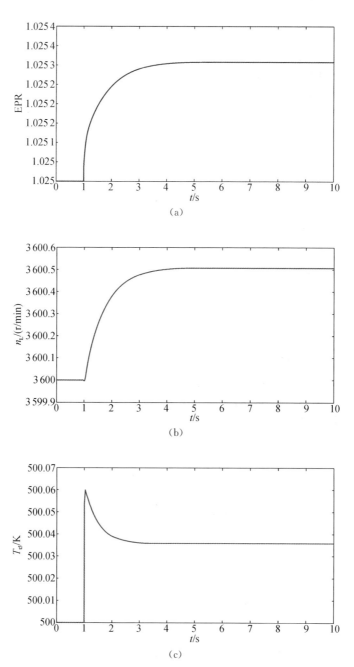

图 4-33 某双转子发动机燃油单位阶跃输入的开环响应

图 4 - 32 中的传递函数模型可用于发动机起飞功率工作状态附近,如果要描述发动机在整个共同工作曲线上的动态特性,就必须将发动机多个功率水平的传递函数模型组合,才能搭建起一个前节中所描述的(单转子发动机)分段线性模型。传递函数模型组合中的分子和分母多项式的系数会随着功率的不同而发生变化;甚至多项式的结构、阶次也可能随着功率水平的不同而变化。不过我们在模型线性化时,经常会强制所有线性模型保持相同的模型结构和阶次,也就是忽略高阶特性,一般不会影响模型精度。

因为本小节重点在于控制律的综合,而不在于发动机模型的分段线性化方法研究,因此,我们不再像处理单转子发动机的模型那样花费时间去综合双转子发动机的分段线性模型,而是假定图 4 - 32 的线性模型可用于表示发动机从慢车到起飞功率的全工作范围,将设计工作的重点放在 $\dot{n}$ 控制律的设计、分析与综合上。

1) EPR 控制器的设计

本例选择 EPR 作为双转子发动机的主控变量,就可利用传统的 PI 控制律设计一个稳态点控制器控制 EPR,其控制回路如图 4 - 34 所示。事实上,我们在 3.3 节已经设计了 EPR 回路的 PI 控制律,图 4 - 34 中参数即为对应的控制参数。图 4 - 35 描述了 3 个发动机输出变量对 EPR 参考指令输入值的阶跃响应过程。

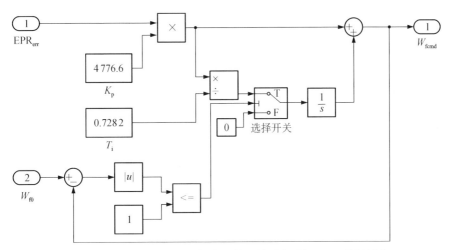

图 4 - 34　采用传统 PI 控制律的某双转子发动机 EPR 控制回路

在图 4 - 35 中,发动机从慢车加速到起飞功率所需时间约 2 s,比预计加速时间快约 2 s。在没有加速计划或其他加速限制约束的情况下,我们可以在当前的控制参数下使用比较少的加速时间。但需要指出的是,如此短的加速时间很可能会导致真实发动机的瞬时状态更迫近压气机喘振极限和涡轮温度极限。因此,正如上文列举的单转子发动机设计方案一样,要将发动机工作状态控制在安全范围内,就必须要制定加速计划,并与稳态控制器综合,形成最终的控制算法。

需要指出的是,图4-34所示 EPR 控制回路已经采用了如4.4.2节所述的抗积分饱和措施,仅在本控制器输出为最终燃油流量输出时才进行积分。这样,在综合后的控制过程中,选择到加速供油时,可以避免本回路的积分饱和现象。

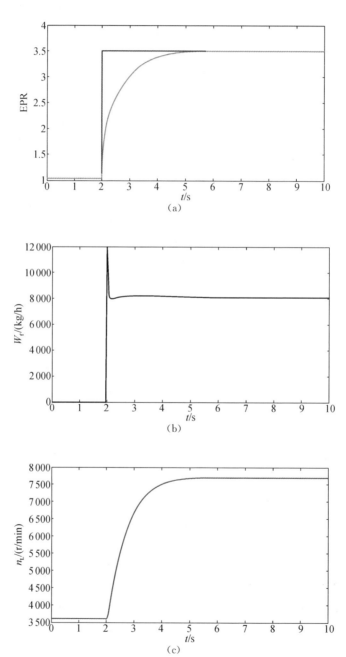

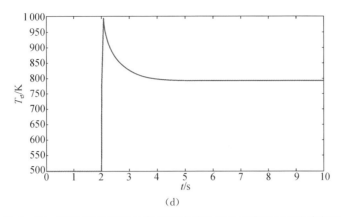

图 4-35 使用 PI 控制律的某双转子发动机从慢车到起飞功率加速

2）$\dot{n}$ 控制器的设计

前面我们使用了 4.2.1 节所述基于程序控制的加速方法来保证加速过程不出现非期望动态，而本节我们采用另一种方案来设计双转子发动机的控制器。在这个方案中除了采用 EPR 主控回路之外，还使用了一个 $\dot{n}$ 控制回路。从对 $\dot{n}$ 控制律的介绍可以看出，$\dot{n}$ 控制律的主要功能特点是能够在加、减速瞬态控制时进行自我补偿，这样在飞机编队中的所有发动机在任意工作环境条件下都能保证加、减速所需时间以及被控变量时间记录的一致性。

图 4-36 给出 $\dot{n}$ 控制的结构图，其控制器采用 PI 控制律，控制参数使用了 4.2.2 节 $\dot{n}$ 控制设计的参数。与 EPR 控制类似，对比例控制律增益进行了调整，也考虑了抗积分饱和的措施，即当实际燃油流量输出不是本控制器计算的输出时，对积分进行冻结，而仅在实际燃油流量输出是本控制器计算输出时才正常积分。不同的是，对转速偏差进行了限制，这是为了避免在仿真初始化过程中，$\dot{n}$ 反馈信号产生的大扰动。

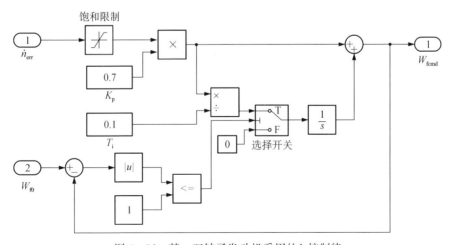

图 4-36 某一双转子发动机采用的 $\dot{n}$ 控制律

3) EPR 控制律与 $\dot{n}$ 控制律综合

图 4-37 给出了 EPR 控制律与 $\dot{n}$ 控制律综合的结果。EPR 控制回路(图中 EPR 控制器模块)和 $\dot{n}$ 控制回路(图中 $\dot{n}$ 控制器模块)输出的燃油流量(W_{fEPR} 和 $W_{\mathrm{f}\dot{n}}$)通过低选(图中低选模块),选择出最终供给发动机的燃油流量 W_{fout}。由于没有转加速度传感器,因此转加速度是通过对转速信号微分获得的,为避免直接微分带来的噪声影响,采用了不完全微分,在微分传递函数中增加了时间常数为 0.002 s 的一阶惯性滤波。

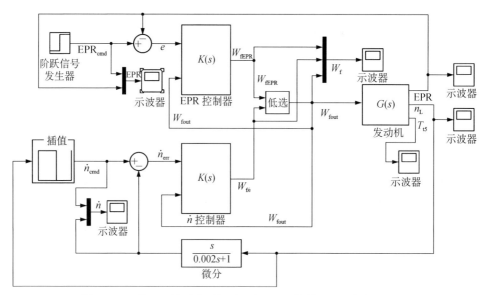

图 4-37　某一双转子发动机采用的 EPR 控制和 $\dot{n}$ 混合控制方案

还需要说明的是,图 4-37 中,转加速度控制计划是,在 n_{L} 处于 4500 r/min 和 8000 r/min 之间时,采用恒定加速率加速,在本例中,这个加速率对应的值为 1200 r/(min·s)。在其他转速段,没有明确要求,因此,为避免转加速度控制在其他转速段投入工作,将其他转速段的转加速度要求设定为 1×10^{10}(一个大值,无实际物理意义,只要保证可靠转加速度控制器不在非期望转速段投入工作即可)。

实际工作时,控制分两个回路进行运算。一是稳态 EPR 控制回路,发动机模型计算出的 EPR 反馈,与 EPR 控制参考输入值求差后,送入"EPR 控制器模块"进行 PI 控制运算,得到 EPR 回路要求的控制燃油流量 W_{fEPR}。另一路是转加速度控制回路,发动机模型计算出的 n 反馈,经不完全微分得到转加速度反馈 $\dot{n}_{\mathrm{L}}$,与 $\dot{n}_{\mathrm{L}}$ 控制参考输入值求差后,送入"$\dot{n}$ 控制器模块"进行 PI 控制运算,得到转加速度控制回路要求的控制燃油流量 $W_{\mathrm{f}\dot{n}}$。W_{fEPR} 和 $W_{\mathrm{f}\dot{n}}$ 低选后,获得最终供给发动机的燃油流量 W_{fout}。同时,W_{fout} 也分别反馈到"EPR 控制器模块"和"$\dot{n}$ 控制器模块"的实际最终输出燃油的端口,完成两个模块的控制计算。

在图 4-37 中,进行与 4.6.2 节中 1)相同的 EPR 参考输入值阶跃响应试验,瞬态响应曲线如图 4-38 所示。显然，在 4 500 r/min 到 8 000 r/min 的范围内，转速上升速率明显下降，综合的控制律起到了限制转速上升速度的作用。事实上，在转速小于 4 500 r/min 时，由于没有转加速度限制，最终输出燃油为 EPR 控制器输出燃油，由于指令与反馈的偏差较大，PI 控制器输出的燃油流量也比较大；当转速大于 4 500 r/min 后，转加速度控制器投入工作，并将转加速度限制在期望指令附近，其对应输出的燃油流量值较小，实现了对转速上升速度的限制。

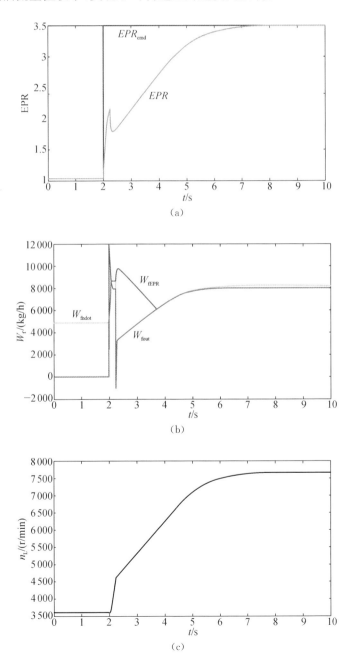

(a)

(b)

(c)

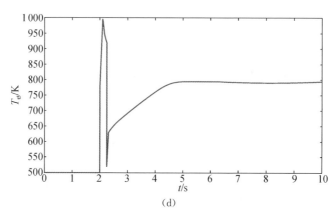

图 4 - 38　采用了 EPR 和 n 控制律的某双转子发动机从慢车到起飞功率加速

　　控制工程领域最具挑战性的工作就是设计多个独立控制器后,将这些控制器综合为一个能够应用于涡轮发动机整个工作包线的鲁棒控制系统。我们只有在深入理解发动机动态特性、执行机构和传感器特性、建模技术和控制器设计方法等的基础上才能有效解决实际工作中面临的问题,同时还要不断积累处理各类系统非线性和设计权衡问题的经验,而最重要的一点就是,我们必须对系统、性能、稳定性和使用寿命等设计要求有一个深入透彻的认识。

　　根据发动机要求,发动机控制系统的顶层设计决定了控制系统的主控回路,主控回路又决定着被控反馈变量。每个控制回路必须依靠燃油控制执行机构、导向装置定位执行机构、引气流量执行机构和尾喷口调节执行机构等四种执行机构中的一种来实现控制目标。对于大飞机发动机,一般不调节尾喷口,因此只依靠前面三种执行机构。每个控制回路中的被控变量都规定了被测发动机输出变量和输出变量采样率。现有控制模式已经涵盖了所有可能出现的稳态、瞬态和限制保护控制情况,控制模式总量的增长导致需求流程的细分程度也开始成倍增长,当前发动机控制器设计过程中,需要设计和综合的单个控制器数量,很轻易就会超过 10 个。

参 考 文 献

［1］孙健国. 现代航空动力装置控制［M］. 北京:航空工业出版社,2009.

［2］Jaw L C, Mattingly J D. Aircraft Engine Controls：Design, System Analysis, and Health Monitoring［M］. Reston：AIAA, 2009.

［3］尚义. 航空燃气涡轮发动机［M］. 北京:航空工业出版社,1995.

［4］Astrom K, Hagglund T. PID Controllers：Theory, Design and Tuning［M］. Pittsburgh：Instrument Society of America, 1995.

5 航空燃气涡轮发动机先进控制技术

现代航空发动机已经发展为多变量控制系统,对于大飞机发动机而言,虽然主控制回路只有一个,但这并不妨碍其采用多变量控制方法,来提高系统的响应特性。面对发动机在飞行包线内参数变化范围大的特点,鲁棒控制、自适应控制、智能控制等方法得到了广泛的关注。同时为了充分挖掘发动机的性能潜力,使其在性能蜕化条件下,也能输出额定状态的推力,性能蜕化缓解控制和各种主动控制技术成为新的热点问题,性能寻优控制也是挖掘发动机性能潜力的一种有效手段。本章将对这些广泛研究的先进控制技术和方法加以介绍。

5.1 发动机鲁棒控制

航空发动机是一种非常复杂的对象,工作包线范围广,功率水平差异大,从而导致其时间常数、放大系数等特征参数变化幅度大、非线性强,难以建立精确的数学模型。因而基于模型设计的控制器必须具有足够的鲁棒性,才能使整个发动机控制系统在对象参数发生变化或承受外部干扰时仍保持良好的稳定性及良好的动态性能,即具有稳定鲁棒性及性能鲁棒性。

线性二次型调节器(linear quadratic regulator,LQR)属于最优控制的范畴,由于其设计出来的控制器具有无穷大的幅值裕度和大于$60°$的相角裕度而具有很强的鲁棒性,因此,它是一种多变量鲁棒控制方法,在控制领域中具有非常重要的地位。早在1974年美国空军和NASA发起一项LQR控制在航空发动机应用上的探索性研究,在F100涡扇发动机和T700涡轴发动机上均有LQR控制算法的研究报道。自此之后,LQG/LTR、H_∞等鲁棒控制方法在航空发动机上的应用研究陆续展开。国内对于发动机鲁棒控制的研究虽然起步较晚,但也取得了一系列的成果,提出了增广LQR(ALQR)、H_∞/LTR等具有较强鲁棒性和抗干扰能力的算法,下面就对这两种方法进行介绍。

5.1.1 发动机 ALQR 控制方法

1) LQR 控制方法的鲁棒性

LQR 控制的特点是鲁棒性强,控制结构简单。

对于一个如式(5-1)所示的线性定常系统:

$$\dot{x} = Ax + Bu \tag{5-1}$$

式中: $x \in \mathbf{R}^n$, $u \in \mathbf{R}^r$, $A \in \mathbf{R}^{n \times n}$, $B \in \mathbf{R}^{n \times r}$。

其二次型性能指标 PI(performance index)如式(5-2)所示:

$$J = \int_0^\infty (x^{\mathrm{T}}Qx + u^{\mathrm{T}}Ru)\mathrm{d}t \tag{5-2}$$

式中: $Q = Q^{\mathrm{T}} \geqslant 0 \in \mathbf{R}^{n \times n}$, $R = R^{\mathrm{T}} > 0 \in \mathbf{R}^{r \times r}$。

则具有最优控制式(5-3),使 $J^* = \min\limits_u [J(u)]$,

$$u^*(t) = -R^{-1}B^{\mathrm{T}}Px^*(t) = -Kx^*(t) \tag{5-3}$$

式中: $K = R^{-1}B^{\mathrm{T}}P$, P 是下面 Riccati 代数方程的对称正定解,如式(5-4)所示:

$$A^{\mathrm{T}}P + PA - PBR^{-1}B^{\mathrm{T}}P + Q = 0 \tag{5-4}$$

式(5-1)的传递函数形式如式(5-5)所示:

$$G(s) = (sI - A)^{-1}B \tag{5-5}$$

其常值状态反馈控制系统结构如图 5-1 所示。

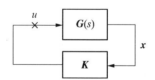

图 5-1 反馈控制系统示意图

将回路在输入点 u 处断开,则回路增益如式(5-6)所示:

$$KG(s) = K(sI - A)^{-1}B \tag{5-6}$$

闭环系统特征式的奇异值如式(5-7)所示:

$$\sigma_i[I + KG(j\omega)] = \left[1 + \frac{1}{\rho}\sigma_i^2 H(j\omega)\right]^{1/2} \tag{5-7}$$

式中: $H(s) = H(sI - A)^{-1}B$, $H^{\mathrm{T}}H = Q$, ρ 为某一常数。

式(5-7)称为 LQR 的最优奇异值关系,等式右边和开环奇异值有关,而左边则是闭环系统的奇异值,这就可以根据开环系统的一些性质来推导出闭环系统的性质。

当 $\rho \geqslant 0$ 时,由式(5-7)可得式(5-8):

$$\sigma_{\min}[I + KG(j\omega)] \geqslant 1 \tag{5-8}$$

由于式(5-9)，

$$\sigma_{\min}(\boldsymbol{A}^{-1}) = \frac{1}{\sigma_{\max}(\boldsymbol{A})} \tag{5-9}$$

则有式(5-10)：

$$\sigma_{\min}[\boldsymbol{I}+\boldsymbol{KG}(\mathrm{j}\omega)] = \frac{1}{\sigma_{\max}\{[\boldsymbol{I}+\boldsymbol{KG}(\mathrm{j}\omega)]\}^{-1}} \geqslant 1 \tag{5-10}$$

可知其灵敏度函数阵 $\boldsymbol{S}(s) = \dfrac{1}{1+\boldsymbol{KG}(s)}$ 的奇异值满足式(5-11)，

$$\sigma_{\max}[\boldsymbol{I}+\boldsymbol{KG}(\mathrm{j}\omega)]^{-1} \leqslant 1 \tag{5-11}$$

由式(5-10)所知，$\sigma_{\min}[\boldsymbol{I}+\boldsymbol{KG}(\mathrm{j}\omega)]$ 必定在单位圆之外，如图 5-2 所示。

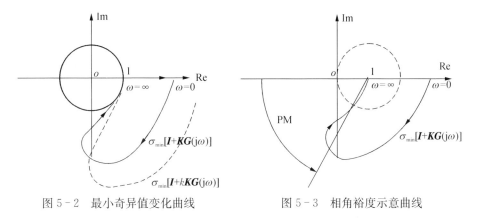

图 5-2　最小奇异值变化曲线　　　　图 5-3　相角裕度示意曲线

按多变量奈氏判据，若 $\boldsymbol{I}+\boldsymbol{KG}(\mathrm{j}\omega)$ 的所有奇异值曲线不包围原点，则闭环系统稳定。由于其最小奇异值都大于 1，显然 $\boldsymbol{I}+\boldsymbol{KG}(\mathrm{j}\omega)$ 的所有奇异值曲线都不包围原点，如图 5-3 所示。若对象 $\boldsymbol{G}(s)$ 在右半平面没有极点，则全状态反馈的 LQR 设计可保证系统稳定性的。

假若我们以一个大于 1 的标量常数 k 乘以反馈矩阵 $\boldsymbol{K}$，得到开环回路增益为 $k\boldsymbol{KG}(s)$，则 $\boldsymbol{I}+k\boldsymbol{KG}(\mathrm{j}\omega)$ 奈氏曲线便会向外扩张，如图 5-2 虚线所示，但由于 $k\boldsymbol{KG}(\mathrm{j}\omega)\xrightarrow[\omega\to\infty]{}0$，则 $\boldsymbol{I}+k\boldsymbol{KG}(\mathrm{j}\omega)\to\boldsymbol{I}$，即 $\sigma_{\min}[\boldsymbol{I}+k\boldsymbol{KG}(\mathrm{j}\omega)]\xrightarrow[\omega\to\infty]{}1$，因此闭环系统仍然稳定。可见，无论 k 取多大，其奈氏曲线和负实轴均无交点，即系统始终稳定，则基于经典控制理论可知，全状态反馈的 LQR 系统具有无穷大的幅值裕度。

多变量系统的相角裕度可用图 5-3 中的 PM(phase margin)来表示，系统的相角裕度为以(1，j0)点为圆心的单位圆与最小奇异值奈氏曲线的交点处的相角。将幅值裕度图 5-2 及相角裕度图 5-3 二幅图合并画在一起，得到图 5-4。由简单的几何关系可知，图 5-4 中，两个单位圆交点处与(1，j0)点的连线与负实轴方向夹角

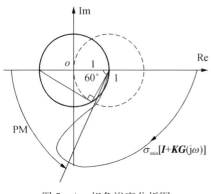

图 5-4 相角裕度分析图

为 60°,而奈氏曲线与虚线圆的交点处幅值大于 1,必在实线单位圆之外,也就是说,其相角裕度必定大于 60°。因此具有全状态反馈的 LQR 可保证有至少 60°的相角裕度。

综上所述可知,LQR 控制具有无穷大的幅值裕度和大于 60°的相角裕度。

2) ALQR 控制方法

因为 LQR 方法求解的是状态调节器问题,虽然稳定性好,却无法满足航空发动机指令跟踪的控制要求。因此国内外专家均通过增广的方法设计 LQR 控制器,使其能够消除稳态误差。

在增广 LQR(ALQR)控制系统设计中,考虑对阶跃类的输入具有鲁棒跟踪和干扰抑制能力[1],使系统的输出 y 跟踪上给定的信号:$r(t) = a \cdot 1(t)$,其中 a 为常向量。则误差为 $e = r - y$。对于含执行机构的发动机被控对象,其数学模型为严格正则的系统,如式(5-12)所示的系统中 $D = 0$。

$$\dot{x} = Ax + Bu$$
$$y = Cx \tag{5-12}$$

则对误差 e 求导可得式(5-13):

$$\dot{e} = \frac{\mathrm{d}(r - y)}{\mathrm{d}t} = -\dot{y} = -C\dot{x} \tag{5-13}$$

可知,若要将误差 e 增广为状态量,则需 $\dot{x}$ 为状态变量,相应的状态方程如式(5-14)所示:

$$\ddot{x} = A\dot{x} + B\dot{u} \tag{5-14}$$

增广后的状态向量为 $\bar{x} = [\dot{x}^{\mathrm{T}} \quad e^{\mathrm{T}}]^{\mathrm{T}}$,得到增广状态方程如式(5-15)所示:

$$\dot{\bar{x}} = \bar{A}\bar{x} + \bar{B}\bar{u} \tag{5-15}$$

式中:$\bar{u} = \dot{u}$;$\bar{A} = \begin{bmatrix} A & 0 \\ -C & 0 \end{bmatrix}$;$\bar{B} = \begin{bmatrix} B \\ 0 \end{bmatrix}$。

式(5-15)就是增广后的 LQR 方法设计对象模型。

对式(5-15)所描述的系统设计 LQR 状态调节器,使得当时间 t 趋于无穷时,所有的状态量都保持为零:$\bar{x} = [\dot{x}^{\mathrm{T}} \quad e^{\mathrm{T}}]^{\mathrm{T}} = \mathbf{0}$,即稳态误差为零。只要系统稳定,即便存在建模误差,依据模型所设计的控制器依然能保证系统的鲁棒跟踪能力。这样就既能保持良好的鲁棒性,在进行指令跟踪时,又能消除稳态误差。具体控制规律可推导如下。

给定 Q、R 矩阵,求解式(5-4)的 Riccati 代数方程,获得状态反馈增益矩阵,记为 $\bar{K}$。将 $\bar{K}$ 按 $\dot{x}$ 和 e 表示为分块矩阵:$\bar{K}=\begin{bmatrix}K_{\dot{x}} & K_e\end{bmatrix}$,则有式(5-16):

$$\dot{u}=-\bar{K}\bar{x}=-\begin{bmatrix}K_{\dot{x}} & K_e\end{bmatrix}\cdot\begin{bmatrix}\dot{x}\\e\end{bmatrix}=-K_{\dot{x}}\dot{x}-K_e e \qquad (5-16)$$

对式(5-16)求拉氏变换,得原系统的控制器如式(5-17)所示:

$$u=-K_{\dot{x}}x-\frac{K_e e}{s} \qquad (5-17)$$

即为用 ALQR 方法设计的控制规律,闭环系统结构如图 5-5 所示。

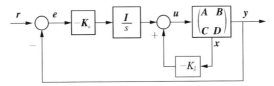

图 5-5　ALQR 控制系统结构图

3) ALQR 控制方法设计举例

以高涵道比发动机模型为对象,在 0 高度、0 马赫数下,以燃油流量指令为输入,高、低压转子转速以及实际燃油为状态,低压转子转速为输出,建立线性化状态变量模型,得到:

$$\dot{x}=\begin{bmatrix}-1.11 & -0.03 & 0\\0.00 & -3.15 & 0\\0 & 0 & -10\end{bmatrix}x+\begin{bmatrix}0.61\\0.48\\10\end{bmatrix}u$$

$$y=\begin{bmatrix}1 & 0 & 0\end{bmatrix}x$$

则按式(5-15)增广后的设计对象模型为:

$$\bar{A}=\begin{bmatrix}-1.11 & -0.03 & 0 & 0\\0.00 & -3.15 & 0 & 0\\0 & 0 & -10 & 0\\-1 & 0 & 0 & 0\end{bmatrix},\bar{B}=\begin{bmatrix}0.61\\0.48\\10\\0\end{bmatrix}$$

设计过程中只需要设置式(5-2)中的状态加权矩阵 Q 和输入加权矩阵 R。为了便于调整参数,选 Q、R 为对角阵[2],因模型为通过相对增量建立的无量纲小偏差状态变量模型,各状态量的数量级基本相同,可采用试凑方法调整 Q、R,可取 $Q=$ diag$(1,1,1,10)$,其中最后一个元素对于状态量中误差分量的加权,为提高系统响应速度,消除稳态误差,可适当将其加大,本例为 10。取 $R=1$。 可以获得:

$$\bar{K}=\begin{bmatrix}2.13 & 0.03 & 0.38 & -3.16\end{bmatrix}$$

则按式(5-16)分块后有:

$$\boldsymbol{K}_x = (2.13 \quad 0.03 \quad 0.38), \ \boldsymbol{K}_e = -3.16$$

采用 SIMULINK 进行仿真验证,结构如图 5-6 所示。在 1 s 时给转速信号做单位阶跃,仿真结果如图 5-7 所示,由图可见,系统具有很好的动静态品质,取得了良好的控制效果。

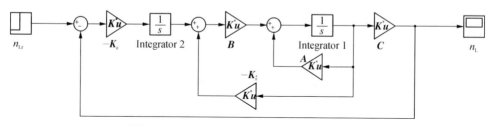

图 5-6　ALQR 闭环 SIMULINK 仿真结构图

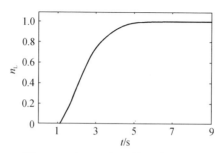

图 5-7　ALQR 闭环输出响应曲线

在国内,对发动机先进控制技术的研究大都处于数字仿真阶段,而南京航空航天大学与中国航发控制系统研究所、中国航发沈阳发动机设计研究所合作,用 ALQR 控制方法控制航空发动机已经成功通过了半物理仿真验证[3],并在发动机台架试车中取得良好效果,这种方法在航空发动机控制上具有良好的应用前景。

5.1.2　发动机 H_∞/LTR 控制技术

在上一小节介绍了具有全状态反馈的 ALQR 控制问题,验证了 ALQR 具有很好的鲁棒性,但是在很多实际情况中,往往不能测量到全部状态变量,这使得 ALQR 控制的应用受到限制。假如我们可以用观测器或 Kalman 滤波器把状态估计出来,再把估计出来的状态进行反馈,就可以解决不可测状态的获得问题,这种将估计出的状态进行反馈控制的方法就是线性二次型高斯控制(linear quadratic Guass,LQG)。但问题在于,用全状态反馈的稳态 ALQR 所具有的鲁棒性并不能在稳态 LQG 控制中得到保证。因此就有必要采用一种具有鲁棒性的 LQG 补偿器设计方法,这就是 LQG/LTR 设计方法。

本节介绍的 H_∞/LTR 方法借鉴 LQG/LTR 方法[4],对 LQG/LTR 方法控制器增益高、对噪声敏感的缺点进行改进。LQG/LTR 实质上是在 LQG 方法的基础上增加了 LTR 步骤,从而克服了 LQG 方法鲁棒性差的特点。其设计分为两个相互独立的步骤:①设计基于 LQR 或 Kalman 滤波器的目标反馈回路,使之具有期望的回路传递函数;②通过求解 Ricatti 方程获得状态反馈增益矩阵,恢复目标反馈回路的传递函数。其对目标传递函数的恢复可以在输入端进行也可以在输出端进行。而在 H_∞/LTR 方法中,设计过程也分为两个步骤,不同之处在于 H_∞/LTR 的目标反馈回路为 LQG 的灵敏度传递函数回路,目标回路的恢复采用 H_∞ 控制的方法,可以使设计出来的控制器具有较小的增益及较低的带宽。

1) 设计原理

对式(5-12)所示的系统,进行 Laplace 变换,可得其传递函数矩阵如式(5-18)所示:

$$\boldsymbol{G}(s) =: \left[\begin{array}{c|c} \boldsymbol{A} & \boldsymbol{B} \\ \hline \boldsymbol{C} & \boldsymbol{D} \end{array}\right] = \boldsymbol{C}(s\boldsymbol{I} - \boldsymbol{A})^{-1}\boldsymbol{B} + \boldsymbol{D} \qquad (5-18)$$

根据标准 LQG 设计方法可以得出图 5-8 所示控制系统,图中 $\boldsymbol{K}_c$ 为 LQR 状态反馈增益矩阵,$\boldsymbol{K}_f$ 为 Kalman 滤波器增益阵。

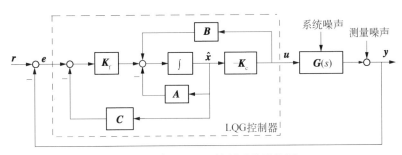

图 5-8 标准 LQG 控制系统结构图

LQG 控制器的状态方程可以描述为式(5-19):

$$\dot{\hat{\boldsymbol{x}}} = (\boldsymbol{A} - \boldsymbol{K}_f\boldsymbol{C} - \boldsymbol{B}\boldsymbol{K}_c)\hat{\boldsymbol{x}} + \boldsymbol{K}_f\boldsymbol{e} \qquad (5-19)$$
$$\boldsymbol{u} = -\boldsymbol{K}_c\hat{\boldsymbol{x}}$$

则可将 LQG 控制器表示为式(5-20):

$$\boldsymbol{K}(s) = \left[\begin{array}{c|c} \boldsymbol{A} - \boldsymbol{B}\boldsymbol{K}_c - \boldsymbol{K}_f\boldsymbol{C} & \boldsymbol{K}_f \\ \hline -\boldsymbol{K}_c & 0 \end{array}\right] \qquad (5-20)$$

无论是 LQG/LTR 还是 H_∞/LTR 均实现所谓的回路传递恢复,因此目标回路是设计的一个重点。目标回路通常采取状态反馈或滤波器反馈的方式设计。基于状态反馈的目标反馈回路结构如图 5-9 所示,基于滤波器的反馈回路结

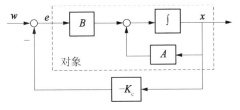

图 5-9 状态反馈回路结构图

构如图 5 - 10 所示。图中的 $\boldsymbol{A}$、$\boldsymbol{B}$、$\boldsymbol{C}$ 矩阵为对象模型的参数矩阵。

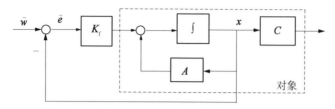

图 5 - 10　滤波器反馈回路结构图

图 5 - 9 所示状态反馈控制系统,其灵敏度传递函数,即从 w 到 e 的闭环传递函数为式(5 - 21):

$$\boldsymbol{S}_{\text{ew}} = (\boldsymbol{I} - \boldsymbol{K}_{\text{c}} \boldsymbol{G}_{\text{F}})^{-1} = \left[\begin{array}{c|c} \boldsymbol{A} + \boldsymbol{B} \boldsymbol{K}_{\text{c}} & \boldsymbol{B} \\ \hline \boldsymbol{K}_{\text{c}} & \boldsymbol{I} \end{array} \right] \tag{5 - 21}$$

式中:$\boldsymbol{G}_{\text{F}} = (s\boldsymbol{I} - \boldsymbol{A})^{-1} \boldsymbol{B}$。

图 5 - 8 所示的标准 LQG 控制系统的灵敏度传递函数为式(5 - 22):

$$\boldsymbol{S}_{\text{LQG}} = [\boldsymbol{I} + \boldsymbol{G}(s)\boldsymbol{K}(s)]^{-1} \tag{5 - 22}$$

LTR 过程恢复目标反馈回路的传递函数,可以定义目标状态反馈回路和 LQG 控制系统的误差传递函数阵为式(5 - 23):

$$\boldsymbol{\varepsilon}_1 = \boldsymbol{S}_{\text{ew}} - \boldsymbol{S}_{\text{LQG}} \tag{5 - 23}$$

类似地,对于图 5 - 10 所示的滤波器反馈回路,可以定义如式(5 - 24)所示的误差传递函数阵

$$\boldsymbol{\varepsilon}_2 = \boldsymbol{S}_{\tilde{e}\tilde{w}} - \boldsymbol{S}_{\text{LQG}} \tag{5 - 24}$$

式中:$\boldsymbol{S}_{\tilde{e}\tilde{w}}$ 为图 5 - 10 中滤波器反馈回路的灵敏度传递函数阵,如式(5 - 25):

$$\boldsymbol{S}_{\tilde{e}\tilde{w}} = (\boldsymbol{I} + \boldsymbol{G}_{\text{H}} \boldsymbol{K}_{\text{f}})^{-1} = \left[\begin{array}{c|c} \boldsymbol{A} - \boldsymbol{K}_{\text{f}} \boldsymbol{C} & \boldsymbol{K}_{\text{f}} \\ \hline -\boldsymbol{C} & \boldsymbol{I} \end{array} \right] \tag{5 - 25}$$

式中:$\boldsymbol{G}_{\text{H}} = \boldsymbol{C}(s\boldsymbol{I} - \boldsymbol{A})^{-1}$。

用 LQG 方法设计的控制器开环传递函数矩阵为 $\boldsymbol{G}(s)\boldsymbol{K}(s)$,如果 LQG 设计中的调节参数选择恰当,它的开环传递函数矩阵可以渐近地逼近目标状态反馈(在对象输出端恢复时逼近 LQR 或在对象输入端恢复时逼近 Kalman 滤波器)的开环传递函数矩阵,即 $\boldsymbol{K}_{\text{c}} \boldsymbol{G}_{\text{F}}$(或 $\boldsymbol{G}_{\text{H}} \boldsymbol{K}_{\text{f}}$),如果这种逼近对所有有限的 $s = \text{j}\omega$ 都成立,那么可以称 LQG 恢复了目标回路传递函数矩阵,即 LTR。对所有有限的 $s = \text{j}\omega$,如果 LQG 设计的灵敏度传递函数矩阵 $\boldsymbol{S}_{\text{LQG}}$,可以渐近地逼近目标回路的灵敏度传递函数矩阵 $\boldsymbol{S}_{\text{ew}}$(或 $\boldsymbol{S}_{\tilde{e}\tilde{w}}$),则 LQG 恢复了目标回路传递函数矩阵,使得 $\boldsymbol{\varepsilon}_1$(或 $\boldsymbol{\varepsilon}_2$)趋于 0。

H_∞/LTR 实现部分灵敏度恢复,即通过合理选择调节参数,使 $\boldsymbol{\varepsilon}_1$(或 $\boldsymbol{\varepsilon}_2$)从某种意义上来说变得很小,并且用 H_∞ 范数来评价 $\boldsymbol{\varepsilon}_1$(或 $\boldsymbol{\varepsilon}_2$)的大小。通过标准 H_∞ 优

化过程,可以实现控制器设计。

2) 加权 H_∞/LTR 方法

目标传函恢复过程中可能使控制器增益较大,进而影响系统的性能,这是由于在上述目标传函恢复过程中没有对控制信号加任何限制。如果调节器的增益及带宽太大,测量噪声就会被放大,而且可能会被放大到一个不合理的程度,甚至可能使被控对象输入饱和而堵塞命令信号通道。因此,如果发生这种情况,即使系统的灵敏度函数和补灵敏度函数都有合理的形状,系统性能也可能会下降。为了避免这种现象发生,考虑在恢复目标回路的过程中对控制量加以约束。

H_∞/LTR 控制器设计最后归结为用 H_∞ 方法求解式(5-23)式(5-24),但由于该式没有限制控制量,因此还是有可能求出不合理的控制器。为此,当以状态反馈回路为目标时,可将 LTR 过程中的优化目标定义为式(5-26):

$$\min_{K(s)\in \mathbf{R}H_\infty}\left\|\begin{matrix}\boldsymbol{\varepsilon}_1\boldsymbol{W}_s(s)\\ \boldsymbol{u}\boldsymbol{W}_u(s)\end{matrix}\right\|_\infty \tag{5-26}$$

式中:$\boldsymbol{W}_s(s)$ 和 $\boldsymbol{W}_u(s)$ 为加权传递函数矩阵。

用标准 H_∞ 优化过程优化式(5-26),寻找参数 $K(s)\in \mathbf{R}H_\infty$,可以求出满足要求的控制器,并且:①$\boldsymbol{\varepsilon}_1\boldsymbol{W}_s(s)$ 在 H_∞ 范数的意义下足够小,使整个控制系统拥有目标回路的性能;②$\boldsymbol{u}\boldsymbol{W}_u(s)$ 在 H_∞ 范数的意义下足够小,从而对控制量 $\boldsymbol{u}$ 的幅值进行约束,保证控制器的增益及带宽在容许的范围内。

下面借助标准 H_∞ 方法求解满足式(5-26)的最优控制器。H_∞ 标准问题如图 5-11 所示。显然,按一般 H_∞ 标准问题求解方法可以求得控制器 $\boldsymbol{C}(s)$,使其满足式(5-27):

$$\|\boldsymbol{T}_{zr}(s)\|_\infty \leqslant \lambda \tag{5-27}$$

式中:$\boldsymbol{T}_{zr}(s)$ 为从 $\boldsymbol{r}$ 到 $\boldsymbol{z}$ 的闭环传递函数,$\lambda > 0$ 为一常数。

为将式(5-26)化为如图 5-11 所示 H_∞ 标准问题,可以将式(5-26)用如图 5-12 所示系统框图表示出来。

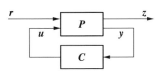

参考图 5-12,记 $\boldsymbol{S}_{\text{LQG}}$、$\boldsymbol{W}_s(s)$ 和 $\boldsymbol{W}_u(s)$ 的状态空间表示分别如式(5-28)~式(5-30):

图 5-11　H_∞ 标准问题结构图

$$\boldsymbol{S}_{\text{ew}}:\dot{\boldsymbol{x}}_t=\boldsymbol{A}_t\boldsymbol{x}_t+\boldsymbol{B}_t\boldsymbol{r},\ \boldsymbol{e}_t=\boldsymbol{C}_t\boldsymbol{x}_t+\boldsymbol{D}_t\boldsymbol{r} \tag{5-28}$$

$$\boldsymbol{W}_s:\dot{\boldsymbol{x}}_s=\boldsymbol{A}_s\boldsymbol{x}_s+\boldsymbol{B}_s\boldsymbol{\varepsilon}_1,\ \boldsymbol{z}_1=\boldsymbol{C}_s\boldsymbol{x}_s+\boldsymbol{D}_s\boldsymbol{\varepsilon}_1 \tag{5-29}$$

$$\boldsymbol{W}_u:\dot{\boldsymbol{x}}_u=\boldsymbol{A}_u\boldsymbol{x}_u+\boldsymbol{B}_u\boldsymbol{u},\ \boldsymbol{z}_2=\boldsymbol{C}_u\boldsymbol{x}_u+\boldsymbol{D}_u\boldsymbol{u} \tag{5-30}$$

根据图 5-12 可得式(5-31)和式(5-32):

$$\boldsymbol{\varepsilon}_1=\boldsymbol{e}_t-\boldsymbol{e} \tag{5-31}$$

$$\boldsymbol{e}=\boldsymbol{r}-\boldsymbol{y} \tag{5-32}$$

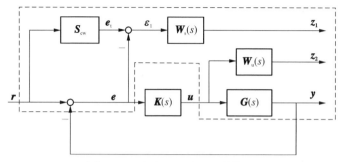

图 5 - 12　加权 H_∞/LTR 结构图

结合式(5-12),以 r 和 u 为输入,z_1、z_2 和 e 为输出,x、x_t、x_s、x_u 为状态,可得虚线框中的广义被控对象 $P(s)$ 对应的状态空间表示如式(5-33)所示:

$$P(s) =: \begin{bmatrix} A_p & B_{p1} & B_{p2} \\ \hline C_{p1} & D_{p11} & D_{p12} \\ C_{p2} & D_{p21} & D_{p21} \end{bmatrix} = \left[\begin{array}{cccc|cc} A & 0 & 0 & 0 & 0 & B \\ 0 & A_t & 0 & 0 & B_t & 0 \\ B_sC & B_sC_t & A_s & 0 & B_sD_t - B_s & B_sD \\ 0 & 0 & 0 & A_u & 0 & B_u \\ \hline D_sC & D_sC_t & C_s & 0 & D_sD_t - B_s & D_sD \\ 0 & 0 & 0 & C_u & 0 & D_u \\ \hline -C & 0 & 0 & 0 & 1 & -D \end{array} \right]$$

$$(5-33)$$

显然,当 $P(s)$ 的表达式确定后,如图 5-12 所示优化问题可以用商业软件,如MATLAB,轻易求解。

H_∞/LTR 设计方法的广义被控对象推导过程比较繁琐,其设计过程主要由以下几步组成:①基于被控对象,设计目标反馈回路的状态反馈控制器,并计算式(5-21)的闭环的灵敏度传递函数矩阵;②选择加权矩阵 $W_s(s)$ 和 $W_u(s)$;③按式(5-33)写出广义被控对象的具体表达式;④用 MATLAB 求解 H_∞ 问题,求出控制器 $K(s)$。

3) 权阵 $W_s(s)$ 和 $W_u(s)$ 的选择

$W_s(s)$ 反映回路恢复的程度,而 $W_u(s)$ 则反映了对控制输出大小的限制,合理地选取它们对系统的性能能至关重要的作用。

由自动控制原理可知,为了实现无静差跟踪,控制系统通常要求在低频段有大的增益,具有 $-20\ dB/dec$ 的斜率,因此,在对象模型中没有积分环节的情况下,$W_s(s)$ 中必须具有积分环节,则增广后的广义被控对象中含有积分环节,可消除阶跃输入信号作用下的稳态误差。同时可使所设计的系统在低频段充分接近目标回路,因此当 $\omega \to 0$ 时,取 $\| W_s \|_\infty \gg \| W_u \|_\infty$。当频率增加时,系统抗噪声的要求逐渐增加,这时就要求当 $\omega \to \infty$ 时,$\| W_u \|_\infty \gg \| W_s \|_\infty$。

此外,从广义被控对象 $P(s)$ 的表达式(5-33)可以看出,$W_s(s)$ 和 $W_u(s)$ 应尽量简单,否则设计出的控制器阶数就会偏高。

为了满足上述要求,以单变量控制系统为例,可以选取 W_s 和 W_u 如式(5-34):

$$W_s = \frac{s+b}{as}$$

$$W_u = \frac{ds}{s+c} \tag{5-34}$$

式中:a,b,c,$d > 0$ 为常数。可以看出,当 $s = j\omega \rightarrow 0$ 时,$W_s \approx \dfrac{b}{as} \propto \dfrac{1}{s}$,$W_u \approx \dfrac{ds}{c} \propto s$,因此,满足当 $\omega \rightarrow 0$ 时,$\|W_s\|_\infty \gg \|W_u\|_\infty$;当 $s = j\omega \rightarrow \infty$ 时,$W_s \approx \dfrac{1}{a}$,$W_u \approx d$,因此,当 $d/a \gg 1$ 时,即有 $\|W_u\|_\infty \gg \|W_s\|_\infty$。所以,按上述结构,合理选取参数 a、b、c、d 就可以找到满足要求的权阵。

4) 低阶目标回路设计

分析广义被控对象 $P(s)$ 的组成,可以看出,除了原被控对象、加权矩阵 $W_s(s)$ 和 $W_u(s)$ 外,还剩下的一个组成部分就是 S_{ew}。因此,如果可以得到一个低阶的 S_{ew},那么广义被控对象 $P(s)$ 的阶数也可以降低,进而可以降低最终求解出的控制器的阶数。

目标回路是设计闭环控制系统时期望能够达到的指标,在目标回路传函恢复过程中,只要某个回路具有良好的性能及鲁棒性,它就可以作为设计的目标回路。采用 LQR(或 Kalman 滤波器)设计目标反馈回路,是因为它是一个具有良好性能及鲁棒性的回路。因此,如果可以找到一个既简单而又具有 LQR(或 Kalman 滤波器)的优良性能和稳定鲁棒性的回路,则完全可以作为目标回路参与 H_∞/LTR 控制器设计。

为此,考虑将 LQR(或 Kalman 滤波器)目标回路降阶,通过回路拟形设计方法,可以用一个低阶的回路取代 LQR(或 Kalman 滤波器)回路。最简单的目标回路应为惯性环节,其开环传递函数为 $1/(Ts)$,结构如图 5-13 所示。通过选择时间常数 T,可以获得具有理想性能的惯性环节,其灵敏度传递函数为式(5-35):

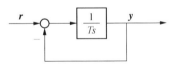

图 5-13 惯性环节目标回路结构

$$S_i(s) = \frac{Ts}{Ts+1} = \left[\begin{array}{c|c} -\dfrac{1}{T} & -\dfrac{1}{T} \\ \hline 1 & 1 \end{array}\right] \tag{5-35}$$

由式(5-35)可见,其目标反馈回路的灵敏度传递函数为 1 阶,状态空间表达式的矩阵为一维,则可用式(5-35)中的矩阵代替式(5-28)中的目标回路灵敏度的状态空间矩阵,参与式(5-33)中广义被控对象的计算,所得的控制器阶次必然低于采用状态反馈和 Kalman 滤波器的方法。

5) 设计举例

设某高涵道比涡扇发动机的小偏差线性化模型如式(5-36):

$$A = \begin{bmatrix} -1.11 & -0.03 \\ 0.00 & -3.15 \end{bmatrix}, B = \begin{bmatrix} 0.61 \\ 0.48 \end{bmatrix}, C = \begin{bmatrix} 1 & 0 \end{bmatrix}, D = 0 \quad (5-36)$$

其以低压和高压转子转速为状态变量,以燃油量为输入变量,低压转子转速为输出变量。设计过程中首先将执行机构增广到发动机模型中,形成如5.1.1节3)中的被控对象模型,并取目标回路为 ALQR 控制器回路,以保证其有良好的鲁棒性。取 LQR 对应二次型指标中的权阵为式(5-37):

$$Q = \mathrm{diag}(1, 1, 1, 10), R = 125 \quad (5-37)$$

则可根据式(5-21)设计出目标回路灵敏度函数 $S_{\mathrm{ew}}(s)$ 如式(5-38)所示:

$$S_{\mathrm{ew}} = \frac{s^4 + 14.26s^3 + 46.09s^2 + 34.96s}{s^4 + 15.21s^3 + 60.12s^2 + 81.51s + 37.11} \quad (5-38)$$

再按式(5-34)分别取 W_{s} 和 W_{u} 为式(5-39)、式(5-40):

$$W_{\mathrm{s}} = \frac{50s + 500}{s} \quad (5-39)$$

$$W_{\mathrm{u}} = \frac{5\,000s}{s + 10} \quad (5-40)$$

用 MATLAB 依据式(5-26)求解图5-12求中的 $K(s)$,称之为控制器 $K_1(s)$,则如式(5-41):

$$K_1(s) = \frac{\begin{aligned} & 84.28s^8 + (0.03s^7 + 0.05s^6 + 0.42s^5 + 1.82s^4 + 4.46s^3 + \\ & \qquad\qquad 6.02s^2 + 4.19s + 1.18) \times 10^6 \end{aligned}}{\begin{aligned} & s^9 + 530.8s^8 + (0.15s^7 + 1.71s^6 + 9.24s^5 + 26.34s^4 + \\ & \qquad\qquad 40.41s^3 + 31.51s^2 + 9.87s) \times 10^5 \end{aligned}} \quad (5-41)$$

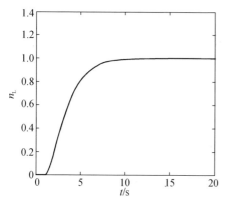

图5-14　H_∞/LTR 闭环系统阶跃响应曲线

控制器 $K_1(s)$ 中含有一个积分环节,使得系统的开环传递函数成为 I 型系统,对阶跃输入信号具有鲁棒跟踪能力。由 $K_1(s)$ 和增广执行机构后的被控对象形成闭环系统,系统在1秒时输入单位阶跃信号的响应曲线如图5-14所示。由图可见,系统取得了良好的稳态性能和动态性能,实现了无静差跟踪。

为了降低控制器阶数,接下来按第

5.1.2 节中 4)所示方法设计低阶 H_∞/LTR 控制器。取目标回路的灵敏度传递函数为式(5-42)：

$$S_1(s) = \frac{s}{s+2} \qquad (5-42)$$

加权矩阵选择同式(5-39)和式(5-40)，则按与控制器 $K_1(s)$ 相同的步骤，可求得低阶控制器 $K_2(s)$，如式(5-43)所示：

$$K_2(s) = \frac{103.8s^5 + (0.28s^4 + 24.76s^3 + 0.92s^2 + 1.42s + 0.74) \times 10^4}{s^6 + (0.06s^5 + 0.92s^4 + 4.51s^3 + 8.68s^2 + 5.76s) \times 10^4}$$

$$(5-43)$$

对比 $K_1(s)$ 和 $K_2(s)$ 可以发现，前者 9 阶，后者 6 阶，这是由于公式(5-38)为 4 阶，而公式(5-42)只有 1 阶，相差 3 阶。所以采用低阶目标回路后，控制器的阶次降低了 3 阶。将控制器 $K_2(s)$ 同样与增广后的对象组成闭环系统，系统在 1 s 时输入单位阶跃信号的响应曲线如图 5-15 所示。由图可见，低阶控制器同样取得了令人满意的控制性能。

可知，H_∞/LTR 方法是一种较好的航空发动机控制方法，根据这种方法设计出的控制器具有良好的控制效果。这种控制方法在国内也通过半物理仿真验证[3]。

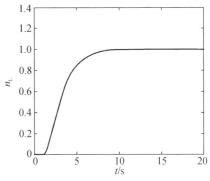

图 5-15 低阶 H_∞/LTR 闭环系统阶跃响应曲线

5.2 发动机智能控制

人工智能是一门多学科相互渗透、具有实用价值的新兴边缘交叉学科，以神经网络、模糊控制等为代表的智能算法在航空发动机上的应用得到越来越多的重视。人工神经网络具有非线性映射特性和学习能力，无需对象的先验知识，能根据对象的输入输出数据直接模拟对象特征，使它成为解决复杂的非线性、不确定系统的辨识和估计问题的有效途径。神经网络的并行处理能力、容错性、分布式处理等，对解决非线性估计问题十分有利。

而在控制方法中，PID 控制由于其结构简单，而且具有较强的鲁棒性，在工业过程控制中一直应用最为广泛。在过去的几十年里，许多 PID 控制参数的整定方法被提出，如 Ziegler-Nichols 法则、均衡优化法则等。它们提供了简单的调整 PID 控制参数的方法。但由于其调整方法对系统动态信息的倚赖较少，在有些情况下，不能取得令人满意的闭环系统性能。而航空发动机是时变的非线性系统，在全包线内，其参数及特性变化很大，所以不可能通过一组 PID 参数完成对发动机的全包线、全工作状态控制。因而,若能将神经网络和 PID 控制相结合,则能提高控制系统对对象参数变化的适应能力,从而提高控制系统的性能。本节将介绍两种神经网络 PID 控制方法,采用应用最为广泛的 BP 神经网络进行设计,在 2.4.1 节中对神经网络的有关问题已有介绍,这里不再赘述。

5.2.1　发动机自适应神经网络 PID 控制

对于航空发动机这种变参数的非线性系统,采用自适应控制方法可以调节控制系统参数使之与发动机的变化工作状态相适应,具有良好的应用前景。这里介绍通过神经网络对发动机被控变量变化进行预测,进而根据发动机输入量的变化,计算被控制量相对输入量的变化来调节 PID 参数的自适应算法,在这里神经网络描述的是输入量和输出量之间的非线性映射关系。

在神经网络设计过程中,将发动机前一时刻的被控变量输出、当前时刻的控制量输入及被控变量输出作为网络的输入,对发动机在下一时刻的被控变量输出进行预测,依据预测输出对输入的变化率,来调节 PID 参数[5]。因此选择网络输入向量 $\boldsymbol{R} = [r_1, r_2, r_3]^{\mathrm{T}} = [y(k-1), y(k), u(k)]^{\mathrm{T}}$,隐层选 9 个神经元。$\boldsymbol{W}_{ij}$、$\boldsymbol{W}_{jm}$ 分别为输入层第 i 个神经元到隐层第 j 个神经元以及隐层第 j 个神经元到输出层第 m 个神经元的连接权,对于高涵道比发动机来说,只有一个闭环被控输出,所以 $m = 1$,f 为隐含层激励函数,选为 logsig(　)函数。其网络结构如图 5-16 所示。

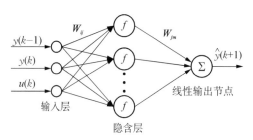

图 5-16　神经网络输出预测结构图

网络隐含层第 j 个节点的输出为式(5-44)和式(5-45):

$$h_j = f\left(\sum_{i-1}^{3} \boldsymbol{W}_{ij} r_i + b_{1j}\right) \tag{5-44}$$

式中:b_{1j} 为隐含层第 j 个节点的偏置。

$$f(x) = \frac{1}{1 + \mathrm{e}^{-x}} \tag{5-45}$$

输出层采用线性输出节点,则网络输出为式(5-46):

$$\hat{y} = \sum_{j=1}^{9} \boldsymbol{W}_{jm} \boldsymbol{h}_j + b_2 \tag{5-46}$$

式中:b_2 为输出层节点的偏置。

利用神经网络辨识输出近似代替发动机的实际输出,得发动机输出对输入的变化率如式(5-47)和式(5-48)所示:

$$\frac{\partial y}{\partial u} \approx \frac{\partial \hat{y}}{\partial u} = \sum_{j=1}^{9} \frac{\partial \hat{y}}{\partial h_j} \frac{\partial h_j}{\partial u} = \sum_{j=1}^{9} W_{jm} W_{3j} \dot{f} \qquad (5-47)$$

$$\dot{f}(x) = \frac{\mathrm{e}^{-x}}{(1+\mathrm{e}^{-x})^2} \qquad (5-48)$$

而常规 PID 控制具有如图 5-17 所示的结构,其控制输出如式(5-49):

$$u(t) = K_{\mathrm{pc}} e(t) + K_{\mathrm{ic}} \int e(t) \mathrm{d}t + K_{\mathrm{dc}} \dot{e}(t) \qquad (5-49)$$

式中:$e(t) = r(t) - y(t)$;K_{pc}、K_{ic}、K_{dc} 分别为连续系统的比例、积分、微分系数。

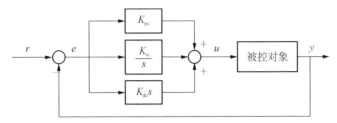

图 5-17 PID 控制系统结构

离散化后的 PID 控制算法的表示式为式(5-50)～式(5-51):

$$u(k) = u(k-1) + K_{\mathrm{p}} X_{\mathrm{c1}} + K_{\mathrm{i}} X_{\mathrm{c2}} + K_{\mathrm{d}} X_{\mathrm{c3}} \qquad (5-50)$$

式中:$K_{\mathrm{p}} = K_{\mathrm{pc}}$、$K_{\mathrm{i}} = K_{\mathrm{ic}} \times T$、$K_{\mathrm{d}} = K_{\mathrm{dc}}/T$ 分别为离散系统的比例、积分、微分系数;T 为采样步长。

$$\begin{aligned}
X_{\mathrm{c1}} &= e(k) - e(k-1) \\
X_{\mathrm{c2}} &= e(k) \\
X_{\mathrm{c3}} &= e(k) - 2e(k+1) + e(k-2) \\
e(k) &= r(k) - y(k)
\end{aligned} \qquad (5-51)$$

PID 控制器目标是使式(5-52)最小。

$$J(k) = \frac{1}{2} e^2(k) \qquad (5-52)$$

采用梯度下降法调整 K_{p}、K_{i}、K_{d},可得 PID 参数的自整定公式为式(5-53)～式(5-55):

$$\Delta K_{\mathrm{p}} = -\eta \frac{\partial J}{\partial K_{\mathrm{p}}} = -\eta \frac{\partial J}{\partial y} \frac{\partial y}{\partial u} \frac{\partial u}{\partial K_{\mathrm{p}}} = \eta e \frac{\partial y}{\partial u} X_{\mathrm{c1}} \qquad (5-53)$$

$$\Delta K_{\mathrm{i}} = -\eta \frac{\partial J}{\partial K_{\mathrm{i}}} = -\eta \frac{\partial J}{\partial y} \frac{\partial y}{\partial u} \frac{\partial u}{\partial K_{\mathrm{i}}} = \eta e \frac{\partial y}{\partial u} X_{\mathrm{c2}} \qquad (5-54)$$

$$\Delta K_{\mathrm{d}} = -\eta \frac{\partial J}{\partial K_{\mathrm{d}}} = -\eta \frac{\partial J}{\partial y} \frac{\partial y}{\partial u} \frac{\partial u}{\partial K_{\mathrm{d}}} = \eta e \frac{\partial y}{\partial u} X_{\mathrm{c3}} \qquad (5-55)$$

其中 $\dfrac{\partial y}{\partial u}$ 由神经网络辨识,通过式(5-47)计算得到。

由于本算法离线进行神经网络参数训练,最终 PID 参数调整是基于式(5-53)~式(5-55)的,其中 $\dfrac{\partial y}{\partial u}$ 的计算也是离线完成的,如式(5-47),使用过程中,只需将对应的参数代入即可求得相应时刻的 $\dfrac{\partial y}{\partial u}$,进而依据式(5-53)~式(5-55)更新 PID 参数,因此本算法具有良好的实时性。

基于神经网络的自适应 PID 控制系统具有如图 5-18 所示的结构。

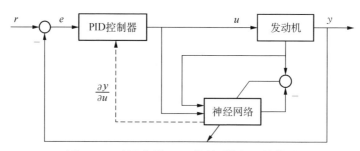

图 5-18 神经网络 PID 控制系统闭环结构图

由于航空发动机工作范围大,在飞行包线的不同分区和不同的工作状态下,表现出不同的性能。为了保证控制系统的精度,对飞行包线按高度进行分区。我们在飞行包线内以高度小于 5 km 的飞行包线范围为例,介绍具体的设计方法。

在包线内改变高度、马赫数、油门杆角度,采集典型的发动机工作状态,将数据划分为输入数据和输出数据,选其中的 2/3 作为训练数据,其余作为测试数据,进行神经网络的训练和测试,结果如图 5-19 和图 5-20 所示。图中的相对误差为神经网络预测输出与目标样本之间的相对偏差,除了个别点训练和测试误差偏大,接近 0.3%,其余大部分点的训练和测试误差均在 0.1% 左右。可见神经网络能够很好地预测发动机的输出。

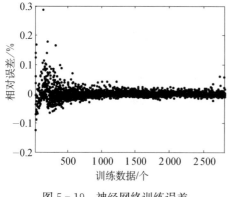

图 5-19 神经网络训练误差

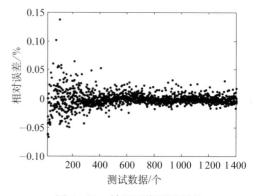

图 5-20 神经网络测试误差

将所训练的神经网络用于 PID 控制参数的调整,开展神经网络自适应 PID 控制的仿真验证,式(5-50)中离散化后的 K_p 的初值设为 4.5,K_i 的初值设为 0.1,K_d 的初值设为 3,控制器参数调整结果如图 5-21 所示,闭环系统仿真及其局部放大曲线如图 5-22 所示,图中同时给出了常规 PID 控制的仿真效果图。如图可见,当发动机工作状态发生改变时,基于神经网络的自适应 PID 控制器参数发生了相应的变化,因而使得控制系统对指令具有更快的跟踪速度,获得了满意的动态和稳态性能。

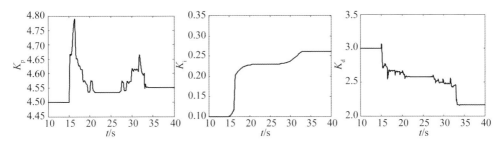

图 5-21　PID 参数的自适应调整

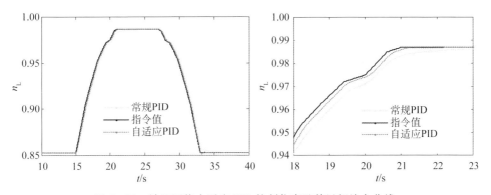

图 5-22　神经网络自适应 PID 控制仿真及其局部放大曲线

5.2.2　发动机神经网络逆模型 PI 控制

1) 神经网络逆控制

逆控制方法就是用一个来自控制器的信号去驱动对象,而该控制器就是控制对象模型的逆,则控制器与被控对象串联后成为增益为 1 的对角阵,如被控对象的传递函数为 $G(s)$,则控制器为对象的逆 $G^{-1}(s)$,若对象的模型能够代表真实对象,而且逆模型是可以实现的,则可采用开环控制方式,系统输出信号可准确跟踪输入,控制系统结构如图 5-23 所示。

图 5-23　逆模型控制结构图

对于航空发动机这个对象来说,不但难于建立其精确的数学模型,而且其模型参数随发动机的工作状态、使用程度而发生变化,因而无法获得其精确的逆模型。

鉴于神经网络具有强非线性映射能力,具有良好的训练、学习功能,可以在线和离线辨识系统。利用人工神经网络可以方便地建立非线性、时变的、复杂的系统模型,而且可以用较小的网络规模处理大批量的数据,所以这里我们采用神经网络来建立系统的逆模型,使之能够在一定的程度上模拟发动机的工作过程,由于逆模型不准确引起的跟踪误差通过 PID 控制来补偿。

以某高涵道比发动机为例,控制系统的输出为燃油流量 W_f,以低压转子转速 n_L 为被控制变量,则 W_f 为神经网络逆控制器的输出。为有效地建立其逆模型,将压气机转速 n_H、风扇转速指令 n_{Lr}、飞行高度 H、飞行马赫数 Ma 同时作为网络的输入,采用三层 BP 网络建立逆模型,考虑到网络规模不要过大,限制隐含层节点数目不超过 15 个,隐含层的激励函数选为 logsig( )函数,输出层的激励函数选为线性的激励函数。为提高逆模型的精度,按高度对飞行包线进行分区,例如在高度在 0~5 km 范围内,发动机油门杆在 20°~65°之间,高度每隔 0.5 km,马赫数每隔 0.05,油门杆每隔 2°,共采集得 4000 多组稳态数据,用于逆模型的训练。训练过程中,当隐含层节点数为 15 时,逆模型的精度最高。逆模型的测试结果如图 5 - 24 所示。

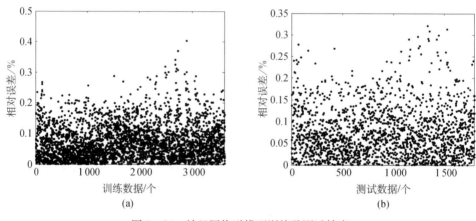

图 5 - 24　神经网络逆模型训练及测试精度

(a) 神经网络训练误差　(b) 神经网络测试误差

2) 神经网络逆控制方法

此处介绍一种以逆模型为前馈控制器,结合 PI 控制偏差,形成复合控制系统,结构如图 5 - 25 所示[5-7]。为了避免转速指令变化过快,在指令信号 n_{Lr} 后面加入了一个惯性环节,对指令信号进行整形,以便获得良好的性能。仿真验证结果如图 5 - 26 所示。仿真过程中,选 $K_p = 5$、$K_i = 4.5$,在发动机部件级模型上,模拟推拉油门杆的工作过程。由图 5 - 26 可见,以逆模型进行前馈的控制系统过渡过程迅速平稳,稳态误差为零,取得了良好的性能。

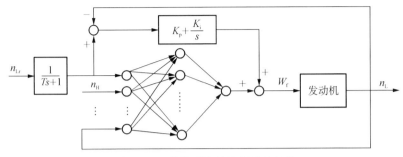

图 5 - 25　逆模型前馈控制系统结构

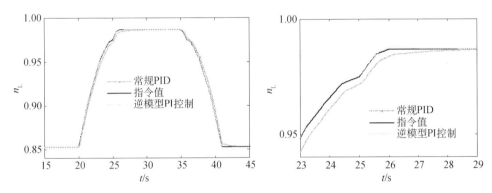

图 5 - 26　逆模型前馈系统动态响应仿真及其局部放大曲线

5.3　发动机性能蜕化缓解控制

5.3.1　性能蜕化缓解控制机理

　　近些年来,随着计算机技术的突破,航空发动机控制方式由液压机械式向数字电子式控制迅猛发展,但目前的数字电子式控制仍可以描述为基于传感器的控制。而航空发动机的主要作用是为飞行器提供所需的推力。如何提供安全、可靠的推力便成为发动机控制系统的首要任务。由于在飞行中推力不易测量,所以设计时通常控制转速或压比等和推力密切相关的量。但是,在飞行包线范围内,发动机工作条件和状态变化很大,转速或压比与推力的关系也复杂多变,对于实际的发动机而言,还需考虑发动机的制造、安装公差及使用期内的性能蜕化等因素,那么转速或压比与推力之间的对应关系更加复杂。因而在发动机及其控制系统设计中,通常需要保留足够的安全裕度,其结果是发动机性能潜力没有得到充分发挥,影响发动机的经济性。若能将推力直接作为被控制量,根据飞行任务对发动机的推力进行控制,则能不受发动机制造、安装公差和使用中的性能蜕化的影响,实现多发之间的匹配工作。

　　为了既能实现直接推力控制,又能充分利用现有资源和技术,性能蜕化缓解控制(performance deterioration mitigation control,PDMC)随之诞生[8]。在 2005 到 2007 年间,NASA 对发动机性能蜕化缓解控制方法进行了研究,并在某大型高涵道比双发商用运输机上进行了飞行仿真试验,研究结果表明:在发动机性能蜕化后,采用PDMC的发动机输出推力与期望推力之间的偏差,远小于传统的转速控制系统,同时燃油消耗率低,提高了发动机性能,有利于多发匹配工作,可减轻飞行员负担[9]。

性能蜕化缓解控制系统结构如图 5-27 所示。

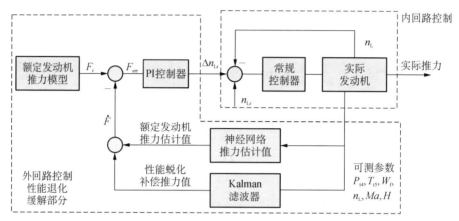

图 5-27　智能发动机性能蜕化缓解控制示意图

由图 5-27 可知,性能蜕化缓解控制包括两部分。第一部分为内回路常规控制,含控制器和限制逻辑,通过控制转速 n_L(或压比 EPR),使发动机工作在安全限制内,并给飞机提供所需的推力。第二部分为外回路控制,实现性能蜕化缓解功能,包括:①由神经网络和 Kalman 滤波器组成的推力估计器;②将推力控制偏差 F_{err} 转换为转速指令信号调整 Δn_{Lr} 的 PI 控制器;③产生推力指令信号 F_r 的额定发动机推力模型。只要估计推力 $\hat{F}$ 和推力指令之间存在偏差,由于积分环节的存在,则会不断调整转速指令,进而调节发动机的输出转速和推力,直至消除偏差。

在性能蜕化缓解控制中,是以估计推力作为反馈的,因而最终与推力指令一致的也是估计出的推力,只有推力估计准确,才能保证发动机实际推力与期望推力相一致,因而推力估计器的精度直接关系到性能蜕化缓解控制系统的有效性。

5.3.2　推力估计技术

推力估计器是性能蜕化缓解控制的关键。常用的推力估计方法包括两种:一种是基于模型的推力估计方法;一种是基于数据的推力估计方法。由于基于模型的推力估计通常会受到模型实时性和存储空间的限制,且其设计方法与自适应模型相同,已经在 2.5 节中有了相关介绍,所以这里介绍基于数据的推力估计方法。在包线范围内采集发动机稳态工作点数据,通过相关性分析和机理分析选择推力估计器的输入参数,并训练基于稳态数据的推力估计器。这样做的结果是:推力估计器对额定发动机的稳态工作点具有较高的估计精度,但在动态过程中及发动机性能蜕化的情况下,却不能取得令人满意的效果。因此在稳态推力估计模块的基础上,应考虑动态偏差修正及发动机性能蜕化补偿,使其适用于发动机的各种工作状态和工作情况。

在常规的推力估计方法中,通常使用发动机稳态数据来对推力进行映射,这样可以使其工作范围覆盖整个飞行包线,通过分析发动机各截面参数和推力的相关性并在包线内分区训练来提高估计器的精度。

常用于参数估计的智能映射方法包括支持向量机、神经网络和极端学习机等。而其中以 BP 神经网络应用最为成熟。下面以 BP 神经网络为例介绍推力估计器的设计方法。

首先要获得训练样本。基于发动机部件级模型,在发动机全飞行包线各种功率水平下采集各个截面的稳态数据和推力、燃油等信息。通常按高度对飞行包线进行分区,形成小包线。例如在高度在 $0\sim5\,\mathrm{km}$ 范围内,发动机油门杆在 $30°\sim70°$ 之间,高度每隔 $0.5\,\mathrm{km}$,马赫数每隔 0.05,油门杆每隔 $2°$ 共采集约 2600 组稳态数据,每组数据包含推力值和所有的 33 个可测参数,详见表 $5-1$。

表 5-1 发动机参数表

序号	变量	描述	序号	变量	描述
1	H	高度	18	T_{t4}	高压涡轮入口总温
2	Ma	马赫数	19	P_{t45}	低压涡轮入口总压
3	PLA	油门杆角度	20	T_{t45}	低压涡轮入口总温
4	W_f	主燃烧室供油量	21	P_{t5}	内涵喷管进口总压
5	n_L	低压转子转速	22	T_{t5}	内涵喷管进口总温
6	n_H	高压转子转速	23	P_{t6}	内涵喷管出口总压
7	P_{t2}	进气道出口总压	24	T_{t6}	内涵喷管出口总温
8	T_{t2}	进气道出口总温	25	P_{t13}	外涵喷管进口总压
9	P_{t22}	风扇进口总压	26	T_{t13}	外涵喷管进口总温
10	T_{t22}	风扇出口总温	27	P_{t16}	外涵喷管出口总压
11	P_{t23}	外涵道进口总压	28	T_{t16}	外涵喷管出口总温
12	T_{t23}	外涵道进口总温	29	PIT	涡轮膨胀比
13	P_{t25}	压气机进口总压	30	PRF	风扇压比
14	T_{t25}	压气机进口总温	31	PRC	压气机压比
15	P_{t3}	燃烧室进口总压	32	PITG	高压涡轮膨胀比
16	T_{t3}	燃烧室进口总温	33	PITL	低压涡轮膨胀比
17	P_{t4}	高压涡轮进口总压	34	F	发动机推力

对于发动机而言,表 $5-1$ 中各变量的量级相差较大。为了避免各变量由于量级不同所造成的相关性分析不准,同时避免神经网络对某一输入特别灵敏或不灵敏,首先要对样本数据进行标准化处理。设样本数据的最大可能值为 D_{max},最小可能值 D_{min},数据本身为 D_i,标准化后的数据为 $\overline{D}_i$,假定将数据转化到 $1\sim2$ 之间,则数据标准化处理公式如式($5-56$)所示:

$$\overline{D}_i = \frac{(2D_i - D_{max} - D_{min})}{2(D_{max} - D_{min})} + \frac{3}{2} \qquad (5-56)$$

1) 稳态推力估计器输入量选择

常用的推力估计器输入量选择方法包括相关性分析法和机理分析法。

相关性分析法指应用数理统计知识对发动机可测数据及不可测数据进行分析,找出与发动机推力相关性强且彼此之间相关性较弱的可测变量的方法。

用相关系数表征两个变量之间相关性,其定义如式(5-57):

$$\rho_{xy} = \frac{E[(X-\overline{X})(Y-\overline{Y})]}{\sigma_x \sigma_y} \tag{5-57}$$

式中:$\overline{X}$、$\overline{Y}$ 分别是 X、Y 的数学期望;E 为数学期望算子;σ_x、σ_y 分别是 X、Y 的标准差。

$$0 \leqslant |\rho_{xy}| \leqslant 1$$

如果给出 N 组数据点,可以用式(5-58)逼近 ρ_{xy}:

$$\hat{\rho}_{xy} = \frac{\dfrac{1}{N}\sum_{i=1}^{N}(X_i - \overline{X})(Y_i - \overline{Y})}{\sqrt{\dfrac{1}{N}\sum_{i=1}^{N}(X_i - \overline{X})^2 \dfrac{1}{N}\sum_{i=1}^{N}(Y_i - \overline{Y})^2}} \tag{5-58}$$

应用式(5-58),生成多维的相关系数对称矩阵 $\boldsymbol{K}$,对称矩阵 $\boldsymbol{K}$ 中第 i 行与第 j 列对应的元素值 $\boldsymbol{K}_{ij}$ 就是变量 X_i 与变量 Y_j 的相关性系数。在对称矩阵 K 中取出对应推力的列向量 $\boldsymbol{K}'$,向量 $\boldsymbol{K}'$ 的元素值表示发动机各个可测变量与推力的相关程度。选定一个阈值 $\delta(0 < \delta < 1)$,剔除 $\boldsymbol{K}'$ 中相关性小于 δ 的变量,保留高于 δ 的变量。在不会对估计结果造成明显影响的同时,注意可测变量之间的相关性,避免彼此相关性过高的变量包含重复和冗余的信息。为此,可以定义另一阈值 $\delta'(0 < \delta' < 1)$,当两个可测变量之间相关系数大于 δ' 时,剔除一个与推力相关系数较小的变量。

在本节研究的数据中,根据推力 F 所在列向量元素进行排序,选取 $\delta=0.65$,剔除相关性小于 δ 的量,得到与推力相关系数大于 δ 的变量有 PLA、W_f、n_L、P_{t4}、T_{t3}、P_{t5}、T_{t5}、n_H、H 等 12 个变量。首先保留 W_f、n_L 两个相关系数较高的变量,对于其他变量按照彼此相关性小于 δ'(取 0.85)的标准进行筛选,剩余变量有 P_{t5}、H、T_{t5} 三个变量,则所选的 5 个变量均为发动机的现有传感器所测量的变量。

机理分析法是指从涡扇发动机的工作原理出发,从其工作时的变量关系出发选择推力估计器的输入参数。发动机对象的输入参数是 H、Ma、W_f,输出参数为 n_H、n_L、各截面气动参数及性能参数。结合相关分析,选取 H、n_L、W_f、P_{t5}、T_{t5} 和 Ma 作为推力估计器的输入参数,以此来训练稳态的神经网络。

2) 稳态推力估计器设计

本节采用三层前向 BP 神经网络设计稳态推力估计器,隐层节点数取 15,激励函数选为 Logsig,输出层的激励函数选为 Pureline,采用 L-M 法作为训练函数。稳态神经网络推力估计模块如图5-28所示。训练结果如图5-29所示。图5-29是推力训练的相对误差,其定义如式(5-59):

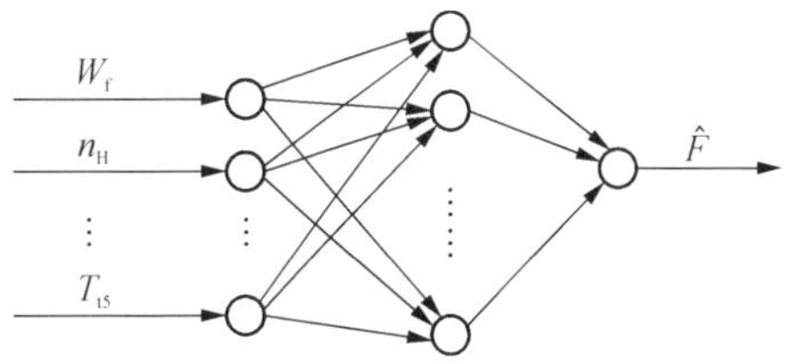

$$E = (\bar{F}_{\mathrm{T}} - \hat{F})/\bar{F}_{\mathrm{T}} \times 100\% \quad (5-59)$$

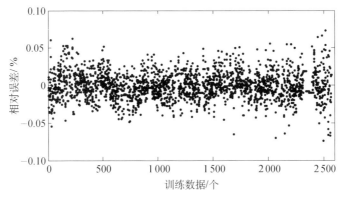

图5-28 稳态推力估计网络拓扑结构

式中:E 为推力估计的相对误差;$\bar{F}_{\mathrm{T}}$ 为归一化后的目标样本推力值;$\hat{F}$ 为归一化后的估计推力值。

图5-29 稳态推力估计相对误差图

从图5-29中可以看出,推力估计器取得了较高的训练精度,其稳态估计最大相对误差小于0.1%,大部分估计误差小于0.05%,可以作为推力估计器中的额定发动机稳态推力估计模块。

3)动态推力估计偏差修正设计

在发动机推力估计器实际应用中,需要考虑发动机动态工作过程。基于稳态数据训练的网络,在发动机动态工作过程中,推力估计会存在较大的偏差。为此同样采用 BP 神经网络设计动态偏差修正模块,以弥补稳态推力估计模块在发动机动态过程中的估计偏差。同样在稳态网络的小包线范围内,采集典型的动态工作过程数据,并在稳态推力估计网络中进行测试,得到稳态网络在动态过程使用中出现的估计偏差,通过 BP 网络对这个估计偏差进行映射,以便修正稳态网络的输出。

在高度5km以下、马赫数0.8以下的小包线内通过调整飞行高度、马赫数及油门杆角度,采集了4466组动态数据,每组包含选择后的6个可测参数和推力,形成了一个4466×7矩阵。

对于采集的动态数据,利用式(5-56)进行归一化处理,消除数据量级不同的影响。值得注意的是,所采用的 $D_{\min}$ 与 $D_{\max}$ 与稳态网络训练时相同。

将处理过的数据代入稳态神经网络模型,其相对误差结果如图5-30所示。

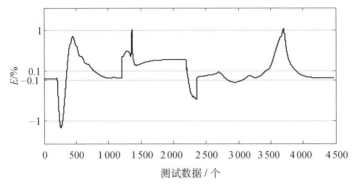

图 5 - 30　动态数据测试相对误差图

可以看出,基于稳态数据训练的推力估计器直接应用于动态过程的推力估计时,最大估计误差达到1‰左右,会直接影响推力控制的精度,为此必须针对动态过程对稳态推力估计器结果进行修正。

对图 5 - 30 的运行结果进行分析,发现误差信号主要与各参数在动态过程中的增量有关。同样对推力误差与各个变量增量做相关性分析,得出低压转子转速增量 Δn_L、压气机压比增量 $\Delta \pi_C$ 与推力估计误差的相关性较高,因此采用低压转子转速和压气机压比增量作为输入,训练推力估计的动态修正神经网络。

为提高推力修正的精度,取 Δn_L 和 $\Delta \pi_{C(k)}$ 的当前增量、前一步增量和前两步增量作为网络的输入,即以 $\Delta \pi_{C(k)}$、$\Delta \pi_{C(k-1)}$、$\Delta \pi_{C(k-2)}$、$\Delta n_{L(k)}$、$\Delta n_{L(k-1)}$、$\Delta n_{L(k-2)}$ 作为神经网络的输入。

动态修正神经网络的建立过程与稳态推力估计神经网络的建立类似,在此不作赘述。

将基于常规方法设计的稳态推力估计器和动态修正模块相结合开展仿真,验证其推力估计效果。在包线内,进行推拉油门杆和改变高度、马赫数的仿真,结果如图 5 - 31 所示。图中 E_s 代表稳态网络的推力估计偏差,E_{s+d} 代表稳态估计模块+动态修正模块的推力估计偏差。从图中可以看出,加入修正模块后,推力估计误差

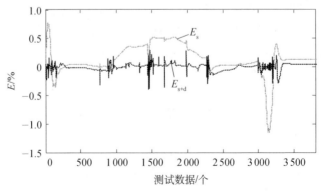

图 5 - 31　动态误差修正仿真

大幅度减小，同时稳态的推力估计精度也进一步得到提高。

4）基于 Kalman 滤波器的发动机蜕化推力补偿

实际发动机在使用过程中存在着性能蜕化。基于额定发动机模型设计的稳态推力估计模块和动态推力修正模块，未考虑发动机性能蜕化对推力的影响，为此需要估计出由性能蜕化带来的估计偏差，以补偿基于神经网络设计的额定发动机推力估计器对蜕化发动机进行估计时的偏差，使推力估计范围由额定发动机扩展到蜕化发动机。

常用的发动机性能蜕化估计方法为 Kalman 滤波方法。下面应用常规 Kalman 滤波方法，估计发动机的性能蜕化，其结构如图 5-32 所示，具体算法见 2.5.1 节。用于推力估计补偿时，在原有状态空间方程的基础上，增加一个输出方程，方程以推力作为输出，其输入为燃油流量，状态量为低压转子转速、高压转子转速以及发动机的性能蜕化参数，如式（5-60）所示。

$$\Delta \hat{F}_c = \bar{C}_F \Delta \bar{x} + \bar{D}_F \Delta u \qquad (5-60)$$

式中：$\Delta \bar{x} = [\Delta x^T, \ \Delta \eta^T]^T$，$\Delta x = [\Delta n_L, \ \Delta n_H]^T$，$\Delta \eta$ 代表发动机的性能蜕化，包括风扇流通能力蜕化 η_{Fw}、压气机流通能力蜕化 η_{Cw}、高压涡轮效率蜕化 η_{He}、低压涡轮效率蜕化 η_{Le}，认为同一部件中，流通能力和效率的蜕化相互耦合，因此在每个转动部件中设置了一个蜕化量，另外一个蜕化量通过耦合计算。

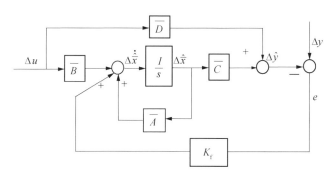

图 5-32 常规 Kalman 滤波器结构

则应用 Kalman 滤波器对发动机健康参数进行有效估计后，就可以代入公式（5-60），将性能蜕化对推力的影响估计出来。

将稳态推力估计模块、动态过程修正模块以及蜕化后推力补偿模块并联形成推力估计器。为验证推力估计效果，在高度为 0 km、马赫数为 0、PLA＝30°时，模拟健康参数均蜕化 1% 的情况，在发动机部件级模型上进行推拉油门杆的仿真，其推力估计效果及误差效果如图 5-33 和图 5-34 所示。图 5-33 中，$\bar{F}_r$ 代表估计推力的目标值，$\bar{F}_{s+d+c}$ 代表结合了稳态估计、动态修正和蜕化补偿后的推力估计值，$\bar{F}_{s+d}$ 代表结合了稳态估计、动态修正的推力估计值，不含蜕化补偿部分。图 5-34 中有关符号的下标含义与图 5-33 中的相同。由图可见，加入性能蜕化估计模块后，在发动机性能蜕化的条件下，可以对蜕化造成的估计偏差进行有效的补偿。

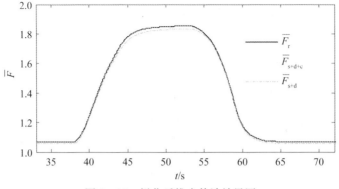

图 5 - 33　蜕化后推力估计效果图

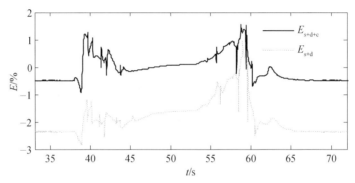

图 5 - 34　蜕化后推力估计偏差图

5.3.3　性能蜕化缓解控制器设计

在性能蜕化缓解控制中,包含两个控制器,一个是内回路的转速控制器,一个是外回路的转速指令修正控制器。对于内回路转速控制器可以采用 ALQR 方法等进行设计,而对于外回路推力偏差到转速指令的修正,通常采用 PI 控制方法。通过调节转速指令信号最终能补偿因蜕化造成的实际推力偏离额定值,从而改善发动机的工作状态,减少因发动机性能蜕化所带来的双发推力不匹配情况。由于 ALQR 等转速控制方法已经在 5.1 节和 5.2 节中介绍过了,下面将对外回路的性能蜕化缓解控制部分加以介绍。

控制系统是基于指令信号进行工作的。推力指令一般可以基于额定的发动机部件级模型产生,它可以实时根据当前飞行条件和油门杆角度计算发动机在额定状态下的推力,并将其作为性能蜕化缓解控制系统的指令。推力指令也可以根据飞行条件和油门杆角度通过插值或神经网络映射得到。其中以基于额定发动机部件级模型的方法获得的推力指令最为精确,避免了插值或神经网络训练误差,但是部件级模型计算复杂,耗费系统资源较多,且实时性较差。用插值的方法需要存储大量的推力指令数据,而采用神经网络映射的方法虽然会存在训练误差,但结构简单。

为了缓解发动机性能蜕化所引起的推力变化,以及由此造成的多发性能不匹配问题,需要对原转速控制系统的指令信号进行调整,使其能够输出额定发动机的推力,以达到缓解性能蜕化的目的。性能蜕化缓解控制将外回路推力控制偏差(推力指令与推力估计值之间的偏差)转换为内回路转速指令的修正。

由推力偏差到转速指令的修正为单输入单输出控制,为此可选择应用最为广泛、结构最简单的 PI 控制来实现这一功能[10]。

基于数字控制系统,采用离散化的比例积分控制器,则有式(5-61):

$$\Delta n_{Lr}(k) = K_p F_{err}(k) + K_i \sum_{i=1}^{k} F_{err}(i) T \tag{5-61}$$

式中:K_p 为比例增益;K_i 为积分增益;T 为采样周期;Δn_{Lr} 为指令修正值,也是 PI 控制器的输出;F_{err} 为推力跟踪误差。

在发动机模型中,通过调节 K_p、K_i 参数,使得发动机在不超温、不超转、不喘振的情况下,估计出的推力能够快速并准确跟踪上推力指令。

通过在部件级模型上对性能蜕化缓解控制系统进行仿真调试,最终选择 PI 控制器的参数为:比例增益 $K_p = 100(r/min)/N$,积分增益 $K_i = 40(r/min)/N$。以地面状态(即为高度 $H = 0km$,马赫数 $Ma = 0$),油门杆角度 PLA 从 30°增加至 70°,低压涡轮效率蜕化 0.01 为例进行仿真,结果如图 5-35 所示,图中 F_r 代表推力的指令值,F_{PDMC} 代表采用性能蜕化缓解控制后,发动机输出的推力,F_{s+d+c} 代表推力的估计值,F_{nL} 代表采用常规转速控制时,发动机输出的推力,图中变量均为归一化后的数值,为了绘图方便,省略了顶标"-"。

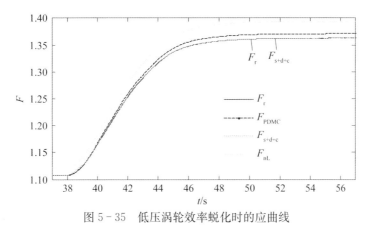

图 5-35　低压涡轮效率蜕化时的应曲线

从图 5-35 中可以看出随着油门杆角度的增大,采用常规转速控制方法,其推力与额定发动机的推力(即推力指令)之间的偏差在不断增加,燃油消耗也将随之增多,会带来多发之间的推力不匹配和经济上的浪费。而采用蜕化缓解控制后,系统的输出推力与额定发动机之间的偏差大大减小,同时燃油消耗也减少了,有利于在保证推力的情况下提高经济性。图中推力的估计值 F_{s+d+c} 准确跟踪了推力的指令值 F_r,这两根曲线基本重合,证明了外回路控制的有效性。

同样在地面状态,模拟压气机流通能力蜕化量为 0.01,油门杆角度 PLA 从 30°增加至 70°过程中,仿真结果如图 5-36 所示,各变量含义与图 5-35 相同。

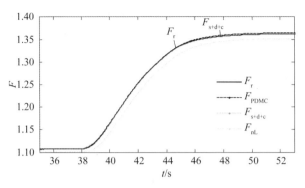

图5-36　压气机流通能力蜕化响应曲线

从图5-36中不难发现,在压气机流通能力蜕化0.01的情况下,常规转速控制输出推力明显小于额定发动机推力,同样会产生双发推力不匹配现象,也可能造成推力不足,进而影响飞行性能。而采用性能蜕化缓解控制,发动机输出推力与额定发动机基本一致,可有效避免由发动机性能蜕化带来的弊端。

5.4　发动机综合性能实时优化控制

5.4.1　概述

发动机实时优化控制或性能寻优控制(performance seeking control,PSC)隶属于模型基控制[11, 12],PSC主要包括一条修正发动机模型的路径和一条对模型预估性能进行优化的路径,首先通过机载自适应模型实时跟踪发动机真实状态,而后利用优化算法实时修正发动机工作点来调整控制规律,实时优化发动机性能(如提升净推力、降低巡航油耗等)。在NASA分析的最值得发展的发动机先进控制技术中,PSC占据了第二位[13],由此可见发动机实时优化控制的作用。

随着大飞机性能要求的不断提高,其控制系统间的耦合作用也日益增强,传统的将飞机和发动机控制系统分开设计的方法由于没有考虑到其间的耦合作用而渐显劣势。随之而来的是,结合飞机和发动机的综合信息进行优化设计的飞机/发动机综合控制方法。发动机性能寻优控制(PSC)作为飞机/发动机综合控制研究的核心内容,可依据不同的飞行需求对发动机性能进行实时优化,其基本思想是通过减小发动机各约束的控制裕度,达到发动机控制量的最佳匹配,从而使得发动机在安全工作的同时最大限度地发挥其潜力,达到特定的性能指标或综合指标最优。发动机性能寻优控制主要包括最大推力、最小油耗、最低涡轮温度三种控制模式,最大推力模式用于提升发动机在爬升、加速任务时的最大推力,最小油耗模式用于巡航时降低油耗以改善系统的经济性,最低涡轮温度模式则用于起飞或大马赫数飞行任务,降低涡轮前温度而延长发动机寿命[14]。从以下讨论,我们将知道,上述优化控制模式都是在发动机处于稳态或准稳态时,才可以应用。在20世纪90年代,NASA就已对发动机性能寻优控制展开了系统的研究,并成功进行了大量的飞行试验[15]。近年来,国内对该技术也逐渐重视,理论与工程方面已趋于成熟。

下面对发动机多模式性能寻优控制原理、优化算法、机载模型以及数字仿真分别进行介绍。

5.4.2　发动机性能寻优控制原理

虽然航空发动机是时变的多变量非线性系统,但飞机实际飞行时,发动机仅在飞行员快速推动油门杆时状态变化剧烈,属于大扰动工况。此类扰动相对于飞行任务来说时间很短,属于瞬态过程。飞行的绝大多数时间里,发动机状态变化缓慢,接近稳态,我们称之为工作在准稳态状况。据统计,对一个典型的空中优势任务来说,推进系统工作在准稳态方式的时间约占整个任务段的 95%[16],对于大飞机发动机除了起飞着陆外几乎都是准稳态工作,这就为优化算法的应用奠定了可行性基础。

针对本文研究的大飞机涡扇发动机,优化控制模式包括最小油耗及最低涡轮温度控制模式,可供选择的控制量为式(5-62):

$$\boldsymbol{u}=[W_{\mathrm{f}},\ \beta_{\mathrm{F}},\ \beta_{\mathrm{C}}]^{\mathrm{T}} \tag{5-62}$$

式中:β_{F} 为风扇导叶角;β_{C} 为压气机导叶角。

在寻优计算过程中,将全部三个控制变量均作为寻优变量处理,从而最大限度地提高系统性能。寻优的同时,必须保证发动机安全工作,以及强度和使用寿命的限制,因而要考虑发动机工作过程中的约束条件,包括:①控制量可行区域限制;②执行机构位移限制;③发动机安全稳定工作的限制,如不超温、不进喘、不超转等。因而,优化计算的约束条件可以描述如式(5-63):

$$\begin{cases} W_{\mathrm{f,\ min}} \leqslant W_{\mathrm{f}} \leqslant W_{\mathrm{f,\ max}}, & \beta_{\mathrm{F,\ min}} \leqslant \beta_{\mathrm{F}} \leqslant \beta_{\mathrm{F,\ max}}, \\ \beta_{\mathrm{C,\ min}} \leqslant \beta_{\mathrm{C}} \leqslant \beta_{\mathrm{C,\ max}}, & T_{42} \leqslant T_{42,\ \mathrm{max}}, \\ n_{\mathrm{L,\ min}} \leqslant n_{\mathrm{L}} \leqslant n_{\mathrm{L,\ max}}, & n_{\mathrm{H,\ min}} \leqslant n_{\mathrm{H}} \leqslant n_{\mathrm{H,\ max}}, \\ \mathrm{SM}_{\mathrm{F,\ min}} \leqslant \mathrm{SM}_{\mathrm{F}}, & \mathrm{SM}_{\mathrm{C,\ min}} \leqslant \mathrm{SM}_{\mathrm{C}}. \end{cases} \tag{5-63}$$

满足上述约束条件的寻优变量集合定义为可行域 I,即要求在优化过程中满足 $\boldsymbol{u} \in I$。

最小油耗控制模式用于飞机巡航状态,需在保持推力的情况下尽可能地降低发动机单位耗油率,以增加飞机的经济性。该控制模式要求推力基本不变,但由于 W_{f} 的下降会造成推力损失,因而只有通过综合调节风扇和压气机导叶角开度,增大发动机进口空气换算流量,提升风扇和压气机工作效率,在一定程度上弥补推力的损失。最小油耗控制模式中,优化路径是沿等推力线行进,其全局最优点往往是控制变量可行区域内的全局效率最高点,如图5-37所示。该控制模式的数学描述如式(5-64)所示:

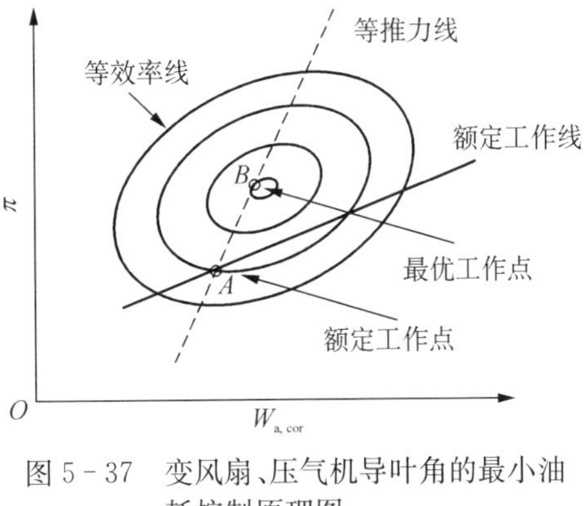

图 5-37　变风扇、压气机导叶角的最小油耗控制原理图

$$\min sfc$$
$$\text{s. t.} \quad \begin{cases} \boldsymbol{u} \in I \\ F = \text{constant} \end{cases} \tag{5-64}$$

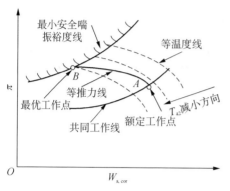

图 5-38　最低涡轮温度控制原理图

飞机在起飞或较大马赫数飞行时,涡轮温度较高,对涡轮寿命影响很大,最低涡轮温度控制模式是在发动机安全工作及保持推力不变前提下,以降低涡轮出口温度为优化目标,从而延长发动机的使用寿命。该控制模式下,主要是通过减小燃油流量 W_f,降低发动机转速和涡轮温度。为了保持推力恒定,需要同时调节风扇和压气机导叶角度,以提高发动机压比 EPR 确保发动机推力不变,如图 5-38 所示。该控制模式的数学描述如式(5-65)所示:

$$\min T_{42}$$
$$\text{s. t.} \quad \begin{cases} \boldsymbol{u} \in I \\ F = \text{constant} \end{cases} \tag{5-65}$$

由式(5-64)~式(5-65)可综合上述两种优化控制模式,发动机性能寻优控制可以用式(5-66)所示的非线性规划形式来数学表达:

$$\max(\min) \quad f(\boldsymbol{u})$$
$$\text{s. t.} \quad \begin{cases} g_j(\boldsymbol{u}) \leqslant 0, \ j = 1, \cdots, m_1 \\ h_i(\boldsymbol{u}) = 0, \ i = m_1, \cdots, m \\ \boldsymbol{u} \in I \end{cases} \tag{5-66}$$

式中:$h(x)$ 为等式约束;$g(x)$ 为不等式约束。从上述分析中可知,除了要满足推力不变条件外,还要满足不等式(5-63)约束,故共包含 13 个不等式约束和 1 个等式约束。在发动机性能寻优过程中,即可通过特定的优化算法来实时寻找控制参数 $\boldsymbol{u}$ 的最佳组合,使得发动机的某项性能达到最优。

5.4.3　发动机性能寻优控制算法

对于发动机性能寻优,NASA 与国内通常采用较为简单梯度积分、线性规划(LP)等算法进行寻优计算[17]。常用的线性规划的基本思路是:当机载的准稳态判断模块判断到发动机处于准稳态工况,并且优化指令处于接通状态时,对非线性的发动机对象在线地采用小区间分段线性化,将发动机性能指标和约束条件在某一小区间范围内线化,在逐段线化的小区间范围内,用 LP 算法求得该区间上性能指标的局部最优值,发动机根据优化修正指令运行至新的工作点,在此新工作点继续进行线性化和优化,最终通过飞机和发动机本身的物理运行过程,收敛至全局最优值。

　　然而,发动机是强非线性的系统,线性规划法需要在线把非线性的发动机对象线性化,线性化时不可避免地出现转换误差,线性化过程也是误差的积累过程,最终求得的最优点也会偏离发动机实际的全局最优点。以此种方法求得的线性化方程组只能近似反映非线性对象在此工作点附近的工况,这些转换误差会使得优化结果偏离实际最优点。特别是在有等式约束的情况下,由于等式约束是比较强的约束,使用 LP 算法求解线性化方程组只能得到满足此线性关系的等式约束,无法保证非线性模型的等式约束同样得到满足,事实上将此优化结果加于非线性对象时,不可避免地会出现等式约束无法保持的情况。

　　由于发动机性能寻优控制属于一种在线的准稳态寻优控制,优化算法的实时性及优化精度对最终发动机工作点的优化结果有着至关重要的影响。如前所述,针对航空发动机这个非线性的复杂被控对象,FSQP 算法体现出了比传统 LP 算法、SQP 算法更大的应用优势,本书中采用 FSQP 算法进行优化方案设计。下面对 FSQP 算法进行简要介绍[17]。

　　FSQP 是一种非线性迭代算法,主要求解具有不等式约束的非线性规划问题,其表达形式如式(5-67):

$$\min f(\boldsymbol{x})$$
$$\text{s. t.} \begin{cases} g_j(\boldsymbol{x}) \leqslant 0, \ j=1, \cdots, m_1 \\ h_i(\boldsymbol{x}) = 0, \ i=m_1, \cdots, m \end{cases} \quad (5-67)$$

式中:$\boldsymbol{x}=(x_1, x_2, \cdots, x_n)^{\mathrm{T}}$;$f(\boldsymbol{x})$、$g(\boldsymbol{x})$ 与 $h(\boldsymbol{x})$ 均为连续可微的非线性函数,其可行域如式(5-68):

$$\boldsymbol{X} = \{\boldsymbol{x} \in \mathbf{R}^n \mid g_j(\boldsymbol{x}) \leqslant 0, \ j=1, \cdots, m_1; \ h_i(\boldsymbol{x}) \leqslant 0, \ i=m_1, \cdots, m\}$$
$$(5-68)$$

　　FSQP 算法的主要思想就是在每一步(即迭代点 x_k)构造如式(5-69)所示的二次规划(QP)子问题并进行求解,可得其可行性搜索方向 $\boldsymbol{d}_k$ 和变量 γ_k:

$$\min\left\{\frac{1}{2}\boldsymbol{d}_k^{\mathrm{T}}\boldsymbol{H}_k\boldsymbol{d}_k + \gamma_k\right\}$$
$$\text{s. t.} \begin{cases} \nabla f(\boldsymbol{x}_k)^{\mathrm{T}}\boldsymbol{d}_k \leqslant \gamma_k \\ g_j(\boldsymbol{x}_k) + \nabla g_j(\boldsymbol{x}_k)^{\mathrm{T}}\boldsymbol{d}_k \leqslant \gamma_k\eta_k, \ j=1, \cdots, m_1 \\ h_i(\boldsymbol{x}_k) + \nabla h_i(\boldsymbol{x}_k)^{\mathrm{T}}\boldsymbol{d}_k \leqslant \gamma_k\eta_k, \ i=m_1, \cdots, m \end{cases} \quad (5-69)$$

式中:$\boldsymbol{H}_k$ 为 Hessian 矩阵,要保证解的存在及唯一性,且 $0 < \boldsymbol{H}_k = \boldsymbol{H}_k^{\mathrm{T}} \in \mathbf{R}^{n \times n}$, $0 \leqslant \eta_k \in \mathbf{R}$。

　　当 $\boldsymbol{x}_k \in X$ 时,求解 QP 问题得到的 γ_k 不大于零。从式(5-69)的第一个约束条件可知,搜索方向 $\boldsymbol{d}_k$ 必然是函数 $f(\boldsymbol{x})$ 的下降方向。再者,根据式(5-69)中其他

m 个约束条件可知,若 $0<\eta_k\in\mathbf{R}$,则 d_k 必然是函数 $f(x)$ 的一个可行性下降方向。其中,η_k 是为了保证搜索方向 d_k 满足可行性而加入的修正变量,在算法中通过求解如下具有等式约束的 QP 问题,得到 $||\tilde{d}_k||$,若 $||\tilde{d}_k||>||d_k||$ 则令 $\tilde{d}_k=\mathbf{0}$,进而不断更新 η_k 的值,如式(5-70):

$$\min\left\{\frac{1}{2}\tilde{d}_k^{\mathrm{T}}H_k\tilde{d}_k+\nabla f(x_k)^{\mathrm{T}}\tilde{d}_k^{\mathrm{T}}\right\}$$

$$\mathrm{s.\,t.}\begin{cases}g_j(x_k)+\nabla g_j(x_k)^{\mathrm{T}}\tilde{d}_k=0,\ j\in I_k\\ h_i(x_k)+\nabla h_i(x_k)^{\mathrm{T}}\tilde{d}_k=0,\ i\in I_k\\ \eta_k=C_k||\tilde{d}_k||^2\end{cases}\qquad(5-70)$$

式中:I_k 为积极约束集,$0<C_k\in\mathbf{R}$。从式(5-9)可以看出,随着 $d_k\to\mathbf{0}$,也就是算法的迭代点趋向式(5-67)非线性规划问题的 K-T 点时 $\eta_k\to0$,用此法确定的附加修正变量 η_k 可保证 FSQP 算法具有超线性收敛的特性。

此外,为了克服 Maratos 效应,在 FSQP 算法中引用二阶校正步求解下列 QP 子问题,即式(5-71),得到搜索方向的校正量 d_k^{C}:

$$\min\left\{\frac{1}{2}(d_k+d_k^{\mathrm{C}})^{\mathrm{T}}H_k(d_k+d_k^{\mathrm{C}})+\nabla f(x_k)^{\mathrm{T}}(d_k+d_k^{\mathrm{C}})\right\}$$

$$\mathrm{s.\,t.}\begin{cases}g_j(x_k+d_k)+\nabla g_j(x_k)^{\mathrm{T}}(d_k+d_k^{\mathrm{C}})\leqslant-||d_k||^{\tau},\ j=1,\cdots,m_1\\ h_i(x_k+d_k)+\nabla h_i(x_k)^{\mathrm{T}}(d_k+d_k^{\mathrm{C}})\leqslant-||d_k||^{\tau},\ i=m_1,\cdots,m\end{cases}$$
$$(5-71)$$

式中:τ 为标量,$\tau\in(2,3)$。由此便可以得到可行的搜索方向,而后通过采用曲线搜索算法得到的迭代步长 t_k,确定下一个迭代点如式(5-72):

$$x_{k+1}=x_k+t_kd_k+t_k^2d_k^{\mathrm{C}}\qquad(5-72)$$

式中:$x_{k+1}\in X$,即该迭代点处于可行区域内。进而,通过对 Hessian 矩阵进行更新,如此迭代计算,直至迭代解 x_k 最优。

5.4.4　性能寻优用的机载发动机模型

发动机性能寻优控制是模型基控制,如 1.2.6 节所述,它以发动机模型为优化对象,依据飞机不同飞行任务的需求对发动机性能进行实时优化。优化计算的实时性在 PSC 中相当重要,发动机部件级模型虽然具备了较好的实时性和精度,若将其直接用作实时优化的机载模型,由于在寻优工作点附近不断进行小范围模型线性化,而后通过优化算法求得全局最优解,这种方法使得大部分优化时间都消耗在发动机模型的反复迭代计算中,使得在模型计算上所花费的时间远大于优化算法本身的计算时间。为此,需要对发动机模型进行适当简化以提升模型实时性,这也是一种解决优化控制实时性的最好举措。实质上,模型的精度与模型的实时性是一组对立关系,模型精度越高,则模型越复杂,模型实时性也就越差;反之则模型实时性越好。由此可知,简化模型的设计必然是一种折中方案,即根据设计条件,在保证模型精度的前提下尽可能地改善模型实时性。

本节利用相似原理对发动机部件级模型进行适当简化,建立线性与非线性相结合的发动机复合稳态模型[18],以较小的模型精度损失换取模型实时性的大幅提升,可用于PSC中提升优化控制的实时性,在工程探索应用中不失为一种很好的解决办法。

1) 建立发动机复合模型遵循的相似准则

(1) 将进气道部件计算与风扇之后的发动机计算分隔开,进气道模型采用非线性建模方法,以测得的 T_{t2}、P_{t2} 为其后部件的进口条件,从而可以不考虑进气道的相似条件 $Ma = \text{constant}$。

(2) 所研究发动机的风扇及压气机导叶角的调节规律为:$\beta_F = f(n_L/\sqrt{T_{t2}})$,$\beta_c = f(n_H/\sqrt{T_{t2}})$。 由相似原理可知,对于两个相似的发动机,$n_L/\sqrt{T_{t2}}$ 及 $n_H/\sqrt{T_{t2}}$ 是对应相同的。因此,当导叶角 β_F、β_c 在按已有调节规律变化时,能够保证发动机的几何相似。假设所研究的所有导叶角均按已有调节规律变化,此时则可忽略几何相似条件 $\beta_F = \text{constant}$、$\beta_c = \text{constant}$ 对相似性的影响,仿真计算表明,这种忽略引起的误差是可以接受的。

到此,发动机(风扇到尾喷口)的相似条件可归为 $P_{t3,\,cor} = \text{constant}$,$P_{t3}/P_{t5} = \text{constant}$,等同于 $P_{t3,\,cor} = \text{constant}$,$P_{t5,\,cor} = \text{constant}$。 因而,复合模型的相似条件或简化条件即可定为:

$$P_{t3,\,cor} = \text{constant}, \ P_{t5,\,cor} = \text{constant}$$

上述条件可保证在发动机包线内满足相似条件。由此可将发动机复合稳态模型分为进气道非线性模型、线性稳态变量模型(SSVM)等几个部分。此外,由于风扇和压气机喘振裕度难以利用相似原理精确计算,设计中将风扇及压气机特性数据植入复合模型,并调用风扇和压气机导叶角的调节规律,采用非线性方法求解风扇和压气机喘振裕度,以提高其精度。而推力可用非线性进气道、外涵出口以及喷管模型计算而得。最终,该发动机稳态复合模型结构如图5-39所示,通过接收真实发动机的飞行条件和 P_{t3}、P_{t5} 传感器信号后,即可基于相似理论解算出所需的发动机变量及性能参数。

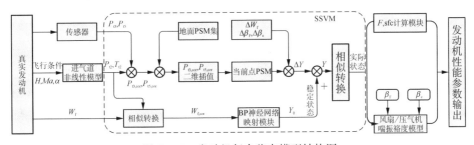

图 5-39　发动机复合稳态模型结构图

2) 发动机 SSVM 的获取

SSVM 是基于推进系统矩阵(propulsion system matrix，PSM)，建立的风扇到喷管进口的稳态变量模型，其中 PSM 为输入、输出变量之间稳态变化关系的偏导数矩阵，SSVM 的主要任务是计算无法在线测量的输出变量及其随状态变化的梯度值，即式(5-73)：

$$Y = Y_0 + \Delta Y \tag{5-73}$$

式中：$Y = (y_1, y_2, \cdots, y_{10})^{\mathrm{T}} = (n_F n_c, T_{t13}, T_{t25}, T_{t42}, T_{t5}, P_{t13}, P_{t25}, P_{t3}, P_{t5})^{\mathrm{T}}$ 为 SSVM 输出，即进行非线性运算时需要用到的变量，这些变量都能以较高精度经过相似转换获得；Y_0 为基准值(地面换算量)；ΔY 为变化梯度值(地面换算量)。

(1) 求取基准值。

输出变量基准值 Y_0 的获取有三种方案：第一种是利用部件级机载发动机实时获取，这样在简化模型计算中就要时刻调用实时性很差的发动机部件级模型；第二种是利用插值手段，在选取工作点设计 PSM 矩阵时，同时保存该工作点的 Y_0，最后利用相邻工作点的 Y_0 插值求取当前工作点的 Y_0 值；第三种方案是利用智能拟合算法准确映射发动机模型，以获取所需的参数输出。后两种方法可以完全抛弃发动机部件级模型，使计算实时性得到改善。

(2) 求取梯度值。

发动机控制量为 $u = (W_f, \beta_F, \beta_C)^{\mathrm{T}}$，在各小区域线性范围内，通过线性化方法可确定 u_j 与 $y_i (i = 1, 2, \cdots, 10; j = 1, 2, \cdots, 3)$ 之间的函数关系，归一化处理后该函数关系如式(5-74)：

$$\Delta y_i = \sum_j (P_{ij} \times \Delta u_j) \tag{5-74}$$

式中：$\Delta y_i = (y_i - y_{i0})/y_{id}$，$\Delta u_j = (u_j - u_{j0})/u_{jd}$，$y_{i0}$ 和 u_{j0} 为初始稳态点的输出量和控制量，y_{id} 和 u_{id} 为设计点值。P_{ij} 表示 PSM 矩阵元素，指相应某控制量产生单位变化时，所引起的发动机稳态输出的相对变化值，即式(5-75)：

$$P_{ij} = \frac{\bar{y}_i - y_i}{\Delta u_j y_{i0}} \tag{5-75}$$

式中：$\bar{y}_i$ 表示某一控制量变化后的 y_i。

3) 发动机复合模型的计算

在计算得到进气道输出 T_2、P_2，并获得传感器信号 P_3、P_5 后，即可求取相似参数 P_{3cor} 与 P_{5cor}，进而根据上面 SSVM 的插值求取发动机相应工作点的线性化模型，再基于参数相似转换便可进一步得到 SSVM 的实际输出 y_i。

接下来，根据飞行条件、推力与油耗计算模块，即可解算出发动机推力 F 和单位耗油率 sfc。同时,通过在发动机复合稳态模型中加入部件级模型所有的风扇及压气机特性数据,因此风扇和压气机喘振裕度也可相应求解获得。

需要说明的是,上述的发动机复合模型可以经过适当的方式转换为机载发动机自适应模型形式,从而适应发动机使用期内,部件性能蜕化的情况,提高不同使用阶段的优化精度。其设计方法可参见本书 2.5 节,这里不再赘述。

5.4.5   发动机性能寻优控制数字仿真验证

本书中设计的发动机性能寻优控制结构如图 5 – 40 所示,包括发动机及其控制系统、PSC 模块及非线性转换模块,其中 PSC 系统由机载自适应模型、FSQP 优化以及相关的控制逻辑组成。在寻优过程中,发动机及其控制系统用来模拟真实发动机,机载发动机自适应模型通过接收来自发动机及数字电子控制器的当前点参量,在准稳态逻辑选通后进行稳态计算,然后根据优化模式选择的要求,通过 FSQP 优化进行不同模式的实时优化,并按设定的优化步长及优化次数等解算最优解。

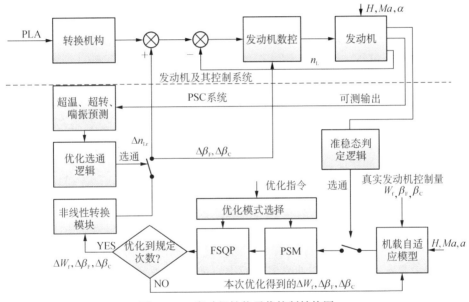

图 5 – 40   发动机性能寻优控制结构图

如前所述,由于寻优结果均为发动机开环输入量,若直接传入发动机,可能会造成系统控制不稳定。因此,需要通过非线性转换模块将优化后控制量转化为发动机相应的被控参数(如低压转子转速),然后在超温、超转以及喘振预测逻辑判定选通时,将优化前后被控参数的变化值,作为控制器的校正指令传回发动机中。如此便使得性能寻优控制不改变原闭环控制回路特性,保证了原控制系统的稳定性。需要说明的是,由于导叶是开环控制,这里需要直接修正导叶控制,并不会影响系统的稳定性。尽管发动机性能寻优属于准稳态寻优,但优化后的控制过程却是动态的,因而发动机性能寻优控制的最终形式是一个动态的响应过程。

此外,由于发动机在使用中会产生蜕化,对发动机参数及其性能都造成一定的影响,因而在优化控制中,需要考虑发动机的蜕化因素对优化结果的影响。为此,首先要根据真实发动机状态实时计算发动机性能蜕化估计模块,进而对机载模型进行修正,使其能够真实地反映发动机工作状态,然后切入多模式优化控制,以实现真实状态下的发动机性能优化。其工作原理类似于故障诊断模块,这里不再详述。

基于上述的机载发动机自适应模型及 FSQP 优化算法,可以进行大量的发动机性能寻优控制数字仿真以进行验证,下面分别给出各种优化控制模式下的部分典型工作点验证结果,说明了方案的可行性,其中数字仿真是在主频 $2.53\,\mathrm{GHz}$/内存 2G 的计算机中进行,数字仿真步长为 $20\,\mathrm{ms}$。在图 5-41~图 5-42 中,F、sfc、T_{42}、W_f、n_L、n_H 均为相对量,"a"曲线表示无优化的响应曲线,"b"曲线表示采用实时优化的响应曲线。

1) 最小油耗控制模式

最小油耗控制模式应用于飞机巡航过程中,优化前后需保持发动机推力恒定,以不影响飞机的巡航状态。使用该控制模式时,发动机一般处于节流状态,控制变量包括主燃油流量 W_f、风扇导叶角度 β_F、压气机导叶角度 β_C,下文的 $\Delta\beta_\mathrm{F}$ 和 $\Delta\beta_\mathrm{C}$ 分别表示风扇和压气机导叶偏转角度。

如图 5-41 所示,为 $H=10\,\mathrm{km}$,$Ma=0.8$ 巡航工作点使用最小油耗控制模式的寻优效果图。在 $t=0\,\mathrm{s}$ 时刻切入优化控制,从图 5-41(a)可以看出,发动机控制稳定后可降低单位耗油率 1.23%。从优化精度来讲,在推力较优化前仅下降 0.3% 的前提下,单位耗油率能够下降 1% 左右,达到了很好的效果,这是由于采用先进的 FSQP 算法,能够更好地寻至全局最优点。

再由图 5-41(b)可以看出,在优化过程中为了使单位耗油率降低,W_f 应减小,由此会导致推力下降,为了保证推力恒定,且在风扇、压气机稳定性基本不受影响的条件下,风扇导叶负向打开,压气机导叶正向打开,以增加空气流量,在其综合作用下使得推力基本不变,单位耗油率尽量减小。优化后,发动机低压转子转速略有上升,高压转子转速略有下降,喘振裕度均在允许的范围内,同时还得到了低压涡轮出口温度 T_{42} 下降约 2% 的额外收益,有利于发动机寿命的延长。

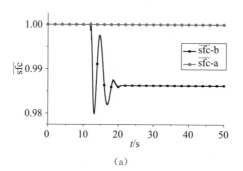

(a)

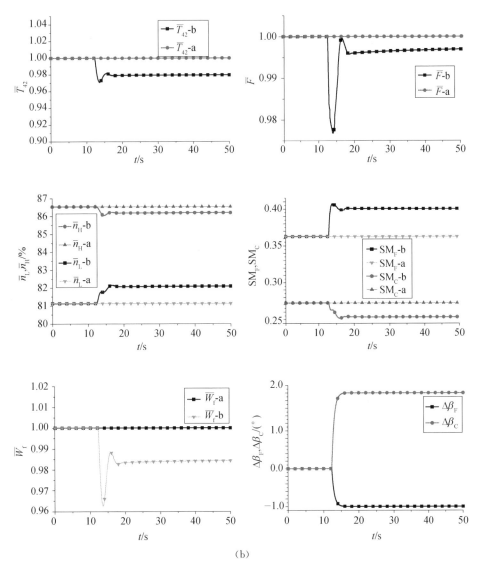

(b)

图 5-41 $H = 10\,\mathrm{km}$，$Ma = 0.8$ 最小油耗模式仿真结果

(a) 单位耗油率响应曲线 (b) 发动机其他关键参数响应曲线

2) 最低涡轮温度控制模式

最低涡轮温度控制模式应用于飞机起飞或大马赫飞行过程中，发动机一般处于最大负荷状态，该优化模式要求优化前后需发动机推力恒定，以不影响飞机当前飞行状态。此外，在该控制模式下，发动机风扇和压气机导叶角同样具有重要的作用，协同燃油流量 W_f 进行实时优化。

图 5-42 是工作点在 $H = 0\,\mathrm{km}$，$Ma = 0$ 最低涡轮温度控制模式的仿真结果，在

$t=3\,\mathrm{s}$ 时切入优化控制。从图 5-42(a)可以看出,发动机寻优控制至稳定后低压涡轮出口温度 T_{42} 下降了 2.2%,而推力 F 较优化前下降 0.067%,基本保持不变。再从图 5-42(b)可以看出,在实际的寻优过程中,为了降低涡轮出口温度,燃油流量 W_{f} 需要适当减少,但 W_{f} 的降低一定会带来发动机推力下降,为了维持优化后推力恒定这一条件,该状态下风扇和压气机导叶角需要进行优化调节,以增大发动机压比,进而对燃油减少导致的推力损失进行一定的弥补。最终,经上述各控制参数的综合匹配,在保证不进喘、不超转以及推力恒定的前提下,实现了预期的优化控制指标,使得优化后发动机的性能得到明显改善。

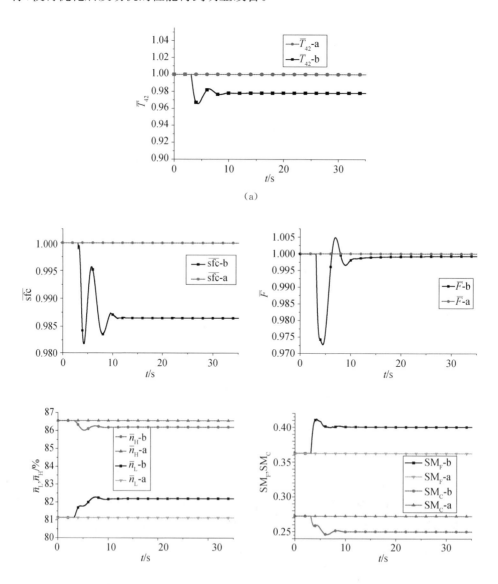

(a)

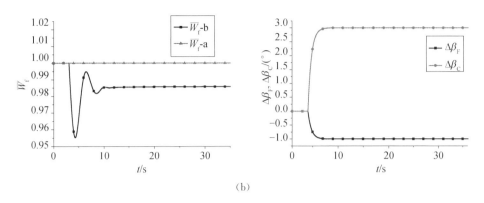

图 5-42　$H = 0 \text{km}$, $Ma = 0$ 最低涡轮模式仿真结果

（a）低压涡轮出口温度响应曲线　（b）发动机其他关键参数响应曲线

5.5　发动机涡轮主动间隙控制

5.5.1　概述

随着现代飞机对发动机性能要求的不断提高,涡轮叶尖间隙变化对发动机性能的影响越来越受到人们的关注。叶尖间隙过大,工作介质泄漏会造成效率损失,发动机性能下降;间隙过小,又很可能会引起叶尖与机匣的碰撞或摩擦,严重危害发动机的安全,甚至导致灾难性的事故。研究表明,涡轮叶尖间隙每下降 0.25 mm,发动机尾气的排放温度降低 10 K,涡轮效率会上升 1%[19]。在近期的研究中表明,航空发动机叶尖间隙的减小还能降低排放和耗油率 sfc。因此,尽管涡轮叶尖间隙不易测量,并且用于叶尖间隙测量元件精度要求极高,发动机叶尖间隙控制实施难度极大,但主动间隙控制技术的工程应用价值仍然值得期待。

国内外对涡轮叶尖间隙计算模型和主动间隙控制技术进行了不少研究。叶尖间隙变化规律是首要研究的问题,最重要的途径是数值模拟的方法,其特点是成本低且能得到叶尖间隙的一般变化规律和数值,可对发动机叶尖间隙进行定性分析。如 Kypuros 等[20]分析了发动机从慢车到最大转速过程中温度、离心力的变化对间隙的影响,并给出了较为精确的计算公式。国内学者也对涡轮叶尖间隙模拟开展了研究工作,贾炳辉[21]等基于最小二乘支持向量机提出了涡轮叶尖间隙动态建模的方法,其本质上是基于数据的方法,依赖大量试验数据的积累;杨晓光[22]等对衬环、轮盘和涡轮叶片在有实时准确的温度估计的基础上,提出了一种改进的预测涡轮叶尖间隙变化的模型;漆文凯等[23]使用有限元方法对叶尖间隙进行了数值模拟,但有限元算法较为复杂,只能针对具体发动机的结构进行离线分析。

在叶尖间隙数值模拟的基础上,可以通过设计间隙控制系统,来仿真主动叶尖间隙控制的效果,验证其改善发动机的性能的作用。目前叶尖间隙控制技术主要分为两种:气冷式与机械式。气冷式主要是从高压压气机引出冷却空气,冲击相关部件的表面,通过相关部件不同的热胀冷缩来改变间隙,这种方法目前在大飞机发动机上得到应用,见8.6节。这种方法的缺点是热响应速度慢,间隙变化延迟很大,冷却效果较差。因此,机械式的叶尖间隙控制目前得到普遍关注,机械式叶尖间隙控制主要是改变作动杆的位置来控制叶尖间隙。其优点是响应速度快,但对控制结构有更高的要求。例如,NASA自主研发设计的一种机械式的涡轮叶尖间隙主动控制系统,其间隙控制通过高效能液压伺服装置来实现,并通过了实物在回路的试验验证[24];Jia Binghui等[25]研究了间隙作动装置的建模,并进行了闭环控制的仿真。

下面将介绍具有叶尖间隙计算功能的涡扇发动机实时模型的建立方法,并给出一种机械式主动涡轮叶尖间隙控制方案,以实时控制叶尖间隙处于指令位置。

5.5.2　发动机涡轮叶尖间隙模拟及主动控制原理

如图5-43所示为具有涡轮叶尖间隙模拟功能涡扇发动机实时模型结构图,包括叶尖间隙计算模型和间隙主动控制系统,间隙控制系统又包括控制器及作动装置。在不同工况下,通过发动机将相关状态参数,如压力、温度、转速等传到叶尖间隙实时计算模型,计算当前叶尖间隙。然后结合涡轮叶尖间隙的变化量和高压涡轮效率的关系实时修正了当前高压涡轮效率,以准确反映叶尖间隙对发动机性能的动静态影响。最后通过叶尖间隙主动控制系统,使间隙始终处于指令位置。图中 R 为涡轮叶尖间隙指令,δ 为动态过程的各部件热胀冷缩造成的叶尖间隙变化,x 为执行机构的作动位移,g 为叠加作动位移后的实际叶尖间隙,e 为控制偏差,推力 F,耗油率 sfc,高压涡轮效率 η_T。表5-2列出了原理表述中用到的一些参数。

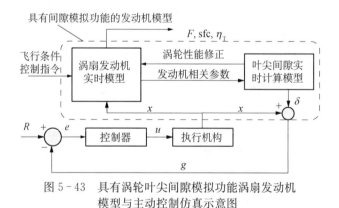

图5-43　具有涡轮叶尖间隙模拟功能涡扇发动机
模型与主动控制仿真示意图

表5-2　参数符号表

变量			
T	温度/K	h	对流换热系数
w	宽度/mm	k	导热系数

(续表)

r	半径/mm	A	表面面积/mm²
δ	位移/mm	η	气膜冷却系数
L	叶片长度/mm	t	时间/s
ρ	材料密度/(kg/m³)	c	比热容/[J/(kg・K)]
下标			
a	衬环耐磨层	s	衬环
r	涡轮轮盘	cool	冷却气
y	涡轮叶片	gas	燃气
b	衬环耐高温层		

1) 叶尖间隙计算模型

根据航空发动机涡轮的工作特性和设计要求,叶尖间隙的大小主要取决于衬环、轮盘和叶片的径向位移,而径向位移的变化主要是由温度的变化、转速、离心力、压差等因素引起的。

建模思路如下:对于叶尖间隙计算模型,由于涡轮机匣处衬环、轮盘和涡轮叶片各自所处的工作环境不同,如图 5-44 所示,综合考虑影响叶尖间隙的因素和形变机理,需要分别计算出衬环、轮盘和叶片的径向位移。

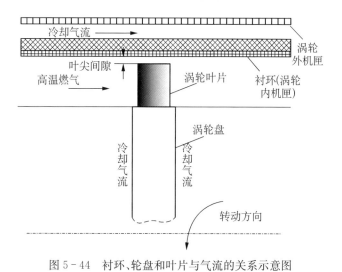

图 5-44　衬环、轮盘和叶片与气流的关系示意图

衬环:本节以两层结构(耐磨层 a 与耐高温合金层 b)的衬环来计算,其中耐磨层表面与高温燃气接触,耐高温合金层表面与从压气机引出的冷气接触,如图 5-45 所示。定义 $T_a(x_a, t)$ 为耐磨层在 t 时刻、x_a 处的温度,$T_b(x_b, t)$ 为耐高温合金层在 t 时刻、x_b 处的温度,耐磨层与耐高温合金层接触表面温度 $T_c(t)$,燃气温度以及冷气温度分别为 $T_{gas}(t)$、$T_{cool}(t)$。

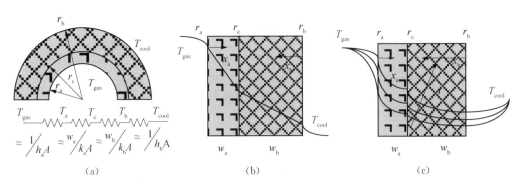

图 5-45　衬环结构等效温度分布曲线图

(a) 等效串联热阻网络图　(b) 稳态温度分布曲线图　(c) 瞬态温度分布曲线图

(1) 初始条件的计算,先将衬环简化为等效的串联热阻网络,如根据图 5-45 (a)所示,结合当前工况的燃气与冷气温度,有等效热传导公式(5-76):

$$[T_{gas}(0) - T_a(0, 0)]/[1/(h_a A)] = [T_a(0, 0) - T_c(0)]/[w_a/(k_a A)]$$
$$= [T_c(0) - T_b(0, 0)]/[w_b/(k_b A)] = [T_b(0, 0) - T_{cool}(0)]/[1/(h_b A)] \quad (5-76)$$

式中:$1/(h_a A)$、$1/(h_b A)$ 为各接触气固接触面的对流换热热阻;$w_a/(k_a A)$、$w_b/(k_b A)$ 则为各金属层的热传导阻值。

由式(5-76)分别计算出三个典型半径处初始时刻的温度,即耐磨层的内表面温度 $T_a(0, 0)$、耐高温合金层的外表面温度 $T_b(0, 0)$ 以及耐磨层的外表面表面温度 $T_c(0) = T_b(w_b, 0)$。$T_{gas}(0)$、$T_{cool}(0)$ 则由发动机模型稳态计算获取。

(2) 初始平均温度的计算,然后根据图 5-45(b)衬环结构稳态温度分布曲线图,分别取平均值计算出衬环结构中耐磨层与耐高温合金层的初始平均温度。

(3) 边界条件的计算,在发动机的动态过程中,结合文献[20]半无限平面瞬态热传导方程,可以得到各层温度变化的边界条件如下。

在 $x_a = 0$ 处,有式(5-77):

$$\frac{T_a(0, t) - T_a(0, 0)}{T_{gas}(t) - T_a(0, 0)} = 1 - \exp\left[\frac{h_a^2}{\rho_{ck, a}}t\right] \text{erfc}\left[\frac{h_a^2}{\sqrt{\rho_{ck, a}}}t\right] \quad (5-77)$$

式中:exp( )为指数函数;erfc( )为补余误差函数,且按式(5-78):

$$-k_a\left(\frac{\partial T_a}{\partial x_a}\right)_{x_a} = h_{gas}[T_{gas}(t) - T_a(0, t)] \quad (5-78)$$

在 $x_b = 0$ 处,有式(5-79):

$$\frac{T_a(0, t) - T_b(0, 0)}{T_{cool}(t) - T_b(0, 0)} = 1 - \exp\left[\frac{h_b^2}{\rho_{ck, b}}t\right] \text{erfc}\left[\frac{h_b^2}{\sqrt{\rho_{ck, b}}}t\right]$$

且

$$-k_\mathrm{b}\left(\frac{\partial T_\mathrm{b}}{\partial x_\mathrm{b}}\right)_{x_\mathrm{b}}=h_\mathrm{cool}\left[T_\mathrm{cool}(t)-T_\mathrm{b}(0,\ t)\right] \tag{5-79}$$

在 $x_\mathrm{a}=w_\mathrm{a}$ 和 $x_\mathrm{b}=w_\mathrm{b}$ 处,有式(5-80):

$$T_\mathrm{a}(w_\mathrm{a},\ t)=T_\mathrm{b}(w_\mathrm{b},\ t)-k_\mathrm{a}\left(\frac{\partial T_\mathrm{a}}{\partial x_\mathrm{a}}\right)_{x_\mathrm{a}}=k_\mathrm{b}\left(\frac{\partial T_\mathrm{b}}{\partial x_\mathrm{b}}\right)_{x_\mathrm{b}} \tag{5-80}$$

(4)动态平均温度的计算,设动态温度分布为二次曲线,如图 5-45(c)所示,根据边界条件计算相关系数,如式(5-81)所示:

$$\begin{aligned}T_\mathrm{a}(x_\mathrm{a},\ t)&=a_0+a_1 x_\mathrm{a}+a_2 x_\mathrm{a}^2\\ T_\mathrm{b}(x_\mathrm{b},\ t)&=b_0+b_1 x_\mathrm{b}+b_2 x_\mathrm{b}^2\end{aligned} \tag{5-81}$$

由上述衬环的初始温度和边界条件就能够确定衬环的动态温度分布曲线,通过积分计算求出衬环结构的平均温度,进而采用传热学和材料力学相关公式确定由于平均温度变化引起的径向位移 δ_{s1}。

(5)发动机工作过程中压力变化引起的径向位移,采用薄壁空心圆环形变的方法来计算由压差引起的径向位移 δ_{s2}。因此在平均温度引起径向位移的基础上,当前时刻总的径向位移是 $\delta_\mathrm{s}=\delta_{\mathrm{s1}}+\delta_{\mathrm{s2}}$。

涡轮轮盘:由于轮盘两侧有从压气机引出的冷气,且假设两侧的冷气流量相等,因此轮盘上的温度可以近似为两侧对称,如图 5-46 所示。与衬环的方法类似,确定轮盘的初始平均温度。在动态过程中,基于图 5-46 轮盘的动态温度分布曲线,只需计算出涡轮轮盘中心线一侧的平均温度。对于该一侧轮盘,同样采用半无限平面换热公式计算出轮盘表面的温度变化。边界条件如下。

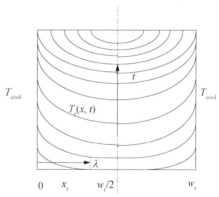

图 5-46 轮盘动态温度分布曲线图

在 $x_\mathrm{r}=0$ 处,有式(5-82):

$$T_\mathrm{r}=T_\mathrm{r}(0,\ t)$$

$$\left(\frac{\partial T_\mathrm{r}}{\partial x_\mathrm{r}}\right)_{x_\mathrm{r}}=\frac{h_\mathrm{cool}}{k_\mathrm{r}}\left[T_\mathrm{r}(0,\ t)-T_\mathrm{cool}(t)\right] \tag{5-82}$$

在 $x_\mathrm{r}=\lambda$ 处,有式(5-83):

$$T_\mathrm{r}=T_\mathrm{r}(w_\mathrm{r}/2,\ t)$$

$$\left(\frac{\partial T_\mathrm{r}}{\partial x_\mathrm{r}}\right)_{x_\mathrm{r}=w_r/2}=\left(\frac{\partial^2 T_\mathrm{r}}{\partial x_\mathrm{r}^2}\right)_{x_\mathrm{r}=w_r/2}=0 \tag{5-83}$$

式中:λ 为热量渗透轮盘一侧的厚度,即必须考虑热量传递以及温度变化的厚度。

类似地,对于在动态过程中的温度则采用三阶多项公式(5-84)来模拟轮盘的动态温度分布:

$$T_r(x_r, t) = T_r(w_r/2, 0) + \frac{h_r\lambda(t)}{h_r\lambda(t) + 3k_r}[T_{cool}(t) - T_r(w_r/2, t)]\left(1 - \frac{x_r}{\lambda(t)}\right)^3$$

$$(5-84)$$

如图5-46所示,当$\lambda = w_r/2$时,轮盘完全渗透;$\lambda < w_r/2$时,轮盘未完全渗透,此时在$\lambda < x_r < w_r/2$处轮盘的温度保持不变并且为初始温度$T_{r,0}$,随着时间的递增,热量会慢慢渗透,轮盘温度会有所上升。在计算出轮盘平均温度的基础上,就可以计算出由于轮盘平均温度变化引起的径向位移δ_{r1};再由当前高压涡轮转速,计算由于轮盘离心力变化引起的径向位移δ_{r2},在动态仿真过程中,用上一时刻轮盘的径向位移来修正轮盘半径,即$r_r(k) = r_r(k-1) + \delta_{r1} + \delta_{r2}$。

涡轮叶片:叶片冷却方式为气膜冷却,如图5-47所示,采用气膜冷却是为了降低高温燃气与叶片表面接触处的温度,以防止叶片表面温度超过叶片材料的熔点。同样采取与上文相同的方法确定涡轮叶片内壁和外壁的初始温度,由于叶片的壁厚较薄,所以涡轮叶片的温度分布可以假设为二次分布:

$$T_y(x_y, t) = c_0 + c_1 x_y + c_2 x_y^2$$

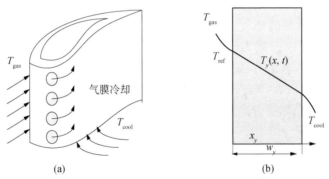

图5-47 叶片结构以及壁面温度示意图

(a) 叶片结构　(b) 叶片壁面动态温度曲线

边界条件如下。

在$x_y = 0$处,$T_y = T_y(0, t)$,有式(5-85):

$$\left(\frac{\partial T_y}{\partial x_y}\right)_{x_y} = \frac{h_{gas}}{k_y}[T_y(0, t) - T_{ref}(t)]$$

$$(5-85)$$

在$x_y = w_y$处,$T_y = T_y(w_y, t)$,有式(5-86):

$$\left(\frac{\partial T_y}{\partial x_y}\right)_{w_y/2} = \frac{h_{cool}}{k_y}[T_{cool}(t) - T_y(w_y, t)]$$

$$\eta = \frac{T_{gas} - T_{ref}}{T_{gas} - T_{cool}} \qquad (5-86)$$

式中：η 为气膜冷却系数，一般由试验数据来确定。T_{ref} 为与燃气接触的叶片表面参考温度，可通过 η 来计算获取。其他有关符号的含义可如表 5-2 所示。

结合初始温度和边界条件计算出叶片的温度分布，进而计算出由于平均温度变化引起的径向位移 δ_{b1} 和由离心力引起的径向位移 δ_{b2}，同样在计算由离心力引起的径向位移时，修正当前涡轮叶片长度，这样更符合叶片实际变形，即：

$$L_y(k) = L_y(k-1) + \delta_{b1} + \delta_{b2}$$

综上所述，结合各子部件的径向位移综合求出叶尖间隙的大小，涡轮叶尖间隙的具体计算方法如式(5-87)：

$$\delta = \delta_o + (\delta_{s1} + \delta_{s2}) - (\delta_{r1} + \delta_{r2}) - (\delta_{b1} + \delta_{b2}) \qquad (5-87)$$

式中：δ_o 为初始涡轮叶尖间隙。

叶尖间隙的变化会对高压涡轮效率产生很大的影响，采用文献[26]中涡轮叶尖间隙变化量和高压涡轮效率涡轮经验公式，在仿真过程中，实时修正高压涡轮效率，提高了发动机模型的计算准确度。

2）主动间隙控制设计

前面介绍了叶尖间隙的计算方法，这里介绍设计一种机械式快速主动控制叶尖间隙的方法，来实现叶尖间隙快速到达指令间隙。实际主动间隙控制执行机构在圆周方向需要有若干套组合进行控制，此处进行原理性说明，仅以一套执行机构来进行设计。我们把机械式的执行机构简化为一典型的质量-弹簧-阻尼系统，不再画出具体图形，有兴趣的读者可参阅文献[25]。该机构通过改变作动杆位移 x 补偿间隙，使得叶尖间隙保持在指令间隙。其中假设作动装置材料的热胀冷缩和部件的振动相对作动杆的位移量影响较小，可以忽略，则式(5-87)变为式(5-88)：

$$g(t) = \delta(t) + x(t) \qquad (5-88)$$

式中：$g(t)$ 为经过控制后的叶尖间隙；$x(t)$ 为作动杆的输出位移。

以执行机构作动杆为对象进行分析，按质量-弹簧-阻尼系统，建立数学方程式(5-89)：

$$u = m\ddot{x} + c\dot{x} + kx \qquad (5-89)$$

式中：u 为对执行机构作动杆的控制输入；m 为质量；c 为阻尼系数；k 为等效弹簧弹性系数。

接下来，在执行机构数学模型的基础上，可以设计一个 PID 控制器来调节作动杆的位移使动态过程中变化的叶尖间隙快速稳定在指令间隙。如式(5-90)所示，采用整定好的增量式 PID 控制算法，使得叶尖间隙快速稳定地控制在指令间隙。主动控制系统的结构如图 5-43 所示。

$$u(k)=k_p[e(k)-e(k-1)]+k_i e(k)+k_d[e(k)-2e(k-1)+e(k-2)]$$

$$(5-90)$$

5.5.3　数字仿真验证

1) 涡轮叶尖间隙计算模型仿真

为了验证具有叶尖间隙计算的发动机实时模型与主动间隙控制系统的有效性，以 $H=12\,\text{km}$，$Ma=0.8$ 巡航状态为例，以叶尖间隙变化引起高压涡轮效率缓慢蜕化的情况进行数字仿真。衬环、轮盘和叶片的初始参数(温度、转速、压力等)均为此时发动机模型的稳态配平值。相关数据都以设计点进行归一化处理，间隙变化的仿真结果如图 5-48 所示。

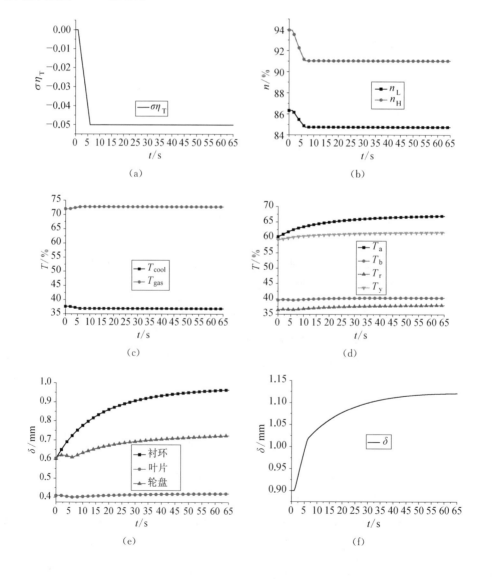

(a)

(b)

(c)

(d)

(e)

(f)

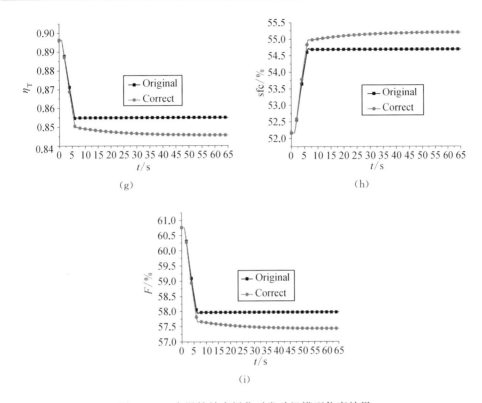

图 5 - 48　在涡轮效率蜕化时发动机模型仿真效果

(a) 高压涡轮效率蜕化曲线　(b) 风扇和压气机转速响应曲线　(c) 燃气与冷却气流温度曲线　(d) 形成间隙的各组件平均温度曲线　(e) 各部分径向位移变化曲线　(f) 涡轮叶尖间隙变化曲线　(g) 有/无间隙模型的涡轮效率曲线　(h) 有/无间隙模型耗油率曲线　(i) 有/无间隙模型推力曲线

仿真中在起始 6 s 内高压涡轮的效率蜕化 5%，实际上涡轮效率不可能在短时间内蜕化如此大的幅度，这里仅是为了验证所建立模型的有效性和主动控制的效果。图 5 - 48(b)表示在高压涡轮效率缓慢蜕化时，风扇和压气机转速响应曲线。巡航状态在涡轮效率缓慢蜕化的情况下，由于涡轮效率蜕化引起燃气温度上升，从压气机引出冷气的温度下降，如图 5 - 48(c)所示。借助间隙计算模型中的相关公式，得出图 5 - 48(d)中衬环，轮盘和叶片的温度的变化曲线。由于材料属性不同，衬环、轮盘和叶片温度的变化速率不尽相同。随着时间的推移，衬环、轮盘和叶片的温度都缓慢地有所增加，其中衬环和轮盘温度上升相对较大，而叶片的温度上升相对较小，这是因为叶片有气膜冷却的作用。进而可以得到各部件衬环、涡轮叶片以及轮盘的径向位移变化，如图 5 - 48(e)所示。图 5 - 48(f)可以看出，涡轮效率蜕化时对叶尖间隙影响较大，涡轮叶尖间隙增加到 1.12 mm，相对于初始叶尖间隙 0.9 mm 增加了 0.22 mm。

同时，图 5 - 48(g)～图 5 - 48(i)给出了对比于不具有间隙计算发动机模型的性能计算结果。图中"original"代表常规发动机模型，而"correct"为具有间隙计算功能的模型。与常规发动机模型的计算结果相比,由于叶尖间隙增大,额外地导致高压涡轮效率进一步的下降,具有主动间隙模拟功能的发动机模型中高压涡轮的效率最大下降了1%,同时推力最大下降约0.6%,耗油率最大增大约0.47%。可以看出,由于涡轮效率蜕化引起叶尖间隙变化对发动机性能有很大的影响,而常规发动机模型无法反映这种影响。仿真结果与文献[26]提供的结果相符。

2) 涡轮主动间隙控制仿真

这里对 $H=12\,\text{km}$、$Ma=0.8$ 巡航状态下高压涡轮效率缓慢蜕化时,控制器的有效性进行了仿真验证,如图 5-49 所示,图中"control"代表有主动间隙控制,"no control"为间隙不加控制。巡航状态下式(5-90)中各参数整定为:比例系数 $k_p=0.01$;积分系数 $k_i=0.1$;微分系数 $k_d=0.005$。 仿真中初始叶尖间隙为 $0.9\,\text{mm}$,设置指令间隙 $0.7\,\text{mm}$。可以看出,主动间隙控制系统能够满足对涡轮叶尖间隙控制的要求,且动静态效果优良,响应时间和超调量都在特性指标范围之内,动态误差约为1%,没有稳态误差。与没有主动间隙控制的情况相比,采用主动控制后发动机推力增大约1%,油耗下降0.9%。

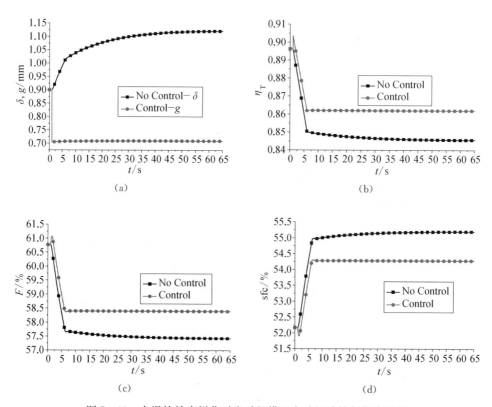

图 5-49　在涡轮效率蜕化时发动机模型主动间隙控制仿真效果

(a) 涡轮间隙变化曲线　(b) 高压涡轮效率曲线　(c) 推力变化曲线　(d) 耗油率变化曲线

5.6 发动机主动稳定性控制

5.6.1 概述

航空发动机经常处于外界流场不稳定的条件下,表现为转速、温度、压力的快速、非稳态波动。它们也会降低发动机效率,甚至引起回流或熄火。喘振和旋转失速是代表压气机流场不稳的两个主要方面。因为发动机压缩部件不可避免受到上述非稳定气动负载的影响,失速和喘振便成为设计和运行的主要问题。为解决此问题,Epstein 等[27]首先提出利用主动控制技术防止压气机喘振和旋转失速的概念。高速调节机构在失速和喘振的初始阶段就去除了流场的不稳定性。这种方法的优点在于,在初始阶段,干扰量很小,需要抑制干扰量的控制权值(或能量)也小,干扰量的增加很缓慢,足以被有效抑制。一般而言,控制失速和喘振通常可以从气路和油路控制两方面来实施。气路方面,一种方法是在压气机进口引入气流[28];另一种方法是从中间级或压气机出口放流[29]。进口引气需要气流源,但引气执行机构的工作环境比起放气的高温、高压环境要更好。另一方面,进口引气需要多个高频执行机构抑制旋转失速,而出口放气只需要一个或少数几个低响应执行机构。而对于油路,可以采用高频脉冲切油,或者不改变常规供油机构,采用代价较低的基于喘振先兆的限制保护方法[30]。无论采用哪种方式,执行机构的设计是主动失速/喘振控制中的十分重要的技术。在 20 世纪 90 年代初期,喘振控制执行机构的带宽在 400~500 Hz 之间[31]。随着计算机硬件技术,特别是传感器技术的发展,到了 20 世纪 90 年代末期,这一带宽扩大到 1 000 Hz 以上[32]。

主动稳定性控制与现役发动机的退喘、防喘控制是有较大区别的,退喘控制是在检测到发动机喘振信号后采取的退喘措施,此时发动机已经进入较明显的失速和喘振状态,已经对发动机造成了一定损害。防喘控制则是在执行某一项可能造成发动机进喘的任务时,飞行员通过防喘机构预先下移发动机工作点,而后再执行相应的任务操作,由于此时工作点显著下移,发动机性能有明显下降。主动稳定性控制,则是针对近喘状态先兆的控制,避免发动机进入失速状态,发动机性能没有因主动稳定性控制而使得性能有所恶化,而且发动机也没有进入不稳定工作区。

主动稳定性控制,尤其是基于失速先兆(模态波与尖峰扰动)的主动稳定性控制方面,国外已开展了不少相关研究,值得注意的进展是 Inoue 等学者关于先兆特征与相关性分析的研究[30],首次通过试验揭示了脉动压力的相关度测量值与喘振裕度损失间的关系。其后,弗吉尼亚大学航空工程学院的 Dhingra 在 NASA 有关计划支持下,进一步开展了近喘状态压力相关性测量的研究,提高了压力相关性测量的实时性,建立了可用于近喘信号测量模拟的近喘实时随机信号数学模型,并进行了发动机整机的基于压力相关度测量主动稳定性控制研究,取得了非常有参考价值的成果[30]。Dhingra 等人的研究仍然属于一类基于失速先兆主动稳定性控制的范畴,但是相比其他同类的研究成果,其重要意义在于这种方法是基于单一传感器,而非空间布置的多传感器测量,而且实时性满足主动稳定性控制宽频响应的要求。

本节介绍了一种基于压力相关度测量的主动稳定性控制技术,相比于传统的减小对稳定裕度需求的主动稳定性控制技术,该技术能更准确地计算出发动机当前状态下的裕度值。通过对压气机尖端压力的相关度测量,以及由试验得到的相关度特性($\mu-\mathrm{SM}$),得到喘振裕度,形成对喘振裕度直接主动控制,保证发动机在一定的喘振裕度以上稳定工作。需要特别指出的是,以下仿真算例中发动机进口畸变引起压气机不稳定工作,这里的压气机指低压压气机(或风扇)。

5.6.2 基于相关度测量的主动稳定性控制技术原理

发动机压缩系统喘振裕度一般为不可在线测量,故无法直接对喘振裕度进行闭环控制。而基于压力相关度测量的方法解决了这一问题,该技术通过放置在压气机尖端边缘的压力传感器,实时得到某动叶片附近的压力脉动信号,通过对该压力信号进行相关度计算,定义如式(5-91):

$$C(t) = \frac{\sum\limits_{i=n-\mathrm{wnd}}^{n} (P_i \cdot P_{i-N})}{\sqrt{\left(\sum\limits_{i=n-\mathrm{wnd}}^{n} P_i^2\right) \cdot \left(\sum\limits_{i=n-\mathrm{wnd}}^{n} P_{i-N}^2\right)}} \tag{5-91}$$

式中:P_i 与 P_{i-N} 为相差一个间隔周期(shaft)内的 N 个采样信号的两个窗口的对应压力信号;wnd 为窗口长度,如图 5-50 所示。相关度测量的直观解释为:当压气机高速转动时,随着流场的变化,动叶片尖端附近将产生周期性的压力脉动,传感器置于动叶尖端附近,在一定的采样频率下,得到一组压力信号,压力信号的相关度跟压气机工作点的位置有关,当压气机工作点远离喘振边界时,其相关度好,即周期性脉动重合度高;当工作点靠近喘振边界时,压力脉动趋向紊乱,压力信号的相关度将下降。

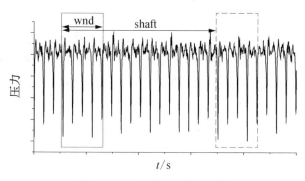

图 5-50 高频压力脉动信号

定义事件 Events:压力相关度值 $C(t)$ 小于某一阈值(C_{th})即为一次事件。定义 TBE(time between events)为相邻事件的时间间隔,如图 5-51 所示。

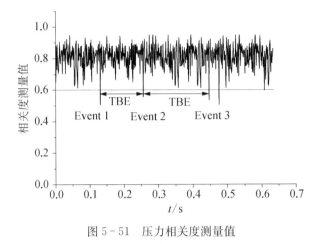

图 5-51　压力相关度测量值

通过相关度计算,得到一组随时间变化的 first-in-first-out 的压力相关度序列,并计数得到该序列内的事件发生次数(Events)。相关试验数据表明,单位时间内穿越阈值事件发生的次数(Events),与喘振裕度 SM 存在如图 5-52 所示的特性关系。从图中可以看出,对于给定的相关度阈值(C_{th}),随着单位时间内事件 Events 的增大,喘振裕度 SM 下降,且对于不同的相关度阈值(C_{th}),并通过查由试验得到的稳定裕度 SM 与事件次数(Events)的特性,插值得到压气机的喘振裕度值,进而对发动机进行喘振裕度的主动稳定性控制,如快速燃油控制,该过程如图 5-53 所示。文献[30]的试验数据表明,事件发生的时间间隔 TBE 满足指数分布,分布函数如式(5-92):

$$F_{TBE} = P(TBE < \tau) = 1 - e^{-\mu_{cm}\tau} \tag{5-92}$$

式中:μ_{cm} 为单位时间发生的概率,即 $\mu_{cm} = \lim_{T \to \infty} \dfrac{N(0, T)}{T}$。其中 τ 为相邻事件间的时间,N 为 0 到 T 时间内发生的事件次数。

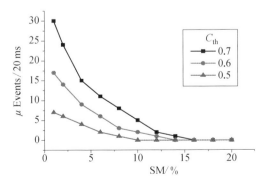

图 5-52　喘振裕度与平均发生事件次数(Events)关系图

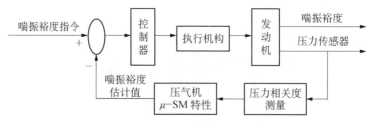

图5-53　基于压力相关度测量的主动稳定性控制器控制模式

由于无法直接从常规的部件级发动机实时模型上得到压气机叶片尖端边缘压力信号,对压力信号进行测量计算得到压力相关度值。这里利用与TBE同一分布的随机序列来代替相关度的测量值。借助从发动机模型得到的喘振裕度求得事件发生的次数 μ,不同的 μ 反映不同的喘振裕度水平,随着喘振裕度值的变化,μ 将发生相应的变化。阈值的选择基于 μ 的自然对数,以此建立 μ 到 C_{th} 的映射,保证TBE的分布与随机数序列相同,来模拟相关度测量穿越阈值事件的产生。仿真采用的部件级模型仿真步长 20 ms,每一个步长产生 40 个服从指数分布的随机数,相当于 2 kHz 的采样频率。每一个迭代步长根据喘振裕度值和 μ-SM 特性更新阈值 C_{th},事件发生的次数与喘振裕度按照如图5-53所示的关系,故当得到穿越阈值次数 μ 的条件下,利用插值即可得到当前状态下压气机的喘振裕度 SM。数字仿真结构如图5-54所示。主要包括常规控制器模块、相关度测量模块、主动稳定性控制器模块以及控制逻辑。其中下标 F 代表由上述方法得到的估计值。

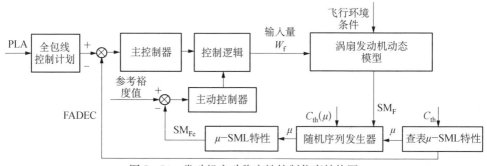

图5-54　发动机主动稳定性控制仿真结构图

5.6.3　发动机主动稳定性控制器设计

由于喘振裕度对燃油最为敏感,因此,主动稳定性控制采用燃油来控制喘振裕度的控制方案。这里采用基于二次型性能指标的鲁棒控制 H_2/H_∞ 方法设计控制器。

对于如式(5-93)所示的系统:

$$\dot{x} = Ax + Bu + B_1 w$$
$$y = Cx + Du + D_1 w$$

$$(5-93)$$

式中:x 为系统状态;y 为系统输出;u 为控制量;w 为系统扰动;A、B、C、D、B_1、

D_1 为适维矩阵。系统中 x、y、u 均应理解成系统在平衡位置的偏差量,为简化起见,本节中省略了符号 Δ。

首先对式(5-93)进行微分变换,并将偏差增广到系统状态,即 $\bar{x} = (\dot{x}^\mathrm{T} \quad e^\mathrm{T})^\mathrm{T}$,得到增广变换后的系统状态方程为式(5-94):

$$\dot{\bar{x}} = \bar{A}\bar{x} + \bar{B}\bar{u} + \bar{B}_1\bar{w}$$

$$z_1 = \bar{y} = \bar{C}_1\bar{x} + \bar{D}_1\bar{u} + \bar{D}_{11}\bar{w} \tag{5-94}$$

式中:$\bar{u} = \dot{u}$;$\bar{w} = \dot{w}$;$\bar{x} = \begin{pmatrix} \dot{x} \\ e \end{pmatrix}$;$\bar{y} = \dot{y}$;$\bar{A} = \begin{pmatrix} A & 0 \\ -C & 0 \end{pmatrix}$;$\bar{B} = \begin{pmatrix} B \\ -D \end{pmatrix}$;$\bar{B}_1 = \begin{pmatrix} B_1 \\ -D_1 \end{pmatrix}$;

$\bar{C}_1 = (C \quad 0)$;$\bar{D}_1 = D$;$\bar{D}_{11} = D_1$。

对于微分再增广后的式(5-94),可用 H_∞、H_2 状态反馈设计方法分别实现:

(1)闭环系统输出 y 能跟踪给定的参考指令 r,且动态品质良好。

(2)闭环系统的输出 y 对扰动 w 具有指定的抑制度 γ,即 $\|T_{wy}\|_\infty < \gamma$。

两项控制指标,H_∞ 方法使控制器 $\bar{u} = \bar{K}\bar{x}$ 满足 $\|T_{\bar{w}z_1}\|_\infty < \gamma$;通过构造 H_2 状态反馈问题使得二次型性能指标 $J = \int_0^\infty (\bar{x}^\mathrm{T}Q\bar{x} + \bar{u}^\mathrm{T}R\bar{u})\mathrm{d}t$ 尽可能小。

将二次型性能指标转换为 H_2 性能指标,令 $z_2 = \bar{C}_2\bar{x} + \bar{D}_2\bar{u}$,其中

$$\bar{C}_2 = \begin{pmatrix} Q^{1/2} \\ 0 \end{pmatrix}, \ \bar{D}_2 = \begin{pmatrix} 0 \\ R^{1/2} \end{pmatrix},$$

则有式(5-95):

$$J = \int_0^\infty (\bar{x}(t)^\mathrm{T}Q\bar{x}(t) + \bar{u}(t)^\mathrm{T}R\bar{u}(t))\mathrm{d}t$$

$$= \int_0^\infty z_2(t)^\mathrm{T}z_2(t)\mathrm{d}t = \|z_2(t)\|_2 \tag{5-95}$$

选取虚拟扰动 $\tilde{w}$ 满足 $\|\tilde{w}\|_2 < \gamma_w$,则二次型性能指标最终转化为如式(5-96)所示的优化问题:

$$\min \gamma_2$$

$$\|T_{z_2\tilde{w}}\|_2 < \gamma_2 \tag{5-96}$$

对于增广后的系统(5-94),通过引入虚拟扰动 $\tilde{w}$ 和二次性能指标可得如式(5-97)所示的 H_2/H_∞ 问题:

$$\dot{\bar{x}} = \bar{A}\bar{x} + \bar{B}\bar{u} + \bar{B}_1\bar{w} + \bar{B}_2\tilde{w}$$

$$z_1 = \bar{C}_1\bar{x} + \bar{D}_1\bar{u} + \bar{D}_{11}\bar{w} \tag{5-97}$$

$$z_2 = \bar{C}_2\bar{x} + \bar{D}_2\bar{u}$$

式中:$\bar{B}_2$ 为一指定矩阵。

对于式(5 - 97)有如下定理:

给定的标量 $\gamma_1 > 0$,若如式(5 - 98)所示的优化问题

$$\min \gamma_2$$

$$\begin{bmatrix} \bar{A}X + \bar{B}W + (\bar{A}X + \bar{B}W)^{\mathrm{T}} & \bar{B}_1 & (\bar{C}_1 X + \bar{D}_1 W)^{\mathrm{T}} \\ \bar{B}_1^{\mathrm{T}} & -\gamma_1 I & D_{11}^{\mathrm{T}} \\ \bar{C}_1 X + \bar{D}_1 W & D_{11} & -\gamma_1 I \end{bmatrix} < 0$$

$$\bar{A}X + \bar{B}W + (\bar{A}X + \bar{B}W)^{\mathrm{T}} + \bar{B}_2 \bar{B}_2^{\mathrm{T}} < 0$$

$$\begin{bmatrix} -Z & \bar{C}_2 X + \bar{D}_2 W \\ (\bar{C}_2 X + \bar{D}_2 W)^{\mathrm{T}} & -X \end{bmatrix} < 0$$

$$\mathrm{Trace}(Z) < \gamma_2 \tag{5 - 98}$$

有一个最优解 X、Z 和 W,其中 X、Z 是正定矩阵,则式(5 - 97)的状态反馈 H_2/H_∞ 控制问题是可解的,且 $\bar{u} = \bar{K}\bar{x} = W(X)^{-1}\bar{x}$ 是它的一个状态反馈 H_2/H_∞ 控制律。

将 $\bar{K}$ 按 $\dot{x}$ 和 e 表示为分块矩阵 $\bar{K} = (K_{\dot{x}} \quad K_e)$,则有式(5 - 99):

$$\dot{u} = \bar{K}\bar{x} = (K_{\dot{x}} \quad K_e)\begin{bmatrix} \dot{x} \\ e \end{bmatrix} = K_{\dot{x}}\dot{x} + K_e e \tag{5 - 99}$$

按照上述方法设计主动稳定性控制器,采用燃油流量 W_f 来控制喘振裕度 SM_F 的控制方案,控制框图如图 5 - 55 所示。

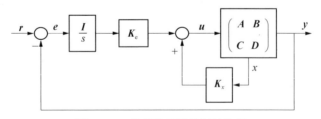

图 5 - 55 鲁棒控制器控制结构图

选取发动机状态量:

$$x = (\Delta n_L \quad \Delta n_H)^{\mathrm{T}}$$

控制输入量:

$$u = \Delta W_f$$

被控输出量:

$$y = \Delta SM_F$$

输入指令:

$$r = \mathrm{SM_{Fref}}$$

5.6.4 基于压力相关度测量的主动稳定性控制仿真算例

这里以发动机进口遭遇较为严重的总压、总温流场畸变,并迅速增加油门杆角度,来模拟发动机失稳的过程。对该过程分别采用常规控制和基于压力相关度测量的主动稳定性控制技术,并进行了系统闭环控制性能的比较。

1) 高度 $H = 5\,\mathrm{km}$、$Ma = 0.9$ 常规控制仿真效果

图 5-56 为高度 $H = 5\,\mathrm{km}$、$Ma = 0.9$ 采用常规控制器的发动机仿真结果,在 $1 \sim 8\,\mathrm{s}$ 给发动机进口如图 5-56(a)所示的流场畸变,同时施加周向总压畸变(畸变指数 DP/PC)、径向总压畸变(畸变指数 DP/PR),逐渐使得风扇端振裕度降低,即工作点靠近端振边界,稳定裕度下降。并在 $3\,\mathrm{s}$ 时推油门杆到最大状态,模拟加速过程,常规控制在加速过程仅控制高压转子转速并限制一定的燃油速率。加速过程中,在 $4.5\,\mathrm{s}$ 进入喘振状态,表现为风扇端振裕度出现负值[见图 5-56(a)],工作点进入失速区[见图 5-56(d)]。图 5-56(b)为燃油流量变化曲线,由于状态参数的脉动导致主控制回路燃油值出现脉动。图 5-56(c)为该过程中高低压转子转速变化。图 5-56(d)为风扇工作点变化。以下图中 W_f、压比、换算流量和转速均为相对量。

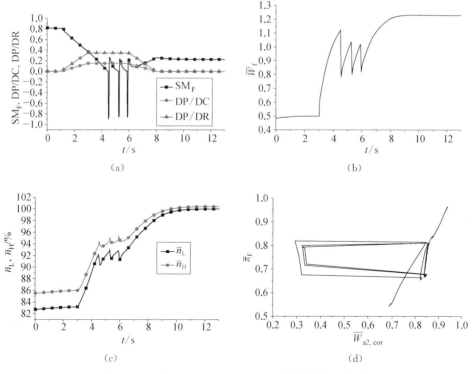

(a)　　　　　　　　　　　　　　(b)

(c)　　　　　　　　　　　　　　(d)

图 5-56　$H = 5\,\mathrm{km}$,$Ma = 0.9$ 常规控制模式仿真

　　2) 高度 $H = 5\,\mathrm{km}$、$Ma = 0.9$ 主动稳定性控制仿真效果

　　图 5 - 57 为 $H = 5\,\mathrm{km}$、$Ma = 0.9$ 采用主动稳定性控制后的仿真结果。图 5 - 57 (a)为采用相关度测量的仿真结果,不难看出,Events 与 SM_F 的关系与图 5 - 56 的特性关系相符,说明了 SM_F 估计的准确性。在 1~8 s 给发动机进口一定的流场畸变,其畸变强度如图 5 - 57(b)所示。在 3 s 时推动油门杆,模拟加速过程。图 5 - 57(c)中,主动控制策略为:当喘振裕度 $SM_F < 0.05$,采用主动稳定性控制模式,通过快速切油实现对喘振裕度的控制。可以看出,当喘振裕度低于 0.05 时,通过切油,喘振裕度能够很快达到控制目标,这表明基于压力相关度测量的主动稳定性控制的效果良好,由于发

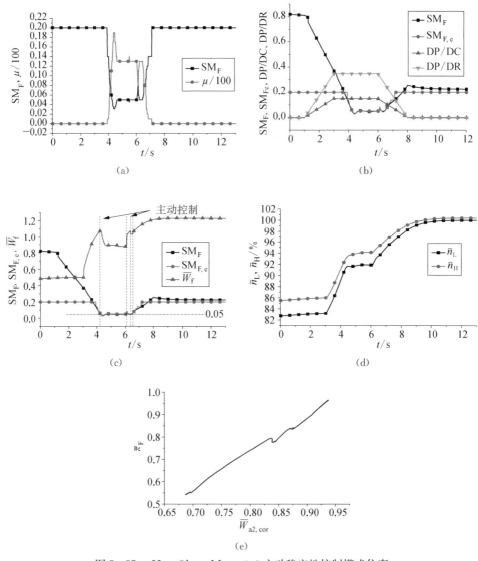

图 5 - 57　$H = 5\,\mathrm{km}$, $Ma = 0.9$ 主动稳定性控制模式仿真

动机采用主动稳定性控制,控制器调节供油规律,保证发动机在稳定区间内工作。图5-57(d)为该过程中高低压转子转速变化曲线。图5-57(e)为发动机风扇工作点变化。

3) 常规控制与主动稳定性控制仿真结果比较

对比采用常规控制和主动稳定性控制仿真结果,可以看出,利用相关度测量估计喘振裕度,进而实现主动稳定性控制。由于这种方法基于失速先兆,可以及时有效地实现对喘振裕度的快速限制控制,使发动机在恶劣工况下依然保持一定的稳定裕度。

参 考 文 献

[1] 杨刚,孙键国,李秋红.航空发动机控制系统中的增广 LQR 方法[J].航空动力学报,2004,19(1):153-158.

[2] 杨刚,姚华.实用航空发动机 LQR 权阵选取方法[J].南京航空航天大学学报,2006,38(4):403-407.

[3] 杨刚.多变量鲁棒控制在涡扇发动机中的应用研究与实验验证[D].南京:南京航空航天大学,2004.

[4] Yang Gang. Sun Jianguo. Reduced Order H_∞/LTR Method for Aeroengine Control System [J]. Chinese Journal of Aeronautics, 2004,17(3):129-135.

[5] 李秋红.航空发动机智能鲁棒控制研究[D].南京:南京航空航天大学,2011.

[6] 姚彦龙,孙健国.基于神经网络逆控制的发动机直接推力控制[J].推进技术,2008,29(2):249-252.

[7] 姚彦龙.航空发动机神经网络直接推力逆控制[D].南京:南京航空航天大学,2005.

[8] Litt J S, Sowers T S. Evaluation of an Outer Loop Retrofit Architecture for Intelligent Turbofan Engine Thrust Control [R]. AIAA-2006-5103,2006.

[9] Litt J S, Turso J A, Shah N, et al. A Demonstration of a Retrofit Architecture for Intelligent Control and Diagnostics of a Turbofan Engine [R]. NASA/TM-2005-214019,2005.

[10] 李业波,李秋红,黄向华.航空发动机性能蜕化缓解控制技术[J].航空动力学报,2012,27(4):930-936.

[11] 王健康.航空发动机模型基优化控制技术研究[D].南京:南京航空航天大学,2013.

[12] Chisholm J D. In-flight Optimization of the Total Propulsion System [R]. AIAA-92-3744,1992.

[13] Ralph J A. Advanced Control for Airbreathing Engines (Volume 1) [R]. NASA-CR-189203,1993.

[14] Vizzini R W. Integrated Flight/Propulsion Control System Considerations for Future Aircraft Application [J]. Journal of Engineering for Gas Turbines and Power, 1985,107(4):833-837.

[15] Gilyard G, Orme J. Subsonic Flight Test Evaluation of a Performance Seeking Control Algorithm on an F-15 Airplane [R]. AIAA-92-3743,1992.

[16] 袁春飞.飞行/推进系统综合优化控制模式及其关键技术[D].南京:南京航空航天大学,2004.

[17] Lawrence C T, Tits A L. A Computational Efficient Feasible Sequential Quadratic Programming Algorithm [J]. SIAM J. Optim, 2001,11(4):1092-1118.

［18］ 王健康,张海波,孙健国,等. 基于复合模型及 FSQP 算法的发动机性能寻优控制试验验证 ［J］. 推进技术,2012,33(4):579－590.

［19］ Korson S, Helmicki A. An H_∞ Based Controller for a Gas Turbine Clearance Control System ［C］. Proceedings of the 4th IEEE Conference Control Applications, September 28－29,1995.

［20］ Kypuros J A, Melcher K J. A Reduced Model for Estimation of Thermal and Rotational Effects on Turbine Tip Clearance ［R］. NASA TM－2003－212226,2003.

［21］ 贾丙辉,张小栋,侯静. 涡轮叶尖间隙动态建模的 LS－SVM 的方法［J］.计算机仿真. 2012,29 (04):95－100＋192.

［22］ 杨晓光,黄佳.采用改进减缩模型的涡轮叶尖间隙快速分析方法［J］.航空动力学报,2012,27 (09):2048－2055.

［23］ 漆文凯,陈伟,等.某型航空发动机高压涡轮叶尖间隙数值分析［J］.南京航空航天大学学报, 2003,35(1):63－67.

［24］ Taylor S C, Steinetz B M, Oswald J J. High Temperature Evaluation of an Active Clearance Control System Concept ［R］. NASA/TM－2006－214464, E－15727, AIAA－2006－4750, 2006.

［25］ Jia B, Zhang X, Hou Y. Active Control of Turbine Tip Clearance by Fuzzy Parameter Self-setting PID Algorithms ［C］. 8th IEEE International Conference on Automation Science and Engineering August 20－24,2012, Seoul, Korea.

［26］ Bringhenti C. Effects of Turbine Tip Clearance on Gas Turbine Performance ［R］. ASME GT2008－50196,2008.

［27］ Paduano J D. Recent Developments in Compressor Stability and Control ［C］, Paper, Feb. 1998.

［28］ Day I J. Active Suppression of Rotating Stall and Surge in Axial Compressors ［C］, American Society of Mechanical Engineers, Paper 91－GT－87.

［29］ Badmus O O, Chowdhury S, Eveker K M, et al. Control-Oriented High-Frequency Turbomachinery Modeling: Single-Stage Compression System 1－D Model ［C］. American Society of Mechanical Engineers, Paper 93－GT－18,1993.

［30］ Dhingra M, Neumeier Y, Prasad J, et al. A stochastic Model for a Compressor Stability Measure ［J］. Journal of Engineering for Gas Turbines and Power, 2007,129(3):730－737.

［31］ Mattern D, Owen A K. A voice Coil Actuated Air Valve for Use in Compressor Forced Response Testing ［C］. Scociety of Photo-Optical Instrumentation Engineers (SPIE) Proceedings for Sensing, Actuation and Control in Aeropropulsion, edited by Paduano J D, Vol. 2494, SPIE, Bellingham WA, 1995,215－223.

［32］ Inoue M, Kuroumaru M, Iwamoto T, et al. Detection of a Rotating Stall Precursor in Isolated Axial Flow Compressor Rotors ［J］. Journal of Turbomachinery, 1991,113(2): 281－289.

［33］ 刘大响,叶培良,胡骏,等. 航空燃气涡轮发动机稳定性设计与评定技术［M］.北京:航空工业 出版社,2004.

6 航空燃气涡轮发动机容错控制

6.1 基于系统重构的多通道容错控制

在控制系统运行过程中,对故障及时、准确地检测、隔离与适应是提高系统可靠性的有效措施,也是航空发动机控制系统设计最为重要的内容之一。特别是数字电子式航空发动机控制系统,由于数字电子控制器的使用,各种故障诊断、处理的方法成为可能,对提高系统可靠性起到至关重要的作用。

关于故障检测、隔离与适应涉及内容很多,这一节先简要介绍其基本知识。

6.1.1 故障检测

故障检测包含故障模式分析、故障检测装置与方法设计等方面的内容。

1) 故障模式分析

故障模式包含故障的发生部位、表现形式、造成的后果等方面的内容。控制系统设计时需要对控制系统的故障模式进行充分的分析。首先需要全面分析系统中可能发生故障的元件、部件及子系统,可能的故障表现形式及故障出现的概率;某一元件、部件或子系统的故障可能造成的后果及影响,以及多故障并发的可能模式;最后归纳出系统的故障模式。

2) 故障检测方法

故障检测方法的设计,主要依据故障模式分析所给出的故障表现形式和发动机、控制系统及元部件的工作原理及结构、工作范围、工作特点、相关参数的基本特性等,综合分析并确定相应的检测方法。

(1) 对传感器及输入通道的故障检测,常采用初值检查、变化范围检查、变化率检查及相关参数检查等方法。相关设计的主要内容是确定检测方法及判断故障的阈值。

a. 初值检查。数字电子控制器上电后,分析实际发动机运行状态,若发动机处于初始状态,则对采集到的各种传感器初始值与设定基准值进行比较,若超出范围,则表明相应信号测量回路存在故障。

b. 变化范围检查。各传感器信号在发动机的工作过程中,始终处于一定的工作范围之内。当采集到的传感器信号超出了该信号的设定范围时,表明相应传感器测量回路存在故障。

c. 变化率检查。发动机工作时,其状态信号不仅处于一定范围之内,而且其变化速率也始终处于一定范围之内,当某信号速率变化过快时,通常表明传感器出现断线故障。

d. 相关参数检查。由于受气动关系联系,发动机的各状态量之间满足一定的关系,如发动机转速较高时,发动机排气温度不可能很低。若出现这类问题,则表明发动机排气温度传感器可能出现故障。

(2)对电子控制器输出通道的故障检测,常采用回检信号方法,即通过检测输出通道产生的回检信号来判断输出通道及执行元件的工作状态。这种方法需要设计回检信号产生电路并产生确定性的回检信号,才能做出正确判断。回检信号方法是一种有效的故障检测方法。

(3)对电子控制器计算的中间过程,常采用容错软件技术的相关方法来处理。

(4)电子控制器设计中,还大量采用机内自检测(bulit in test, BIT)[8]电路来提高系统的故障检测能力。BIT电路指在电子控制器设计时,除完成电子控制器常规功能外为故障检测增加的专用电路。通过设计具有良好层次性的BIT电路,可以检测芯片、电路板及控制系统各级故障,实现故障检测、隔离自动化。(2)条中输出通道故障检测的回检电路即为BIT电路的一种。其他常用的BIT电路包括针对各种传感器设计的断线拉偏电路,针对模拟量、离散量输出设计的过压、过流检测电路等。

6.1.2　余度技术

余度技术也称冗余技术。余度控制系统是指实现控制任务的组成部分具有可置换的备份,当工作部分产生故障时,可由相应的备份替代,以使系统能够继续正常工作。

1) 相似余度与非相似余度

冗余结构分为相似余度(同构冗余)与非相似余度(异构冗余)两类。相似余度指采用相同的结构、装置与应用软件构成的互备冗余结构。相似余度技术对解决系统工作过程中产生的随机故障是非常有效的,但难以解决与设计工艺有关的共性故障。非相似余度系统指系统的余度通道由不同的硬件或软件组成的互备冗余结构。非相似余度技术不仅可以解决工作过程中产生的随机故障,还可以解决与设计及工艺有关的故障,但增加了系统的设计难度和复杂程度。实际发动机系统中,由于非相似余度带来的复杂性,目前,国外先进控制系统均仍采用相似余度的设计技术。

2) FADEC余度系统

此处重点说明硬件余度设计思想,典型余度配置如图6-1所示,传感器采用双余度结构,电子控制器采用双通道结构,执行机构电液转换部件采用双余度结构。

(1)传感器余度。传感器是航空发动机数字式电子控制系统中最重要的元件

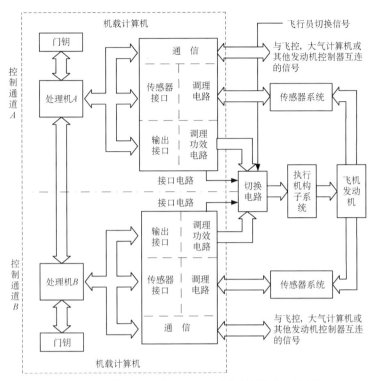

图 6-1 典型双通道 FADEC 系统硬件架构示意图

之一,也是最易产生故障的薄弱环节。因此,对传感器的故障检测、隔离与适应是数控系统设计的主要内容之一。常采用的传感器余度设计是对同一个被测量参数设置 2 个以上的传感器(或 2 个以上的工作线圈)进行测量。当某一传感器(或某线圈)发生故障时,把另一传感器(或另一线圈)的测量信号用于控制系统。考虑到系统的复杂性和必要性,通常对重要参数,如转速、温度、压力及伺服回路的位置反馈等的测量采用传感器余度结构,而对监视信号,如燃油温度、燃油压力等,则不采用余度结构。

(2)电子控制器余度。电子控制器包含两个功能相同并具有自诊断能力的控制通道 A 和 B。每一个通道均有一个以上的 CPU,每个通道均接受一套完整的控制指令及发动机参数信号,并且具有单独全权限控制发动机的能力。系统无故障时,其中一个通道投入工作,另一个通道处于热备份(只计算,不输出)状态,备份通道输出并不作用于后续装置。当工作的通道发生故障时,两通道输出的信号通过切换电路选择后,切换到热备份通道,继续控制发动机正常工作。两通道间采用通信方式互相访问对方的输入、输出数据。通过这种方式,控制器可以实现双通道容错控制。在此系统中除硬件容错结构外,还设置了检测和处理硬件故障的容错软件。

(3)执行机构余度。执行机构是航空发动机数字式电子控制系统中产生最终输出的重要部件,其电液转换部件也是容易发生故障的薄弱环节。与传感器类似,对执行机构电液转换部件的故障检测、隔离与适应也是数控系统设计的主要内容之一。通常采用双线圈的电液转换部件,当一个线圈出现故障后,可以切换到另一线圈,保证数控系统正常工作。对安全特别重要的关键执行机构回路,如主燃油控制回路,通常还会采用双、双余度电液转换的余度设计,即采用两个双线圈的电液转换部件,只有当4个余度均出现故障时,数控系统才会丧失主燃油控制能力。

6.1.3 容错控制

如图6-1所示,数控系统经常采用具有相似余度的双通道结构,对于此类控制系统,容错控制是决定系统可靠性的关键因素,也是实现冗余系统正常工作的基础。系统的故障容错能力主要是通过系统的容错控制来实现的。系统的容错控制,通常是依据预定的处理方式,调度相应的硬件及软件资源,完成冗余操作或性能降级处理。

1) 对多余度传感器单个余度故障的容错控制

当多余度传感器出现单个余度故障时,通常不会影响发动机的正常工作。应用软件通过表决或信号重构的方法,利用非故障的余度,获取有效信号参与本通道控制运算。

典型双余度信号表决算法如下。

(1) 当信号 A、B 均未检测出故障时。

a. 若 A、B 之间的差异大于给定阈值,则 A、B 信号均异常,有效信号取安全值,同时设置本信号故障标志。

b. 若 A、B 之间的差异小于给定阈值,则 A、B 信号均正常,有效信号取两者平均,即 $(A+B)/2$。

(2) 当信号 A 未检测出故障,信号 B 检测出故障时,有效信号取信号 A。

(3) 当信号 B 未检测出故障,信号 A 检测出故障时,有效信号取信号 B。

(4) 若 A、B 均检测出故障时,有效信号取安全值,同时设置本信号故障标志,供后续处理。

注:此处安全值指某信号预先设置的在信号故障时所取的固定值,该值会使发动机向偏安全的方向工作。

2) 对关键传感器的容错控制

对关键传感器,在不使用解析余度技术的前提下,通常采用系统重构的方式进行容错。即:调整发动机的控制计划,避免使用故障传感器,使发动机尽可能在不降级,或降级不影响安全的前提下,完成发动机的正常控制功能。

(1) 对转速传感器的容错控制。主要影响转速闭环控制,及加、减速程序控制。可通过更换控制回路的方式进行容错控制。如将转速闭环控制更改为利用燃油控制发动机压比的方式控制;加、减速控制,可以通过限制油门操纵位置移动速度的方式,通过稳态控制器实现缓慢加、减速,确保飞机安全返航。

(2) 对压力传感器的容错控制。主要影响加、减速及加力、压力限制等,对大飞机发动机而言,则还会影响 EPR 控制。可采取与转速传感器故障类似的处理方式,限制系统的加减速功能。而压力限制功能,是发动机的一项保护功能,在这种情况下,可以通过屏蔽压力限制功能,避免压力限制回路产生误动作。而对 EPR 控制回路,则可将控制计划更改为利用转速闭环控制的方式容错。

(3) 对涡轮排气温度传感器的容错控制。主要影响温度限制回路工作,这也是发动机的一项保护功能,通常也是采取屏蔽的方式进行容错。

(4) 对进口总温传感器的容错控制。主要影响各种控制计划的给定。可以通过飞机的高度、马赫数信号对该信号进行重构,按重构的信号对发动机进行相关控制。

(5) 对关键执行机构传感器的容错控制。关键执行机构传感器的故障将使系统丧失伺服回路控制能力。对关键的主燃油控制回路,可通过直接转速闭环控制的方式,规避伺服回路的直接位置闭环,从而实现相关传感器的容错控制。

3) 对控制器硬件模块故障的容错控制

控制器硬件模块均为相似双余度设计。当硬件模块出现故障时,通常采取通道切换的方式进行容错。

对硬件模块可以独立工作的,如基于串行背板总线架构的控制器,所有对应功能模块都通过串行背板总线互为备份,因此可以实现模块级容错。即:只要从输入到输出的整个链路中存在一条完整的链路,则可以通过重组的方式,使数控系统信号流按该链路流动,完成发动机的正常控制,如图 1 - 9 所示。

4) 对输出通道故障的容错控制

执行机构的电液转换部件通常采用双线圈的电液转换部件模式,当单线圈出现故障时,通常采用切换的方式进行容错。输出通道故障,通常无法像传感器故障那样,可以通过系统重构的方式进行容错。

6.2 基于支持向量机的传感器解析余度技术

在前面的内容里,对航空发动机数字式电子控制系统的故障检测、余度技术及容错控制技术进行了概述,接下来将基于解析余度技术,介绍相关内容的具体分析和设计方法。

航空发动机传感器工作在高温、高压、强振动的恶劣环境下,是容易发生故障的元件之一。通过硬件余度来保证控制系统的可靠性,会增加系统的复杂性和维修的工作量,使系统的重量和成本上升,并且增加对安装位置的需求。因此,在 20 世纪 70 年代,Wallhagen 等人提出了利用解析余度技术来提高航空发动机控制系统的可靠性。20 世纪 90 年代以来,随着机器学习算法的发展,神经网络、支持向量机等智能技术都被用到航空发动机传感器解析余度技术研究中。支持向量机在解决小样本、非线性及高维模式识别中表现出许多特有的优势,并能够推广应用到函数拟合等其他机器学习问题中,下面将介绍基于支持向量机的传感器解析余度技术。

支持向量机是一种新的机器学习方法,由 Vapnik 等在 20 世纪 90 年代提出[1],有严格的理论基础,在统计样本量较少的情况下具有很好的泛化能力,是基于统计学习理论和结构风险最小化原则发展起来的。它主要应用于回归分析和模式分类。

在 1999 年,Suykens 等人提出了改进的支持向量机算法——最小二乘支持向量机(least squares support vector machine,LSSVM),改进主要体现在两个方面:①采用平方损失函数代替 ε-不敏感损失函数;②用等式约束代替原来的不等式约束。在此基础上的约简最小二乘支持向量机,采用阈值判别技术,选择所有训练数据中的一部分作为支持向量,大幅度减小了支持向量机规模,节约了计算时间,提高了算法的实时性。

6.2.1 约简最小二乘支持向量机

对于给定训练样本集 $\{(\boldsymbol{x}_i,\boldsymbol{y}_i)\}_{i=1}^{N}$,其中,$\boldsymbol{x}_i \in \mathbf{R}^n$ 为输入变量,$y_i \in \mathbf{R}$ 为输出变量,N 为训练样本集的规模。则标准的最小二乘支持向量回归机 LSSVR 的数学模型如式(6-1):[2]

$$\min_{w,e,b} J(\boldsymbol{w},\boldsymbol{e}) = \frac{1}{2}\boldsymbol{w}^{\mathrm{T}}\boldsymbol{w} + \frac{C}{2}\sum_{i=1}^{N}e_i^2$$
$$\text{s.t.} \quad y_i = \boldsymbol{w}^{\mathrm{T}}\boldsymbol{\varphi}(\boldsymbol{x}_i) + b + e_i \quad i = 1,\cdots,N \tag{6-1}$$

式中:$\boldsymbol{e} = [e_1,\cdots,e_N]^{\mathrm{T}}$ 为支持向量机预测值与样本集中目标值之间的偏差量;$\boldsymbol{\varphi}(\boldsymbol{x}_i)$ 为非线性映射,能够将输入变量 $\boldsymbol{x}_i$ 映射至特征空间,即能够将输入空间中的非线性拟合问题转化成特征空间中的线性拟合问题;$C \in \mathbf{R}^+$ 为正则化参数,被用来控制预测模型的复杂程度及训练误差。为了解决式(6-1)中的优化问题,需构造一个形如式(6-2)的拉格朗日函数:

$$L(\boldsymbol{w},b,\boldsymbol{e};\boldsymbol{\alpha}) = J(\boldsymbol{w},\boldsymbol{e}) - \sum_{i=1}^{N}\alpha_i[\boldsymbol{w}^{\mathrm{T}}\boldsymbol{\varphi}(\boldsymbol{x}_i) + b + e_i - y_i] \tag{6-2}$$

式中:$\boldsymbol{\alpha} = (\alpha_1,\cdots,\alpha_N)^{\mathrm{T}}$ 为拉格朗日乘子。式(6-2)的 KKT(Karush-Kuhn-Tucker)条件如式(6-3):

$$\begin{cases} \dfrac{\partial L}{\partial \boldsymbol{w}} = 0 \to \boldsymbol{w} = \sum_{i=1}^{N}\alpha_i\boldsymbol{\varphi}(\boldsymbol{x}_i) \\[2mm] \dfrac{\partial L}{\partial b} = 0 \to \sum_{i=1}^{N}\alpha_i = 0 \\[2mm] \dfrac{\partial L}{\partial e_i} = 0 \to \alpha_i = Ce_i \\[2mm] \dfrac{\partial L}{\partial \alpha_i} = 0 \to \boldsymbol{w}^{\mathrm{T}}\boldsymbol{\varphi}(\boldsymbol{x}_i) + b + e_i - y_i = 0 \end{cases} \tag{6-3}$$

消去式(6-3)中的 e_i 和 $\boldsymbol{w}$,能够得到如式(6-4)的线性方程组:

$$\begin{bmatrix} \mathbf{0} & \mathbf{1}^{\mathrm{T}} \\ \mathbf{1} & \mathbf{K} \end{bmatrix} \begin{bmatrix} b \\ \boldsymbol{\alpha} \end{bmatrix} = \begin{bmatrix} \mathbf{0} \\ y \end{bmatrix} \tag{6-4}$$

式中：$\mathbf{K}$ 的元素为 $K_{ij} = k(\mathbf{x}_i, \mathbf{x}_j) + \delta_{ij}/C$，其中 $\delta_{ij} = \begin{cases} 1, & i = j \\ 0, & i \neq j \end{cases}$，$\mathbf{1} = (1, 1, \cdots, 1)^{\mathrm{T}}$，$k(\mathbf{x}_i, \mathbf{x}_j)$ 为核函数。

求解上述二次优化问题，有式(6-5)：

$$\mathbf{w} = \sum_{i=1}^{N} \alpha_i \boldsymbol{\varphi}(\mathbf{x}_i) \tag{6-5}$$

则回归决策函数为式(6-6)：

$$y = f(\mathbf{x}) = \sum_{i=1}^{N} \alpha_i k(\mathbf{x}, \mathbf{x}_i) + b \tag{6-6}$$

式(6-6)为标准最小二乘支持向量回归机的表达式。由式(6-5)可见，回归过程中 $\mathbf{w} = \sum_{i=1}^{N} \alpha_i \boldsymbol{\varphi}(\mathbf{x}_i)$，则 $\mathbf{w}$ 与整个训练集都有关系，这也就是说所有的训练数据都被选作了支持向量，因此支持向量机不具有稀疏性，造成支持向量机规模过大，影响其实用性。为了克服这个问题，将约简技术应用于 LSSVR 中就得到了约简最小二乘支持向量回归机(RLSSVR)。

首先，强制令式(6-5)中的 $\mathbf{w} = \sum_{i \in S} \alpha_i k(\mathbf{x}_i, \cdot)$，其中 $\{(\mathbf{x}_i, y_i)\}_{i \in S} \subset \{(\mathbf{x}_i, y_i)\}_{i=1}^{N}$，$S \subset \mathbf{N}$ 为选择子集索引的集合，可得式(6-7)：

$$\min \left\{ L(b, \boldsymbol{\alpha}) = \frac{1}{2} \boldsymbol{\alpha}^{\mathrm{T}} \mathbf{K} \boldsymbol{\alpha} + \frac{C}{2} \sum_{i=1}^{N} \left(y_i - \sum_{j \in S} \boldsymbol{\alpha} \boldsymbol{\varphi}(\mathbf{x}_j)^{\mathrm{T}} \boldsymbol{\varphi}(\mathbf{x}_i) - b \right)^2 \right\} \tag{6-7}$$

式中：$K_{ij} = k(x_i, x_j)$，$i, j \in S$。令 $\dfrac{\partial L}{\partial b} = 0$ 和 $\dfrac{\partial L}{\partial \alpha_i} = 0$，于是可以得到如式(6-8)的线性方程组

$$(\mathbf{R} + \mathbf{Z}^{\mathrm{T}} \mathbf{Z}) \begin{bmatrix} b \\ \boldsymbol{\alpha} \end{bmatrix} = \mathbf{Z} y \tag{6-8}$$

式中：$\mathbf{R} = \begin{bmatrix} 0 & \mathbf{0}^{\mathrm{T}} \\ \mathbf{0} & \mathbf{K}/C \end{bmatrix}$，$\mathbf{Z} = \begin{bmatrix} \mathbf{1}^{\mathrm{T}} \\ \mathbf{K} \end{bmatrix}$。

如果 $\mathbf{R} + \mathbf{Z}^{\mathrm{T}} \mathbf{Z}$ 奇异，就对其进行正则化，即为 $\mathbf{R} + \mathbf{Z}^{\mathrm{T}} \mathbf{Z} + 10^{-10} \mathbf{I}$，这样就可保证方程有解，可以得到简约最小二乘支持向量回归机，如式(6-9)：

$$f(\mathbf{x}) = \sum_{i \in S} \alpha_i k(\mathbf{x}_i, \mathbf{x}) + b \tag{6-9}$$

式(6-9)的最小二乘支持回归机是具有稀疏性的，这是因为支持向量是以 S 集

中的数据而不是所有的训练数据构成的。因此,如何确定 S 集成为问题的关键。

6.2.2　在线训练约简最小二乘支持向量机

最小二乘支持向量回归机(LSSVR)在进行回归计算时,通常采用离线训练的方式,将数据样本采集完成后,通过约简技术对网络进行训练。这样对一般的回归问题都可以获得满意的效果,但对于航空发动机来说,其本身是强非线性的时变系统,而且飞行状态和工况多变,难以获得覆盖整个飞行状态的训练数据,而且也会造成支持向量机规模过大。为了解决这一问题,赵永平等人提出了一种在线训练的约简最小二乘支持向量机(RLSSVR)算法[3]。该算法通过在线采集数据对回归机进行训练,基于阈值选择支持向量,同时采用滑动窗技术,当支持向量达到一定规模时,将最先选取的支持向量丢弃,确保不过多占用系统资源,滑动窗原理如图 6 - 2 所示。

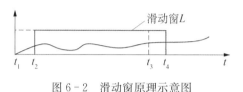

图 6 - 2　滑动窗原理示意图

图 6 - 2 中,假设系统从 t_1 时刻开始进行数据采集,在线训练支持向量机,当到达 t_3 时刻时,支持向量机的个数达到设定的上限 L 个,而在 t_4 时刻根据阈值判断,需要增加支持向量,则将第一个选取的支持向量舍去,用第 2 个支持向量(t_2 时刻获得)到第 $L+1$ 个支持向量形成新的回归机,当支持向量需要再次增加时,舍弃第 2 个支持向量,以此类推,形成基于"滑动窗"的支持向量选取办法。整个训练过程中窗口中的支持向量总量不变,一直为 L 个。

基于以上原理可知,虽然在线训练过程中不断从系统采集数据,但数据是否作为支持向量,需要经过阈值的判断,而且当支持向量个数累计达到设定的上限时,只有支持向量的更替,SVM 的规模却不会发生改变,这样既避免了数据总量过大引起的支持向量机规模过大,也避免了离线训练算法不能覆盖全部预测范围的缺陷。

下面介绍对支持向量机进行迭代更新的方法。

支持向量机训练过程中以在线采集的前两组数据样本进行初始化训练,其余支持向量按照迭代策略进行选择。当要选第 $n+1$ 个数据作为支持向量时,首先要判断窗口中的支持向量个数有没有到达设定的规模。若达到,就将最先选择的支持向量删除,再加入新的支持向量,否则直接加入新的支持向量。

若矩阵 A 可以表示成分块矩阵的形式,则由 Sherman-Morrison 定理[4],可得式(6 - 10):

$$\begin{pmatrix} A_{11} & e \\ e^T & s \end{pmatrix}^{-1} = \begin{bmatrix} A_{11}^{-1} & 0 \\ 0 & 0 \end{bmatrix} + \begin{bmatrix} A_{11}^{-1} \\ -1 \end{bmatrix} r[e^T A_{11}^{-1} \quad -1] = \begin{bmatrix} A_{11}^{-1} & 0 \\ 0 & 0 \end{bmatrix} + ZZ^T r$$

$$(6 - 10)$$

式中:分块矩阵 A_{11} 可逆,e 为一列向量,s 为一不为零的标量,$Z = (e^T A_{11}^{-1}, -1)^T$,$r = (s - e^T, A_{11}^{-1} e)^{-1}$。因此,将式(6 - 8)改写为式(6 - 11):

$$\begin{bmatrix} \boldsymbol{0} & \boldsymbol{1}^{\mathrm{T}} \\ \boldsymbol{1} & \boldsymbol{K}(n) \end{bmatrix} \begin{bmatrix} b(n) \\ \boldsymbol{\alpha}(n) \end{bmatrix} = \begin{bmatrix} \boldsymbol{0} \\ \boldsymbol{y}(n) \end{bmatrix} \tag{6-11}$$

式中：$\boldsymbol{K}(n)$、$y(n)$ 表示迭代过程中第 n 步的值，则 $b(n)$ 和 $\boldsymbol{\alpha}(n)$ 可由式(6-12)和式(6-13)求得[3]：

$$b(n) = \frac{\boldsymbol{1}^{\mathrm{T}} \boldsymbol{K}(n)^{-1} \boldsymbol{y}(n)}{\boldsymbol{1}^{\mathrm{T}} \boldsymbol{K}(n)^{-1} \boldsymbol{1}} \tag{6-12}$$

$$\boldsymbol{\alpha}(n) = \boldsymbol{K}(n)^{-1} \left[\boldsymbol{y}(n) - \frac{\boldsymbol{1} \boldsymbol{1}^{\mathrm{T}} \boldsymbol{K}(n)^{-1} \boldsymbol{y}(n)}{\boldsymbol{1}^{\mathrm{T}} \boldsymbol{K}(n)^{-1} \boldsymbol{1}} \right] \tag{6-13}$$

增加支持向量时，有式(6-14)：

$$\begin{aligned} \boldsymbol{K}(n+1)^{-1} &= \begin{bmatrix} \boldsymbol{K}(n) & \boldsymbol{F}(n+1) \\ \boldsymbol{F}(n+1)^{\mathrm{T}} & f(n+1) \end{bmatrix}^{-1} \\ &= \begin{bmatrix} \boldsymbol{K}(n)^{-1} & \boldsymbol{0} \\ \boldsymbol{0} & \boldsymbol{0} \end{bmatrix} + \boldsymbol{Z}(n+1) \boldsymbol{Z}(n+1)^{\mathrm{T}} r(n+1) \end{aligned} \tag{6-14}$$

式中：$\boldsymbol{F}(n+1) = [k(x_1, x_{n+1}), \cdots, k(x_n, x_{n+1})]^{\mathrm{T}}$，$f(n+1) = k(x_{n+1}, x_{n+1})$，$\boldsymbol{Z}(n+1) = [\boldsymbol{F}(n+1)^{\mathrm{T}} \boldsymbol{K}(n)^{-1} \quad -1]^{\mathrm{T}}$。

当删除支持向量时，将 $\boldsymbol{K}(n)$ 分解为式(6-15)：

$$\boldsymbol{K}(n)^{-1} = \begin{bmatrix} g(n) & \boldsymbol{G}(n)^{\mathrm{T}} \\ \boldsymbol{G}(n) & \bar{\boldsymbol{K}}(n) \end{bmatrix}^{-1} = \begin{bmatrix} 0 & \boldsymbol{0} \\ \boldsymbol{0} & \bar{\boldsymbol{K}}(n)^{-1} \end{bmatrix} + \bar{\boldsymbol{Z}}(n) \bar{\boldsymbol{Z}}(n)^{\mathrm{T}} \bar{r}(n) \tag{6-15}$$

式中：$\boldsymbol{G}(n) = [k(x_1, x_2), \cdots, k(x_1, x_n)]^{\mathrm{T}}$，$g(n) = k(x_1, x_1)$，$\bar{\boldsymbol{Z}}(n) = [-1 \quad \boldsymbol{G}(n)^{\mathrm{T}} \bar{\boldsymbol{K}}(n)^{-1}]^{\mathrm{T}}$，$\bar{r}(n) = \dfrac{1}{g(n) - \boldsymbol{G}(n)^{\mathrm{T}} \bar{\boldsymbol{K}}(n)^{-1} \boldsymbol{G}(n)}$。

将式(6-15)进一步改写为式(6-16)：

$$\boldsymbol{K}(n)^{-1} = \begin{bmatrix} \boldsymbol{0} & \boldsymbol{0} \\ \boldsymbol{0} & \bar{\boldsymbol{K}}(n)^{-1} \end{bmatrix} + \begin{bmatrix} \dfrac{1}{R_1} & R_2^{\mathrm{T}} \\ R_2 & \dfrac{R_2 R_2^{\mathrm{T}}}{R_1} \end{bmatrix} \tag{6-16}$$

式中：$R_1 = \dfrac{1}{\bar{r}(n)}$；$R_2 = -\dfrac{\bar{\boldsymbol{K}}(n)^{-1} \boldsymbol{G}(n)}{\bar{r}(n)}$。通过式(6-15)可以将 $\bar{\boldsymbol{K}}(n)^{-1}$ 求出来。

综上，通过迭代计算，$\boldsymbol{\alpha}$ 和 b 可以由式(6-12)和式(6-13)计算出来。但是如果仅采用这种计算方法，当系统采到一组数据后，都必须根据式(6-12)和式(6-13)进行迭代计算，那么系统的计算量将会变得异常庞大。采用一种简单有效的约简策略来决定是否选取该训练数据作为支持向量，进而对式(6-12)和式(6-14)进行更新，是十分有必要的。

支持向量的选取原则如下：在第 n 步，用之前训练的支持向量机 $f^{(n)}$ 对新采到的数据 x_n 进行预测，预测值记为 $\hat{y}_n$；对预测值与测量值进行判断，若 $|\hat{y}_n - y_n| < \varepsilon$（$\varepsilon$ 为支持向量选取的阈值），就将 x_n 舍弃，不作为支持向量，否则将其作为支持向量，从而减小支持向量的个数，以此来降低计算量。

因此可以得到采用滑动窗技术的在线稀疏最小二乘支持向量回归机的预测过程如下。

(1) 在线采集一组数据作为支持向量，对支持向量回归机进行初始化，计算得到相应的 $\alpha(1)$ 与 $b(1)$，如式(6-17)：

$$\begin{bmatrix} b(1) \\ \alpha(1) \end{bmatrix} = \begin{bmatrix} 0 & 1 \\ 1 & k(x_1, x_1) + \dfrac{1}{C} \end{bmatrix}^{-1} \begin{bmatrix} 0 \\ y(1) \end{bmatrix} \tag{6-17}$$

设定支持向量的最大数据量 L，即滑动窗口的长度。

(2) 从第 2 组数据开始，由之前的支持向量计算出当前输入下的预测输出 $\hat{y}_n$；通过阈值判断新采集的数据是否作为支持向量：如果 $|\hat{y}_n - y_n| < \varepsilon$，表示之前获得的支持向量能够准确预测出当前的输出量，则将当前的输入、输出量舍弃，不作为支持向量，同时支持向量机的参数 α、b 和 R 不需要更新；否则，选取该输入、输出数据作为支持向量，同时对支持向量机结构参数进行更新，得到新的 α 和 b，构造新的预测模型 $f^{(n)}$。

(3) 判断支持向量个数是否超过设定的上限值。如果没有超过，则将该支持向量直接添加至预测模型的滑动窗口中；否则，将第一个选择的支持向量删除，同时将新支持向量加入，同时重新计算支持向量机的参数 α、b。

6.2.3 基于在线 RLSSVR 的航空发动机传感器解析余度

传感器是航空发动机控制系统的重要组成部分，也是故障多发元件。当传感器发生故障时，直接影响系统的正常运行和安全工作，为此，及时准确地发现故障并隔离故障，有助于健康管理系统采用相应的措施，保证飞行安全，提高系统的可靠性。为达到此目的，一个有效的手段就是采用解析余度技术。解析余度技术利用对象的数学模型所揭示的各个变量之间的解析关系，选择其中一些变量对另外的变量进行预测。当某变量测量传感器发生故障时，采取一些有效的算法检测出这些发生故障的对象，将其预测值作为余度信息，代替发生故障传感器的测量值，并采取相应的容错控制措施，提高系统的可靠性和容错能力。

本节介绍基于 RLSSVR 的故障诊断算法，将在线 RLSSVR 用于航空发动机传感器解析余度设计，以前 p 时刻传感器的正确输出结合当前时刻控制量，对当前时刻传感器的输出进行预测，解析余度系统的结构如图 6-3 所示。

由于传感器输出量包含了温度、压力、转速等不同的物理量，它们的数量级相差很大，为了避免由于量级不同造成的预测不准确，需要对参数进行归一化处理。可以采用如式(6-18)的归一化方式：

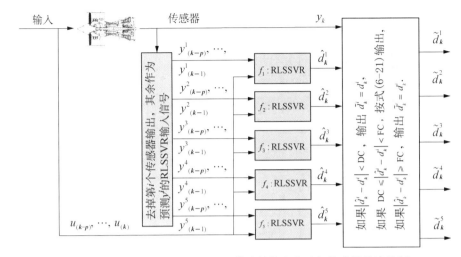

图 6-3 基于在线训练 RLSSVR 算法的航空发动机传感器故障诊断

$$d_k^i = \frac{2y - y_{\max} - y_{\min}}{2(y_{\max} - y_{\min})} + \frac{3}{2} \qquad (6-18)$$

式中：d_k^i 为归一化后的数据；y 为归一化前的数据；$y_{\max}$ 为可能的最大值；$y_{\min}$ 为可能的最小值。则归一化后的数据在 1 到 2 之间。

图 6-3 中，$\hat{d}_k^i$ 为归一化后的预测值，$\tilde{d}_k^i$ 为诊断系统输出的归一化值，无故障时为传感器测量值，故障时为传感器的预测值。$\mathbf{y}^i$ 为剔除第 i 个传感器信号后的 RLSSVR 输入向量，DC 是漂移故障阈值，FC 是偏置故障阈值，$u = W_f$，W_f 为燃油流量，p 为嵌入维数。图 6-3 中采用五个 RLSSVR 模块分别对航空发动机较容易发生故障的五个传感器进行诊断，包括低压转速（n_L）、高压转速（n_H）、压气机出口总压（P_{t3}）、低压涡轮出口温度（T_{t5}）、低压涡轮出口压力（P_{t5}）。在设计诊断模块过程中，为了充分利用传感器信息，获得更高的预测精度，将传感器前 p 步的数据也作为 RLSSVR 预测模块的输入。各传感器预测值的表达式描述如式（6-19）：

$$\hat{d}_k^i = f_i(\mathbf{y}_{(k-p)}^i, \cdots, \mathbf{y}_{(k-1)}^i, u_{(k-p)}, \cdots, u_{(k)}), \ i = 1, \cdots, 5 \qquad (6-19)$$

航空发动机传感器的故障一般分为偏置故障（硬故障）和漂移故障（软故障）两种。传感器发生偏置故障时，表现为在某一时刻，传感器测量值突然发生较大的偏差，用以下方法模拟：

$$y^{测量值} = y^{真实值} + \Delta y \times 1(t - t_0)$$

式中：Δy 为偏置的幅度；$1(\cdot)$ 为单位阶跃函数；t_0 为故障发生的时刻。

传感器发生漂移故障时，表现为传感器测量值缓慢地偏离其实际值，为了仿真方便，采用固定漂移速率来模拟：

$$y^{测量值} = y^{真实值} + l \cdot (t - t_0)$$

式中:l 为漂移速率。

对于偏置故障来说,传感器的测量值完全是错误的信号;而当传感器发生漂移故障时,传感器的测量值包含部分有用的信息,如果将其全部抛弃是不明智的选择。可以采用一种修正策略如式(6-20)～式(6-21)[5]:

$$e_k^i = |\hat{d}_k^i - d_k^i| \tag{6-20}$$

$$\tilde{d}_k^i = d_k^i + (\hat{d}_k^i - d_k^i)\left(\min\left\{1, \frac{e_k^i - \mathrm{DC}}{\mathrm{FC} - \mathrm{DC}}\right\}\right)^{m-1} \tag{6-21}$$

式中:e_k^i 为归一化后预测值与真实值之间的绝对偏差,$m > 1$。如果 $e_k^i > \mathrm{FC}$,说明传感器发生了偏置故障,在这种情况下,传感器的测量值完全无用,用预测值 $\hat{d}_k^i$ 代替测量值 d_k^i 输出;若 $e_k^i \in [\mathrm{DC}, \mathrm{FC})$,则说明传感器发生了漂移故障,在这种情况下,传感器的测量值中可能包含部分有用信息,就用式(6-21)对测量值 d_k^i 进行修正作为输出值,实际上,就是按误差的大小不同,而对传感器测量值和预测值进行加权,并求和得到输出值;若 $e_k^i < \mathrm{DC}$,则说明传感器工作正常,直接输出测量值。

以某型双转子涡扇发动机部件级模型为研究对象,开展故障诊断系统设计及仿真验证研究。在高度 $H = 0\,\mathrm{km}$、马赫数 $Ma = 0$ 的条件下,油门杆角度 PLA 在 $30°$～$70°$ 之间进行加减速的仿真试验。考虑到航空发动机的主要动力学特性是一个二阶环节,在仿真时选取 $p = 2$、$\mathrm{DC} = 0.015$、$\mathrm{FC} = 0.03$。

在进行传感器偏置故障仿真试验时,根据经验和传感器输出幅值大小,取 n_L、n_H、P_t3、T_t5 和 P_t5 传感器的测量值向下偏置量分别为 $\Delta n_\mathrm{L} = 120\,\mathrm{r/min}$、$\Delta n_\mathrm{H} = 150\,\mathrm{r/min}$、$\Delta P_\mathrm{t3} = 9.8\,\mathrm{N/m^2}$、$\Delta T_\mathrm{t5} = 20\,\mathrm{K}$、$\Delta P_\mathrm{t5} = 0.98\,\mathrm{N/m^2}$。图 6-4 是模拟 P_t3 传感器在 33～36 s 时间段内发生偏置故障的诊断效果图,$\bar{P}_\mathrm{t3}$ 为相应的归一化后数值。从图 6-4 中可以看出,当 P_t3 传感器发生偏置故障时,诊断系统的预测值很好地跟踪了系统的真实值,并没有跟随传感器的测量值,说明故障一发生,就被诊断系统隔离和报告。而当其他传感器发生偏置故障时,诊断系统也能准确地进行故障报告和隔离,实现了传感器的解析余度。

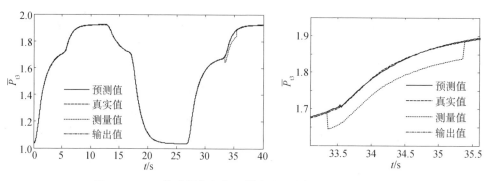

图 6-4　P_t3 传感器发生偏置故障时的诊断及其放大效果图

为了验证系统对传感器的漂移故障的诊断效果,对 n_L、n_H、P_{t3}、T_{t5}、P_{t5} 传感器设置向下漂移速率,分别为 $100\,\text{r/min}$、$150\,\text{r/min}$、$1\,(\text{kgf}^{①}/\text{cm}^2)/\text{s}$、$15\,\text{K/s}$、$0.1\,(\text{kgf/cm}^2)/\text{s}$。图 $6-5$ 是 n_L 传感器在 $33\sim36\,\text{s}$ 时间段内发生漂移故障时的诊断效果,$\bar{n}_L$ 是其归一化后的数值。从图 $6-5$ 可以看出,当传感器开始发生漂移故障时,根据式($6-21$)修正策略开始对传感器估计值进行修正,在初始阶段存在一定的预测偏差,但小于故障阈值,这种偏差很可能是正常的测量噪声,而并非故障,因此系统仍然输出测量信号。在 $34\,\text{s}$ 附近,预测值与测量值之间的偏差大于漂移故障阈值,说明此时传感器可能已经发生漂移故障,但是其中还包含一定的有用信息,因此系统输出信号不再是测量值,而是结合测量值和预测值按式($6-21$)计算得到的输出。在漂移故障后期($34.2\,\text{s}$ 附近),预测值与测量值之间的偏差大于偏置故障阈值,说明传感器故障已经比较严重,其测量值已经没有参考价值,因此系统输出值变为预测值。由此可见,在线训练 RLSSVR 故障诊断系统,能够有效诊断漂移故障,并进行隔离,而且预测输出能够准确反映出发动机实际输出的变化。对于其他传感器解析余度仿真也得到相同的结论,限于篇幅,这里不再一一给出。

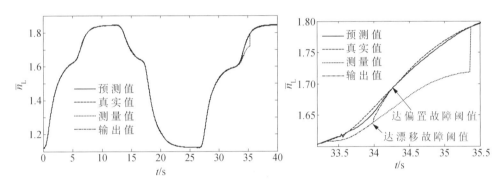

图 $6-5$ n_L 传感器发生漂移故障时的诊断及其放大效果图

6.3 基于离线训练神经网络的传感器解析余度技术

虽然基于在线训练约简最小二乘支持向量机建立的故障诊断系统能够有效实现传感器故障诊断和隔离,实现解析余度,但在故障发生之后的信号重构能力方面有所欠缺,仅能对已经在线训练过且存储支持向量的飞行状态实现信号重构。因此本节介绍一种基于离线训练神经网络的解析余度技术。离线训练技术与在线训练不同,在线训练系统需要基于正确的传感器测量值来更新网络参数,以适应发动机工作状态和飞行包线的变化,而在传感器发生故障后,无法提供正确的传感器测量值来更新网络,因而其信号重构能力仅限于现有的支持向量泛化能力之内。而离线训练系统一旦离线训练完成后,其网络结构参数就确定了,不需要正确的传感器测

① $1\,\text{kgf} = 9.806\,65\,\text{N}$

量值来更新网络,其预测能力取决于训练后网络的泛化能力。

鉴于上一节已经介绍了基于支持向量机的在线训练解析余度系统设计方法,本节将介绍基于神经网络的解析裕度技术。神经网络具有很强的非线性拟合能力,可以映射任意复杂的非线性关系,同时具有很强的鲁棒性、记忆能力以及强大的自学习能力,并且学习规则简单,便于计算机实现。近年来许多学者对其在故障诊断系统中的应用进行了广泛深入的研究。在航空发动机传感器故障诊断应用方面也得到广泛关注。

本节通过三个模块来对传感器输出信号进行预测:稳态智能映射模块、动态智能修正模块以及性能蜕化补偿模块。以 P_{t3} 传感器解析余度系统设计为例,其诊断及信号重构原理如图 6-6 所示。图 6-6 中虚线框内为传感器信号预测部分,H 为高度,Ma 为马赫数,W_f 为燃油流量,$\bar{P}_{t3s}$ 为稳态智能映射模块输出的归一化值,$\Delta \bar{P}_{t3d}$ 为动态智能映射模块输出的归一化值,$\Delta \bar{P}_{t3c}$ 为蜕化量估计补偿模块输出的归一化值,$\hat{\bar{P}}_{t3} = \bar{P}_{t3s} + \Delta \bar{P}_{t3d} + \Delta \bar{P}_{t3c}$ 为诊断系统对传感器信号的归一化预测值,$\Delta W_f(k)$、$\Delta W_f(k-1)$、$\Delta W_f(k-2)$ 分别为当前时刻、前一时刻和前两时刻燃油流量增量,$|e_k|$ 为传感器预测值与传感器测量值之间的绝对偏差量,DC、FC 分别为漂移故障和偏置故障阈值。

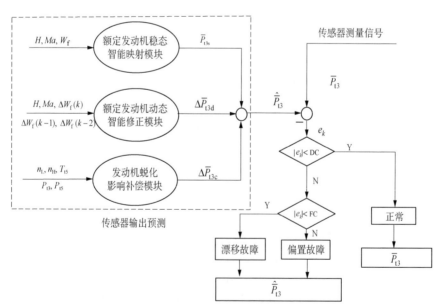

图 6-6　P_{t3} 传感器解析余度系统原理图

若传感器信号测量值与预测值之间的绝对偏差 $|e_k|$ 大于故障阈值 DC,则说明传感器发生了故障。如果 $|e_k|$ 大于 DC 而小于 FC 则说明传感器发生漂移故障,如果 $|e_k|$ 大于 FC 则说明传感器发生偏置故障。当被诊断的传感器发生故障,诊断系统输出预测值作为故障传感器的重构信号;若诊断传感器没有发生故障,诊断系统

直接输出传感器测量值。

下面分别介绍稳态智能映射模块,动态智能修正模块和蜕化影响补偿模块的设计方法。

6.3.1 基于 BP 神经网络的稳态智能映射模块

为了使建立的诊断系统能够运用于整个飞行包线范围,在飞行包线内按飞行高度,每隔 5 km 划分为一个区域进行训练。在一定飞行高度下,涵盖分区内所有的包线范围和发动机工作状态,建立区域内的故障诊断系统,再以飞行高度为条件,通过相应的切换逻辑,使诊断系统能够应用于整个飞行包线范围。

稳态映射模块是基于额定状态下的发动机数学模型建立,采用 3 层前向 BP 神经网络作为智能学习机器,选取 W_f、H 和 Ma 作为传感器信号预测输入,选取待诊断传感器输出信号作为输出,隐含层神经元个数选为 13 个,隐含层激励函数 $f_1(x)$、输出层激励函数 $f_2(x)$ 分别设为式(6-22)和式(6-23):

$$f_1(x) = \frac{2}{1 + e^{-2x}} - 1 \tag{6-22}$$

$$f_2(x) = x \tag{6-23}$$

在 0~5 km 的飞行包线范围内,油门杆角度 30°~70°之间进行稳态训练数据采集。高度每间隔 0.1 km,马赫数每间隔 0.01,油门角度每间隔 2°,收集发动机稳定工作状态数据,分别建立 5 个传感器稳态智能映射模块。以 P_{t3} 传感器为例,其稳态智能映射模块的训练误差与测试误差如图 6-7 所示。可以看出,稳态智能映射模块的训练和测试误差大部分低于 0.4%,最大值小于 0.6%,小于传感器故障阈值,可知,此稳态智能映射模块可以满足额定发动机稳态工况时传感器解析余度的需求。其他传感器的训练和测试结果类似,限于篇幅这里不再一一给出。

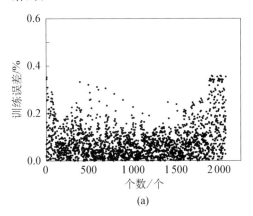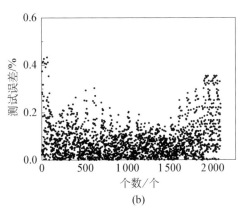

图 6-7 P_{t3} 稳态映射系统训练误差与测试误差

(a) 训练误差 (b) 测试误差

6.3.2　基于 BP 神经网络的动态智能修正模块

上面建立的稳态智能映射模块虽然能够根据飞行条件 H、Ma 以及 W_f 预测出稳态工况下的发动机传感器信号,但发动机在大的过渡态工作过程中,稳态智能映射模块对传感器输出的预测误差将超过故障阈值,致使出现虚警的情况。比如在 $H=0$ km、$Ma=0.4$、PLA 在 $30°\sim70°$ 范围内变化时,基于稳态映射模块得到的各传感器输出预测最大偏差就超过了故障阈值,结果如表 6-1 所示。

表 6-1　稳态模块动态测试中的最大偏差

传感器	最大预测偏差/%	传感器	最大预测偏差/%
n_L	2.089	P_{t5}	1.956
n_H	2.936	T_{t5}	2.328
P_{t3}	1.885		

从表 6-1 中可以看出,当发动机处于过渡工作状态时,基于稳态智能映射模块对传感器输出信号进行预测,其最大误差接近 3%,最小误差接近 1.9%,不能满足故障诊断系统的需求。因此需要对动态过程中的误差进行修正,建立动态智能修正模块,该模块的输入为飞行条件 H、Ma 及额定工况下发动机燃油流量 W_f,同时包括当前时刻、前一时刻、前两时刻燃油流量的增量 $\Delta W_f(k)$、$\Delta W_f(k-1)$、$\Delta W_f(k-2)$。以稳态模块在动态使用过程中的预测偏差为输出,隐含层神经元个数选为 13个,输入层到隐含层激励函数、隐含层到输出层激励函数分别与稳态映射模块相同,则可依据动态数据对网络进行训练。

将建立的动态修正模块与稳态映射模块相结合,则可得到所研究包线区域内,额定发动机稳态及动态故障诊断系统。以 H 为 $0\sim5$ km、Ma 为 $0\sim1$,PLA 在 $30°\sim70°$ 变化情况为例,对比单独稳态智能映射模块预测误差与加入动态修正之后的预测精度,结果如表 6-2 所示。从表中可以看出动态修正模块起到了预期的效果,能够将动态工况最大预测误差从 3% 左右降低到 1% 左右,大大提高了预测系统的精度,可以满足对传感器进行漂移和偏置故障解析余度的需求。

表 6-2　添加动态修正网络前后智能映射模块精度

	是否添加动态智能修正模块									
	否					是				
传感器	n_L	n_H	P_{t3}	P_{t5}	T_{t5}	n_L	n_H	P_{t3}	P_{t5}	T_{t5}
最大预测误差/%	2.091	2.936	1.885	1.956	2.328	1.009	0.862	0.923	1.103	0.943

在 $H=0$ km、$Ma=0.4$、PLA 在 $30°\sim70°$ 范围内,应用稳态映射模块和动态修正模块对传感器故障进行诊断,在 $t=14$ s 时对传感器信号分别添加漂移故障、偏置故障,以验证建立的故障诊断系统的精度。仍以 P_{t3} 传感器为例,其故障诊断的仿

真结果如图 6-8 所示,图中 $\bar{P}_{t3}$ 代表归一化后的数据。

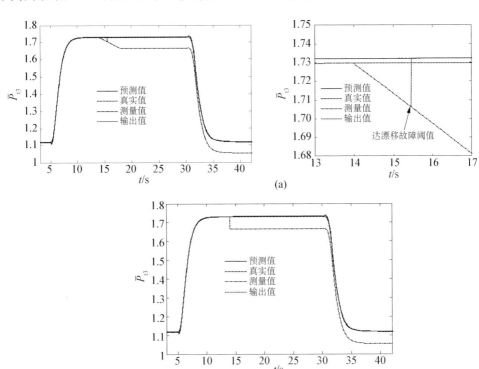

图 6-8 P_{t3} 传感器故障诊断

(a) 漂移故障及其放大图 (b) 偏置故障

从图 6-8(a)中可以发现,当传感器出现漂移故障后,当其总漂移量小于故障阈值时,诊断系统根据故障判别依据,认为传感器无故障,所以诊断系统输出的仍然是传感器测量值。一旦总体漂移量超过故障阈值,则诊断系统判断传感器发生故障,输出立刻从传感器测量值变为神经网络预测值,所以在放大图中诊断系统的输出值有个明显的跃变。从图 6-8 中可知,无论传感器是否发生故障,基于离线训练方法建立的传感器输出预测神经网络系统的输出,始终能够准确跟踪目标值,进而能够在设计的包线范围内有效实现故障诊断和信号重构,形成解析余度。对于其他传感器的故障诊断系统具有相同的结论,限于篇幅,这里不再一一给出。

6.3.3 基于 Kalman 滤波器的发动机蜕化影响补偿模块

无论是稳态映射模块还是动态修正模块,均是基于额定发动机开展的,而在实际使用过程中,发动机会发生性能蜕化,因此基于额定发动机设计的诊断系统在对蜕化发动机进行诊断时,有可能会发生误诊或漏诊,因此有必要对蜕化发动机的传感器输出预测进行补偿。这里采用在发动机性能蜕化估计中最常用的 Kalman 滤波方法设计补偿器。由于 Kalman 滤波器的设计过程已经在 2.5.5 节中介绍过,仅

需要将其输出方程改为对应的传感器输出信号即可,如对于 P_{t3} 传感器,其输出方程为式(6-24):

$$\Delta \bar{P}_{t3c} = \boldsymbol{C}_K \Delta \hat{\boldsymbol{x}} + \boldsymbol{D}_K \Delta \boldsymbol{u} \qquad (6-24)$$

式中:$\Delta \hat{\boldsymbol{x}}$ 为 Kalman 滤波器估计出的状态;$\boldsymbol{C}_K$、$\boldsymbol{D}_K$ 为对应 Kalman 滤波器的输出矩阵和前馈矩阵。

将稳态映射模块、动态修正模块和发动机蜕化影响补偿模块组合在一起,形成图 6-6 的传感器信号输出预测系统,进而根据阈值进行传感器故障诊断。

在蜕化发动机模型上开展仿真验证,设风扇流量蜕化 1%、压气机流量蜕化 2%、高压涡轮效率蜕化 3%、低压涡轮效率蜕化 2%,在 $H=3\,\text{km}$、$Ma=0.5$、PLA 在 $30°\sim70°$ 范围内变化时,在 $t=14\,\text{s}$ 时模拟 P_{t3} 传感器偏置故障与漂移故障,各传感器预测输出如图 6-9 和图 6-10 所示。

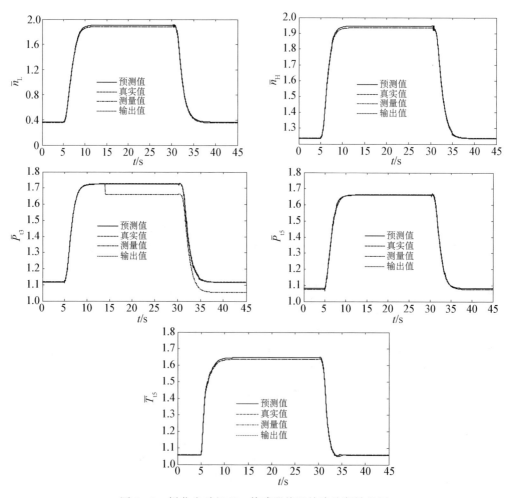

图 6-9　蜕化发动机 P_{t3} 传感器偏置故障诊断效果图

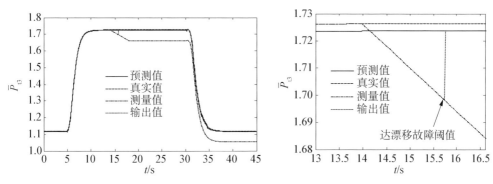

图 6-10　蜕化发动机 P_{t3} 传感器漂移故障诊断及其放大效果图

图 6-9 给出了所有待诊断传感器的预测效果图,由于模拟的是同一种工作状态,图 6-10 中仅给出了故障传感器的诊断与重构效果图。从图 6-9 和图 6-10 中可以看出,当发动机发生性能蜕化时,诊断系统的预测输出仍然能够准确地跟踪上传感器的真实值,同时故障传感器信号不影响诊断系统对其余传感器信号的预测。

由于故障诊断系统是针对单独的传感器采用离线训练技术分别建立的,被诊断传感器输出并不作为诊断系统的输入,因此不存在传感器信号之间的耦合性,从而可以满足多个传感器同时故障情况下的解析余度要求。

6.4　基于控制器切换的主动容错控制

主动容错控制系统由故障诊断模块、多个控制器回路以及控制器切换逻辑组成。当故障诊断系统检测到控制系统中的测量参数出现异常、传感器故障时,通过控制器切换逻辑将当前的控制器切换至无故障传感器控制回路中,以实现对故障传感器的有效隔离。主动容错控制结构原理如图 6-11 所示。无故障情况下控制系统被控量为 EPR,当相关压力传感器发生故障时,控制系统切换到 n_L 闭环控制,通过主动切换控制[6,7],实现故障信号的隔离与容错控制。

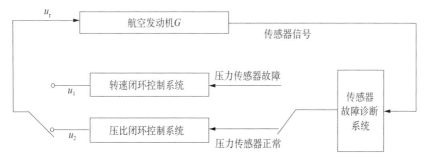

图 6-11　主动容错控制系统原理图

基于某通用高涵道比发动机仿真模型,开展主动容错控制的仿真验证研究。主动容错控制系统的转速及压比闭环控制系统均采用 ALQR 控制方法设计。在 $H =$

0 km、$Ma=0$ 的状态下,9 s 时 PLA 由 $20°$ 迅速上升至 $40°$,在 10 s 时模拟 P_{t5} 传感器故障,将 EPR 控制器切换为 n_L 控制器,系统响应曲线如图 6-12 所示。从图中可以看出,虽然控制器切换发生在发动机的动态工作过程中,但控制切换平稳、转速、压力等信号过渡圆滑,没有受到切换控制的明显影响。主要原因是仿真过程中,同一工作状态下的转速和压比指令对应完全相同的功率等级,发动机的工作点并没有改变,因此虽然被控量发生变化,系统的响应却没有受到影响。不过在工程实际中,同一工作状态下的转速和压比指令所对应的功率等级还是会有偏差,这里是从原理上来讨论而得到的结果。

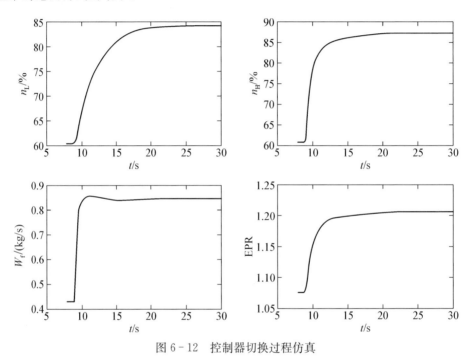

图 6-12　控制器切换过程仿真

6.5　基于模型的执行机构故障诊断技术

执行机构是控制器和发动机之间的桥梁,如果执行机构或执行机构传感器发生故障,将给发动机及其控制系统提供错误的动作和信息,从而影响发动机的性能,甚至引起灾难性的后果,非常有必要对执行机构及其传感器故障进行诊断。

本节将以燃油系统执行机构为例,介绍执行机构及其传感器故障诊断技术。

6.5.1　执行机构故障诊断系统设计

本节介绍的执行机构及其传感器故障诊断技术基于执行机构的数学模型和发动机的逆模型,故障诊断系统工作原理如图 6-13 所示,其思路是依据数学模型来判断执行机构及其传感器是否发生了故障,并基于发动机逆模型来对故障进行定位。

图 6-13 中,DA 是数字信号到模拟信号的转换器,AD 是模拟信号到数字信号

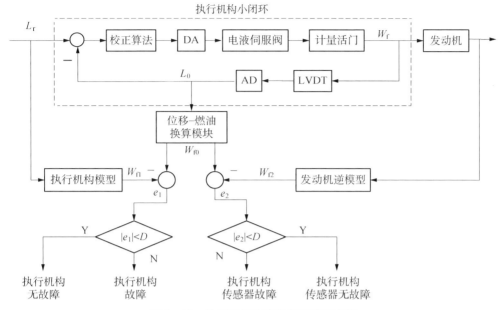

图 6-13　执行机构故障诊断系统原理图

的转换器,LVDT 为位移传感器。图中执行机构模型和执行机构小闭环输入均为燃油计量活门位移指令 L_r,模型输出燃油预测值 W_{f1},LVDT 传感器测得的燃油流量值 W_{f0},两者之间的偏差记为 e_1;发动机逆映射模型以发动机输出来映射实际燃油流量(记为 W_{f2}),其与 W_{f0} 之间的偏差记为 e_2。当 e_1 的绝对值小于故障阈值 D_1 时,执行机构及其传感器无故障。若 e_1 的绝对值大于故障阈值 D_1,则执行机构或其传感器发生故障。此时,若 e_2 的绝对值小于故障阈值 D_2,说明传感器测得燃油流量和发动机输出之间的映射关系依然成立,传感器无故障,判断为执行机构故障。当 e_2 的绝对值大于故障阈值 D_2 时为传感器故障。为此执行机构模型和发动机逆映射模型成为故障诊断和定位的关键。

6.5.2　执行机构模型

执行机构为单输入单输出系统,符合经典控制理论的研究范畴,因此可建立传递函数形式的数学模型。执行机构模型要模拟图 6-13 中虚线框内执行机构小闭环的稳态和动态性能。在通常的控制系统设计和仿真中都是将执行机构视为惯性环节,这样做忽略了其高频特性,在控制算法仿真验证中,鉴于控制系统自身的鲁棒性,存在一定的建模误差时也可以满足其需求。而对于依赖于模型的故障诊断系统来说,其精度不能满足要求。因此,在执行机构小闭环中,电液伺服阀可视为 2 阶环节,计量活门可视为积分环节,校正装置可视为比例积分环节,则可建立 4 阶的执行机构数学模型。

记电液伺服阀的传递函数为式(6-25):

$$G_1(s) = \frac{K_1 \omega_n^2}{s^2 + 2\zeta\omega_n s + \omega_n^2} \tag{6-25}$$

式中:ω_n 为伺服阀的自然频率;ζ 为其阻尼比;K_1 为其增益。

记计量活门的传递函数为式(6-26):

$$G_2(s) = \frac{K_2}{s} \tag{6-26}$$

记校正装置为比例积分环节,其传递函数为式(6-27):

$$G_3(s) = K_p + \frac{K_i}{s} = \frac{K_p s + K_i}{s} \tag{6-27}$$

因此模拟执行机构小闭环控制回路模型为4阶,可设其传递函数为式(6-28):

$$\frac{W_{fl}(s)}{W_{fr}(s)} = \frac{(\tau s + 1)}{(T_1 s + 1)(T_2 s + 1)(T_3 s + 1)(T_4 s + 1)} \tag{6-28}$$

式中:τ、T_1、T_2、T_3、T_4 为模型的待定参数;W_{fr}、W_{fl} 分别为燃油流量小闭环控制回路模型的输入、输出变量。

根据某半物理仿真试验台的测试数据进行模型参数辨识,获得燃油流量执行机构数学模型为式(6-29):

$$\frac{W_{fl}(s)}{W_{fr}(s)} = \frac{(0.0245s + 1)}{(1.07 \times 10^{-7}s + 1)(9.410^{-3}s + 1)(0.0193s + 1)(0.0359s + 1)}$$
$$\tag{6-29}$$

模型输出与试验数据之间的百分比相对偏差如图6-14所示。由图可见,4阶模型输出与试验数据基本吻合,采用4阶系统建模取得了满意的精度。

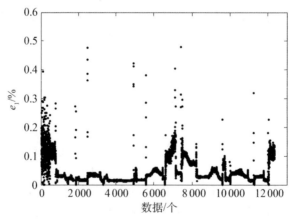

图6-14　执行机构4阶模型输出误差

6.5.3　发动机逆模型

对于常规意义下的发动机模型,在一定的飞行条件下,应以燃油流量作为输入量,以各截面的温度、压力以及转子转速等作为输出。而此处建立逆模型的目的是对执行机构的输出进行映射,因此与常规模型相反,燃油流量是输出量,而各可测参数作为了输入。

由于发动机具有强非线性,为此采用非线性智能映射的方法来建立其逆模型。这里采用两个 3 层 BP 神经网络来建立,其结构如图 6-15 所示,包含一个稳态逆模块、一个动态补偿模块。则逆模型的输出为式(6-30):

$$W_{f2} = W_{f2s} + \Delta W_{f2} \qquad (6-30)$$

式中:W_{f2s} 为发动机稳态逆模型输出;ΔW_{f2} 为发动机动态补偿模块输出。

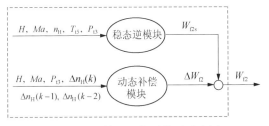

图 6-15 神经网络逆模型示意图

发动机稳态逆映射模型以高度 H、马赫数 Ma、高压转子转速 n_H、涡轮出口温度 T_{t5}、压气机出口压力 P_{t3} 作为输入,燃油流量作为输出。通过神经网络逆映射得到执行机构稳态燃油流量的估计值 W_{f2s}。经过试探选取 13 个隐含层神经元。隐含层激励函数 $f_1(x)$、输出层激励函数 $f_2(x)$ 分别如式(6-22)和式(6-23)所示。

为了提高逆模型的精度,按高度对飞行包线进行分区,建立逆模型。如在高度 0~5 km 的飞行包线范围内,油门杆角度 30°~70°内,通过遍历采集包线内的稳态工作点数据,对神经网络进行训练,其训练误差和测试误差如图 6-16 所示。从图 6-16 中可以看出,在包线范围内建立的神经网络稳态逆模型能够对稳定工作状态下

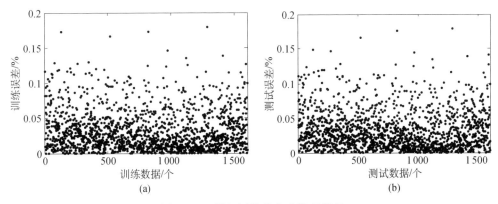

图 6-16 神经网络稳态逆模型精度

(a)训练误差 (b)测试误差

的燃油流量进行准确的预测,精度达到99.8%以上。

　　为了使建立的稳态逆模型在发动机处于动态工况时仍能满足预测精度,借鉴5.3节的内容,采用BP神经网络建立动态智能补偿模块。该模块的输出为稳态逆模型在动态过程中的估计偏差,输入选取H、Ma、P_{t3}以及当前时刻、前一时刻、前两时刻高压转子转速$n_H(k)$、$n_H(k-1)$、$n_H(k-2)$,隐含层神经元个数选为13个,隐含层激励函数、输出层激励函数分别与式(6-22)和式(6-23)相同,建立动态补偿系统,并对补偿结果进行测试。补偿前后的模型在发动机动态工作过程中的输出偏差如图6-17所示。大量测试数据表明,添加动态补偿系统后,逆模型输出偏差最大值由稳态逆模块的3%左右下降到0.6%左右,能够满足故障诊断的模型精度需求。

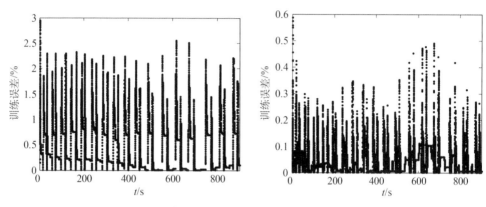

图6-17　神经网络动态逆模型精度

(a) 补偿前测试误差　　(b) 补偿后测试误差

6.5.4　执行机构故障诊断仿真

　　为了验证该系统对发动机执行机构进行故障诊断的有效性,以某型涡扇发动机部件级模型为仿真验证对象,开展仿真验证研究。仿真过程中,取故障阈值$D_1=D_2=2\%$,模拟发动机的真实工作环境,在各传感器输出中添加幅值为0.2%的测量噪声。以高度$H=1\text{km}$、马赫数$Ma=0.5$、油门杆角度在30°~70°内变化为例,模拟执行机构及执行机构传感器偏置故障,故障的幅值均为2.5%。仿真结果如图6-18~图6-21所示,图中将燃油量进行了无量纲处理。图中,均在$t=8\text{s}$时,将油门杆角度从30°增加至70°,图6-18和图6-19在$t=18\text{s}$时分别添加燃油控制系统执行机构及执行机构传感器偏置故障,模拟稳态情况下的故障诊断效果。从图6-18和图6-19可以看出,18s之前模型输出和传感器输出之间的偏差e_1始终小于故障阈值,因此执行机构及其传感器无故障,18s后,偏差e_1立即超出阈值,说明有故障出现,图6-18中e_2小于故障阈值,所以判断为执行机构故障,而图6-19中e_2大于故障阈值,因此判断为传感器故障。图6-20和图6-21在$t=10\text{s}$时发动机还处于加速阶段工况时模拟故障,从图中可以看出,8s之前模型输出和传感器输出之间的偏差e_1始终小于故障阈值,因此执行机构及其传感器无故障,10 s后,偏差e_1立即超出阈值,说明有故障出现,图6-20中e_2小于故障阈值,所以判断为执行机构故

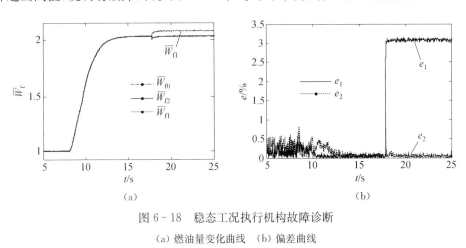

图6-18　稳态工况执行机构故障诊断

(a) 燃油量变化曲线　　(b) 偏差曲线

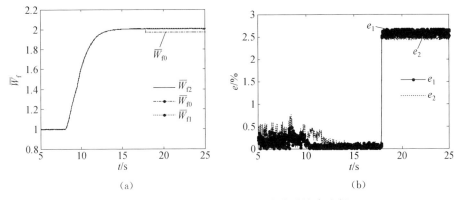

图6-19　稳态工况执行机构传感器故障诊断

(a) 燃油流量变化曲线　　(b) 偏差曲线

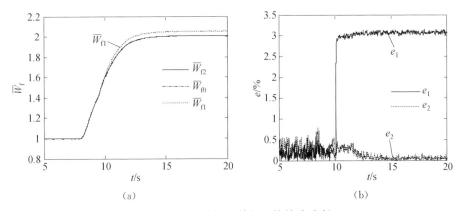

图6-20　动态工况执行机构故障诊断

(a) 燃油流量曲线　　(b) 偏差曲线

障,而图6-21中e_2大于故障阈值,因此判断为传感器故障。在包线内其他工作点的仿真也得到了相同的结论,因此无论发动机处于稳态工况还是动态工况,诊断系统都能够对行机构及其传感器故障进行准确诊断和定位。

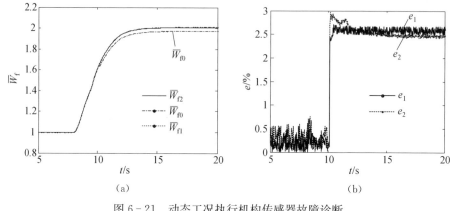

图6-21 动态工况执行机构传感器故障诊断

(a) 燃油流量曲线 (b) 偏差曲线

参 考 文 献

［1］ Vapnik V. The Nature of Statistical Learning Theory ［M］. New York：Springer-Verlag，1995.

［2］ Suykens J A K，Vandewalle J. Least Squares Support Vector Machine Classifiers［J］. Neural Processing Letter，1999,9(3)：293-300.

［3］ 赵永平,孙健国.基于滚动窗法最小二乘支持向量回归机的稳健预测模型［J］.模式识别与人工智能,2008,21(1)：1-5.

［4］ 张贤达.矩阵分析与应用［M］.北京：清华大学出版社,2004：68-69.

［5］ Zhao Y，Sun J，Wang J. Online Parsimonious Least Squares Support Vector Regression and Its Application ［J］. Transactions of Nanjing University of Aeronautics & Astronautics，2009,26(4)：280-287.

［6］ Maki M，Jiang J，Hagino K. A Stability Guaranteed Active Fault-tolerant Control System against Actuator Failures ［C］. Proceedings of the 40th IEEE Conference on Decision and control Orlando，Flroida，USA，2001.

［7］ Yao L，Cocquempot V. Fault Diagnosis and Tolerant Control for a Class of Nonlinear Singular System ［C］. 2010 8th IEEE International Conference on Control and Automation Xiamen，China，2010.

［8］ 石君友.测试性设计分析与验证［M］.北京：国防工业出版社,2011.

7　航空燃气涡轮发动机健康管理

航空燃气涡轮发动机的结构复杂,其部件、传感器及执行机构大多工作在高温、高压和高转速的恶劣环境中,发生任何功能故障都可能影响到发动机的正常工作,甚至引起灾难性后果。对发动机进行健康管理就是为了保证发动机始终处于健康状态,使得发动机安全、可靠和可用。

美国空军最早开展了军用发动机健康管理系统的研究,并制订了相应的视情维护计划以延长发动机在翼时间和降低维护成本。为了满足先进战斗机在超声速巡航、过失速机动、隐身性能、短距起飞垂直着陆、低寿命期费用和高可靠性等几方面的要求,国外先进的航空发动机,如 EJ200、F119、F135、F136 等装配第 4 代战斗机的发动机都采用了健康管理技术[1]。对于大飞机来说,发动机健康管理技术能使航空公司及时有效地掌握飞机的健康状况,从容不迫地安排维护维修工作,避免耗时长、成本高的维修延误,从而有计划地解决维修问题,降低其维修和运营成本。而对于乘客、货运公司等终端客户,飞机更准点的运营节约了客户的时间,为客户创造了价值。

发动机健康管理系统(engine health management,EHM)是具有状态监控、故障诊断和预测及寿命管理等功能的系统。健康管理系统的应用可以减少发动机定检及维修次数,减少维修工作量、备件数量及停机时间,优化维修计划,从而降低维修费用,最终提高发动机可靠性、维修性和安全性。

7.1　健康管理系统概述

健康管理系统分为两个子系统,分别是机载健康管理系统和地面健康管理系统。机载健康管理系统实现在线收集数据,完成自检和飞行中的健康管理,在发动机停车状态下,将飞行中的数据和报告传给地面健康管理系统。地面健康管理系统根据机载健康管理系统存储的发动机工作状态参数、故障分析过程中提取的特征值、故障预测报告、故障诊断报告及寿命分析等信息数据,实现离线的进一步分析和决策。下面分别对两个子系统加以介绍。

7.1.1 机载健康管理系统

机载健康管理系统具有独立的健康管理计算机,在线实现数据处理、健康管理、故障分析和寿命管理等功能。数据处理模块从飞机综合管理系统获得飞行参数,从监控传感器获得发动机监控参数,从数控系统电子控制器获得控制变量的测量参数,与发动机模型计算的数据进行融合,提取数据特征,为健康管理、故障分析和寿命管理提供数据,系统数据传递结构示意如图7-1所示[2]。

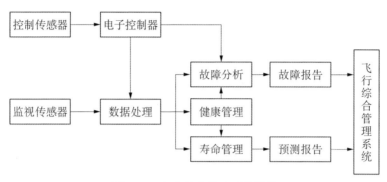

图7-1　机载健康管理系统结构

健康管理模块接收数据处理模块的数据信息和数据特征,融合后,进行发动机长期变化趋势分析,并将分析结果传递给故障分析模块和寿命管理模块。故障分析模块接收数据处理模块和健康管理模块的数据和信息,进行基于模型的发动机性能检测和故障诊断,同时接收数控系统对自身故障诊断的结果,包括控制系统电子控制器硬件电路、软件、传感器及执行机构的故障诊断结果,并将发动机及数控系统故障诊断结果进行综合分析,完成故障定位和排序,形成最终的故障诊断报告,并传给飞机综合管理系统。寿命管理模块接收数据处理模块的信息,利用寿命模型进行已经消耗寿命和剩余寿命估算,与健康管理模块传来的趋势分析数据综合后,形成寿命预测报告,并传给飞行综合管理系统。

可见,机载健康管理系统实现了大量数据的在线分析和处理,实现了机内测试和飞行中的监测功能。此外,机载健康管理系统还将飞行中的数据和机载管理系统形成的报告发送给地面健康管理系统,以便地面健康管理系统进行进一步的分析和决策。

通常通过故障检测率、故障定位率和虚警率来衡量机载健康管理系统的性能。故障检测率是健康管理系统能检测出的一般性故障、致命性故障、灾难性故障占所有可识别故障的百分比。故障定位率即故障隔离率,是健康管理系统能把发生的一般性故障、致命性故障、灾难性故障隔离定位到单元体的百分比。F119发动机的数字控制器和综合诊断装置要求机内测试系统内部故障隔离率大于95%[3]。航空发动机通常要求整机故障检测率98%,故障定位率90%[2]。虚警指在发动机无故障的情况下,由于传感器故障、线路故障、电子计算机故障,或由于设计不完善产生的处理软件误差等,致使健康管理系统误认为是发动机故障,引起误报警。为了保证故障诊断系统的有效性,对失效事件及其可能带来的后果预测要达到一定的准确度。虚警容易引起经济上的浪费,可能使得真正警告来临时,反而不能引起人们足够的重视。所以虚警必须精确到一定的程度。这个准确度用虚警率来衡量。NASA 第二代可重复使用的运载火箭规定虚警率小于 0.11,最新的研究建议虚警率小于 0.002[1]。航空发动机通常要求发动机虚警率不大于 0.01。

7.1.2　地面健康管理系统

地面健康管理系统利用机载健康管理系统发送的发动机工作状态数据、故障诊断报告和故障预测报告等信息,进一步分析发动机健康状况,形成诊断报告,给出维修决策。地面健康管理系统属于离线健康管理系统,其研究工作基于发动机非线性模型开展,采用专家知识进行故障诊断,其故障树更详尽,分析诊断方法更复杂。

离线健康管理系统包括数据回放模块、故障预测诊断和寿命管理模块、维修辅助专家系统模块,各模块功能如图 7-2 所示。

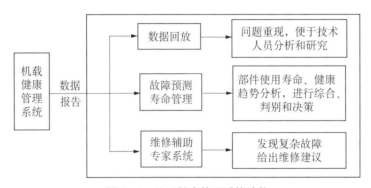

图 7-2　地面健康管理系统功能

数据回放模块将接收到的机载健康管理系统的数据回放,重现问题发生期间发动机的工作状态,以便保障工程师和维修人员的反复观察和深入研究,确定故障问题。

故障预测和寿命管理模块接收到机载健康管理系统的数据,采用离线的数据处理和信息融合技术,来分析发动机各个部件使用寿命和健康状况趋势,综合机载健康管理系统报告,进行判别和决策,给出基于发动机状态的维修建议。

维修辅助专家系统模块用于难以诊断的复杂故障分析,帮助维修人员对故障进行定位,并给出维修建议。

机载健康管理系统实现在线的数据收集、机内性能测试、飞行监视功能,对系统的实时性有要求。而地面健康管理系统实现离线的数据处理和健康分析,主要为发动机的维修提供技术支持,其分析及处理过程并不需要实时完成。两个系统都以收集到的数据信息为依据开展健康分析和管理工作,信息的处理就显得尤为重要,下面从信息管理的角度介绍健康管理系统。

7.1.3 健康管理系统的信息处理

健康管理系统通过收集、处理及融合发动机的工作状态信息,对发动机的健康状况进行分析,进而做出相应的决策,确保发动机的安全工作。从本质上说,EHM系统是一个层次化的分布式信息处理系统,实现6个层次的信息管理工作,分别为:信号处理层、状态监视层、健康评估层、预测层、决策支持层和人机交互层,其信息传递示意如图7-3所示[4]。下面分别对各层的功能加以介绍。

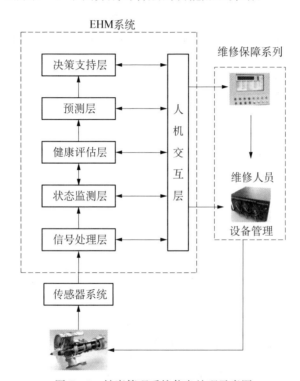

图7-3   健康管理系统信息处理示意图

1)信号处理层

信号处理层直接接收来自发动机传感器系统的数据和发动机控制系统的输出信号,按照给定的特征空间实现数据的特征提取。在该层通常使用的处理方法包括小波分析、快速傅立叶变换、平滑滤波以及各种统计方法。

2)状态监测层

状态监测层对发动机部件和子系统的行为以及发动机结构、材料的状况进行测试和报告,包括气路、滑油、振动和发动机限制参数的监测,当参数超限时进行告警和处置。此外也对发动机工作环境进行检测和报告。状态监视层的输入主要包括信号处理层的输出及健康评估层的报告。该层的输出为被监视部件和子系统的状态报告。

3)健康评估层

健康评估层利用来自状态监测层的信息,对评估数据进行管理和分类,诊断并报告指定部件和子系统的健康状态,预测发动机性能变化趋势,并据此进行故障隔离,以及命令控制系统处理未知故障或断续发生事件,采取必要的措施减缓发动机性能衰退,给出故障诊断结论。此外,健康评估层也可将资源管理能力包括在内,以充分利用数据存储,信息处理和通讯的资源。

4) 预测层

预测是发动机健康管理系统区别于以往监视诊断系统的显著特征之一。预测层的功能是综合利用前面几个层次的信息,评估、预测发动机未来的健康状态,指出发动机的性能变化趋势,估算关键部件在不同载荷谱下的剩余使用寿命,并根据以上结果预报可能的备件需求和维修保障活动,并结合系统的工作状态、健康历史信息和负载特性,预报未来的健康状态。

5) 决策支持层

该层处理来自状态监视、健康评估和预测层的信息,并得出更换、修理等维修建议。决策支持层具有评估、规划、执行维修活动以及管理维修资源的能力。

6) 人机交互层

人机交互层实现人机之间的对话,是发动机健康管理系统与发动机维修保障系统的接口,主要包括人-机接口和机-机接口,具备与其他所有层次进行通信的能力。人-机接口主要面向机组人员和地面维修人员以及机群管理者,机-机接口负责保证发动机健康管理系统各模块之间以及发动机健康管理系统与其他外部系统之间的数据信息交换。

7.2　发动机健康监视系统

发动机健康监视系统是健康管理系统的重要组成部分,健康监视系统对发动机工作状态的准确判断,为后续开展健康管理工作提供可靠的技术支持。

监视的目的是为了发现系统或子系统什么时候出现故障,研究内容涉及数据采集、趋势分析等。监视不仅仅要明确系统是否失效,也要了解保持发动机工作或飞机飞行所需的各种消耗项目的需求,如发动机滑油、轮胎压力和氧气瓶等。

自20世纪70年代开始,健康监视已经在航空发动机上得到应用,如发动机历史事件记录器、发动机健康监视器。到目前,发动机监视技术已经发展得十分完善,为发动机的安全性、可靠性和可用性提供保障。监视是健康管理的核心,监视系统应能对获得的信息进行自动分析、告警和给出维修决策;能够提供高置信度的精确结果;能够抑制信号噪声和干扰的影响,具有鲁棒监视能力;同时监视系统能识别的故障症候范围要广泛,并且能够预测故障。监视系统应能够利用现有的和尽可能少的传感器设备实现上述功能。此外,监视系统还应具备灵活性、用户友好性和模块化结构。

为实现监视系统的上述功能,将其转化为监视系统设计时的工程需求,如功能需求、结构需求、软件或硬件需求、接口需求等。根据这些需求开展监视系统的设计工作。首先来看一下监视系统的体系结构设计。

7.2.1　发动机健康监视系统体系结构

　　常用的发动机监视系统包括两个子系统:机载系统和地面系统。通常机载系统具有数据采集、自测试和其他监视功能,如评估、预测和警告。此外,机载系统还可以向控制系统提供健康评估结果,作为后续自适应或容错控制的基础。目前,大多数发动机的健康趋势分析及预测功能还是在地面系统实现的。

　　通常把飞行数据和驾驶员报告信息传输(或下载)到地面系统时,地面系统的离线监视活动才开始。系统进行附加的分析、对比和评估工作。维修人员和操作员工基于这些工作的结果,及时准确地做出保障决策。维修人员一般从3个层面开展发动机维修:①飞行航线(在线或工作)级维修;②发动机车间(中间)级维修;③修理厂(修理站)级维修。

　　早期的发动机监视系统只对发动机的性能感兴趣,主要依据大量的温度和压力传感器对发动机气路部件,诸如风扇、压气机、燃烧室和涡轮的性能进行监视和控制。

　　除了效率下降和流通能力下降等发动机气路性能蜕化问题外,常见的导致飞行中变更航线或取消航班的发动机失效情况主要还包括:滑油碎屑、叶尖磨损、转子失衡、轴承裂纹和密封泄漏等机械和滑油问题。为了在飞行计划被迫中断前或灾难性故障发生之前,检测到这些失效问题,需要监视更多的发动机"事件"。这些增加的监视能力和气路监视一起形成了包含监视气路性能、滑油质量和振动水平的具有全面监视能力的系统。

　　因而一个全面的发动机监视系统包括4个分系统:①气路性能监视子系统;②滑油污染和碎屑(OD)监视子系统;③机械振动(MV)监视子系统;④对于寿命有限零件、控制器和附件(C&A)来说极其重要的使用和消耗(UC)监视子系统。每个监视子系统处理表明相应发动机状况的一组测量参数。每一组参数代表了用于诊断和预测的一个维度上的信息。有效的监视系统采取信息融合技术,结合不同维度的信息,以便做出最好的决策。

　　根据国际标准化组织ISO-13374,关于在机械振动、冲击和状态监视方面的建议,综合监视系统的功能应包括6个功能模块:①数据收集(data acquisition,DA);②数据处理(data manipulation,DM);③状态监测(state detection,SD);④健康评估(health assessment,HA);⑤预兆评估(prognostic assessment,PA);⑥咨询生成(advisory generation,AG)。这些功能模块如图7-4所示[5]。

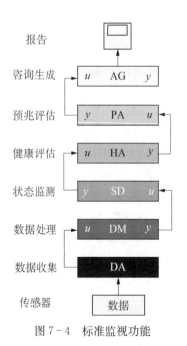

图7-4　标准监视功能

对于机载监视能力,DA、DM、SD 比 PA、AG 更为关键。对于非机载监视能力,PA、AG 更为重要。为实现这些监视能力,需要大量的软件和硬件。其中软件必须能够保障 ISO 中叙述的各种功能,同时管理各种监视功能。符合要求的软件体系结构如图 7-5 所示[5]。图中垂线代表对发动机各种状态的监视能力,水平线表示各种监视功能。行和列的交点表示信息处理的节点,每个节点由一个或多个监视和健康管理算法来实现。

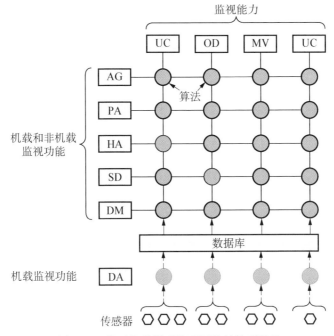

图 7-5 发动机监视系统通用软件体系结构

发动机监视系统中,振动监视、滑油监视都属于结构健康监视系统,气路监视属于性能监视系统,在发动机健康管理中具有重要的作用,下面分别对其加以介绍。

7.2.2 发动机结构健康监视系统

新发动机在服役过程中,其各部件或者组件会随使用时间的长短出现不同情况的性能下降,其性能值与设定值之间的偏差值会越来越大,直到无法承受。在某些情况下,由于外物损伤或者操作不当可能引起这些偏差值迅速变化。从中国航空发动机的故障统计中发现,发动机性结构强度故障约占总故障的 60%～70%[7],其中多数结构强度故障的早期信息在其振动信息中都有所反映,因而对振动进行监视尤为必要。

1) 振动监视

振动监视旨在识别发动机在各种工作转速下的危险振动状态,避免由发动机部件性能蜕化引起的二次损伤。振动监视由机载监视系统和地面监视系统两部分组成。机载部分负责实时监视。将测得的振幅与预先规定的阈值进行比较,如果超限,就触发告警信息,传给座舱显示系统和监视系统,以便驾驶人员采取相应的措施。地面部分负责对机载系统传回的振动数据进行深入分析。利用更复杂的算法和模型对数据做进一步的离线处理,分析振动趋势和振动源,对异常情况如失衡、磨损和裂纹提出早期告警,以便维修人员及时采取措施。

振动故障表现为两种情况:一种是振动参数值突然加大,另一种是振动参数值在某个频率段内加大。前者一般为发动机已出现故障(如叶片断裂),后者可能是部件即将失效的前兆(如齿轮失效)。

典型的振动故障包括:

(1) 转子不平衡。主要由于转子的初始平衡状态被破坏所导致,是较常见的发动机振动故障,其直接表现为发动机整机振动过大。

(2) 轴承故障。航空发动机支撑结构中使用的多为滚珠轴承和滚棒轴承,轴承磨损易引起振动故障。

(3) 裂纹。轮盘、叶片、轴的故障主要是由疲劳损伤引起裂纹,随着发动机的使用,裂纹发展导致部件强度减小,难以承受预定的载荷而发生断裂。这类故障通常会造成发动机发生致命损坏,危害极大。

(4) 碰摩。转子与机匣碰摩是航空发动机中常见的故障之一,双转子发动机内、外转子的碰摩比较少见。转子碰摩会引起整机振动过大,破坏发动机封严篦齿的结构,影响发动机效率;也可能使机匣发生较大变形,或使发动机转子叶片产生裂纹甚至折断。

振动故障是旋转机械发生故障的主要表现形式。为实现发动机振动故障的准确测试和分析,必须对发动机的结构、组成、动态特性有所了解,同时明确引起发动机振动的典型故障,以便进行故障定位。在很多情况下,通过振动分析可以准确地诊断和预测出发动机部件故障或者失效的具体情况,如转子不平衡、叶片断裂、附件齿轮箱故障等。分析振动参数的变化率和变化趋势,可以发现潜在的故障,从而保证发动机的结构完整性,提高飞行的安全性。

2) 滑油监视

滑油监视是发动机状态监视与故障诊断的重要手段。滑油监视的目的是利用滑油系统工作参数来监视滑油本身的理化性能以及发动机中所有接触滑油的零部件的健康状况,从而提供有关发动机健康状态的信息。

滑油系统工作状态的监视参数有滑油温度、滑油压力、滑油量、滑油消耗量以及油滤堵塞指示。监视系统实现滑油的超限告警和健康分析。例如,检测到滑油压力增高,分析其可能的原因有:滑油喷嘴堵塞、油滤堵塞或调压器工作不正常;检测到滑油压力减低,分析其可能的原因有:油管破裂、泄漏、油泵故障、调压活门工作不正常。滑油温度过高同其他滑油系统监视参数一起,可指出发动机子系统的故障。监视滑油量和滑油添加量可以得到有关滑油消耗量过高及滑油泄漏的信息。

滑油除起到润滑和冷却作用外,同时也是碎屑的运输媒介。发动机的许多零部件(如齿轮、轴承、花键等)工作时都会产生表面之间的相互摩擦,需要滑油对其进行润滑和冷却。如果滑油中某些金属的含量大幅增加,则可能相关金属部件处于过度磨损中,并有可能发生失效,通过滑油中金属成分的分析,也可以具体判定出摩擦部件的健康状态。

零部件之间的摩擦散热会改变滑油的物理性质以及消耗掉一部分滑油。对滑油进行理化性能监视,可以提供滑油的状态以及某些发动机工作异常的信息。对滑油的成分、氧化度、水分、导电性、黏度以及酸度等进行分析,从而可以判断发动机各摩擦零部件的工作状态,同时可以确定滑油的可使用性。

7.2.3 发动机气路健康监视系统

气路系统部件是航空发动机的核心部件,包括压气机、燃烧室和涡轮等。气路部件的一些热力参数可反映发动机性能状态变化。在发动机使用过程中,由于气路部件性能蜕化,导致其性能也逐渐蜕化,这就需要对发动机性能的衰退程度进行预测评估。发动机气路部件发生故障时,其流通能力和效率将发生变化,从而引起沿发动机气路的气动热力参数的变化。当发现部件工作异常或发生故障时,监视系统可以及时向机组人员告警并分析故障原因。虽然发动机故障种类多,但是大部分故障都将导致发动机气路性能参数的变化,如转子转速、发动机压比、排气温度等。因此气路性能监视和部件故障诊断是发动机状态监视和故障诊断的重要内容,也是目前研究比较多的方面。

气路性能监视和部件故障诊断的目的就是通过分析传感器测量的发动机气动热力参数、几何可调部件位置参数,来监视发动机及其气路部件的健康状况。进行性能趋势预测的基础是发动机的历史使用、维修数据和发动机数学模型。使用精确的性能趋势预测结果,及时更新机载故障诊断系统中的发动机基准性能,可以提高诊断的准确率,减少虚警的发生。

气路监视的另一个内容是对发动机气路碎屑携带的静电进行监测。发动机在正常工作状态下,尾气中的总体静电荷会保持在一定的范围之内,只是随着发动机工作条件的变化会有所不同。因此可以将尾气静电荷范围作为发动机性能衰退的一个阈值。当气路部件发生表面故障时,就会在尾气中产生额外的碎屑,导致总体静电荷水平超过阈值,从而根据其变化所表现出的特征判断出故障类型,并做出预警。通过气路碎屑监视可以对发动机气路部件(如压气机叶片、涡轮叶片、燃烧室、喷管等)的表面故障(如磨损、摩擦、侵蚀、外物打伤和烧伤等)进行实时监视和诊断。气路碎屑监视可以实现对故障的实时识别,只要有碎屑产生,便可被探测到,从而确定何种部件发生故障,易于对故障进行定位。气路碎屑监视在保证早期预警和故障跟踪的同时,还可以跟踪后期的故障发展情况,这就为维修计划的安排带来很大的自由度,这是其他监视技术难以实现的。

气路监视系统和其他监视系统一样,使用算法进行数据分析,故障检测、隔离与适应,评价损伤和健康状况,预计失效和剩余使用寿命情况,并推荐应采取的行动。常用的气路健康监视算法分为两类:一类是基于线性模型的方法,包括小偏差方程、参数估计、卡尔曼滤波、主因子分析等;另一类是基于非线性模型的方法,包括神经网络、遗传算法、粗糙集、专家系统、模糊逻辑、决策树、支持向量机等。这些算法成为发动机健康管理系统发挥效用的关键,下面就介绍基于线性模型的发动机健康管理算法。

7.3　基于模型的发动机健康评估

对航空发动机部件故障的诊断是航空发动机健康管理的一个重要内容,国内外都开展了大量的研究工作,其主要研究方法可以分为三个分支:基于模型的故障诊断技术;基于数据驱动的故障诊断技术;基于知识规则的故障诊断技术。其中基于模型和数据驱动的故障诊断方法的研究和使用最为广泛。比较典型的基于模型的故障诊断方法有基于观测器和 Kalman 滤波器的方法。这两种方法利用模型输出与实际发动机输出之间的偏差,对发动机健康状态进行评估,其评估准确度与模型精度密切相关。本节将介绍基于 Kalman 滤波器的发动机健康评估技术。

评估过程中,对每个旋转部件设置了流量和效率参数,用蜕化因子来描述部件的健康状态,部件的故障模式分为流通能力蜕化和效率蜕化两种。因此,针对双转子涡扇发动机选取 8 种故障模式来表征发动机气路故障,并通过设置故障系数来对系统性能进行分析,无故障时故障系数为 0。故障系数为 0.01 则表明,相应部件的对应性能蜕化了 1%。最常用的状态估计算法是 Kalman 滤波器,特别适用于长时间尺度性能蜕化的估计。由于发动机的性能蜕化并不可测,只能采用估计的手段来获得,采用 Kalman 滤波器则可将蜕化量作为状态变量进行建模,那么利用 Kalman 滤波器的状态估计能力,可以实现发动机健康状态预估,同时可以用于故障告警。此技术也可以用于对气体流道泄漏和堵塞的诊断。

在本书中,具体的故障模式及相应的代号如表 7-1 所示。

表 7-1　发动机故障代号和故障模式

故障代号	故障模式	故障代号	故障模式
F1	风扇效率	F2	风扇流通能力
F3	压气机效率	F4	压气机流通能力
F5	低压涡轮效率	F6	低压涡轮流通能力
F7	高压涡轮效率	F8	高压涡轮流通能力

仔细选择可测参数来诊断大多数可能的故障,是航空发动机健康管理的常用方法。这种选择大多数是通过灵敏度分析来获得。在涡扇发动机可用传感器的基础上,选择涡扇发动机的测量参数为:燃油流量 W_f、低压转子转速 n_L、高压转子转速 n_H、压气机进口总温 T_{t25}、压气机进口总压 P_{t25}、压气机出口总压 P_{t3}、低压涡轮出口总压 P_{t5}、低压涡轮出口总温 T_{t5},共计 8 个测量参数。

为了能够根据测量参数的变化来确定系统的健康状态,首先对发动机设置故障系数,分析各部件故障时对测量参数的影响。在地面状态下,油门杆角度为70°时,将故障系数分别设置为1%,对各测量参数的影响见表7-2。在表7-2中,为了能在同一量级下比较测量参数的变化,采用相对偏差的形式表示,相对偏差的计算公式如式(7-1):

$$\delta y = \frac{y - y_d}{y_d} \times 100\% \qquad (7-1)$$

式中:y_d 为额定发动机输出的测量参数;y 为实际发动机输出的测量参数;δy 为两者之间的相对偏差。

表 7-2   部件故障对测量参数影响(故障系数均为1%)

故障	δW_f	δn_L	δn_H	δT_{t25}	δP_{t25}	δP_{t3}	δP_{t5}	δT_{t5}
F1	0.6544	0.0004	0.1606	0.2148	0.1573	0.3575	0.1994	0.3134
F2	−1.8367	0.0002	−0.2231	−0.2938	−1.1805	−1.4562	−1.2391	−0.4183
F3	1.2310	−0.0021	−0.2275	0.1066	0.4351	0.0448	0.3813	1.1239
F4	0.2205	−0.0014	0.3021	0.0184	0.0761	0.0301	0.0676	0.1979
F5	1.0110	0.0004	0.1339	0.0502	0.2033	0.6335	0.3111	0.4996
F6	−1.0198	0.0001	−0.7513	0.3345	1.3504	−1.3597	1.2278	0.5035
F7	1.2498	−0.0001	−0.2520	0.1134	0.4604	−0.0561	0.3972	1.2151
F8	1.1324	0.0003	0.1167	0.2547	1.0388	0.9923	1.3353	0.2956

对表7-2中数据进行分析,发现各故障模式对低压转子转速 n_L 的影响很小,其原因在于控制系统采取闭环控制 n_L 的调节计划,因而各故障模式对 n_L 产生的影响在闭环系统的作用下,转化为对 W_f 的影响。从表中可以看出,各故障模式对 W_f 的影响均较大。F6、F8 对压力影响较大,而对温度 T_{t5} 的影响相对较小。表中数据各具特色,则根据实际发动机传感器测量数据的偏离,可以定性地对发动机的健康状态进行估计。

灵敏度分析或者状态估计的方法用于气路分析时,最大的挑战在于需要估计的参数超过传感器数,因而很难唯一确定故障并定位。为了克服这一问题,本节介绍基于奇异值分解实现健康参数估计的方法[8]。在前面的分析中,虽然采用了8种故障模式和8个传感器信号,但是在应用 Kalman 滤波技术时,W_f 是作为输入量的,也就是我们需要通过7个输出来估计8个状态,会使得被控对象不完全可观测。

7.3.1 对象分析

考虑到某型发动机模型的状态空间表达式(7-2):

$$\begin{cases} \dot{x} = Ax + Bu + Lp + w \\ y = Cx + Du + Mp + v \end{cases} \qquad (7-2)$$

式中:x 为状态向量;u 为控制输入向量;y 为可测输出向量;向量 p 为发动机的健康参数;向量 w 和 v 分别表示系统噪声和量测噪声,其协方差阵分别为 Q 和 R;A、B、C、D、L、M 为适维矩阵。

从式(7-2)中可以看出,仅从数学意义上来说,p 和 u 的作用是相同的,在状态变量模型参数辨识中,均可以作为输入量考虑,但由于健康参数 p 不可测,需要通过估计的手段获得,常用的 Kalman 滤波器具有状态估计的能力,所以获得状态变量模型后,要将其表达形式进行变换,将健康参数 p 增广为系统的状态量。考虑到系统性能蜕化非常缓慢,可以近似地认为 $\dot{p}=0$,则增广后的状态变量模型为式(7-3):

$$\begin{cases} \begin{bmatrix} \dot{x} \\ \dot{p} \end{bmatrix} = \begin{bmatrix} A & L \\ 0 & 0 \end{bmatrix} \begin{bmatrix} x \\ p \end{bmatrix} + \begin{bmatrix} B \\ 0 \end{bmatrix} u + e = A_{\text{aug}} x_{\text{aug}} + B_{\text{aug}} u + w \\ y = \begin{bmatrix} C & M \end{bmatrix} \begin{bmatrix} x \\ p \end{bmatrix} + Du + w = C_{\text{aug}} x_{\text{aug}} + Du + v \end{cases} \quad (7-3)$$

将健康参数增广为状态量后,引入的特征值均为零,则能被估计出来的健康参数的个数取决于采用的测量参数的个数,也就是向量 y 的维数。依据可观测性 PBH 判据可知,如果 A_{aug} 可观测,则 A_{aug} 对于任意的特征值 λ,矩阵 $[(\lambda I - A_{\text{aug}})^{\text{T}}, C_{\text{aug}}^{\text{T}}]^{\text{T}}$ 必须满秩,如式(7-4)。

$$\forall \lambda \in \{\text{eig}(A_{\text{aug}})\}, \ \text{rank}\left(\begin{bmatrix} \lambda I - A_{\text{aug}} \\ C_{\text{aug}} \end{bmatrix} \right) = \dim(x_{\text{aug}}) \quad (7-4)$$

对于 A_{aug} 每一个零特征值来说,可观测性矩阵就简化为 $[-A_{\text{aug}}^{\text{T}}, C_{\text{aug}}^{\text{T}}]^{\text{T}}$,为保证系统可观,矩阵 C_{aug} 的行数(也就是健康评估传感器的个数)至少应等于矩阵 A_{aug} 中元素全为零的行数。而实际上,传感器的数量比健康参数要少,使得式(7-3)不完全可观测。

为了解决这一问题,选择维数足够低的整定向量,该向量包括尽可能多的健康参数的信息,并且与实际健康参数在最小二乘意义上差别最小。

定义实际健康参数的漂移向量 δ 如式(7-5):

$$\delta = \begin{bmatrix} L \\ M \end{bmatrix} p = Gp \quad (7-5)$$

考虑到整定向量中元素的个数小于健康参数的个数,被估计的整定参数不再表示健康参数的真实值。因此,就不能把整定参数看作健康参数的子集,事实上,如果不把这组整定参数看作健康参数的子集,理论上可以精确的匹配 δ。关键是找到相当于式(7-5)中的矩阵 G 和向量 p 的一个矩阵 U^* 和整定向量 q,要求其维数足够小,能够被直接估计出来,其乘积在最小二乘意义上应该约等于 δ。就是 $\delta = Gp \approx \hat{\delta} = U^* q$,$p \in \mathbf{R}^n$,$q \in \mathbf{R}^k$,$k < n$,且式(7-6):

$$J = (\boldsymbol{\delta} - \hat{\boldsymbol{\delta}})^{\mathrm{T}}(\boldsymbol{\delta} - \hat{\boldsymbol{\delta}}) = \tilde{\boldsymbol{\delta}}^{\mathrm{T}}\tilde{\boldsymbol{\delta}} \tag{7-6}$$

最小。

为了让整定向量 $\boldsymbol{q}$ 包含足够多的向量 $\boldsymbol{p}$ 的信息,就需要通过线性变换 $\boldsymbol{V}^*$ 将向量 $\boldsymbol{p}$ 映射到向量 $\boldsymbol{q}$,$\boldsymbol{q} = \boldsymbol{V}^* \boldsymbol{p}$,$\boldsymbol{V}^*$ 为满秩矩阵。这样式(7-6)就变为式(7-7):

$$\begin{aligned} J &= (\boldsymbol{\delta} - \hat{\boldsymbol{\delta}})^{\mathrm{T}}(\boldsymbol{\delta} - \hat{\boldsymbol{\delta}}) = (\boldsymbol{G}\boldsymbol{p} - \boldsymbol{U}^*\boldsymbol{q})^{\mathrm{T}}(\boldsymbol{G}\boldsymbol{p} - \boldsymbol{U}^*\boldsymbol{q}) \\ &= \boldsymbol{p}^{\mathrm{T}}(\boldsymbol{G} - \boldsymbol{U}^*\boldsymbol{V}^*)^{\mathrm{T}}(\boldsymbol{G} - \boldsymbol{U}^*\boldsymbol{V}^*)\boldsymbol{p} \end{aligned} \tag{7-7}$$

由于 $\boldsymbol{G}$ 可能为满秩矩阵,而 $\boldsymbol{U}^*\boldsymbol{V}^*$ 的维数仅为 k 维,$\boldsymbol{U}^*\boldsymbol{V}^*$ 可能不是满秩矩阵,因此式(7-7)要写成二范数的形式,如式(7-8):

$$J = \min_{\mathrm{rank}(\boldsymbol{U}^*\boldsymbol{V}^*)=k} \|\boldsymbol{\delta} - \boldsymbol{U}^*\boldsymbol{V}^*\boldsymbol{p}\|_2^2 \tag{7-8}$$

式(7-8)的另一种表达方式是可以写成 F 范数的形式

$$J = \min_{\mathrm{rank}(\boldsymbol{U}^*\boldsymbol{V}^*)=k} \|\boldsymbol{G} - \boldsymbol{U}^*\boldsymbol{V}^*\|_F$$

利用奇异值分解(SVD)的方法可以求得如式(7-7)、式(7-8)所示的最小值问题的最优解。

7.3.2 奇异值分解方法

应用奇异值分解形如 $m \times n$ 的矩阵 $\boldsymbol{G}$ $(m > n)$,可以定义成如下形式(7-9):

$$\boldsymbol{G} = \boldsymbol{U}\boldsymbol{\Sigma}\boldsymbol{V}^{\mathrm{T}} \tag{7-9}$$

式中:矩阵 $\boldsymbol{U}$ 和 $\boldsymbol{V}^{\mathrm{T}}$ 为正交矩阵,$\boldsymbol{U} \in \mathbf{R}^{m \times m}$,$\boldsymbol{V} \in \mathbf{R}^{n \times n}$,$\boldsymbol{U}\boldsymbol{U}^{\mathrm{T}} = \boldsymbol{I}_m$,$\boldsymbol{V}\boldsymbol{V}^{\mathrm{T}} = \boldsymbol{I}_n$,矩阵 $\boldsymbol{\Sigma}$ 与矩阵 $\boldsymbol{G}$ 具有相同维数,并且以矩阵 $\boldsymbol{G}$ 的奇异值 σ_1,σ_2,$\cdots$,σ_n 为对角线,形成一个上对角矩阵,其余元素为零。

$$\boldsymbol{\Sigma} = \begin{bmatrix} \sigma_1 & 0 & \cdots & 0 \\ 0 & \sigma_2 & & \vdots \\ \vdots & & \ddots & 0 \\ 0 & \cdots & 0 & \sigma_n \\ 0 & \cdots & 0 & 0 \end{bmatrix}, \quad \sigma_1 \geqslant \sigma_2 \geqslant \cdots \geqslant \sigma_n \geqslant 0$$

矩阵 $\boldsymbol{G}$ 的奇异值分解形式也可以写成向量表达形式(7-10):

$$\boldsymbol{G} = \sum_{i=1}^{n} \sigma_i \boldsymbol{u}_i \boldsymbol{v}_i^{\mathrm{T}} \tag{7-10}$$

式中:$\boldsymbol{u}_i$ 为 $\boldsymbol{U}$ 的列向量,称为矩阵 $\boldsymbol{G}$ 的左奇异向量;$\boldsymbol{v}_i$ 为 $\boldsymbol{V}$ 的列向量,称为矩阵 $\boldsymbol{G}$ 的右奇异向量。

如果 $m \times n$ 阶矩阵 $\boldsymbol{H}$ 的秩为 k,且 $k < n$,则它的奇异值分解为式(7-11):

$$H = \left[\underbrace{u_1, \cdots, u_k}_{U_k}, u_{k+1}, \cdots, u_m\right]\begin{bmatrix} \boldsymbol{\Sigma}_k & \mathbf{0} \\ \mathbf{0} & \mathbf{0} \end{bmatrix}\left[\underbrace{v_1, \cdots, v_k}_{V_k}, v_{k+1}, \cdots, v_n\right]^T$$

$$= [U_k, u_{k+1}, u_m]\begin{bmatrix} \boldsymbol{\Sigma}_k & \mathbf{0} \\ \mathbf{0} & \mathbf{0} \end{bmatrix}[V_k, v_{k+1}, v_n]^T = U_k\boldsymbol{\Sigma}_k V_k^T \qquad (7-11)$$

式中:矩阵 U_k 包含 U 的前 k 列,矩阵 V_k 包含 V 的前 k 行,$\boldsymbol{\Sigma}_k$ 为包含 k 个非零奇异值的左上对角 $k \times k$ 的对角阵。

线性最小二乘问题如式(7-12):

$$\min_{\mathrm{rank}(H)=k} \| \boldsymbol{\delta} - Hp \|_2^2 \qquad (7-12)$$

可以用式(7-11)求解:

$$p_{LS} = H^\dagger \boldsymbol{\delta} = [V_k, v_{k+1}, \cdots, v_m]\begin{bmatrix} \boldsymbol{\Sigma}_k^{-1} & \mathbf{0} \\ \mathbf{0} & \mathbf{0} \end{bmatrix}[U_k, u_{k+1}, \cdots, u_n]^T \boldsymbol{\delta} = V_k\boldsymbol{\Sigma}_k^{-1}U_k^T\boldsymbol{\delta}$$

$$(7-13)$$

另外,任意的满秩 $m \times n(m \geqslant n)$ 矩阵 G,可以在 F 范数意义上用秩为 k 的矩阵 H 任意近似:

$$\| G - H \|_F = \min_{\mathrm{rank}(H)=k} \| G - H \|_F$$

矩阵 H 写成如式(7-14)的形式:

$$H = \sum_{i=1}^{k} \boldsymbol{\sigma}_i u_i v_i^T = U_k\boldsymbol{\Sigma}_k V_k^T \qquad (7-14)$$

矩阵的 F 范数等于矩阵的奇异值平方和的算术平方根,也就是矩阵 $\boldsymbol{\Sigma}_k$ 中各个元素平方和的算术平方根。奇异值按照从大到小的顺序排列,F 范数的残差式(7-15):

$$\| G - H \|_F = \sqrt{\sigma_{k+1}^2 + \cdots + \sigma_n^2} \qquad (7-15)$$

则为最小。

因此,式(7-11)和式(7-14)在本质意义上是相同的。意味着用奇异值分解得到的 U^*、V^* 能够在最小二乘意义上对 $\boldsymbol{\delta}$ 做最佳逼近。

7.3.3 基于奇异值分解的健康分析

首先在每一个线性化点,采用拟合法获得系统的状态变量模型(7-2),并将其增广为式(7-3),再根据式(7-5)利用 L、M 构造矩阵 G,获得矩阵 G 的行向量 g_i。令加权矩阵为式(7-16):

$$W = \begin{bmatrix} \sqrt{g_1 g_1^T} & 0 & 0 \\ 0 & \ddots & 0 \\ 0 & 0 & \sqrt{g_m g_m^T} \end{bmatrix}^{-1} \qquad (7-16)$$

并用其左乘矩阵 G,得到 WG。SVD 分解能使矩阵 G 中的元素和 U^*V^* 在最小二乘意义上的差别最小,各行元素的大小应该基本相等,以避免大的矩阵元素的主导作用,所以对 G 矩阵进行了加权。但是,考虑到实际应用中有一些变量需要比其他的变量做到更精确的估计,就要在矩阵 W 相应的对角元上增加权重,以显示其相对的重要性。则依据式(7-9)有式(7-17):

$$WG = (WU)\mathbf{\Sigma} V^{\mathrm{T}} \tag{7-17}$$

用 W^{-1} 左乘 WU,以使得每一行的大小回到合适的水平,方便下面各个步骤的实现。

选取式(7-10)中的前 k 项,计算 U^* 和 V^*。k 的大小应是至多等于传感器的数目而小于式(7-3)中矩阵 A 的零特征值的个数。$U^* = U_k\mathbf{\Sigma}_k$,$V^* = V_k^{\mathrm{T}}$,因此有式(7-18):

$$G = \begin{pmatrix} L \\ M \end{pmatrix} \approx \hat{G} = (U_k\mathbf{\Sigma}_k)V_k^{\mathrm{T}} = U^* V^* = \begin{pmatrix} U_{\mathrm{L}}^* \\ U_{\mathrm{M}}^* \end{pmatrix} V^* = \begin{pmatrix} \hat{L} \\ \hat{M} \end{pmatrix} \tag{7-18}$$

式中:$U_{\mathrm{L}}^* V^* = \hat{L} \approx L$,$U_{\mathrm{M}}^* V^* = \hat{M} \approx M$。

利用矩阵 U^* 中的各行对应原来的矩阵 L、M,式(7-3)中的系统就简化为新的增广的系统,如式(7-19)所示:

$$\begin{bmatrix} \dot{x} \\ \dot{q} \end{bmatrix} = \begin{bmatrix} A & U_{\mathrm{L}}^* \\ 0 & 0 \end{bmatrix} \begin{bmatrix} x \\ q \end{bmatrix} + \begin{bmatrix} B \\ 0 \end{bmatrix} u + e$$

$$y = \begin{bmatrix} C & U_{\mathrm{M}}^* \end{bmatrix} \begin{bmatrix} x \\ q \end{bmatrix} + Du + w \tag{7-19}$$

由于 q 的维数比 p 低,所以式(7-19)所描述系统的阶数低于式(7-3)。如果 q 的维数足够小就能保证该系统的可观测,则通过 Kalman 滤波估计方法对 q 进行估计,基于获得的 q 可以进一步可以计算出健康参数 p。

7.4　发动机故障定位技术

在发动机健康管理技术之中,一个重要的方面就是对故障进行定位,以便于采取相应的措施,对系统采用容错控制或维修。对发动机控制系统来说,故障定位包含区分传感器故障和气路故障,以及对故障传感器或部件故障模式进行具体的定位。本节利用支持向量机等机器学习算法来设计故障分类器对传感器故障和部件突发故障进行识别和定位。如果利用一个分类机同时实现故障的识别与定位,就要求该分类机具有非常高的学习精度,难以实现。为了实现高效的故障识别和定位,本节结合局部学习思想和集成学习技术,采用基于支持向量机-极端学习机(SVM-ELM)的航空发动机部件突发故障与传感器故障诊断技术。根据集成学习技术,对于给定的学习对象,采用一组精确且尽可能具有不同性质的分类机可以得到更好的分类效果,为此本节采用 SVM 分类机对故障进行识别,ELM 分类机和 Kalman 滤波器对故障进行定位,使得分类问题更加精确,易于实现。

文献[10]结合约简技术和迭代策略,提出了改进的迭代约简最小二乘支持向量回归机(IRR‐LSSVR)。本节将 IRR‐LSSVR 算法推广到分类机,即得到改进的迭代约简最小二乘支持向量分类机(IRR‐LSSVC)。而极端学习机(ELM)是由 HUANG 等人提出的一种新颖的单隐含层前馈神经网络[11]。ELM 用求解线性方程组替代传统的神经网络参数优化的迭代过程,利用矩阵的 Moore-Penrose 广义逆理论解得具有最小范数的最小二乘解作为单输出层权值,相对于传统的网络训练算法,ELM 的训练速度获得了显著提升。因此,ELM 被用来对传感器故障进行定位。

故障定位过程中,首先采用 IRR‐LSSVC 对故障类型进行识别;如果是传感器故障,再利用 ELM 算法对故障进行定位;如果是部件故障,就采用 Kalman 滤波的方法对健康参数进行估计,从而实现对故障的定位,同时又可以通过健康参数反映发动机部件发生故障的程度。

下面首先介绍迭代约简最小二乘支持向量分类机,用于区分部件突发故障和传感器故障,接着介绍极端学习机,用于对传感器故障进行定位,而部件故障则采用改进的 Kalman 滤波器进行定位。

7.4.1 最小二乘支持向量分类机

给定训练样本 $(\boldsymbol{x}_i, t_i)$, $i=1, \cdots, N$, 其中 $\boldsymbol{x}_i \in \mathbf{R}^n$, $t_i \in \{1, -1\}$, 通过把不等式约束变成等式约束,Suykens 等提出了如式(7‐20)的最小二乘支持向量分类机的数学模型:

$$\min_{\boldsymbol{w}, e} J(\boldsymbol{w}, e) = \frac{1}{2} \boldsymbol{w}^{\mathrm{T}} \boldsymbol{w} + \frac{C}{2} \sum_{i=1}^{N} e_i^2 \qquad (7\text{-}20)$$

$$\text{s.t.} \quad t_i(\boldsymbol{w} \cdot \varphi(\boldsymbol{x}_i) + b) = 1 - e_i$$

式中: $C \in \mathbf{R}^+$ 是正则化因子; $e = (e_1, \cdots, e_N)^{\mathrm{T}}$, $\varphi(\cdot)$ 是一个非线性映射,能把 $\boldsymbol{x}_i$ 从输入空间映射到高维的特征空间,从而实现将输入空间中的非线性问题转化为高维空间中的线性问题。通过构造拉格朗日函数可以把式(7‐20)的约束优化转化为无约束优化,如式(7‐21):

$$L(\boldsymbol{w}, b, e, \boldsymbol{\alpha}) = J(\boldsymbol{w}, e) - \sum_{i=1}^{N} \alpha_i [t_i(\boldsymbol{w} \cdot \varphi(\boldsymbol{x}_i) + b) - 1 + e_i] \quad (7\text{-}21)$$

式中: $\boldsymbol{\alpha} = (\alpha_1, \cdots, \alpha_N)^{\mathrm{T}}$ 为拉格朗日乘子。由 Karush-Kuhn-Tucker(KKT)条件可知式(7‐22)和式(7‐23):

$$\frac{\partial L}{\partial \boldsymbol{w}} = 0 \rightarrow \boldsymbol{w} = \sum_{i=1}^{N} \alpha_i t_i \varphi(\boldsymbol{x}_i)$$

$$\frac{\partial L}{\partial b} = 0 \rightarrow \sum_{i=1}^{N} \alpha_i t_i = 0 \qquad (7\text{-}22)$$

$$\frac{\partial L}{\partial e} = 0 \rightarrow \alpha_i = C e_i, \ i = 1, \cdots, N$$

$$\frac{\partial L}{\partial \alpha_i} = 0 \rightarrow t_i(\boldsymbol{w} \cdot \varphi(\boldsymbol{x}_i) + b) - 1 + e_i = 0, \ i = 1, \cdots, N \qquad (7-23)$$

把式(7-22)代入式(7-23),可得线性方程式(7-24):

$$\begin{bmatrix} 0 & \boldsymbol{T}^{\mathrm{T}} \\ \boldsymbol{T} & \Omega + \boldsymbol{I}/C \end{bmatrix}\begin{bmatrix} b \\ a \end{bmatrix} = \begin{bmatrix} 0 & \boldsymbol{T}^{\mathrm{T}} \\ \boldsymbol{T} & \boldsymbol{Z}\boldsymbol{Z}^{\mathrm{T}} + \boldsymbol{I}/C \end{bmatrix}\begin{bmatrix} b \\ a \end{bmatrix} = \begin{bmatrix} 0 \\ 1 \end{bmatrix} \qquad (7-24)$$

式中:$\boldsymbol{Z} = \begin{bmatrix} t_1\varphi(\boldsymbol{x}_1) \\ \vdots \\ t_N\varphi(\boldsymbol{x}_N) \end{bmatrix}$, $\boldsymbol{T} = [t_1, t_2, \cdots, t_N]^{\mathrm{T}}$, $\boldsymbol{1} = [1, 1, \cdots, 1]^{\mathrm{T}}$, $\Omega = \boldsymbol{Z}\boldsymbol{Z}^{\mathrm{T}} = [t_it_jk(\boldsymbol{x}_i, \boldsymbol{x}_j)]_{N \times N}$, $k(\boldsymbol{x}_i, \boldsymbol{x}_j) = \varphi(\boldsymbol{x}_i) \cdot \varphi(\boldsymbol{x}_j)$, $i, j = 1, \cdots, N$, 是满足 Mercer 条件的核函数,常见核函数有多项式核 $k(\boldsymbol{x}_i, \boldsymbol{x}_j) = (\boldsymbol{x}_i \cdot \boldsymbol{x}_j + 1)^n$, 高斯核 $k(\boldsymbol{x}_i, \boldsymbol{x}_j) = \exp[-||\boldsymbol{x}_i - \boldsymbol{x}_j||^2/2\gamma^2]$ 等。

通过求解线性方程组(7-22)、(7-23)可以得到 $\boldsymbol{\alpha}$ 和 b 的最优解 $\boldsymbol{\alpha}^* = (\alpha_1^*, \cdots, \alpha_N^*)^{\mathrm{T}}$ 和 b^*, 从而可以得到决策函数式(7-25):

$$f(x) = \mathrm{sign}\left(\sum_{i=1}^{N} \alpha_i^* t_i k(\boldsymbol{x}, \boldsymbol{x}_j) + b^*\right) \qquad (7-25)$$

由式(7-22)第一个方程可知,$\boldsymbol{w}$ 与整个训练样本集都有关系,造成标准的 LSSVC 的解缺乏稀疏性。利用约简技术,强制令 $\boldsymbol{w} = \sum_{i \in S} \alpha_i t_i \varphi(\boldsymbol{x}_i)$, 其中 $\{(\boldsymbol{x}_i, t_i)\}_{i \in S} \subset \{(\boldsymbol{x}_i, t_i)\}_{i=1}^{N}$, S 中含有选择作为支持向量的子集的索引,代入式(7-20)可得式(7-26):

$$\min\left\{L(b, \boldsymbol{\alpha}_S) = \frac{1}{2}\boldsymbol{\alpha}_S^{\mathrm{T}}\boldsymbol{K}\boldsymbol{\alpha}_S + \frac{C}{2}\sum_{i=1}^{N}\left(1 - \sum_{j \in S}\alpha_j t_i t_j \varphi(\boldsymbol{x}_j)\varphi(\boldsymbol{x}_i) - t_i b\right)^2\right\} \qquad (7-26)$$

式中:$\boldsymbol{K}_{ij} = t_i t_j k(\boldsymbol{x}_i, \boldsymbol{x}_j)$, $i, j \in S$。 将式(7-26)写成矩阵形式,如式(7-27):

$$\min\left\{L = [b \ \ \boldsymbol{\alpha}_S]\left(\begin{bmatrix} 0 & \boldsymbol{0}^{\mathrm{T}} \\ \boldsymbol{0} & \boldsymbol{K}/C \end{bmatrix} + \begin{bmatrix} \boldsymbol{T}^{\mathrm{T}} \\ \hat{\boldsymbol{K}} \end{bmatrix}[\boldsymbol{T} \ \ \hat{\boldsymbol{K}}^{\mathrm{T}}]\right)\begin{bmatrix} b \\ \boldsymbol{\alpha}_S \end{bmatrix} - 2\left(\begin{bmatrix} \boldsymbol{T}^{\mathrm{T}} \\ \hat{\boldsymbol{K}} \end{bmatrix}\boldsymbol{1}\right)^{\mathrm{T}}\begin{bmatrix} b \\ \boldsymbol{\alpha}_S \end{bmatrix}\right\} \qquad (7-27)$$

令 $\frac{\partial L}{\partial b} = 0$ 和 $\frac{\partial L}{\partial \boldsymbol{\alpha}_S} = 0$, 可得式(7-28):

$$(\boldsymbol{R} + \boldsymbol{Z}\boldsymbol{Z}^{\mathrm{T}})\begin{bmatrix} b \\ \boldsymbol{\alpha}_S \end{bmatrix} = \boldsymbol{Z}\boldsymbol{1} \qquad (7-28)$$

式中:$\boldsymbol{R} = \begin{bmatrix} 0 & \boldsymbol{0}^{\mathrm{T}} \\ \boldsymbol{0} & \boldsymbol{K}/C \end{bmatrix}$, $\boldsymbol{Z} = \begin{bmatrix} \boldsymbol{T}^{\mathrm{T}} \\ \hat{\boldsymbol{K}} \end{bmatrix}$, $\hat{\boldsymbol{K}}_{ij} = t_i t_j k(\boldsymbol{x}_i, \boldsymbol{x}_j)$, $i \in S$, $i = 1, \cdots, N$。 如

果 $R+ZZ^T$ 是奇异的,可以对其进行正则化,使得式(7-28)有解。从而可以得到具有稀疏性的决策函数式(7-29):

$$f(\boldsymbol{x}) = \text{sign}\left(\sum_{i \in S} \alpha_i t_i k(\boldsymbol{x}, \boldsymbol{x}_j) + b\right) \tag{7-29}$$

式(7-29)就是约简最小二乘支持向量分类机,和标准的最小二乘支持向量分类机即式(7-25)比较明显具有稀疏性。由式(7-29)可知,$\{(\boldsymbol{x}_i, t_i)\}_{i \in S}$ 并不知道,如果随机选择,就可能导致分类机的稀疏性不够或者泛化能力不足。因此本节利用文献[10]中的迭代方法选择支持向量。

将式(7-28)展开如式(7-30):

$$\left(\begin{bmatrix} 0 & \boldsymbol{0}^T \\ \boldsymbol{0} & \boldsymbol{K}/C \end{bmatrix} + \begin{bmatrix} \boldsymbol{T}^T\boldsymbol{T} & \boldsymbol{T}^T\hat{\boldsymbol{K}}^T \\ \hat{\boldsymbol{K}}\boldsymbol{T} & \hat{\boldsymbol{K}}\hat{\boldsymbol{K}}^T \end{bmatrix}\right) \begin{bmatrix} b^n \\ \boldsymbol{\alpha}_S^n \end{bmatrix} = \begin{bmatrix} \boldsymbol{T}^T \\ \hat{\boldsymbol{K}} \end{bmatrix} \boldsymbol{1} \tag{7-30}$$

将式(7-30)代入式(7-27),可得式(7-31):

$$L^n = -\begin{bmatrix} b^n \\ \boldsymbol{\alpha}_S^n \end{bmatrix} \begin{bmatrix} \boldsymbol{T}^T \\ \hat{\boldsymbol{K}} \end{bmatrix} \boldsymbol{1} \tag{7-31}$$

式中: $\begin{bmatrix} b^n \\ \boldsymbol{\alpha}_S^n \end{bmatrix} = \boldsymbol{U}^n \begin{bmatrix} \boldsymbol{T}^T \\ \hat{\boldsymbol{K}} \end{bmatrix} \boldsymbol{1}$, $\boldsymbol{U}^n = \left(\begin{bmatrix} 0 & \boldsymbol{0}^T \\ \boldsymbol{0} & \boldsymbol{K}/C \end{bmatrix} + \begin{bmatrix} \boldsymbol{T}^T\boldsymbol{T} & \boldsymbol{T}^T\hat{\boldsymbol{K}}^T \\ \hat{\boldsymbol{K}}\boldsymbol{T} & \hat{\boldsymbol{K}}\hat{\boldsymbol{K}}^T \end{bmatrix}\right)^{-1}$。

如果训练样本 $\boldsymbol{x}_q$ 在第 $n+1$ 次迭代被选为支持向量,则有式(7-32):

$$\boldsymbol{U}^{n+1} = \left(\begin{bmatrix} 0 & \boldsymbol{0}^T & 0 \\ \boldsymbol{0} & \boldsymbol{K}/C & \boldsymbol{k}_q/C \\ 0 & \boldsymbol{k}_q^T/C & k_{qq}/C \end{bmatrix} + \begin{bmatrix} \boldsymbol{T}^T\boldsymbol{T} & \boldsymbol{T}^T\hat{\boldsymbol{K}}^T & \boldsymbol{T}^T\hat{\boldsymbol{k}}_q \\ \hat{\boldsymbol{K}}\boldsymbol{T} & \hat{\boldsymbol{K}}\hat{\boldsymbol{K}}^T & \hat{\boldsymbol{K}}\hat{\boldsymbol{k}}_q \\ \hat{\boldsymbol{k}}_q^T\boldsymbol{T} & \hat{\boldsymbol{k}}_q^T\hat{\boldsymbol{K}}^T & \hat{\boldsymbol{k}}_q^T\hat{\boldsymbol{k}}_q \end{bmatrix}\right)^{-1} \tag{7-32}$$

式中: $\boldsymbol{k}_q = \begin{bmatrix} t_q t_i k(\boldsymbol{x}_q, \boldsymbol{x}_i) \\ \vdots \\ t_q t_i k(\boldsymbol{x}_q, \boldsymbol{x}_j) \end{bmatrix}$, $i, j \in S$, $\hat{\boldsymbol{k}}_q = \begin{bmatrix} t_q t_1 k(\boldsymbol{x}_q, \boldsymbol{x}_1) \\ \vdots \\ t_q t_i k(\boldsymbol{x}_q, \boldsymbol{x}_i) \end{bmatrix}$, $i = 1, \cdots, N$。

假设 $\boldsymbol{U}^n$ 已知,运用 Sherman-Morrison 迭代公式[12]可以得到式(7-33):

$$\boldsymbol{U}^{n+1} = \begin{bmatrix} \boldsymbol{U}^n & \boldsymbol{0} \\ \boldsymbol{0}^T & 0 \end{bmatrix} + \lambda \begin{bmatrix} \boldsymbol{\beta} \\ -1 \end{bmatrix} \begin{bmatrix} \boldsymbol{\beta}^T & -1 \end{bmatrix} \tag{7-33}$$

式中: $\boldsymbol{\beta} = \boldsymbol{U}^n \begin{bmatrix} \boldsymbol{T}^T\hat{\boldsymbol{k}}_q \\ \boldsymbol{k}_q/C + \hat{\boldsymbol{K}}\hat{\boldsymbol{k}}_q \end{bmatrix}$, $\lambda = (k_{qq}/C + \hat{\boldsymbol{k}}_q^T\hat{\boldsymbol{k}}_q - \begin{bmatrix} \hat{\boldsymbol{k}}_q^T\boldsymbol{T} & \hat{\boldsymbol{k}}_q^T\hat{\boldsymbol{K}}^T + \boldsymbol{k}_q^T/C \end{bmatrix}\boldsymbol{\beta})^{-1}$。

根据式(7-33),在第 $(n+1)$ 步,$\boldsymbol{\alpha}_S^{n+1}$ 和 b^{n+1} 可以由式(7-34)得到:

$$\begin{bmatrix} b^{n+1} \\ \boldsymbol{\alpha}_S^{n+1} \\ \alpha_q^{n+1} \end{bmatrix} = U^{n+1} \begin{bmatrix} \Sigma_t \\ \hat{\boldsymbol{t}}_S \\ \hat{t}_q \end{bmatrix} = U^n \begin{bmatrix} \Sigma_t \\ \hat{\boldsymbol{t}}_S \\ 0 \end{bmatrix} + \lambda \left(\boldsymbol{\beta}^{\mathrm{T}} \begin{bmatrix} \Sigma_t \\ \hat{\boldsymbol{t}}_S \end{bmatrix} - \hat{t}_q \right) \begin{bmatrix} \boldsymbol{\beta} \\ -1 \end{bmatrix} \tag{7-34}$$

式中：$\Sigma_t = \sum\limits_{i=1}^{N} t_i$；$\hat{\boldsymbol{t}}_S = \hat{\boldsymbol{K}} \mathbf{1}$。

将式（7-31）代入式（7-34）得式（7-35）：

$$\begin{bmatrix} b^{n+1} \\ \boldsymbol{\alpha}_S^{n+1} \\ \alpha_q^{n+1} \end{bmatrix} = \begin{bmatrix} b^n \\ \boldsymbol{\alpha}_S^{n+1} \\ 0 \end{bmatrix} + \lambda \left(\boldsymbol{\beta}^{\mathrm{T}} \begin{bmatrix} \Sigma_t \\ \hat{\boldsymbol{t}}_S \end{bmatrix} - \hat{t}_q \right) \begin{bmatrix} \boldsymbol{\beta} \\ -1 \end{bmatrix} \tag{7-35}$$

将式（7-35）代入式（7-27）得式（7-36）：

$$L^{n+1} = L^n - \lambda \left(\boldsymbol{\beta}^{\mathrm{T}} \begin{bmatrix} \Sigma_t \\ \hat{\boldsymbol{t}}_S \end{bmatrix} - \hat{t}_q \right)^2 \tag{7-36}$$

这里定义一个函数，如式（7-37）：

$$\xi_q^{n+1} = L^n - L^{n+1} = \lambda \left(\boldsymbol{\beta}^{\mathrm{T}} \begin{bmatrix} \Sigma_t \\ \hat{\boldsymbol{t}}_S \end{bmatrix} - \hat{t}_q \right)^2 \tag{7-37}$$

由此将式（7-38）作为选择支持向量的标准，

$$q = \underset{i \in \{1, \cdots, N\} \backslash S}{\arg \max} \xi_q^{n+1} \tag{7-38}$$

7.4.2　极端学习机

给定训练样本 (x_i, t_i)，$i = 1, \cdots, N$，其中 $x_i \in \mathbf{R}^n$，$t_i = [t_{i1}, \cdots, t_{im}]^{\mathrm{T}} \in \mathbf{R}^m$，并设激励函数为 $f(x)$，则含有 L 个隐含层节点的 ELM 的输出函数为式（7-39）：

$$\sum_{i=1}^{L} \boldsymbol{\beta}_i f(\boldsymbol{w}_i \cdot \boldsymbol{x}_j + b_i) = \boldsymbol{t}_j, \quad j = 1, \cdots, N \tag{7-39}$$

式中：$\boldsymbol{w}_i = [w_{i1}, w_{i2}, \cdots, w_{in}]^{\mathrm{T}}$ 是连接隐含层第 i 个节点与输入层各节点的权值，b_i 是隐含层第 i 个节点的偏置，$\boldsymbol{\beta}_i = [\beta_{i1}, \cdots, \beta_{im}]^{\mathrm{T}}$ 是连接隐含层第 i 个节点和输出层各节点的权值。

式（7-39）的 N 个方程可以写为矩阵形式，如式（7-40）：

$$\boldsymbol{H\beta} = \boldsymbol{T} \tag{7-40}$$

式中：$\boldsymbol{H}(\boldsymbol{w}_i, \cdots, \boldsymbol{w}_L, b_1, \cdots, b_L, \boldsymbol{x}_1, \cdots, \boldsymbol{x}_N)$

$$= \begin{bmatrix} f(\boldsymbol{w}_1 \cdot \boldsymbol{x}_1 + b_1) & \cdots & f(\boldsymbol{w}_L \cdot \boldsymbol{x}_1 + b_L) \\ \vdots & & \vdots \\ f(\boldsymbol{w}_1 \cdot \boldsymbol{x}_N + b_1) & \cdots & f(\boldsymbol{w}_L \cdot \boldsymbol{x}_N + b_L) \end{bmatrix}_{N \times L}; \quad \boldsymbol{\beta} = \begin{bmatrix} \boldsymbol{\beta}_1^{\mathrm{T}} \\ \vdots \\ \boldsymbol{\beta}_L^{\mathrm{T}} \end{bmatrix}_{L \times M}; \quad \boldsymbol{T} = \begin{bmatrix} \boldsymbol{t}_1^{\mathrm{T}} \\ \vdots \\ \boldsymbol{t}_N^{\mathrm{T}} \end{bmatrix}_{N \times M}。$$

$\boldsymbol{H}$ 称为神经网络的输出层矩阵。

输入权值 $\boldsymbol{w}_i$ 和隐含层偏置 b_i 是随机给定的,输出权值 $\boldsymbol{\beta}$ 由式(7-41)求得:

$$\boldsymbol{\beta} = \boldsymbol{H}^\dagger \boldsymbol{T} \tag{7-41}$$

式中:$\boldsymbol{H}^\dagger$ 是神经网络输出层矩阵 $\boldsymbol{H}$ 的 Moore-Penrose 广义逆。

对于输出层矩阵 $\boldsymbol{H} \in \mathbf{R}^{N \times L}$,假设 $N \geqslant L$ 并且 $\mathrm{rank}(\boldsymbol{H}) = L$,在这种条件下,求解方程(7-27)可以转化为求式(7-42)所示方程组的解:

$$(\boldsymbol{H}^\mathrm{T} \boldsymbol{H} + \boldsymbol{I}/C)\boldsymbol{\beta} = \boldsymbol{H}^\mathrm{T} \boldsymbol{T} \tag{7-42}$$

通过求解式(7-42),可以得到方程组(7-40)的最小二乘解,如式(7-43):

$$\boldsymbol{\beta} = (\boldsymbol{H}^\mathrm{T} \boldsymbol{H} + \boldsymbol{I}/C)^{-1} \boldsymbol{H}^\mathrm{T} \boldsymbol{T} \tag{7-43}$$

因此,对于任意输入量 $\boldsymbol{x}$,ELM 的输出 $f(\boldsymbol{x})$ 由式(7-44)求出:

$$f(\boldsymbol{x}) = h(\boldsymbol{x})\boldsymbol{\beta} = h(\boldsymbol{x})(\boldsymbol{H}^\mathrm{T} \boldsymbol{H} + \boldsymbol{I}/C)^{-1} \boldsymbol{H}^\mathrm{T} \boldsymbol{T} \tag{7-44}$$

式中:$h(\boldsymbol{x}) = [f(\boldsymbol{w}_1 \cdot \boldsymbol{x} + b_1), \cdots, f(\boldsymbol{w}_L \cdot \boldsymbol{x} + b_L)]$。

7.4.3 传感器与部件故障诊断系统

上面介绍了发动机故障定位技术所要用到的各种算法,本小节利用上面的算法设计航空发动机传感器故障与部件故障诊断系统。首先讨论如何区分发动机传感器故障与部件故障。当航空发动机分别发生传感器故障和部件突发故障时,传感器的测量输出信号所受到的影响是有所区别的。当传感器发生故障时,只有故障传感器的输出会发生变化,而其他传感器不受影响。但是如果航空发动机部件发生故障,由于发动机各部件之间共同工作的要求,发动机的各输出参数均会受到影响,表现为即使不是装在故障部件位置的传感器,其输出也发生变化。根据这一特征,可以利用模式识别的方法对航空发动机传感器故障和部件故障进行区分。

先利用 IRR-LSSVC 设计一个传感器故障和部件故障的分类器,根据传感器的测量信号对两种故障进行区分。如果是传感器故障,再利用 ELM 分类机模型对传感器故障位置进行定位;如果是部件故障,采用改进的 Kalman 滤波器对部件健康参数进行估计,从而实现对部件故障的定位。本节基于 SVM-ELM 的传感器与部件故障区分系统结构如图 7-6 所示[13]。

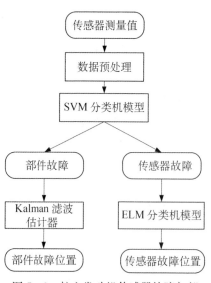

图 7-6 航空发动机传感器故障与部件故障区分系统结构图

鉴于常规 Kalman 滤波器存在稳态误差,此处对 2.5 节的 Kalman 滤波器进行改进,在输入通道中增加估计偏差的积分项,使滤波输入包含偏差的累积激励,这样就可以消除稳态估计偏差。

为了验证该识别技术的有效性,此处以某型涡扇发动机的部件级模型为对象,分别选取表 7-3 所示的 8 个健康参数以及表 7-4 所示的 8 个传感器进行仿真。在稳态工作条件下,对表 7-3 所示的 8 个健康参数分别蜕化 1%、2%、3%、4%、5%来模拟部件故障;并对表 7-4 所示的 8 个传感器分别设置 1%、2%、3%、4%、5%的偏置故障[13],这样就可以得到这个工作点的 80 组训练数据,用于训练 SVM 模型和 ELM 模型并设计 Kalman 滤波器。再对表 7-4 所示的 8 个健康参数分别蜕化 1.5%、2.5%、3.5%、4.5%;表 7-4 中的 8 个传感器分别设置 1.5%、2.5%、3.5%、4.5%的偏置故障,得到 64 组测试数据,用于测试分类的精度,估计结果如表 7-5 所示。从表中可以看出,改进后的 IRR-LSSVC 分类机,能够有效区分传感器故障与部件故障,并且不存在误诊情况。与标准的 LSSVC 相比,IRR-LSSVC 支持向量更少,占用内存更少,运算速度更快,大大提高了诊断系统的实时性。

表 7-3　健康参数符号表

	健康参数	参数含义
1	η_f	风扇效率蜕化量
2	φ_f	风扇流通能力蜕化量
3	η_c	压气机效率蜕化量
4	φ_c	压气机流通能力蜕化量
5	η_h	高压涡轮效率蜕化量
6	φ_h	高压涡轮流通能力蜕化量
7	η_l	低压涡轮效率蜕化量
8	φ_l	低压涡轮流通能力蜕化量

表 7-4　传感器测量变量

	传感器变量	参数含义
1	n_L	低压转子转速
2	n_H	高压转子转速
3	P_{t13}	风扇外涵出口总压
4	T_{t25}	压气机进口总温
5	P_{t3}	压气机出口压力
6	T_{t3}	压气机出口温度
7	P_{t5}	低压涡轮出口总压
8	T_{t5}	低压涡轮出口总温

表 7 - 5　　诊断结果统计表

	C	γ	算法	训练时间/s	测试时间/s	训练数据/组	测试数据/组	支持向量/个	误诊率/%
$H = 0\,\text{km}$,	2^{10}	2^{-4}	Normal LSSVC	0.038	0.014	80	64	80	0
$Ma = 0$			RR - LSSVC	0.051	0.009	80	64	44	0
$\text{PLA} = 50°$			IRR - LSSVC	0.060	0.007	80	64	36	0
$H = 12\,\text{km}$	2^{10}	2^{-3}	Normal LSSVC	0.037	0.014	80	64	80	0
$Ma = 0.8$			RR - LSSVC	0.051	0.009	80	64	49	0
$\text{PLA} = 50°$			IRR - LSSVC	0.059	0.008	80	64	40	0

　　可见基于 SVM - ELM - Kalman 的航空发动机传感器故障与部件突发故障区分方法,可以实现两种故障的区分和定位。该方法将用于回归问题的 IRR - LSSVR 设计思想推广到分类问题中,用于训练传感器故障与部件故障的分类机,提高了诊断系统的实时性。当诊断为传感器故障时,利用 ELM 分类机对传感器故障实现了多重定位;当诊断为部件故障,利用改进 Kalman 滤波器的积分环节,提高了健康参数的估计精度。

7.5　基于 Kalman 滤波的气路健康评估

　　1960 年,卡尔曼(Kalman)滤波理论的出现,将估计理论大大推进了一步,它以递推形式给出了线性系统的最小均方误差意义下的最优滤波,在很多领域都得到了成功的应用,已经成为现代控制理论的一个重要分支。虽然 Kalman 滤波给出的是线性高斯系统的最优滤波,但它以均值和方差的递推来进行滤波的结构型式实现较为便利,受到了人们的广泛欢迎。因此,基于 Kalman 滤波技术对发动机气路健康参数进行评估也得到了广泛的关注,其中应用的较为广泛的包括:线性 Kalman 滤波(LKF)、扩展 Kalman 滤波(EKF)和无迹 Kalman 滤波(UKF)。

7.5.1　增量式 LKF 与 EKF

　　在 Kalman 滤波方法中,LKF 滤波具有结构简单、计算工作量小的特征。但是 LKF 仅在设计点附近具有较高的精度,而在非设计点由于线性化模型的建模误差,精度会降低。为此,要提高 LKF 的精度,首先要提高线性化模型的精度。本节介绍一种增量式 LKF 方法,基于在线线性化模型开展研究。EKF 与 LKF 原理相同,也通过测量信息来估计状态信息,但是 EKF 在进行非线性系统泰勒展开时,可以进行一阶泰勒展开,获得线性化模型,也可以进行高阶泰勒展开,获得高阶的非线性模型。而高阶的非线性模型的计算工作量大大增加,因而以一阶泰勒展开的 EKF 应用居多,本小节即介绍一阶泰勒展开的 EKF 算法。

　　在状态估计过程中,LKF 和 EKF 都需要使用到系统的状态矩阵和输出矩阵,但每次估计过程中 LKF 所需矩阵来自单一线性化点,而 EKF 所需状态矩阵和输出矩阵则分别来自前一时刻校正后的工作点和当前时刻未校正的工作点。因此,就单步估计而言,LKF 仅需要一次线性化操作,而 EKF 需要两次线性化操作,这也就导致 EKF 所需要的模型计算量约为 LKF 的 2 倍。但同时,由于 EKF 采用了在当前时刻未校正工作点线性化得到的输出矩阵来参与对状态估计的校正,而 LKF 的估计均基于上一时刻校正的工作点,故当估计所需的系数矩阵无法实时更新时,EKF 能够表现出比 LKF 更强稳定性和更高的估计精度。

1) 增量式 LKF 方法

为简化分析方法,考虑发动机性能退化中部件流量退化和效率退化的耦合,以 4 个健康参数的发动机健康评估为例介绍增量式 LKF 方法。4 个待估计的健康参数退化为 $\boldsymbol{\eta} = \begin{bmatrix} \eta_{\mathrm{f}} & \eta_{\mathrm{c}} & \varphi_{\mathrm{h}} & \varphi_{\mathrm{l}} \end{bmatrix}^{\mathrm{T}}$。

发动机的离散非线性模型可以描述为式(7-45):

$$\begin{cases} \boldsymbol{x}_{k+1} = \boldsymbol{f}(\boldsymbol{x}_k, \boldsymbol{u}_k, \boldsymbol{\eta}_k) + \boldsymbol{w}_k \\ \boldsymbol{y}_k = \boldsymbol{h}(\boldsymbol{x}_k, \boldsymbol{u}_k, \boldsymbol{\eta}_k) + \boldsymbol{v}_k \end{cases} \tag{7-45}$$

式中:$\boldsymbol{x}$ 为状态量;$\boldsymbol{u}$ 为输入量;$\boldsymbol{w}$ 和 $\boldsymbol{v}$ 为白噪声;$\boldsymbol{y}$ 为模型输出;下标 k 表示仿真时刻。

部件级模型 k 时刻的工作点记为 $(\boldsymbol{x}_k, \boldsymbol{u}_k, \boldsymbol{\eta}_k)$,其小偏差状态变量模型为式(7-46):

$$\begin{aligned} \Delta \boldsymbol{x}_{m+1} &= \boldsymbol{A}_k \Delta \boldsymbol{x}_m + \boldsymbol{B}_k \Delta \boldsymbol{u}_m + \boldsymbol{M}_k \Delta \boldsymbol{\eta}_m \\ \Delta \boldsymbol{y}_m &= \boldsymbol{C}_k \Delta \boldsymbol{x}_m + \boldsymbol{D}_k \Delta \boldsymbol{u}_m + \boldsymbol{L}_k \Delta \boldsymbol{\eta}_m \end{aligned} \tag{7-46}$$

式中:$\boldsymbol{A}_k$、$\boldsymbol{B}_k$、$\boldsymbol{C}_k$、$\boldsymbol{D}_k$、$\boldsymbol{M}_k$ 和 $\boldsymbol{L}_k$ 是 k 时刻的雅克比矩阵,在每个采样时刻均可以获得一组状态变量模型;m 为离散系统的采样时刻变量。可以将 k 视为需要线性化的工作点标志,而 m 是在 k 工作点的离散系统状态空间的标志。且有式(7-47):

$$\begin{cases} \Delta \boldsymbol{x}_{m+1} = \boldsymbol{x}_{m+1} - \boldsymbol{x}_{k+1, \mathrm{CLM}} \\ \Delta \boldsymbol{x}_m = \boldsymbol{x}_m - \boldsymbol{x}_k \\ \Delta \boldsymbol{u}_m = \boldsymbol{u}_m - \boldsymbol{u}_k \\ \Delta \boldsymbol{\eta}_m = \boldsymbol{\eta}_m - \boldsymbol{\eta}_k \\ \Delta \boldsymbol{y}_m = \boldsymbol{y}_m - \boldsymbol{y}_{k, \mathrm{CLM}} \end{cases} \tag{7-47}$$

式中:下标 CLM 代表变量来源于部件级模型。

将退化量 $\boldsymbol{\eta}$ 增广到原状态变量 $\boldsymbol{x}$ 中,得到增广状态变量 $\bar{\boldsymbol{x}} = \begin{bmatrix} \boldsymbol{x}^{\mathrm{T}} & \boldsymbol{\eta}^{\mathrm{T}} \end{bmatrix}^{\mathrm{T}}$。式(7-45)可以改写为式(7-48):

$$\begin{cases} \bar{\boldsymbol{x}}_{k+1} = \bar{\boldsymbol{f}}(\bar{\boldsymbol{x}}_k, \boldsymbol{u}_k) + \bar{\boldsymbol{w}}_k \\ \boldsymbol{y}_k = \bar{\boldsymbol{h}}(\bar{\boldsymbol{x}}_k, \boldsymbol{u}_k) + \boldsymbol{v}_k \end{cases} \tag{7-48}$$

传统的 LKF 沿着额定发动机轨迹进行设计,健康参数偏离基于当前工作点和额定发动机工作点之间的偏差进行估计。但是,当发动机发生性能退化时额定发动机轨迹难以确定,在额定工作状态下获得的系统矩阵可能偏离发动机工作状态,使得 LKF 估计精度降低。

　　为了避免这一现象,可以利用在前一时刻线性化获得的状态模型矩阵开展滤波估计工作,以增量式 LKF 来代替传统的位置式 LKF,提高估计过程的稳定性。增量式 LKF 健康估计系统结构如图 7.7 所示,图中 $y_{k,s}$ 代表传感器测量值。

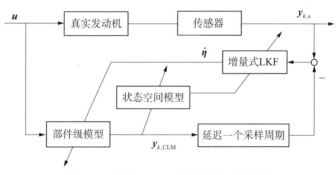

图 7 - 7　增量式 LKF 健康估计系统结构

　　在增量式 LKF 滤波中,状态变量模型是实时更新的,同时 LKF 估计出的性能退化也实时传给部件级模型,使得部件级模型具有自适应能力,则基于部件级模型线性化得到的状态空间模型也具有自适应能力,代表了发动机当前的健康状态。

　　为此在 $k-1$ 时刻对部件级模型进行线性化,此时估计的增广状态变量为 $\hat{\bar{x}}_{k-1}^{+}$,输入为 u_{k-1}。 则有式(7 - 49)和式(7 - 50):

$$\bar{x}_{m+1} - \bar{x}_{k,\,\text{CLM}} = A_{k-1,\,\text{LKF}}(\bar{x}_m - \hat{\bar{x}}_{k-1}^{+}) + B_{k-1,\,\text{LKF}}(u_m - u_{k-1})$$

$$y_m - y_{k-1,\,\text{CLM},\,\text{ob}} = C_{k-1,\,\text{LKF}}(\bar{x}_m - \hat{\bar{x}}_{k-1}^{+}) + D_{k-1,\,\text{LKF}}(u_m - u_{k-1}) \quad (7 - 49)$$

其中

$$\begin{cases} A_{k-1,\,\text{LKF}} = \dfrac{\partial \bar{x}_{k,\,\text{CLM}}}{\partial \hat{\bar{x}}_{k-1}^{+}}, \ B_{k-1,\,\text{LKF}} = \dfrac{\partial \bar{x}_{k,\,\text{CLM}}}{\partial u_{k-1}} \\[2mm] C_{k-1,\,\text{LKF}} = \dfrac{\partial y_{k-1,\,\text{CLM}}}{\partial \hat{\bar{x}}_{k-1}^{+}}, \ D_{k-1,\,\text{LKF}} = \dfrac{\partial y_{k-1,\,\text{CLM}}}{\partial u_{k-1}} \end{cases} \quad (7 - 50)$$

　　通过线性卡尔曼滤波器增益、测量值和自适应模型输出之间的偏差,可调估计增广状态量的增量 $-\Delta \hat{\bar{x}}_{k}^{+}$,如式(7 - 51):

$$\Delta \hat{\bar{x}}_{k}^{+} = K_k \left[\Delta y_{k,\,\text{ob}} - C_{k-1,\,\text{LKF}}(\bar{x}_{k,\,\text{CLM}} - \hat{\bar{x}}_{k-1}^{+}) - D_{k-1,\,\text{LKF}}(u_k - u_{k-1}) \right] \quad (7 - 51)$$

则估计的增广状态向量如式(7 - 52):

$$\hat{\bar{x}}_{k}^{+} = \hat{\bar{x}}_{k-1}^{+} + \Delta \hat{\bar{x}}_{k}^{+} \quad (7 - 52)$$

具体来说,增量式 LKF 的状态估计步骤如下。

（1）根据式（7-53）和式（7-54）更新协方差矩阵 $\boldsymbol{P}$ 和滤波增益矩阵 $\boldsymbol{K}$。

$$\boldsymbol{P}_k = \boldsymbol{A}_{k-1,\text{LKF}} \boldsymbol{P}_{k-1}^+ \boldsymbol{A}_{k-1,\text{LKF}}^{\text{T}} + \boldsymbol{Q} \tag{7-53}$$

$$\boldsymbol{K}_k = \boldsymbol{A}_{k-1,\text{LKF}} \boldsymbol{P}_k \boldsymbol{C}_{k-1,\text{LKF}}^{\text{T}} (\boldsymbol{C}_{k-1,\text{LKF}} \boldsymbol{P}_k \boldsymbol{C}_{k-1,\text{LKF}}^{\text{T}} + \boldsymbol{R})^{-1} \tag{7-54}$$

式中：$\boldsymbol{Q}$、$\boldsymbol{R}$ 分别表示适维系统噪声协方差矩阵和测量噪声协方差矩阵。

（2）基于测量值，根据式（7-55）～式（7-57）更新估计的状态。

$$\Delta \boldsymbol{y}_{k,\text{ob}} = \boldsymbol{y}_{k,\text{ob}} - \boldsymbol{y}_{k-1,\text{CLM,ob}} \tag{7-55}$$

$$\Delta \hat{\bar{\boldsymbol{x}}}_k^+ = \boldsymbol{K}_k \left[\Delta \boldsymbol{y}_{k,\text{ob}} - \boldsymbol{C}_{k-1,\text{LKF}} (\bar{\boldsymbol{x}}_{k,\text{CLM}} - \hat{\bar{\boldsymbol{x}}}_{k-1}^+) - \boldsymbol{D}_{k-1,\text{LKF}} (\boldsymbol{u}_k - \boldsymbol{u}_{k-1}) \right] \tag{7-56}$$

$$\hat{\bar{\boldsymbol{x}}}_k^+ = \hat{\bar{\boldsymbol{x}}}_{k-1}^+ + \Delta \hat{\bar{\boldsymbol{x}}}_k^+ \tag{7-57}$$

（3）根据式（7-58）修正协方差矩阵 $\boldsymbol{P}$。

$$\boldsymbol{P}_k^+ = (\boldsymbol{I} - \boldsymbol{K}_k \boldsymbol{C}_{k-1,\text{LKF}}) \boldsymbol{P}_k \tag{7-58}$$

（4）将 $\hat{\bar{\boldsymbol{x}}}_k^+$ 带回部件级模型，更新健康参数。

（5）在（$\hat{\bar{\boldsymbol{x}}}_k^+$，$\boldsymbol{u}_k$）点对部件级模型进行线性化，获得状态变量模型矩阵。

（6）$k = k+1$，返回（1）。

基于增量式 LKF 的算法可以确保部件级模型能够跟踪发动机输出，进一步可以确保状态变量模型的精度。在增量式 LKF 中，只需要调用部件级模型一次，提高了算法的实时性。

2）在线建立状态变量模型的方法

此处介绍一种基于精确偏导数的航空发动机状态变量模型在线建立方法。在航空发动机部件级模型的基础上，借助链式求导法则，采用解析法建立部件级偏导数模型。联合部件级模型和偏导数模型利用多次通过算法进行共同计算，获得当前工作点的状态变量模型系数矩阵和初始值，进而获得相应工作点的状态变量模型，建模流程如图 7-8 所示。区别于常用的部件级数学模型，在状态变量建模过程中，需要部件偏导数模型（详见文献[14]）和转子动力学的偏导数模型[15]，以计算式（7-50）及部件级模型求解过程中所需要的偏导数，同时部件级模型在动态计算中不能采用一次通过算法，至少要进行 2 次迭代计算。

对于部件级模型计算部分，首先将部件级模型改写为式（7-59）：

$$\begin{cases} \boldsymbol{x}_{k+1} = \boldsymbol{f}_1(\boldsymbol{x}_k, \boldsymbol{u}_k, \boldsymbol{\eta}_k, \boldsymbol{X}) \\ \boldsymbol{y}_{k,\text{ob,CLM}} = \boldsymbol{h}_1(\boldsymbol{x}_k, \boldsymbol{u}_k, \boldsymbol{\eta}_k, \boldsymbol{X}) \\ \boldsymbol{y}_{k,\text{p,CLM}} = \boldsymbol{h}_2(\boldsymbol{x}_k, \boldsymbol{u}_k, \boldsymbol{\eta}_k, \boldsymbol{X}) \end{cases} \tag{7-59}$$

式中：$\boldsymbol{X}$ 为共同工作方程猜值向量，$\boldsymbol{X} = [X_1 X_2 X_3 X_4 X_5 X_6]^{\text{T}}$ 为 2.2.1 节中除转速外的猜值。

在部件级模型共同工作方程求解中，采用精确偏导数法进行雅可比矩阵计算，

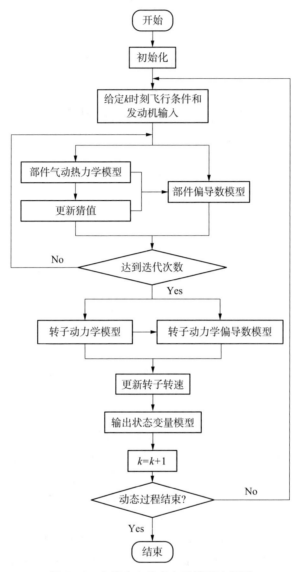

图 7 - 8 在线建立状态变量模型流程图

令共同工作方程猜值的微分为式(7 - 60):

$$\mathrm{d}\boldsymbol{X}_1 = \mathrm{diag}(\mathrm{d}X_1 \quad \mathrm{d}X_2 \quad \mathrm{d}X_3 \quad \mathrm{d}X_4 \quad \mathrm{d}X_5 \quad \mathrm{d}X_6) = \boldsymbol{I} \quad\quad (7 - 60)$$

计算共同工作方程的残差和雅可比矩阵,如式(7 - 61)。

$$\begin{cases} \boldsymbol{E}_1 = \boldsymbol{O}(\boldsymbol{x}_k,\ \boldsymbol{u}_k,\ \boldsymbol{\eta}_k,\ \boldsymbol{X}_1) \\[2mm] \boldsymbol{J}_1 = \dfrac{\partial \boldsymbol{O}}{\partial \boldsymbol{X}_1}\mathrm{d}\boldsymbol{X}_1 \end{cases} \quad\quad (7 - 61)$$

式中：E 代表式(2-1)~式(2-6)所描述的动态共同工作方程；X_1 是共同工作方程的初猜值。函数 O 代表从(x, u, η, X)到 4 个共同工作方程的气动热力计算函数，J_1 从 E 对 X_1 的雅可比矩阵。

按 2 次迭代计算，第一次基于 N-R 法更新猜值得到式(7-62)：

$$X_2 = X_1 - J_1^{-1} E_1 \tag{7-62}$$

置变量 X_2 的微分为单位矩阵，如式(7-63)：

$$dX_2 = \mathrm{diag}(dX_1 \quad dX_2 \quad dX_3 \quad dX_4 \quad dX_5 \quad dX_6) = I \tag{7-63}$$

输入量不变，在猜值 X_2 基础上再次进行 N-R 迭代计算，如式(7-64)：

$$\begin{cases} E_2 = O(x_k, u_k, \eta_k, X_2) \\ J_2 = \dfrac{\partial O}{\partial X_2} dX_2 \\ X_3 = X_2 - J_2^{-1} E_2 \end{cases} \tag{7-64}$$

本采样时刻的迭代计算结束，X_3 将作为下一时刻气动热力计算的初始值。

最后，基于式(2-10)和式(2-11)进行转子动力学计算。

LKF 在线建立状态变量模型过程中，令增广状态量 $\bar{x}$ 和输入量 u 的微分为单位矩阵，如式(7-65)：

$$\begin{cases} d\bar{x}_k = \mathrm{diag}([dn_f \quad dn_c \quad dSW_{\mathrm{fan}} \quad dSW_{\mathrm{com}} \quad dSE_{\mathrm{ht}} \quad dSE_{\mathrm{lt}}]) = I^{6\times6} \\ du_k = \mathrm{diag}([dm_{\mathrm{fb}} \quad dA_8]) = I^{2\times2} \end{cases} \tag{7-65}$$

在第一次气动热力计算过程中，自变量的微分$(d\bar{x}_k, du_k)$对共同工作方程的影响描述为式(7-66)：

$$\begin{cases} E_1 = \bar{O}(\bar{x}_k, u_k, X_1) \\ dE_{1,\bar{x}} = \dfrac{\partial \bar{O}}{\partial x_k} d\bar{x}_k \\ dE_{1,u} = \dfrac{\partial \bar{O}}{\partial u_k} du_k \end{cases} \tag{7-66}$$

需要指出的是式(7-66)和式(7-61)，以及式(7-59)所描述的计算过程是同时进行的。根据链式求导法则有式(7-67)：

$$\begin{cases} X_2 = X_1 - J_1^{-1} E_1 \\ dX_{2,\bar{x}} = -J_1^{-1} dE_{1,\bar{x}} \\ dX_{2,u} = -J_1^{-1} dE_{1,u} \end{cases} \tag{7-67}$$

当动态过程采取两次 N‐R 迭代算法时,输入对每一个气动热力参数的影响都转换到猜值 $\boldsymbol{X}_2$ 上。因此,$\boldsymbol{X}_2$ 可视为链式求导法则中的核心中间变量。

在第二次气动热力计算过程中,获得的输出对输入及增广状态量的雅可比矩阵为式(7‐68):

$$
\begin{cases}
\boldsymbol{y}_{\mathrm{CLM},k} = \boldsymbol{P}_1(\bar{\boldsymbol{x}}_k,\ \boldsymbol{u}_k,\ \boldsymbol{X}_2) \\[2mm]
\mathrm{d}\boldsymbol{y}_{\mathrm{CLM},k,\bar{x}} = \dfrac{\partial \boldsymbol{P}_1}{\partial \bar{\boldsymbol{x}}_k}\mathrm{d}\bar{\boldsymbol{x}}_k + \dfrac{\partial \boldsymbol{P}_1}{\partial \boldsymbol{X}_2}\mathrm{d}\boldsymbol{X}_{2,\bar{x}} \\[2mm]
\mathrm{d}\boldsymbol{y}_{\mathrm{CLM},k,u} = \dfrac{\partial \boldsymbol{P}_1}{\partial \boldsymbol{u}_k}\mathrm{d}\boldsymbol{u}_k + \dfrac{\partial \boldsymbol{P}_1}{\partial \boldsymbol{X}_2}\mathrm{d}\boldsymbol{X}_{2,u}
\end{cases}
\tag{7-68}
$$

式中: $\mathrm{d}\boldsymbol{y}_{\mathrm{CLM},k,\bar{x}}$ 为 $\boldsymbol{y}_{\mathrm{CLM}}$ 对 $\bar{\boldsymbol{x}}_k$ 的雅可比矩阵, $\mathrm{d}\boldsymbol{y}_{\mathrm{CLM},k,u}$ 为 $\boldsymbol{y}_{\mathrm{CLM}}$ 对 $\boldsymbol{u}_k$ 的雅可比矩阵,即为状态变量模型中对应的矩阵 $\boldsymbol{C}$ 和 $\boldsymbol{D}$ 。

为了获得系统矩阵 $\boldsymbol{A}$ 和 $\boldsymbol{B}$,需基于转子动力学对状态量进行更新,建立转子动力学偏导数模型,如式(7‐69)和式(7‐70)。

$$
\begin{cases}
N = \boldsymbol{P}_2(\bar{\boldsymbol{x}}_k,\ \boldsymbol{u}_k,\ \boldsymbol{X}_2) \\[2mm]
\mathrm{d}N_{\bar{x}} = \dfrac{\partial \boldsymbol{P}_2}{\partial \bar{\boldsymbol{x}}_k}\mathrm{d}\bar{\boldsymbol{x}}_k + \dfrac{\partial \boldsymbol{P}_2}{\partial \boldsymbol{X}_2}\mathrm{d}\boldsymbol{X}_{2,\bar{x}} \\[2mm]
\mathrm{d}N_u = \dfrac{\partial \boldsymbol{P}_2}{\partial \boldsymbol{u}_k}\mathrm{d}\boldsymbol{u}_k + \dfrac{\partial \boldsymbol{P}_2}{\partial \boldsymbol{X}_2}\mathrm{d}\boldsymbol{X}_{2,u}
\end{cases}
\tag{7-69}
$$

$$
\begin{cases}
\bar{\boldsymbol{x}}_{k+1} = \boldsymbol{S}(\bar{\boldsymbol{x}}_k,\ N) \\[2mm]
\mathrm{d}\bar{\boldsymbol{x}}_{k+1,\bar{x}} = \dfrac{\partial \boldsymbol{S}}{\partial \bar{\boldsymbol{x}}_k}\mathrm{d}\bar{\boldsymbol{x}}_k + \dfrac{\partial \boldsymbol{S}}{\partial N}\mathrm{d}N_{\bar{x}} \\[2mm]
\mathrm{d}\bar{\boldsymbol{x}}_{k+1,u} = \dfrac{\partial \boldsymbol{S}}{\partial N}\mathrm{d}N\boldsymbol{W}_u
\end{cases}
\tag{7-70}
$$

式中: $\boldsymbol{N} = [N_{\mathrm{F}}N_{\mathrm{b}}N_{\mathrm{C}}N_{\mathrm{ht}}N_{\mathrm{lt}}]^{\mathrm{T}}$ 为各转动部件的功率, $\mathrm{d}\bar{\boldsymbol{x}}_{k+1,\bar{x}}$ 、 $\mathrm{d}\bar{\boldsymbol{x}}_{k+1,u}$ 是下一时刻的状态变量 $\bar{\boldsymbol{x}}_{k+1}$ 对当前状态变量 $\bar{\boldsymbol{x}}_k$ 和输入量 $\boldsymbol{u}_k$ 的雅可比矩阵,即为 $\boldsymbol{A}$ 、 $\boldsymbol{B}$ 矩阵。

3) 基于 EKF 的健康参数估计算法

基于 EKF 的健康参数估计系统结构与增量式 LKF 相同,只需将图 7‐7 中的增量式 LKF 替换为 EKF 即可。

采用扩展卡尔曼滤波方法,在 k 时刻,时间更新过程如式(7‐71)～式(7‐74):

$$
\hat{\bar{\boldsymbol{x}}}_k = \bar{\boldsymbol{f}}(\hat{\bar{\boldsymbol{x}}}_{k-1}^+,\ \boldsymbol{u}_{k-1})
\tag{7-71}
$$

$$
\boldsymbol{P}_k = \boldsymbol{A}_{k-1,\mathrm{EKF}}\boldsymbol{P}_{k-1}^+\boldsymbol{A}_{k-1,\mathrm{EKF}}^{\mathrm{T}} + \boldsymbol{Q}_{k-1}
\tag{7-72}
$$

其中

$$A_{k-1,\,\mathrm{EKF}} = \frac{\partial \overline{\boldsymbol{f}}(\hat{\overline{\boldsymbol{x}}}_{k-1}^+,\,\boldsymbol{u}_{k-1})}{\partial \hat{\overline{\boldsymbol{x}}}_{k-1}^+} \tag{7-73}$$

$$E[\overline{\boldsymbol{w}}_i \overline{\boldsymbol{w}}_j^{\mathrm{T}}] = \boldsymbol{Q}_{k-1}\delta_{ij} \tag{7-74}$$

测量更新过程如式(7-75)~式(7-79):

$$\boldsymbol{K}_k = \boldsymbol{P}_k \boldsymbol{C}_{k,\,\mathrm{EKF}}^{\mathrm{T}} (\boldsymbol{C}_{k,\,\mathrm{EKF}} \boldsymbol{P}_k \boldsymbol{C}_{k,\,\mathrm{EKF}}^{\mathrm{T}} + \boldsymbol{R}_k)^{-1} \tag{7-75}$$

$$\hat{\overline{\boldsymbol{x}}}_k^+ = \hat{\overline{\boldsymbol{x}}}_k + \boldsymbol{K}_k [\boldsymbol{y}_k - \overline{\boldsymbol{h}}(\hat{\overline{\boldsymbol{x}}}_k,\,\boldsymbol{u}_k)] \tag{7-76}$$

$$\boldsymbol{P}_k^+ = (\boldsymbol{I} - \boldsymbol{K}_k \boldsymbol{C}_{k,\,\mathrm{EKF}})\boldsymbol{P}_k \tag{7-77}$$

其中

$$\boldsymbol{C}_{k,\,\mathrm{EKF}} = \frac{\partial \overline{\boldsymbol{h}}(\hat{\overline{\boldsymbol{x}}}_k,\,\boldsymbol{u}_k)}{\partial \hat{\overline{\boldsymbol{x}}}_k} \tag{7-78}$$

$$E[\boldsymbol{v}_i \boldsymbol{v}_j^{\mathrm{T}}] = \boldsymbol{R}_k \delta_{ij} \tag{7-79}$$

可见,部件级模型在每个采样时刻,需要在 $\hat{\overline{\boldsymbol{x}}}_{k-1}^+$ 和 $\hat{\overline{\boldsymbol{x}}}_k$ 状态下进行线性化,分别获得状态矩阵 $\boldsymbol{A}_{k-1,\,\mathrm{EKF}}$ 和测量矩阵 $\boldsymbol{C}_{k,\,\mathrm{EKF}}$。

则 EKF 的步骤可以描述如下。

(1) 将 $\hat{\overline{\boldsymbol{x}}}_k$(初始值或者上一采样时刻的值)传给发动机部件级模型计算模型输出 $\boldsymbol{y}_{k,\,\mathrm{s,\,CLM}}$,并在 $\hat{\overline{\boldsymbol{x}}}_k$ 对部件级模型进行线性化获得 $\boldsymbol{C}_{k,\,\mathrm{EKF}}$;

(2) 执行式(7-75)到式(7-77)的测量更新;

(3) 将修正后的状态变量 $\hat{\overline{\boldsymbol{x}}}_k^+$ 传给部件级模型计算 $\hat{\overline{\boldsymbol{x}}}_{k+1}$,在 $\hat{\overline{\boldsymbol{x}}}_k^+$ 状态下估计并线性化部件级模型获得 $\boldsymbol{A}_{k,\,\mathrm{EKF}}$;

(4) 执行式(7-72)更新协方差矩阵 $\boldsymbol{P}_{k+1}$;

(5) $k = k+1$ 转(1)。

4) 仿真验证

为了验证新型扩展卡尔曼滤波方法的有效性,开展相应的动态仿真验证。仿真环境为 Dell T5810 Win7 旗舰版,CPU 为 Intel Xeon(TM) 1650v4 3.6GHz。程序运行平台为 VS2010 旗舰版 Debug 模式。

发动机初始状态在高度为零、马赫数为零、油门杆角度 70°,仿真飞行条件变化如图 7-9 所示,图中 H 表示飞行高度,Ma 表示飞行马赫数,PLA 表示油门杆角度。4 个健康参数值从 0 开始以线性变化的方式从 0.05 s 时开始变化,在第 75 秒达到表 7-6 中所示的值。增量式 LKF 滤波估计结果如图 7-10 所示,EKF 滤波估计效果如图 7-11 所示。如图可见,两种估计算法均能很好的对部件性能退化进行跟踪。

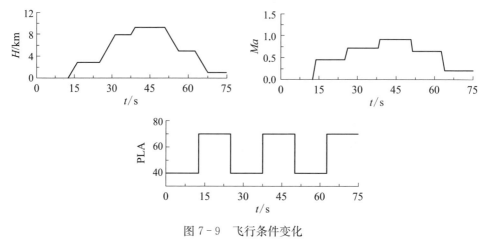

图 7 - 9　飞行条件变化

表 7 - 6　健康参数最终变化值

健康参数	η_f	η_c	φ_{ht}	φ_{lt}
变化量	0.034	0.1081	-0.0261	-0.0041

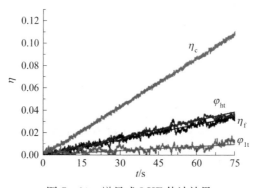

图 7 - 10　增量式 LKF 估计效果

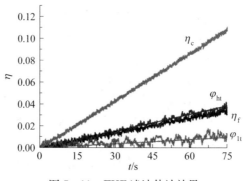

图 7 - 11　EKF 滤波估计效果

为了精确给出两种方法的估计效果,在表 7-7 中给出了两种方法估计的均方误差。为了对比,表中同时给出了采用中心差分在线建立状态变量模型的滤波估计效果,表中 ED 代表模型基于精确偏导数方法建立,CD 表示模型采用中心差分方法建立。

表 7-7 健康参数估计均方误差

Model	RMSE($\times 10^{-2}$)			
	η_f	η_c	φ_{ht}	φ_{lt}
ED - EKF	0.146	0.101	0.188	0.279
ED - LKF	0.219	0.102	0.160	0.246
CD - EKF	0.149	0.103	0.195	0.280
CD - LKF	0.219	0.104	0.195	0.297

从表 7-7 中可以看出,基于精确偏导数模型和基于中心差分法模型设计的滤波估计器均能实现对发动机性能退化的准确估计,最大估计均方根误差为 0.00297,且精确偏导数模型估计的均方根误差均小于或等于中心差分方法的均方误差,验证了精确偏导数模型取得了比中心差分方法更高的精度。精确偏导数法建模在滤波估计中更大的优势体现在估计的实时性上。两种建模方法滤波估计实时性对比如表 7-8 所示。

表 7-8 两种建模方法滤波估计耗时对比

	ED 方法/ms	CD 方法/ms
EKF	35.0526	201.6150
LKF	17.6517	114.0544

从表 7-8 中可以看出,采用精确偏导数方法开展滤波估计时,相比中心差分方法,耗时大大缩短,EKF 仅为中心差分方法的 17.39%,LKF 为中心差分方法的 15.48%,且 LKF 耗时大约为 EKF 的一半,具有更高的实时性。

7.5.2 UKF 估计方法

1) UKF 滤波原理

无迹卡尔曼滤波器(UKF)最早由 Julier 提出[16],以 UT 变换为基础,采用线性卡尔曼滤波框架,通过一组与待估计随机变量具有相同统计特性的确定性加权采样点的非线性变换来实现随机变量沿时间的传播估计。UKF 与通常的 LKF 和一阶 EKF 相比,没有模型线性化带来的误差,因此估计精度更高,已经证明 UKF 可以达到随机变量均值与方差估计的三阶泰勒级数精度。而 LKF 和一阶的 EKF 只能达到一阶精度,因而,UKF 从原理上具有更高的估计精度。

UKF 利用 UT 变换代替 LKF 和 EKF 中估计变量统计特性线性化传播方式,

在 UT 变换中,采样的粒子点一般称为 Sigma 点,其个数很少,具体个数根据所选择的采样策略而定。最常用的是 $2n+1$ 个 Sigma 点对称采样,其中 n 为系统状态变量的维数。UKF 采用的是确定性采样,从而避免了粒子滤波器的粒子点退化问题。

假设非线性系统数学模型为式(7-80):

$$\boldsymbol{x}_{k+1} = f(\boldsymbol{x}_k, \boldsymbol{u}_k) + \boldsymbol{w}_k$$
$$\boldsymbol{y}_k = h(\boldsymbol{x}_k, \boldsymbol{u}_k) + \boldsymbol{v}_k \qquad (7-80)$$

式中:$\boldsymbol{w}_k$、$\boldsymbol{v}_k$ 分别为系统噪声和测量噪声,一般为高斯白噪声信号,满足 $\boldsymbol{w}_k \sim N(\boldsymbol{0}, \boldsymbol{Q}_k)$,$\boldsymbol{v}_k \sim N(\boldsymbol{0}, \boldsymbol{R}_k)$。$\boldsymbol{Q}_k$、$\boldsymbol{R}_k$ 分别表示系统噪声和测量噪声的协方差矩阵。

对称采样 UKF 算法如下。

(1) 滤波器初始化,如式(7-81):

$$\hat{\boldsymbol{x}}_0 = E[\boldsymbol{x}_0], \quad \boldsymbol{P}_{x_0} = E[\boldsymbol{x}_0 - \hat{\boldsymbol{x}}_0][\boldsymbol{x}_0 - \hat{\boldsymbol{x}}_0]^{\mathrm{T}} \qquad (7-81)$$

(2) 计算 Sigma 点 $\boldsymbol{\chi}_{k+1}$,如式(7-82):

$$\boldsymbol{\chi}_{k+1} = [\bar{\boldsymbol{x}}_{k-1} \quad \bar{\boldsymbol{x}}_{k-1} - \sqrt{(n+\lambda)\boldsymbol{P}_{x_{k-1}}} \quad \bar{\boldsymbol{x}}_{k-1} + \sqrt{(n+\lambda)\boldsymbol{P}_{x_{k-1}}}] \qquad (7-82)$$

式中:$\bar{\boldsymbol{x}}$ 为随机变量 $\boldsymbol{x}$ 的均值,$\lambda = a^2(n+k) - n$,为比例因子,$\alpha \in (0, 1)$。

(3) 时间更新,如式(7-83)~式(7-87):

$$\boldsymbol{\chi}_{i, k|k-1} = f(\boldsymbol{\chi}_{i, k-1}, \boldsymbol{u}_{k-1}) \qquad (7-83)$$

$$\boldsymbol{\gamma}_{i, k|k-1} = h(\boldsymbol{\chi}_{i, k-1}, \boldsymbol{u}_{k-1}) \qquad (7-84)$$

$$\hat{\boldsymbol{x}}_{k, k-1} = \sum_{i=0}^{2n} W_{m, i} \boldsymbol{\chi}_{i, k|k-1} \qquad (7-85)$$

$$\hat{\boldsymbol{y}}_{k, k-1} = \sum_{i=0}^{2n} W_{m, i} \boldsymbol{\gamma}_{i, k|k-1} \qquad (7-86)$$

$$\boldsymbol{P}_{x_{k, k-1}} = \sum_{i=0}^{2n} W_{c, i} [\boldsymbol{\chi}_{i, k|k-1} - \hat{\boldsymbol{x}}_{k, k-1}][\boldsymbol{\chi}_{i, k|k-1} - \hat{\boldsymbol{x}}_{k, k-1}]^{\mathrm{T}} + \boldsymbol{Q}_{k-1} \qquad (7-87)$$

式中:$W_{c, i} = W_{m, i} = \dfrac{1}{2(n+\lambda)}$,$i = 1, \cdots, 2n$,$W_{m, 0} = \lambda/(n+\lambda)$,$W_{c, 0} = \lambda/(n+\lambda) + (1 - \alpha^2 + \beta)$,通常 $\beta = 2$。

(4) 测量更新,如式(7-88)~式(7-92):

$$\boldsymbol{P}_{x_k \cdot y_k} = \sum_{i=0}^{2n} W_{c, i} [\boldsymbol{\chi}_{i, k|k-1} - \hat{\boldsymbol{x}}_{k, k-1}][\boldsymbol{\gamma}_{i, k|k-1} - \hat{\boldsymbol{y}}_{k, k-1}]^{\mathrm{T}} \qquad (7-88)$$

$$\boldsymbol{P}_{y_k} = \sum_{i=0}^{2n} W_{c, i} [\boldsymbol{\gamma}_{i, k|k-1} - \hat{\boldsymbol{y}}_{k, k-1}][\boldsymbol{\gamma}_{i, k|k-1} - \hat{\boldsymbol{y}}_{k, k-1}]^{\mathrm{T}} + \boldsymbol{R}_k \qquad (7-89)$$

$$\boldsymbol{K}_k = \boldsymbol{P}_{x_k \cdot y_k} \boldsymbol{P}_{y_k}^{-1} \qquad (7-90)$$

$$\hat{\boldsymbol{x}}_k = \hat{\boldsymbol{x}}_{k,k-1} + \boldsymbol{K}_k(\boldsymbol{y}_k - \hat{\boldsymbol{y}}_{k,k-1}) \tag{7-91}$$

$$\boldsymbol{P}_{x_k} = \boldsymbol{P}_{x_{k,k-1}} - \boldsymbol{K}_k \boldsymbol{P}_{y_k} \boldsymbol{K}_k^{\mathrm{T}} \tag{7-92}$$

式(7-81)~式(7-92)描述了完整的 UKF 估计状态变量 $\boldsymbol{x}$ 的计算过程。

2）无迹卡尔曼滤波估计仿真验证

采用 UKF 滤波对地面稳态工作点单部件健康参数退化和多部件健康参数退化情况开展滤波估计验证。此时考虑 7.4.3 节的所有 8 个健康参数的退化,在单部件健康参数退化时,分别模拟高压涡轮流量退化 1% 和压气机效率退化 2% 的情况,估计结果见表 7-9。

表 7-9　单部件退化估计结果

健康参数	退化量	UKF 估计结果	UKF 估计误差
高压涡轮流量	1%	0.998%	0.2%
压气机效率	2%	1.999%	0.05%

多部件健康参数退化模拟了两种情况:①风扇效率退化 1%,高压涡轮流量退化 1.5%;②风扇流量退化 1%,低压涡轮效率退化 0.8%。估计结果见表 7-10。

表 7-10　多部件退化估计结果对比

健康参数	退化量	UKF 估计结果	UKF 估计误差
风扇效率	1%	0.998%	0.2%
高压涡轮效率	1.5%	1.498%	0.133%
风扇流量	1%	0.996%	0.4%
低压涡轮效率	0.8%	0.801%	0.125%

从表 7-9 中可以看出,单部件退化时,UKF 滤波估计出的退化量精度很高,两种退化情况下的稳态误差分别为 0.2% 和 0.05%。且其他健康参数的估计值均为 0（表中未给出）,达到了很好的估计效果。从表 7-10 中可以看出,多部件退化时,UKF 滤波估计的稳态误差均在 0.5% 以内,并且其他健康参数的估计值均为 0,同样取得了很高的估计精度。

参 考 文 献

［1］ Brown E N, Chidambaram B, Aaseng G B. Applying Health Management Technology to the NASA Exploration System-of-systems [R]. AIAA 2005-66241.

［2］ 姜彩虹,孙志岩,王曦. 航空发动机预测健康管理系统设计的关键技术[J]. 航空动力学报,2009,24(11):2589-2594.

［3］ 梁春华. 第 4 代战斗机发动机控制系统和其技术特点[J]. 航空发动机,2007(Z1):76-81.

［4］ 王施,王荣桥,陈志英,等. 航空发动机健康管理综述[J]. 燃气涡轮试验与研究,2009,22(1)：51-58.

［5］ Jaw L C, Mattingly J D. Aircraft Engine Controls：Design, System Analysis, and Health Monitoring [M]. Reston：AIAA, 2009：217-218.

［6］ Link C. Recent Advancements in Aircraft Engine Health Management (EHM) Technologies and Recommendations for Next Step [R]. ASME GT2005-68625,2005.

［7］ 黄波,周剑波,刘铁庚. 现代航空发动机健康管理技术与应用[J]. 机械研究与应用,2011,5：168-170.

［8］ 陈霆昊. 发动机机载自适应模型与高稳定性控制技术研究[D]. 南京：南京航空航天大学, 2010.

［9］ 仇小杰,黄金泉,鲁峰,等. 基于云关联度的航空发动机传感器、部件故障识别系统设计[J]. 航空动力学报,2011,26(11)：2584-2592.

［10］ Zhao Y, Sun J, Du Zhong-Hua, et al. An Improved Recursive Least Square Support Vector Regression [J]. Neurocomputing, 2012,87：1-9.

［11］ Huang G B, Zhu Q Y, Siew C K. Extreme Learning Machine：Theory and Applications [J]. Neurocomputing, 2006,70(1-3)：489-501.

［12］ 张贤达. 矩阵分析与应用[M]. 北京：清华大学出版社,2004：68-69.

［13］ 李业波,李秋红,黄向华,等. 航空发动机传感器故障与部件故障诊断技术[J]. 北京航空航天大学学报,2013,39(9)：1174-1180.

［14］ Pang S, Li Q, Zhang H. An exact derivative based aero-engine modeling method [J]. IEEE Access, 2018(6)：34516-34526.

［15］ 庞淑伟,李秋红,张海波,等. 基于精确偏导数的航空发动机状态变量模型在线建立方法[P]. 中国发明专利,2018,2018107757379

［16］ Julier S J, Uhlmann J K. A New Extension of the Kalman Filter to Nonlinear Systems [C]. Proceedings of SPIE-The International Society for Optical Engineering, 1999,3068：182-193.

8 大飞机涡扇发动机典型控制系统

如前所述,大飞机的动力装置都采用高涵道比的涡扇发动机,本章介绍用于A330 大型商用飞机的高涵道比涡扇发动机 GE CF6 - 80E 的控制系统,使读者对具体大飞机发动机控制系统的概貌有个了解。CF6 - 80E 是高涵道比、双转子、轴流式涡轮风扇发动机,2 级高压涡轮驱动 14 级高压压气机,5 级低压涡轮驱动一体化的4 级低压压气机和风扇,一个环形燃烧室将燃油和压缩空气转换成能量来驱动涡轮[1]。附件驱动系统从高压、高速转子获取能量来驱动发动机附件和安装在发动机上的飞机附件。CF6 - 80E 发动机采用全权限数字式电子控制(FADEC),它控制供给发动机的燃油流量使得发动机产生飞机飞行所需的功率(推力)。尽管发动机采用电子控制,但是发动机控制是以燃油为介质,因此,在发动机控制系统中,还必须采用一系列以燃油为介质的液压机械元器件,这些元器件就构成了发动机燃油系统。

本章将详细介绍 GE CF6 - 80E 发动机控制系统。

8.1 发动机燃油系统概述

燃油系统用于向发动机提供所需要的燃油,所提供的燃油流量应使发动机发出所需要的功率(推力),发动机所需要的燃油取决于油门杆角度、飞行高度、飞行马赫数和环境空气温度等,具体燃油流量的大小由 FADEC 中控制器的控制规律计算得到,控制规律按类似于第 3、4、5 章所介绍的方法以及设计要求进行设计。燃油系统的主要功能:进行燃油分配、对燃油进行计量和控制、指示重要的燃油系统参数[2]。

燃油系统的所有元件除了燃油总管和燃油喷嘴外都安装在附件隔热舱内,燃油系统方框图见图 8-1 所示。由图可见,发动机燃油泵从飞机燃油箱打出燃油,通过燃油/滑油热交换器冷却滑油,在必要时,热交换器也起到加温燃油的作用。流经热交换器的燃油通过燃油滤过滤后,成为清洁燃油,被输送到液压机械装置(hydromechanical unit,HMU)。还有一部分经过过滤的燃油流经伺服燃油加热器后输送到 HMU,供 HMU 中的电液伺服系统使用。HMU 从电子控制装置(electronic control unit,ECU)接收控制指令,调节发动机所需要的燃油流量。在燃油流量流经燃油流量变送器(传感器)对燃油进行计量后,把经计量的燃油输入燃油总管,并输送到在燃烧室的 30 个燃油喷嘴,向燃烧室喷油燃烧。在燃油总管前有燃油温度传感器测量燃油温度。图中燃油滤左侧的方块表示有一个燃油滤压差开关,燃油滤进出口压差反映油滤的堵塞程度,压差过大时,说明油滤堵塞严重,燃油滤压差开关会给出警告信号。HMU 的回油流经组合驱动发电机(integrated drive generator, IDG)的燃油/滑油热交换器来冷却进入 IDG 的滑油,再回到发动机燃油泵。在图中还可见,HMU 从 ECU 接收控制信号,通过 HMU 中的电液伺服系统控制高低压涡轮的间隙阀实现高低压涡轮的主动间隙控制,并对压气机可变放气阀(variable bleed vavle, VBV)和可变静子叶片(variable stator vane, VSV)进行控制。有关主动间隙控制的原理和方法,可参见本书 5.5 节,下一节将进一步介绍燃油系统工作原理。

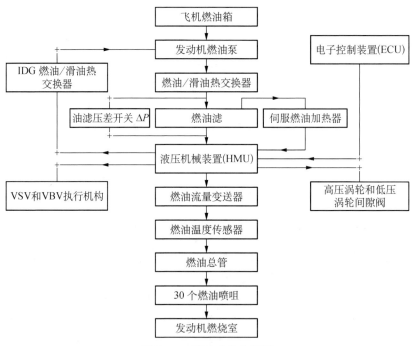

图 8-1　燃油系统方框图

8.2　发动机燃油系统工作原理

发动机燃油系统工作原理如图 8-2 所示,来自飞机燃油箱的燃油被输送进入燃油泵的离心增压级,从离心增压级出来流经一个过滤器(strainer)进入燃油泵的高压齿轮级,从齿轮泵出来的燃油通过燃油/滑油热交换器和燃油滤。燃油滤包括一个滤油元件和一个伺服燃油清洗滤网,其中滤油元件过滤全部由油泵提供的燃油,而伺服燃油清洗滤网仅仅过滤流向液压机械装置的伺服燃油。

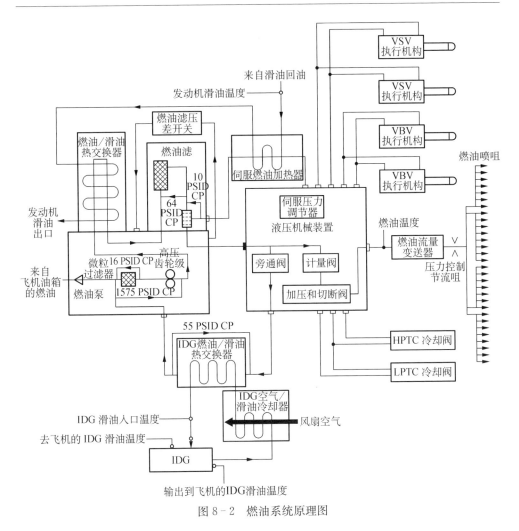

图 8-2　燃油系统原理图

伊服燃油从主燃油滤伊服供油口流出,再流过伊服燃油加热器,进入 HMU 的加热伊服口。当主燃油从燃油滤出来后,便进入 HMU 的燃油计量部分(section)。该 HMU 是一个电液控制器,它计量出到发动机燃烧系统所需要的正确的燃油流量,并把多余的燃油返回到燃油泵的中间级,也就是离心级与齿轮级之间。计量好的燃油流量从 HMU 出来,流经燃油流量变送器(传感器),并通过燃油温度传感器,再进入燃油总管。燃油总管把燃油分配到 30 个燃油喷嘴,这些喷嘴将燃油雾化,使得燃油进入燃烧室时能够良好燃烧。组合驱动发电机(IDG)的燃油/滑油热交换器位于 HMU 和燃油泵之间的回油管道,它利用燃油回油来冷却进入 IDG 的滑油。下一节具体介绍燃油供给和分配系统。

8.3　燃油供给和分配系统

燃油供给和分配系统中的燃油泵把燃油从飞机燃油箱打出来,经过一系列元部件到发动机燃油喷嘴。以下介绍发动机燃油供给和分配系统中的主要元部件[1]。

8.3.1　燃油供油管道

它把运行发动机所需要的燃油从飞机燃油箱经发动机短舱和支架接口处输送到燃油泵进口。

8.3.2　具有离心增压级和主齿轮级的燃油泵

燃油泵安装在附件齿轮箱的后侧,提供充足的高压燃油以满足发动机燃烧的需求。它也把伺服燃油提供给发动机上所有用燃油作为介质的伺服控制器。它由核心机通过附件齿轮箱驱动。燃油泵原理图如图8-3所示。来自飞机油箱的燃油流经短舱供油管进入发动机燃油泵,燃油首先进入燃油泵的离心增压级。离心增压级提高油压,使得在所有进口燃油温度和压力下都保证齿轮级能正常运行。从增压级出来的燃油流经一个过滤器再进入燃油泵的齿轮级。该过滤器有一个高压差旁通阀,当流过过滤器前后的油压差达到0.28 bar[①]时旁通阀便开启,当压差达到

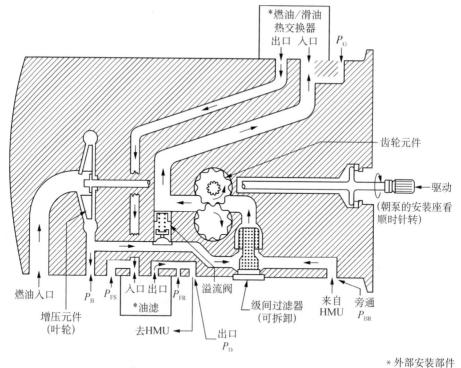

P_B——增压级出口压力　P_{FS}——油滤供油压力　P_{FR}——油滤回油压力

P_D——泵出口压力　P_{BR}——燃油控制旁通压力　P_G——热交换器供油压力

图8-3　燃油泵原理图

① 1 bar = 10^5 Pa

0.41 bar 时旁通阀全开。旁通阀打开时,未经过滤的燃油将会进入泵的齿轮级。油泵的齿轮级提供具有一定压力的燃油来满足发动机燃烧所需要的流量以及伺服油所需要的流量。有一个溢流阀保护燃油泵的齿轮级,该溢流阀被设定在 96.53 bar 时开启,在 105.14 bar 时全开。当溢流阀打开时,它将齿轮级出口的燃油返回到油泵级间过滤器的上游。齿轮泵出口燃油还被用于润滑油泵轴承,燃油在进入轴承润滑通道前还要经过清洗型滤网过滤。油泵高压齿轮级出口的燃油要流经燃油/滑油热交换器。燃油/滑油热交换器和燃油过滤器都直接安装在燃油泵上。

8.3.3   燃油/滑油热交换器

从燃油泵打出的全部燃油都进入燃油/滑油热交换器,它在发动机所有工况下用供给发动机的燃油来充分地冷却发动机的滑油。它的另一个功用是在极端寒冷的条件下,例如当环境温度和飞机燃油箱温度很低时,用发动机的滑油来加热供给发动机的燃油,以避免燃油在 HMU 中冻结。该热交换器是一种壳体加管道型结构,燃油流过管道,而滑油围绕管道流动。它有一个滑油旁通阀,当滑油压差超过 5.86 bar 时旁通阀开启,当压差超过 8.27 bar 时,旁通阀全开。该旁通阀在冷起动时起作用,因为冷起动时,滑油黏度高,热交换器的压降会很高。

8.3.4   燃油滤

在燃油泵出口,油滤过滤从燃油泵输出的全部燃油,过滤掉杂质,保护在油滤下游的燃油系统元件。油滤带有一个高压旁通阀,在 4.41 bar 压差时旁通阀开启,在 6.55 bar 压差时旁通阀全开。它还有一个伺服清洗滤网,过滤供给 HMU 的伺服燃油。伺服清洗滤网在油滤的下游,当燃油滤旁通阀打开时保护 HMU 的伺服功能。

8.3.5   燃油滤压差开关

油滤压差开关监视流过油滤的压降,并把压降信号发给 ECU,当压差达到 2.9647 bar 时,该开关会发出一个油滤阻塞旁通警告,在压差达到 4.41 bar 后旁通阀才打开。这样在旁通警告过程中,即在 2.9647 bar 到 4.41 bar 过程中,飞机应当能够完成飞行任务,而不会发生油滤旁通阀打开的情况,其功能是要保护燃油系统的元件不会使用未经过滤的燃油。

8.3.6   伺服燃油加热器

伺服燃油加热器使用发动机的滑油来加热提供给 HMU 的伺服燃油,在所有工况下都要对伺服燃油进行充分的加热以保持其温度在 0℃ 以上,防止从飞机燃油箱输送来的伺服燃油可能冻结,以保护 HMU 的控制功能。伺服燃油从燃油滤的伺服清洗滤网流出后要流经伺服燃油加热器再进入 HMU 的加热伺服口。该伺服燃油加热器是一种壳体加管道型结构,燃油流过管道,而滑油围绕管道流动。它有一个高压差滑油旁通阀,当滑油压差超过 4.41 bar 时旁通阀开启,当压差超过 7.58 bar 时,旁通阀全开。该旁通阀用于冷起动,因为冷起动时,滑油黏度高,热交换器的压降会很高。伺服燃油加热器还有一个受温度控制的(thermally operated)滑油旁通阀,该阀感受伺服燃油加热器出口燃油温度,当出口燃油温度高于 65.5℃时,该旁通阀便使发动机滑油绕过伺服燃油加热器而旁路,这样可以防止在伺服燃油加热器中的燃油焦化,并防止 HMU 的伺服系统处于过热的工作条件。

8.3.7　液压机械装置(HMU)

HMU 由 ECU 控制,它既是燃油分配系统的重要部件,也是整个发动机控制系统中的重要部件,我们将在后面做专门介绍。

8.3.8　燃油流量变送器(传感器)

燃油流量变送器(传感器)测量提供给发动机燃烧室的全部燃油流量,并把计测的燃油流量以电脉冲信号输出给 ECU 的 A 通道和 B 通道。ECU 再把该电脉冲信号转换成反映燃油流量的数字信号,并通过 ARINC 输出数据总线把此数字信号输出到显示管理计算机(display management computer,DMC)或同时输送到 DMC 和飞行警告计算机(flight warning computer,FWC),再分别输送到发动机警告显示器(engine/warning display,EWD)来显示燃油流量,并输送到系统显示器(system display,SD)来显示已经使用的燃油。在 EWD 上显示的燃油流量范围在 0 到 30 000 kg/h 之间,已经使用的燃油由 ECU 按发动机燃油流量的积分计算出来,从发动机起动便开始计算,到发动机熄火结束。

8.3.9　燃油温度传感器

燃油温度传感器测量燃油流量变送器出口和燃油总管进口间的燃油温度,该信号被发送到 ECU,并通过 ECU 的数据总线提供所测量的温度。燃油温度传感器仅用硬线连接到 ECU 的 B 通道。

8.3.10　燃油总管

燃油总管是一个 360°的环形管道,把计量好的燃油流量从 HMU 的出口输送到 30 个燃油喷嘴。为了防止燃油从接头处泄漏而起火,它采用包箍管接头和包箍出油口。

8.3.11　燃油喷嘴

在发动机全运行包线内燃油喷嘴分配并雾化从 HMU 输送过来的计量好的燃油,使得燃油符合燃烧室所要求的注入特性,要具有良好的起动和高空点火能力,在减速时保持火焰,避免熄火。所有喷嘴都有两股不同且分开的燃油路——主油路和副油路。主油路是一个低容量的油路,具有一个单独的出口雾化喷嘴,它提供的燃油用于起动以及加速到慢车。副油路补充主油路,它提供更高的燃油流量以满足发动机高功率的需求。当喷嘴压差达到(17.92±0.69)bar 时副油路打开。有 2 个喷嘴是专用的调节喷嘴(pilot nozzles),它们可提供比主油路更高的燃油流量,保证在减速后仍保持火焰并传播火焰,防止可能发生熄火。在每一个喷嘴的燃油进口都安装一个单向阀,以防止发动机熄火时燃油流动,防止总管中的燃油通过喷嘴排入燃烧室,在熄火期间燃油总管保持充满燃油。

8.3.12 燃烧室排油阀

当发动机熄火时会有残留在燃烧室中的燃油、水或其他液体,要通过燃烧室排油阀把它们排出去,每当发动机熄火时该阀便自动打开以排空燃烧室,而每当发动机起动时该阀自动关闭。该阀是一种弹簧阀,在弹簧力作用下打开,然而,它的进口压力提供一个关闭阀的力。当发动机在慢车或慢车以上时,阀的进口压力足以使阀关闭。当熄火期间,发动机降低到慢车以下时,阀的进口压力下降,阀便打开排油。

8.4 FADEC 系统

8.4.1 概述

发动机主控制系统是全权限数字式电子控制(FADEC)系统。FADEC 系统由双通道的 ECU 和下列外围设备组成:液压机械装置(HMU)、ECU 专用交流发电机、可变静止叶片(VSV)控制系统、可变放气阀(VBV)控制系统、高压涡轮主动间隙控制(high pressure turbine active clearance control,HPTACC)系统、低压涡轮主动间隙控制(low pressure turbine active clearance control,LPTACC)系统、起动系统、反推力装置(thrust reverser,T/R)、IDG 冷却阀、鼓形转轴内部冷却阀(bore)、核心舱冷却阀、各种发动机传感器、电缆。再加上反推力装置加压阀、反推力装置方向控制阀以及起动机空气阀等一起进行全范围的发动机控制,来控制发动机稳态和过渡态运行。FADEC 系统的工作原理见图 8-4 所示,下面较详细描述 FADEC 系统[1]。

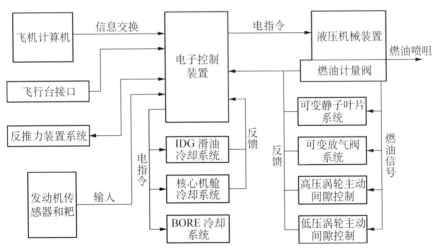

图 8-4 FADEC 系统工作原理

8.4.2 FADEC 功能

FADEC 系统在一些相关的飞机系统配合下完成下列功能。

1) 控制发动机以实现发动机的稳态和过渡态运行

具体包括:燃油控制(CF6-80E 是 GE 公司的发动机,GE 公司的发动机一般用

燃油控制 n_L,而 P&W 公司和 R-R 公司的发动机一般用燃油控制发动机压比 EPR,以 n_L 控制为备份)、加减速和稳态控制、变几何控制、涡轮间隙控制。

2）发动机限制保护

具体包括:按风扇转速(n_L)和核心机转速(n_H)的发动机超速保护,防止发动机超红线运转;涡轮排气温度(exhaust gas temperature,EGT)限制。

3）功率管理

具体包括:按引气流量(parasitic flow*)的转速设定修正;手动 n_L 油门和 n_L 推力计算;当由飞机指令控制时,用自动推力模式;灵活起飞(flex takeoff*)模式、降功率起飞(derated takeoff*)模式、降功率爬升(derated climb*)模式;bump* 选择和接通进入(activation);多等级功率能力;慢车控制。

上述 parasitic flow* 是指压气机的所有引气流量,包括到飞机座舱空调的引气和到发动机的各种冷却元件等的引气。因为,对应相同的油门杆位置,也即相同的 n_L 转速下,当引气流量变化时,发动机的推力会变化,为此需要根据引气流量来对转速设定进行修正,以保证在不同引气流量时推力不变。

flex takeoff* 是空客飞机用的一种降低起飞推力的模式,以延长发动机寿命。在有些特殊起飞条件下,不需要发动机全部功率起飞时(例如起飞重量小)采用这种模式,此时把油门杆放在相应的止动点(flex detent)处,并通过计算机输入不同灵活(flex)环境温度的方法来降低起飞推力。

Derated takeoff* 是一种起飞推力小于最大起飞推力的模式,它有多种减小推力的级别,要按跑道长度、跑道干湿度、起飞速度等各种因素综合考虑。采用这种模式时,油门杆也放在 flex detent 止动点处,计算机根据起飞时的具体条件给出采用哪种级别的推力起飞。在某些特殊起飞条件时,例如一发有故障,需要单发起飞时,采用 flex takeoff 模式仍然有可能起飞。但是采用 Derated takeoff 模式时,其起飞推力小于最大起飞推力,是不允许单发起飞的,只能中断起飞,这是很危险的,因此,这种模式必须得到取证才能应用,并在飞机飞行手册中做出规定。

Derated climb* 当爬升阶段不需要最大爬升推力时,可采用这种模式,以产生较小的爬升推力。它可以降低发动机应力,延长发动机寿命,减少维修成本。但是爬升到同样高度,这种模式消耗的燃油会多一些,爬升时间会长一些。

Bump* 是一种增加推力的起飞模式,这种模式很少使用,只有当用基本的最大起飞推力仍然不能提供所需要的性能,例如在高原地区起飞时,才采用这种模式。

4）发动机自动起动

具体包括:起动机空气阀开/关(ON/OFF)控制;燃油计量阀(fuel metering valve,FMV)和起动燃油计划(schedule)控制;点火开/关控制;n_L、n_H 和 EGT 监视;在地面紧急停车(abort)和重新起动(recycle)能力。

5）反推力装置控制

具体包括:控制反推力装置执行机构(伸出和收起);当反推力装置工作时控制

发动机功率;向后拉油门杆时最大反推力功率控制;在无打开指令时的重新收起指令并设定慢车状态。

6) 用于座舱指示的发动机参数传递

具体包括:发动机主参数、发动机次参数、起动系统状态、反推力系统状态、FADEC 系统状态、发动机短舱温度、滑油温度。

7) 发动机状态监视参数传递

发动机监视参数在 engine/warning display(EWD)和 system display(SD)上显示,并采用视觉和有声报警(MASTER WARN,MASTER CAUT)。下列发动机主参数传递到 EWD 上显示:有关 n_L 的参数,如 n_L 实际值、n_L 红线、n_L 参考指令值等;n_L 限制值和限制模式等;ALPHA FLOOR(是限制高攻角的保护功能)的信息;排气温度 EGT 显示,如 EGT 实际值、EGT 红线等;n_H 显示;燃油流量显示;机上燃油显示;失效和检查信息。下列发动机次参数传递到 SD 上显示:滑油压力显示;滑油量显示;滑油温度显示;滑油滤阻塞显示;已消耗燃油显示;燃油滤阻塞显示;振动显示;发动机舱温度显示;起动顺序显示,如气动阀位置、发动机放气压力、点火等。

8) 内部系统失效的检测、隔离和储存

8.4.3 FADEC 接收的输入信号

FADEC 系统从下列发动机传感器接受输入信号以执行控制功能:n_L 转速传感器、n_H 转速传感器、T12 传感器、P25/T25 传感器、T3 传感器、EGT T49.5 热电偶、燃油温度传感器、IDG 滑油输入温度传感器、燃油计量阀位置传感器、可变静子叶片(VSV)直线位移传感器(linear variable differential transducer,LVDT)、可变放气阀(VBV)直线位移传感器(LVDT)、高压涡轮主动间隙控制(HTPACC)阀位置传感器、低压涡轮主动间隙控制(LTPACC)阀位置传感器、核心舱冷却阀位置传感器、IDG 空气/滑油冷却阀位置传感器、反推力装置位置开关、反推力装置角位移传感器(rotary variable differential transducer,RVDT)、高压燃油切断阀(shut-off valve,SOV)位置开关、压气机出口压力(Ps3)传感器、环境压力(P0)传感器、风扇进口静压(Ps12)传感器。这里需要说明一点:本章使用发动机压力、温度等状态参数的符号和截面号与符号表不一致,主要因为他们涉及 CF6 - 80E 发动机传感器的名称,不好改动,所以这些状态参数的符号就沿用 CF6 - 80E 发动机传感器名称中的符号。

FADEC 系统还有与飞机控制系统以及飞机测量系统相连的接口,以接收下列参数用于控制发动机:油门杆位置(注意:油门杆位置属于飞机来的信号,所以图 8 - 4 FADEC 原理图中没有油门杆方块)、高度、大气总温、作用于起落架轮子上的重力(轮载信号)、驾驶舱发动机起动手柄(Master Lever)开关位置、灵活起飞时设定的灵活(flex)温度、飞机引气状态(bleed status)、防冰开关信号、发动机降功率起飞和降功率爬升信号。

发动机控制系统监视燃油系统以及发动机,以保证良好和安全地运行,监视系统还有助于确定发动机的健康状况。由下列措施来监视发动机燃油系统:发动机/警告显示(EWD)、系统显示(SD)、警告灯和音响告警。这些指示覆盖了所有通过 FADEC 的发动机主要参数。警告灯和音响告警反映下列问题:通过 FADEC 反映的发动机的健康和状态、FADEC 的健康和状态、通过磁堵探测器反映油滤状态。

8.4.4　FADEC 的核心部件 ECU

ECU 是 FADEC 中的核心部件,它是一个双通道的数字电子控制器,其每个通道使用几个微处理器:一个微处理器用于主控制功能;一个微处理器用于压力传感器接口功能;还有一个微处理器用于 ARINC 通信功能。

ECU 的硬件和软件按如下思路设计:通常,它的两个通道都用一组内部的输入和输出进行工作,也可以采用交叉通道的数据作为输入。每个通道又可以不需要交叉通道的数据而独立工作,这样可以增加双通道控制的容错能力(见 6.1.2 节 2)和 1.2.4 节所述)。ECU 的容错能力可以在飞机的数字数据局部或全部丢失时使发动机仍能继续运行。ECU 由一个三相发电机供电,当 n_H 转速在 15% 以下时需要飞机提供电源,而高于该转速时,发电机能自行给 ECU 供电。ECU 永磁发电机有两个独立的绕组线圈分别给 ECU 的两个分开的通道供电。ECU 隔振安装在风扇壳体上,用空气冷却。

ECU 从飞机大气数据计算机(air data computer,ADC)接收进口大气状态数据,并通过 ARINC 429 数据总线从飞机上的发动机接口与振动监视装置(engine interface and vibration monitoring unit,EIVMU)接收运行指令。ECU 还从专用的发动机传感器,如 T12、PS12、P0、n_L、n_H、PS3 和 T25 接收发动机工作状态数据,并计算需要的燃油流量以及完成可变静子叶片、可变放气阀、高压涡轮间隙控制、低压涡轮间隙控制等的计算。具体计算方法可参见本书第 3~5 章的相关小节。ECU 还为 HMU 中的力矩马达提供必要的电流以控制各种随动调节阀和执行机构。ECU 对点火继电器、起动机空气阀绕组线圈、飞机反推力装置方向阀以及反推力装置加压阀进行开/关控制。ECU 通过 ARINC 429 总线向飞机输出数字数据,作为发动机参数显示,也把数据提供给飞机飞行管理系统以及飞机维修数据系统。

这里提到的 EIVMU 是动力装置和飞机之间的接口,同时还用于振动监视。当用于振动监视时,动力装置与发动机接口与振动监视装置(EIVMU)之间的接口信号有:EIVMU 通过 ARINC 数据总线从 ECU A 和 ECU B 接收两个数字信号——n_L 转速(作为 n_L 转速传感器的备份信号)和 n_H 转速;EIVMU 也从以下 3 个传感器接收模拟信号——n_L 速度传感器、1 号轴承振动传感器、加速度计振动传感器 B。EIVMU 的电源为 28 VDC。至于 EIVMU 与飞机之间的接口这里就不做介绍了。

8.4.5　ECU 接口

ECU 的每个通道有几个输入口通过 ARINC 数字数据总线与两个大气惯性基准数据组件(air data and inertial reference units,ADIRU)以及一个发动机接口与振动监视装置(EIVMU)相连。

1) ADIRU/ECU

每个 ADIRU ARINC 429 总线与 ECU 的一个通道相连,并可在内部与另一个通道交叉连接,以提供余度。两个 ADIRU 向 ECU 提供以下信息:换算静压信号(PS)、空气总温信号(total air temperature,TAT)、空气总压信号(PT)、来自飞机的一个离散码。此外,ECU 还有一些专用的传感器来补充 ADIRU 传感器的不足,这样就具有能力通过验证和选择逻辑来检测、隔离和适应这些信号的失效。下面的 ECU 传感器是双元件型的:环境压力传感器(P0)、总温耙(T12)、风扇进口空气静压传感器(PS12)。每个 ADIRU 的一个 ARINC 429 输出总线仅专用于一台发动机控制。ADRIU/ECU 数字数据总线如图 8-5 所示。

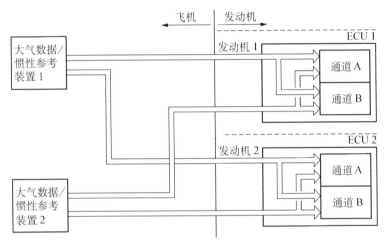

图 8-5　ADIRU/ECU 数字数据总线

2) EIVMU/ECU

EIVMU 与多个飞机计算机以及有关的动力装置控制系统接口,执行下列主要功能:从座舱仪表板和飞机计算机数据传送到有关的发动机控制系统;将发动机控制系统所需要的一些飞机状态信息进行内部处理;对于传送到发动机控制系统的飞机电源进行控制;将两台发动机的信号相互隔离。EIVMU 通过 ARINC 429 数字总线与 ECU 相连,在 ECU 内部两个通道间交叉连接。EIVMU 把以下几类飞机数据传送给 ECU:飞机总体数据、慢车设定数据、发动机起动数据、自动推力功能数据以及维修功能数据。EIVMU/ECU 数字数据总线如图 8-6 所示。

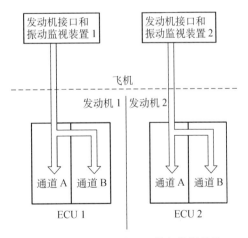

图 8-6　EIVMU/ECU 数字数据总线

3) ECU 的模拟和离散输入

从飞机到 ECU 的模拟信号输入是油门解算角(throttle resolver angle,TRA)。从飞机到 ECU 的离散信号输入有:发动机状态离散信号、发动机起动手柄的联动开关(ENG/MASTER)、自动推力的接入和断开、起动/点火交替指令。ECU 的模拟和离散输入图如图 8-7 所示。

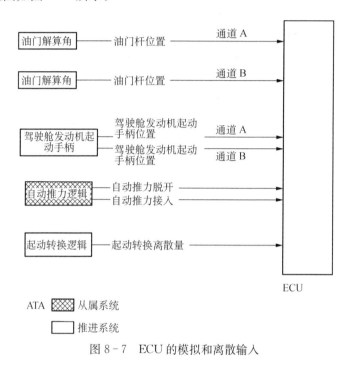

图 8-7 ECU 的模拟和离散输入

读者可以把图 8-5～图 8-7 与图 8-4 配合起来看,可以更清楚地看出 EIVMU、ADIRU 与 FADEC 的关系。

8.4.6 发动机控制的又一重要部件 HMU

HMU 是发动机控制的又一个十分重要的部件,它从 ECU 接收电气信号并把这些电信号通过电液伺服阀转换成发动机燃油流量和液压信号,再把这些信号输送到各种外部系统。燃油不仅用于发动机燃烧,在 HMU 中也作为液压介质,用于各种液压伺服机构。HMU 还从飞机接收电信号来控制高压切断阀(HPSOV)。HMU 执行如下功能。

1) 计量燃油流量

ECU 发出电指令信号到 HMU,通过力矩马达/伺服阀用液压驱动燃油计量阀(FMV)。力矩马达有两个相互绝缘的独立线圈,他们分别用于 ECU 的通道 A 和通道 B。有一个差动压力调节阀保持通过计量阀的燃油压降为常数,从流体力学中通过阀的流量公式可知,燃油压降为常数使得燃油流量正比于燃油计量阀的位置。有两个燃油计量阀位置解算器,ECU 的每个通道各有一个,它们把燃油计量阀位置解算出产生正比于燃油计量阀位置的电反馈信号。ECU 使用该信号计算燃油计量阀力矩马达所需要的电流,以实现燃油计量阀位置的电闭环控制,实际上,也就实现了燃油流量的闭环控制。在闭环控制中,FMV 的位置偏差使 FMV 的电液伺服阀转向消除位置偏差的方向。当没有位置偏差的信号提供给燃油计量阀执行机构时,燃油计量阀不再进一步移动。

2) 主动(motive)流量调制

HMU 有 4 个附加的力矩马达/分油阀,它们调制液压信号分别到下列部件:低压涡轮主动间隙控制阀、高压涡轮主动间隙控制阀、可变静子叶片执行机构、可变放气阀执行机构,以控制上述 4 个执行机构的位置。每个力矩马达有 2 个相互电绝缘的独立线圈,其中一个用于 ECU 的通道 A,另一个用于通道 B,它们在 HMU 的压力口提供流量和压力,以便对从 ECU 来的指令做出响应。

3) 高压燃油切断阀

当飞机提供电源时,也就是在 n_H 转速在 15% 以下时,ENG/MASTER 开关便会发出指令,高压燃油切断阀便切断对发动机供油,由一个单电磁线圈将该阀驱动向关闭位置,其电磁线圈电源为 28 VDC。高压燃油切断阀在弹簧作用下指向打开位置。当切断阀关闭时,ECU 向燃油计量阀发出指令,让燃油计量阀关闭。在关闭位置,燃油计量阀将高压燃油输送到切断阀,用液压来锁住切断阀,直到再收到打开指令时才打开。阀的位置信号由 2 个电限制开关分别发送到 ECU 的 A 通道和 B 通道,并在 ECU 中显示。

4) 核心机转速调节器

核心机转速调节器也叫超速调节器,它是飞重型结构,用于防止核心机的稳态转速 n_H 超过 113%。关于超速调节器的设计,可参见本书 4.5 节。

8.4.7 FADEC 的其他外围元部件

1) 各种传感器

(1) T12 传感器:它具有双敏感元件,测量风扇进口空气总温,它与 ECU 的 A 通道和 B 通道相连。(注:GE CF6 - 80E 有个别传感器位置的发动机截面编号与我国 GJB2103A - 97 不符,本章仍按原编号,未做更改。)

(2) P/T25 传感器:T25 传感器具有双敏感元件,测量压气机进口空气总温,T25 传感器装在一个总压测头上,故称为 P/T25 传感器。

(3) T49.5 传感器:T49.5 也就是排气温度 EGT,它是非常重要的反映发动机工作状态的参数,发动机故障和性能衰退都会在 EGT 上表现出来,需要特别关注,它是唯一在驾驶员座舱前显示屏上有显示的发动机温度,见图 8 - 8 所示。ECU 从热电偶接收 EGT 后,将它数字化,再通过 ECU 的 ARINC 总线输送到显示管理计算机 DMC,并在发动机警告显示器 EWD 上显示,也输送到飞行警告计算机 FWC,以便必要时进行警告。EGT 有两组各 4 个探头,沿上下周向分布,每个探头又有两个热电偶,这两个热电偶装在探头的不同位置,以测量发动机不同径向位置的温度,每组4个探头测量温度的平均值输送到ECU的A、B通道。当EGT值大于等于975℃时,建议驾驶员把发动机推力降低到慢车状态,在油门杆已拉回到慢车位置5s后,仍然超温,则应把发动机熄火。

(4) n_L 转速传感器:它测量低压转子转速,并把信号传送到发动机接口振动监视装置(EIVMU)以及ECU的通道A和B。ECU把该信号数字化,再通过ECU的ARINC总线输出到以下设备:输出到DMC,以在EWD上显示;输出到FWC,可以在需要时进行警告;输出到EIVMU,以进行振动处理。如前面所述,n_L 转速传感器信号也直接输送到EIVMU。当 n_L 转速超过其红线,即超过115.5%时,驾驶员应把发动机推力降低到慢车状态,在油门杆位置拉到慢车位置大于3s后,n_L 仍然超过该红线,则应把发动机熄火。

(5) n_H 转速传感器:它测量高压转子转速,并把信号传送到ECU的通道A和B。ECU把该信号数字化,再通过ECU的ARINC输出到以下设备:输出到DMC,以在EWD上显示;输出到FWC,可以在需要时进行警告;输出到EIVMU,以进行振动处理。当 n_H 转速超过其红线,即超过113%时,驾驶员应把发动机推力降低到慢车状态,在油门杆位置拉到慢车位置大于3s后,n_H 仍然超过该红线,则应把发动机熄火。

EGT、n_L、n_H 和FF(燃油流量)是发动机最重要的几个参数,这几个参数在驾驶员座舱前显示,见图8-8。图中N1、N2分别为本书的 n_L、n_H,由于是显示屏的符号,本书未做更改。图中N1(n_L)故障数据是指:当N1(n_L)测量系统发生故障时,由ECU用发动机其他参数计算出N1(n_L)的理论值。此时N1(n_L)最后一位有效数字上划有短线,以表示是故障数据。

(6) 滑油温度传感器:滑油温度传感器测量滑油回油温度,该传感器由双余度热电偶组成,每个热电偶把模拟电信号输送到ECU的一个通道,ECU把此模拟信号转换成数字信号,并发送到飞机座舱显示管理计算机DMC上显示。滑油温度也是反映发动机工作是否正常的重要参数,通常要求滑油温度低于160℃,超过160℃的工作时间不得大于15min,不允许滑油温度超过175℃。当滑油温度超过160℃的时间长于15min或超过175℃,则要求驾驶员把推力降低到慢车状态,再把发动机熄火。若在地面起飞前运行,滑油温度低于−10℃时,则要求驾驶员把推力降低到慢车状态,推迟起飞,使得滑油温度回升后再提高发动机推力,进行起飞操作。

(7) P0压力传感器:测量环境静压。

(8) PS12传感器:测量风扇进口静压,它用于计算进口总压,以最终确定马赫数。

(9) PS3压力传感器:测量压气机出口压力,如果此传感器失效,ECU有模型来计算PS3作为备份,这实际上也就是第6章介绍的解析余度。

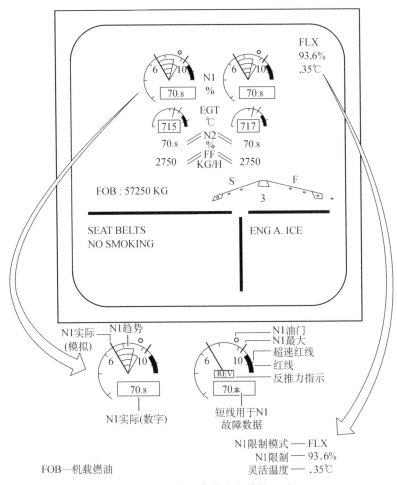

图 8-8　发动机参数在座舱的显示

（10）T3 温度传感器：测量压气机出口温度，如果此传感器失效，便用模型来计算 T3 温度值。

（11）T5 温度传感器：（可选用）测量低压涡轮出口温度，仅用于发动机状态监视。

（12）PS14 压力传感器：测量风扇出口静压，它也用于发动机状态监视。

2）ECU 永磁发电机

ECU 永磁发电机（permanent magnet alternator，PMA）是一种高速无轴承部件，它产生三相电功率用作发动机控制系统的电源，当 n_H 转速在 15%～110% 时，PMA 的输出可充分满足发动机 ECU 的需求。当 PMA 不能为 ECU 提供电能时（n_H 低于 15% 时），还有飞机提供 115 VAC 等效电源为 ECU 供电。

3）电缆

动力装置电缆用于分配各个电系统所需要的功率，并为各短舱子系统和发动机控制和监视装置传输信号。有部分电缆处在核心机高温环境，它们必须能承受高温。

8.5 发动机起动控制

8.5.1 发动机起动概述

动力装置起动系统使用高压空气来驱动高速空气涡轮起动机,该起动机再通过减速齿轮和发动机附件驱动系统驱动发动机高压转子。驱动起动机所需的空气来自以下3种气源:飞机的辅助动力装置(auxiliary power unit,APU),此时 APU 的全部引气量均用于起动;飞机的另一个发动机的引气;地面气源车,它应能提供 25 psi①(1.7236 bar)到 55 psi(3.7921 bar)之间的压力空气(在起动机空气阀进口测量的压力值)。气源由起动机空气阀(SAV)控制,该阀是气动阀,但用电控制,当电控失效时,该阀可用手操纵。当开始起动时,ECU 向起动机空气阀(SAV)发出打开指令,SAV 便打开,使空气流向起动机,起动机提供力矩来加速发动机。当 n_H 达到 50% 时,ECU 向 SAV 发出关闭指令,在达到 60% n_H 时,SAV 的位置开关应当指示 SAV 阀是关闭的。起动机离心式离合器的脱开转速在 35.1% ~ 44.7% n_H 之间,在起动过程中,当起动机不能再提供附加的力矩来加速发动机时,起动机离合器自动把起动机脱开。当发动机达到预定转速时,电信号取消,关闭 SAV,也就没有气源供给起动机了[3]。

有两种模式来运转(motored)发动机——干模式和湿模式。干运转模式(dry cranking)是:打开 SAV,在没有燃油而且不点火的情况下使核心机转动;湿模式(wet cranking)是:打开 SAV,在有燃油而不点火的情况下使核心机转动。

在以下情况需要用干模式来运转发动机:清除热燃油、在被替换后检查传动齿轮箱 TGB(这是高压压气机与附件齿轮箱 accessory gearbox 间的传动齿轮箱)和驱动轴、检查润滑泵的运行、检查核心机的转动、检查滑油渗漏。在以下情况需要用湿模式来运转发动机:检查燃油渗漏、燃油系统的降压和加注。

8.5.2 起动/点火

ECU 使用飞控数据控制点火和起动系统,ECU 具有以下能力:使用 EIVMU 数据或起动/点火转换电输入信号来执行自动起动;ECU 也可以使用 EIVMU 数据执行手动起动控制。ECU 系统提供以下控制:起动(无论是自动起动或手动起动)、发动机运转(motoring 指不点火的情况下运转发动机,可以有 dry motoring 和 wet motoring 均为 cranking)、点火、熄火。

8.5.3 正常自动起动

在这种自动起动模式,发动机点火、燃油计量阀和起动机空气阀(SAV)等的起动控制均处于 ECU 的全权限下,即均由 ECU 进行控制。无论 EIVMU 数据有效或无效,也无论在地面或飞行中,都能选择该模式。

---

① 1 psi = 1 lbf/in² = 6.894 76 × 10³ Pa

1) 地面自动起动

在地面,当自动起动逻辑处于激活(active)时,ECU 便开始自动起动控制:打开 SAV;在 $n_H > 10\%$ 时,激发一个点火系统,在每次起动时交替选择一个点火系统,只有在第一个点火系统迟缓或没有点火条件时才激活第二个点火系统;在 $n_H > 15\%$ 时,打开高压燃油切断阀(SOV)和 FMV;在 $n_H > 50\%$ 时,关闭 SAV;在 $n_H > 54\%$ 时,重新激活点火系统。发动机起动完全由 ECU 负责,并提供以下保护:发动机 EGT 限制、发动机任何非正常起动、起动机的重新介入(20%以下)。在非正常起动后,ECU 能中止或恢复起动。

故障信号会提供给飞行警告计算机(FWC),FWC 便发出警告信息给驾驶员,在慢车前的起动阶段也具有上述功能,在 SAV 执行机构失效时,ECU 逻辑与 SAV 的手动功能仍然相容,不需要附加信号。

2) 空中自动起动

在飞行中,当自动起动逻辑处于激活(active)时,ECU 便开始自动起动控制:在 $n_H < 15\%$ 时,打开起动机空气阀(SAV)以帮助起动机运行,并在打开和关闭时采用起动机重新介入保护;激发两个点火系统;在 $n_H > 15\%$ 时,打开高压燃油切断阀 SOV 和 FMV;在 $n_H > 50\%$ 时,关闭 SAV;在 $n_H > 54\%$ 时,切断点火系统。在非正常起动时,ECU 会把故障信息告诉 FWC,FWC 再发出警告信息给驾驶员。在飞行中 ECU 没有中断起动的权限,ECU 可以根据飞行环境参数(高度、马赫数)和发动机参数来识别风车状态或有助于起动机的空中起动条件。在 $n_H > 12\%$,且飞行高度低于 20000 ft (1 ft = 0.3048 m) 时,或 $n_H > 15\%$,且飞行高度高于 20000 ft 时,发动机不需要起动机便可以重新点火。发动机空中起动包线如图 8-9 所示。

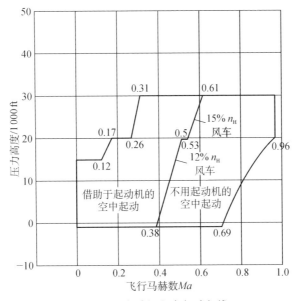

图 8-9 发动机空中起动包线

为了防止某些故障会危及空中重新起动,在下列条件下,ECU 把点火和燃油开关选在开状态(ON):SAV 进口空气压力不足,低于 15 psi(1.034 2 bar);SAV 没有打开;n_H 加速率异常。

3) 自动起动中断

只有当发动机主开关(ENG/MASTER 是驾驶舱内与发动机起动手柄 Master Lever 联动的开关)返回到关(OFF)的位置时,自动起动才能中断,这会导致:通过 ECU 关闭 SAV;点火切断;由 ECU 关闭 FMV 和高压燃油切断阀 SOV。在自动起动不起作用时,把发动机起动(ENG START)选择器开关转向"NORM"或"CRANK"位置。

8.5.4　正常手动起动

在手动起动时,ECU 对发动机的起动控制只有有限的权限。SAV、FMV 和点火系统由飞行员用传统的方法与有限的 ECU 系统一起进行控制。手动起动只能用有效的 EIVMU 数据进行选择。在非正常起动时,ECU 把故障信息发送到 FWC,FWC 再产生警告信息给驾驶员。在地面,如果起动 EGT 温度超过限制值,ECU 将中断手动起动,这可以在慢车前起动阶段提供保护。在飞行中,ECU 没有中断手动起动的权限。

1) 手动起动——SAV 指令

驾驶员把 ENG START 开关设置在点火/起动(IGN/START)位置,并把发动机手动起动(ENG/MAN START)按钮设置在 ON 的位置。一旦这两个动作完成后,而发动机又不在运行状态,ECU 便控制 SAV 打开。在适当的发动机转速下($n_H > 50\%$),ECU 便自动关闭 SAV,这样 ECU 可以提供一种保护,使得在高转速时起动机不重新介入。

2) 手动起动——FMV 和点火指令

当 ENG/MASTER 开关从 OFF 转为 ON 位置,FMV 和两个点火系统均被控制。在地面适当的发动机转速($n_H > 54\%$)时,ECU 自动将点火系统退出工作。当发动机达到慢车转速时,飞行员把 ENG/MAN START 按钮开关选为 OFF,并且把 ENG START 开关置于"NORM"位置。

3) 手动起动中断

在把 ENG/MASTER 开关置于 ON 位置前,先把 ENG/MAN START 按钮置于 OFF 位置,这样便可关闭 SAV,并中断手动起动。在把 ENG/MASTER 开关置于 ON 位置后,再把 ENG/MAN START 按钮置于 OFF 位置已经不起作用了。只要把 ENG/MASTER 开关置于 OFF 位置便可中断手动起动,这会导致:通过 ECU 来关闭 SAV;重新点火;通过 ECU 关闭 FMV 和高压燃油 SOV。

8.5.5　发动机运转

FADEC 中的 ECU 提供控制干运转和湿运转的能力,干运转和湿运转都需要有效的 EIVMU 数据,当没有有效的 EIVMU 数据时,只可能进行干运转。

1) 干运转

若发动机不运行(running)时,ENG START 选择器开关置于 CRANK 位置,而且 ENG/MAN START 按钮开关置于 ON 位置时,ECU 便打开 SAV。在任何时候,只要 ENG/MAN START 按钮开关置于 OFF 位置时,正常的干运转便中断。

2) 湿运转

在干运转后,把 ENG/MASTER 开关置于 ON 位置,就能启动湿运转(打开 FMV),该模式只有在 EIVMU 数据有效时可用。把 ENG/MASTER 开关返回到 OFF 位置,便会导致干运转。把 ENG/MAN START 按钮开关置于 OFF 位置(关闭 SAV 和 FMV),或者把 ENG START 选择器开关置于 NORM 位置或 IGN/START 位置,就能中断湿运转顺序。

8.6 涡轮主动间隙控制系统

8.6.1 高压涡轮主动间隙控制系统

风扇出口的空气进入高压涡轮主动间隙控制(HPTACC)阀,再从该阀流出,进入环绕高压涡轮壳体的管道。该管道有很多孔,通过这些孔把空气导向高压涡轮机匣壁,这样来冷却壳体以减小高压涡轮叶片与壳体间的间隙,从而达到控制间隙的目的[3]。

高压涡轮主动间隙控制 HPTACC 系统包括有 HPTACC 阀及其相应的在 HMU 中的伺服阀部件。HMU 接受 ECU 的电指令,使用燃油作为液压介质,把电信号转换成液压信号,并确定阀的位置。ECU 从连接到阀的执行机构的 LVDT 接受阀的位置反馈,构成阀位置的闭环控制系统,HPTACC 原理图见图 8-10。

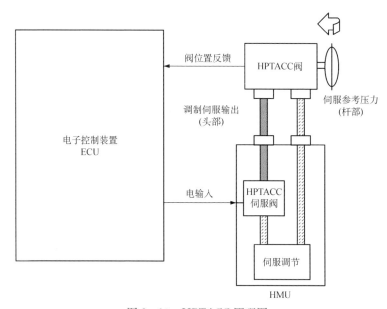

图 8-10 HPTACC 原理图

HPTACC 阀是一种蝶型阀,它有一个直线运动型液压执行机构和弹簧,弹簧力将阀指向关闭位置。HMU 提供燃油到执行机构的头部,燃油压力介于 HMU 调节的壳体压力和 HMU 调节的伺服压力之间[高于 HMU 调节的壳体压力 300 psi (20.6842 bar)]。HMU 也提供燃油到执行机构的杆部,其压力为 HMU 调节的参考压力[高于 HMU 调节的壳体压力 150 psi(10.3421 bar)]。HMU 接受 ECU 的指令来改变头部压力,以移动执行机构把 HPTACC 阀定位到要调节的位置。执行机构位置信号由 LVDT 反馈到 ECU 构成位置闭环控制回路,该 LVDT 是执行机构的元件。通道 A 和通道 B 为相应执行机构中的 LVDT 分别给出激励和反馈信号状态。HPTACC 阀有两个电连接器,分别用于通道 A 和 B。

8.6.2　低压涡轮主动间隙控制系统

LPTACC 工作原理与 HPTACC 相同,只是 LPTACC 中的空气管道是环绕低压涡轮壳体,其他均与 HPTACC 相同,这里不再赘述。关于涡轮主动间隙控制的工作原理和方法,可参见本书 5.5 节。

8.7　压气机控制

压气机控制分为如下两部分:可变放气阀系统(VBV)和可变静子叶片系统(VSV)[3]。

8.7.1　可变放气阀(VBV)控制系统

VBV 的作用是使得增压器打出的空气流量与压气机所需要的流量相匹配。在发动机低转速时,增压器打出的空气流量比压气机能使用的空气多,为了使得两者匹配,提高发动机喘振裕度,从增压器打出的多余的空气流量通过 VBV 放出到风扇出口气流中。在发动机高转速时,压气机需要的空气流量增加,要关闭 VBV,使得增压器打出的空气流量全部进入压气机。

调节 VBV,使得阀的开度为风扇换算转速(增压器转速与风扇转速相同)、核心机换算转速和 VSV 位置的函数。当飞行高度变化时,该系统相应改变 VBV 位置,以使得增压器出口空气流量与压气机进口所需要的空气流量相匹配。

VBV 执行系统由两个液压作动筒、一个协调环(unison ring)、12 个放气阀和曲柄连杆组成。其中每个作动筒设置一个 LVDT 传感器,用于把位置信号反馈到 ECU 构成位置闭环控制系统。VBV 作动筒由从 HMU 来的燃油压力推动。

VBV 执行机构是一种单输出杆液压油缸,它用高压燃油在油缸的外伸和收回方向都能施加力,活塞行程由内部的止动件控制。有一个刮垢器可保证活塞杆在通过双密封件时没有污垢。

VBV 位置反馈传感器是一个 LVDT,它包含在执行机构内,该 LVDT 由 ECU 的激励电压供电。ECU 把 LVDT 来的反馈信号与指令信号相比较,并调节发送到 HMU 电液伺服阀的电流控制信号,以控制 VBV 作动筒运动到指令位置。每个作动筒上均设置一个 LVDT,用来提供 VBV 的位置信号给 ECU。每个 LVDT 有两个绕组,一个静止,另一个可动。可动的绕组随执行机构杆一起移动,得到的电压是执行机构行程/VBV 位置的函数。

8.7.2 可变静止叶片(VSV)控制系统

可变静止叶片系统用来控制流过增压器下游的压气机的空气流量,由 VSV 作动筒确定进口导流叶片和静止叶片的位置,该位置是由 ECU 通过 HMU 设定的,VSV 的位置设定为核心机转速、压气机进口温度和飞行高度的函数。

进口导流叶片和第一到第五级可变叶片的 VSV 执行系统由两个液压执行机构以及两个执行杠杆和连杆组成,每个作动筒上均设置一个 LVDT,它们把位置信号反馈到 ECU(具体构造从略)。由 HMU 来的燃油压力用于推动 VSV 执行机构。其工作原理图如图 8 - 11 所示。

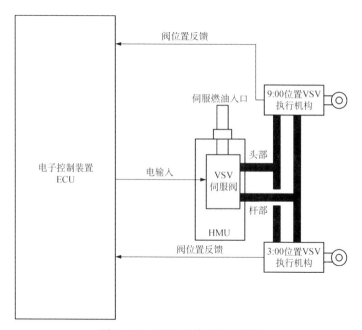

图 8 - 11　VSV 系统工作原理图

VSV 执行机构对由 HMU 来的燃油压力作出响应,以提供输出力来推动 VSV 系统,每台发动机都有两个 VSV 执行机构。VSV 执行机构是一种单输出杆液压油缸,它用高压燃油在油缸的外伸和收回方向都能施加力,具体工作原理与 VBV 执行机构类似,这里不再赘述。

8.8　反推力控制

反推力装置的功能是,当飞机着陆时,产生反向推力,以缩短着陆滑跑距离。反推力装置系统通过偏转发动机风扇外涵气流来得到反向推力,该系统由 ECU 从驾驶舱进行控制。它由左、右两个装配件组成,这两个装配件在推力向前工况时,为风扇提供喷口,其构件在推力反向工况时,可以移动和转动,以改变风扇气流的方向。每个反推力装置的外罩由一个单个的中央驱动装置(CDU)操纵,而该 CDU 由压气机出口放气所推动。CDU 通过柔性轴和齿轮箱驱动球形螺旋执行机构来移动和转动反推力装置部件到期望位置。驾驶员只有在地面时,才可以给反推力装置发出展开指令。在一台发动机上的反推力装置与另一台发动机的反推力装置是相互完全独立的[4]。

反推力装置是一个气动装置,气源由环境控制系统(environmental control system,ECS)的压力管道提供,并由反推力装置的压力阀调节。该压力阀调节推动中央驱动装置的压气机放气流量。正常情况下该阀是关闭的,需要打开时,由 ECU 把电指令信号发给该阀的电磁线圈。该阀的打开仅用于反推力装置的展开和收起。反推力装置控制的执行机构由一个气源/驱动系统、反馈系统和液压门(hydraulic door)打开系统组成。

反推力装置系统与 ECU 接口,并由 ECU 根据驾驶舱的飞机油门杆位置进行控制,ECU 感受油门解算角信号,该信号是由油门杆角度解析器根据油门杆的物理角度转换而成的角度电信号,并是油门杆位置的函数。ECU 对油门解算器的设定作出响应,并提供下列功能:控制反推力装置的展开和收起;在反推力装置转换位置以及在检测出失效后对推力进行限制;反推力装置和飞机接口的监视;故障识别和适应;通过 ECU 的 ARINC 总线把反推力装置的状态输出到飞机系统。反推力装置的选择逻辑取决于油门控制杆位置、飞行状态还是地面状态(即轮载信号)、发动机运行状态、马赫数以及反推力装置位置。此外反推力装置的展开还需要脱开反推力装置的独立锁系统,该反推力装置的独立锁系统与反推力装置的控制系统相互独立,它提供了一个附加的余度来防止在飞行中反推力装置的伸出。反推力装置的运行由 EIVMU 监视。

8.9 功率控制

功率控制系统由一个用于推力设定的油门控制系统和两个用于控制高压和低压燃油切断阀的 ENG/MASTER 开关组成,下面分别介绍[5]。

8.9.1 油门控制

油门控制系统是全电的,它包括两个分开的油门控制杆组件,每台发动机一个。每个油门控制杆驱动一个油门控制装置,该油门控制装置指示油门解析器角度(TRA),ECU 的每个通道从相应的油门控制装置的解算器接收油门位置模拟信号。

在油门控制中 ECU 完成如下工作:接收油门杆角度信号、计算发动机推力限制参数、调整相应的实际发动机推力参数。

在手动推力设定模式下(在 ECU 中的自动推力功能不工作),油门控制杆用于控制发动机推力水平和控制推力限制模式。

在自动推力设定模式下(在 ECU 中的自动推力功能工作),油门控制杆用于控制推力限制和控制推力限制模式。

由飞行管理导航和包线计算机（flight management guidance and envelope computer，FMGEC）计算目标推力参数，并通过飞行控制装置（flight control unit，FCU）和 EIVMU 把该参数发送到 ECU，ECU 根据该参数值，调整实际发动机推力参数。目标推力参数被油门控制杆实际位置所限制。油门设定的方框图如图 8-12 所示。

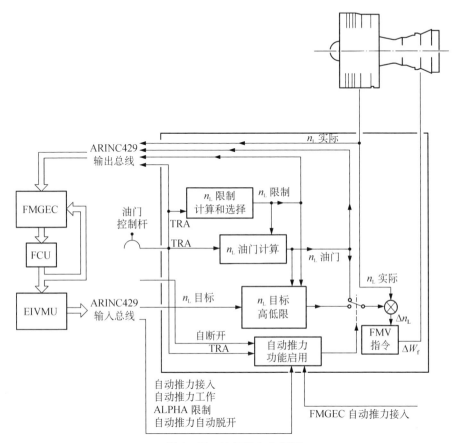

图 8-12　油门设定方框图

油门控制杆组件包括一个前向推力油门控制杆和一个反向推力的反推力装置控制杆。ECU 使用来自油门控制装置的电信号来给出油门控制杆位置，该油门控制装置与油门控制杆机械连接。

油门控制系统由下列部分组成：左发和右发各有一个油门控制杆，每个油门控制杆有一个自动油门断开开关；两个反推力装置控制杆；一个刻度定位区（graduated fixed section）；一个油门控制手感装置；两个油门控制装置；连接油门控制杆和油门手感装置的两根上位机械杆；连接油门控制杆和油门手感装置的两根下位机械杆。

8.9.2　油门控制杆

油门控制杆的移动范围，即油门杆角度（throttle lever angle，TLA），从 0°TLA

(慢车止动)到55°TLA[最大起飞(maximum take-off, MTO)止动],在55°TLA处
有一个机械止动。在前向推力范围有3个软卡点:最大爬升软卡点设定在30°TLA
(标称);最大连续/灵活起飞/降功率起飞软卡点设定在44.2°TLA(标称);最大起飞
软卡点设定在55°TLA(标称)。0°到44.2°TLA范围对应于选择最大爬升或最大连
续/灵活起飞/降功率起飞的推力限制模式,此时自动推力模式能被ECU激励工作。
在44.2°TLA到55°TLA范围内,自动推力(autothrust, A/THR)模式不能被ECU
启用,发动机控制是手动的(手动模式),此范围对应于选择最大起飞模式。

8.9.3 反推力装置控制杆

反推力装置控制杆的移动范围,即反推力杆角度(reverser lever angle, RLA),
从0°RLA(慢车止动点)到96°RLA(最大反推力止动点),在反推力范围有一个反推
力慢车软卡点,设定在51.5°RLA。在0°RLA到96°RLA范围内,不能启用自动推
力模式,发动机用手动控制。油门控制系统有关角度示意图如图8-13所示。

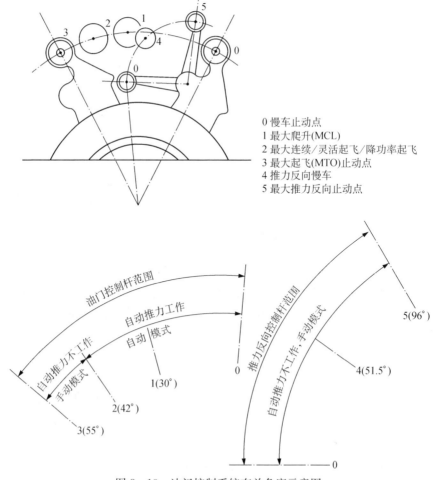

图8-13   油门控制系统有关角度示意图

8.9.4　油门控制手感装置

油门控制手感装置是一个摩擦系统，它提供一个负载，并把负载反馈到油门控制杆，使得驾驶员在操纵油门控制杆时有一种类似实际负载的感觉。其产生摩擦力的大小是可以调整的，使得摩擦力能模拟实际负载。具体结构从略。

8.9.5　ENG/MASTER 控制

ENG/MASTER 控制开关有下列控制功能：控制高压燃油切断阀（SOV）电磁线圈，该电磁线圈在 HMU 中，ENG/MASTER 通过 EIVMU 控制高压燃油的 ON 和 OFF（手动和自动起动模式）；控制 ENG MASTER SW SLAVE 继电器的激励，该继电器可切断低压燃油切断阀的电源，这也可以由相应的 ENG FIRE 按钮开关来控制，低压燃油切断阀处在发动机的供油管道中，它可以切断对相关发动机的供油，当一个低压切断阀关闭时，飞机上的所有燃油仍可供给另一台发动机；ECU 通道 A 和通道 B 的重新设置。

一个专用的离散信号将 ENG/MASTER 开关的位置传递给 EIVMU，EIVMU 再把此信号转换成数字形式传送到 ECU，ECU 也可通过硬线输入来接收 ENG/MASTER 开关的位置信号。ENG/MASTER 的电源为 28 VDC。

参 考 文 献

［1］ Engine，A330 Aircraft Maintenance Manual［G］. Airbus Industrie，2003.

［2］ Engine Fuel and Control，A330 Aircraft Maintenance Manual［G］. Airbus Industrie，2003.

［3］ Air，A330 Aircraft Maintenance Manual［G］. Airbus Industrie，2003.

［4］ Exhaust，A330 Aircraft Maintenance Manual［G］. Airbus Industrie，2003.

［5］ Engine Control，A330 Aircraft Maintenance Manual［G］. Airbus Industrie，2003.

附录

A8　缩写符号和专用名词说明

本章使用了很多缩写符号和专用名词，都为 A330/GE CF6‑80E 专用，不宜列在本书前面的符号表中，特列入本章附录，以便读者查找。

ADC　大气数据计算机

ADIRU　大气惯性基准数据组件

ALPHA FLOOR　是限制高攻角的保护功能

APU　辅助动力装置

BORE　鼓形转轴内部冷却阀

CDU　中央驱动装置

DMC　显示管理计算机

ECS　环境控制系统

ECU　电子控制装置

EGT　排气温度

EHSV　电液伺服阀

EIVMU　发动机接口与振动监视装置

ENG/MAN START　发动机手动起动

ENG/MASTER　与起动手柄联动的发动机主开关

EWD　发动机警告显示器

FF　燃油流量

FMV　燃油计量阀

FWC　飞行警告计算机

HMU　液压机械装置

HPSOV　高压切断阀

HPTACC　高压涡轮主动间隙控制

IDG　组合驱动发电机

IGN　点火

LPTACC　低压涡轮主动间隙控制

LVDT　变差分直线位移传感器

Master Lever　驾驶舱发动机起动手柄

MASTER WARN，MASTER CAUT　视觉和有声报警

MTO　最大起飞

PMA　永磁发电机

PT　空气总压

RLA　反推力杆角度

RVDT　变差分转角传感器

SAV　起动机空气阀

SD　系统显示器

SOV　切断阀

TAT　空气总温

TGB　高压压气机与附件齿轮箱间的传动齿轮箱

TLA　油门杆角度

TRA　油门解算角

VBV　可变放气阀

VSV　可变静子叶片

索　　引

大飞机出版工程
书　　目

一期书目

《超声速飞机空气动力学和飞行力学》(译著)

《大型客机计算流体力学应用与发展》

《民用飞机总体设计》

《飞机飞行手册》(译著)

《运输类飞机的空气动力设计》(译著)

《雅克-42M和雅克-242飞机草图设计》(译著)

《飞机气动弹性力学及载荷导论》(译著)

《飞机推进》(译著)

《飞机燃油系统》(译著)

《全球航空业》(译著)

《航空发展的历程与真相》(译著)

二期书目

《大型客机设计制造与使用经济性研究》

《飞机电气和电子系统——原理、维护和使用》(译著)

《民用飞机航空电子系统》

《非线性有限元及其在飞机结构设计中的应用》

《民用飞机复合材料结构设计与验证》

《飞机复合材料结构设计与分析》(译著)

《飞机复合材料结构强度分析》

《复合材料飞机结构强度设计与验证概论》

《复合材料连接》

《飞机结构设计与强度计算》

三期书目

《适航理念与原则》

《适航:航空器合格审定导论》(译著)

《民用飞机系统安全性设计与评估技术概论》

《民用航空器噪声合格审定概论》

《机载软件研制流程最佳实践》

《民用飞机金属结构耐久性与损伤容限设计》

《机载软件适航标准 DO-178B/C 研究》

《运输类飞机合格审定飞行试验指南》(编译)

《民用飞机复合材料结构适航验证概论》

《民用运输类飞机驾驶舱人为因素设计原则》

四期书目

《航空燃气涡轮发动机工作原理及性能》

《航空涡轮风扇发动机结构》

《航空发动机结构强度设计若干问题》

《风扇压气机气动弹性力学》(英文版)

《燃气轮机涡轮内部复杂流动机理及设计技术》

《先进燃气轮机燃烧室设计研发》

《燃气涡轮发动机的传热和空气系统》

《航空发动机适航性设计技术导论》

《航空燃气涡轮发动机控制》

《气动声学基础及其在航空推进系统中的应用》(英文版)

《叶轮机内部流动试验和测量技术》

《航空涡轮风扇发动机试验技术与方法》

《航空轴流风扇压气机气动设计》

《航空发动机排气系统》

《燃气涡轮发动机性能》(译著)

《燃气涡轮推进系统》(译著)

五期书目

《民用飞机控制系统设计的理论与方法》

《民用飞机飞行控制系统工程》

《民用飞机导航系统》

《民用飞机液压系统》

《民用飞机电源系统》

《民用飞机传感器与测试技术》

《民用飞机飞行仿真技术》

《民用飞机飞控系统适航性》

《大型飞机电传系统试验技术》

《飞行控制系统:设计与实现》(译著)

六期书目

《民用飞机构件先进成形技术》

《民用飞机热表特种工艺技术》

《航空发动机高温合金大型铸件精密成型技术》

《飞机材料与结构检测技术》

《民用飞机构件数控加工技术》

《民用飞机复合材料结构制造技术》

《民用飞机自动化装配系统与装备》

《复合材料连接技术》

《先进复合材料的制造工艺》（译著）

七期书目

《支线飞机市场研究技术与方法》

《支线飞机环控系统研发与验证》

《支线飞机强度设计与验证》

《支线飞机项目管理》

《支线飞机运行支持技术》

《支线飞机验证试飞技术》

《ARJ21－700新支线飞机项目发展历程、探索与创新》

《支线飞机电磁环境效应设计与验证》

《支线飞机动力装置系统设计与验证》

《支线飞机自动飞行与飞行管理设计与验证》

《支线飞机设计流程与关键技术管理》

《支线飞机设计技术实践与创新》

《支线飞机电传飞行控制系统研发及验证》

《支线飞机结构设计与验证》

八期书目

《民用机载电子硬件开发实践》

《民用飞机机载总线与网络》

《民用客机健康管理系统》

《航空电子软件开发与适航》

《民用飞机飞行记录系统——"黑匣子"》

《民用飞机驾驶舱集成设计与适航验证》

《民用飞机飞行管理系统》

《航空电子系统综合化与综合技术》

《航空电子适航性分析技术与管理》